"十二五"普通高等教育本科国家级规划教材
《化工原理》（陈敏恒等编，第五版）配套辅导用书

中国石油和化学工业优秀教材
化 工 原 理 考 研 权 威 指 导

化工原理学习指导

第二版

黄 婕　主编

刘玉兰　熊丹柳　副主编

化学工业出版社

·北京·

内容简介

《化工原理学习指导》(第二版)是"十二五"普通高等教育本科国家级规划教材《化工原理》(陈敏恒等编,第五版)的配套辅导用书,所涉及的内容为常用的单元操作。本书通过知识导图和知识要点、工程知识与问题分析、工程问题与解决方案、自测练习同步,将《化工原理》中的重要概念和工程观点融会其中,习题讲解从基本分析至工程案例,循序渐进,全面帮助读者理解化工原理内容的学习。同时也精选了部分《化工原理》教材中的难点习题进行了分析。全书包括流体流动、流体输送机械、搅拌、流体通过颗粒层的流动、颗粒的沉降和流态化、传热、蒸发、气体吸收、液体精馏、气液传质设备、液液萃取、固体干燥等,还有模拟试卷及参考答案等。

《化工原理学习指导》(第二版)可作为高等院校化工与制药类及相关专业的学生学习化工原理以及备考研究生入学考试的参考书,同时可供高等院校化工原理授课教师参考。

图书在版编目(CIP)数据

化工原理学习指导/黄婕主编. —2 版. —北京:化学工业出版社,2021.8(2024.8 重印)
ISBN 978-7-122-39185-8

Ⅰ.①化… Ⅱ.①黄… Ⅲ.①化工原理-高等学校-教学参考资料 Ⅳ.①TQ02

中国版本图书馆 CIP 数据核字(2021)第 096561 号

责任编辑:杜进祥 孙凤英　　　　　　　　　装帧设计:韩　飞
责任校对:王　静

出版发行:化学工业出版社(北京市东城区青年湖南街 13 号　邮政编码 100011)
印　　刷:三河市航远印刷有限公司
装　　订:三河市宇新装订厂
787mm×1092mm　1/16　印张 22¾　字数 566 千字　2024 年 8 月北京第 2 版第 4 次印刷

购书咨询:010-64518888　　　　　　　　售后服务:010-64518899
网　　址:http://www.cip.com.cn
凡购买本书,如有缺损质量问题,本社销售中心负责调换。

定　　价:59.00 元

前　言

　　化工原理课程的主要任务是：培养学生利用科学的方法考察、分析和处理工程实际问题；培养学生的工程观点、实验技能和设计能力。同时，化工原理课程对工科学生所需具备的能力起到十分重要的作用。工程教育专业论证中，工程知识、问题分析、研究和设计/开发解决方案等与化工原理学习密切相关。

　　《化工原理学习指导与习题精解》自 2015 年出版以来受到了读者的广泛认可和欢迎，2018 年该教材获得中国石油和化学工业优秀出版物奖。教材包括流体流动、流体输送机械、颗粒通过颗粒层的流动、颗粒沉降和流态化、传热、吸收、精馏、固体干燥等共 8 章内容。作为《化工原理》（陈敏恒等编，第五版）教材的配套辅导用书，第二版改名《化工原理学习指导》，拓展了教学内容，增加了搅拌、气液传质设备、液液萃取和蒸发等章节。

　　本书运用单元操作的原理，通过化工生产过程中典型单元操作的计算、设计、操作、优化及过程强化，帮助学生提高分析和解决综合问题的能力。

　　本书每一章通过知识导图和知识要点，将基本概念和理论知识进行梳理和归纳，帮助读者更好地理解相关知识点之间的关系；在工程知识与问题分析中，通过基础知识解析、工程知识应用和工程问题分析，层层递进，训练学生掌握工程知识、问题分析的能力；在工程问题与解决方案中，通过一般工程问题计算、复杂工程问题分析与计算，培养学生研究和设计/开发解决方案的工程论证要求的必备能力，同时在重点章节增加工程案例解析，培养学生解决复杂工程问题和实际工程问题的能力。

　　另外在模拟试卷中，分别增加了上、下册的模拟练习和研究生入学的模拟试题，并对重点难点的习题通过视频进行讲解。

　　本书可作为高等院校化工与制药类及相关专业的学生学习化工原理以及备考研究生入学考试的参考书，同时可供高等院校化工原理授课教师参考。

　　本书由华东理工大学教研组教师集体编写，第一章、第二章、第四章和第十一章主要由黄婕编写，第三章、第五章、第六章、第十章和第十二章主要由刘玉兰编写，第七章、第八章和第九章主要由熊丹柳编写，附录由黄婕、熊丹柳和刘玉兰共同编写。全书由黄婕任主编，刘玉兰、熊丹柳任副主编。本书由陈敏恒教授审阅。在本书的编写过程中得到齐鸣斋教授的具体指导和教研组老师的大力帮助，在此表示衷心的感谢。

　　由于编者水平有限，书中难免有不妥之处，恳请读者批评指正。

编　者

2021 年 3 月于华东理工大学

第一版前言

　　《化工原理学习指导与习题精解》是陈敏恒等编的《化工原理》（第四版）教材的配套学习用书。《化工原理》（第四版）教材力求在编写上加强学生应用能力的培养，适当增强实际工程应用知识，培养学生综合素质。《化工原理学习指导与习题精解》通过概念分析、具体应用，将学生的能力培养贯穿其中。

　　化工原理是高等院校化工类及相关专业的主干课程，是化学工程与化工工艺的重要基础，由于课堂学时有限，授课中化工原理的一些综合性、工程型的概念难以展开。《化工原理学习指导与习题精解》是为学习化工原理课程的读者编写的习题参考书，旨在更全面、深入地帮助读者理解、掌握基本概念和原理，提高分析和解决综合问题的能力。全书共 8 章，包括流体流动、流体输送机械、过滤、颗粒的沉降和流态化、传热、吸收、精馏、干燥和模拟试卷，与《化工原理》（第四版）重点章节相呼应。为了便于读者学习和提高解题能力，抓住化工原理的重点和难点，第 1～8 章均由知识要点、重点概念、典型例题解析、提高型例题精解及自测练习 5 部分构成，既帮助读者理解和系统梳理化工原理的基本概念，又通过习题阐述化工原理在工程中的应用。附录为模拟试卷，不仅有《化工原理》（上、下册）的模拟练习，还附有考研模拟试题。本书也可作为"化工原理"研究生入学考试的辅导用书。

　　本书由华东理工大学化工原理教研组编写，第 1 章、第 2 章、第 4 章由黄婕编写，第 3 章、第 5 章和第 8 章由刘玉兰编写，第 6 章和第 7 章由熊丹柳编写，附录由黄婕、熊丹柳和刘玉兰共同编写。本书由陈敏恒教授审阅。在本书编写过程中得到了齐鸣斋教授的悉心指导和教研组老师的大力帮助，在此表示衷心的感谢。

　　由于编者水平有限，书中难免有不妥之处，恳请读者批评指正。

编　者
2015 年 4 月于华东理工大学

目　录

流 体 流 动

第一节　知识导图和知识要点

1. 流体流动考察方法知识导图

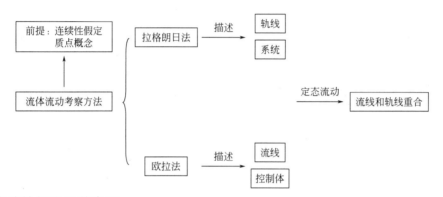

2. 连续性假定及其意义

假定流体是由大量质点组成、彼此间没有间隙、完全充满所占空间的连续介质。

根据连续性假定，流体的物理性质及运动参数作连续分布，从而可以运用连续函数的数学工具加以描述。

3. 质点

质点是含有大量分子的流体微团，其尺寸远小于设备尺寸，但比分子自由程要大得多。

4. 拉格朗日法

拉格朗日法是选定一个流体质点，对其跟踪观察，描述其运动参数（如位移、速度等）与时间的关系。拉格朗日法描述的是同一质点在不同时刻的状态。

5. 欧拉法

欧拉法是考察空间各点位置流体质点的运动情况，如速度随时间的变化，压强、密度的分布随时间的变化。欧拉法描述的是空间各点的状态及其与时间的关系。

6. 定态流动

运动空间各点的状态不随时间而变化，则该流动称为定态流动。

7. 轨线与流线

轨线是某一流体质点的运动轨迹，描述的是同一质点在不同时间的位置，是采用拉格朗日法考察流体运动所得的结果；流线为同一瞬间不同质点的速度方向的连线，流线上各点的切线表示同一时刻各点的速度方向，是采用欧拉法考察流体运动的结果。

流线不能相交，因为同一流体质点不能有两个速度方向。

8. 系统与控制体

封闭系统是包含众多流体质点的集合，系统与外界可以存在力的作用与能量的交换，但没有质量交换，系统是采用拉格朗日法考察流体；控制体是划定一固定的空间体积来考察流体，流体可以自由进出控制体，控制体与外界也可以有能量的交换，控制体是采用欧拉法考察流体。

9. 流体机械能守恒知识导图

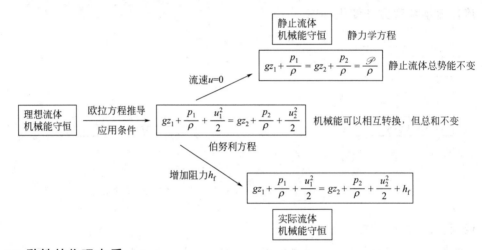

10. 黏性的物理本质

黏性的物理本质是分子微观运动（即分子间的引力和分子间的碰撞）的一种宏观表现。

11. 理想流体与实际流体的区别

黏性等于零（$\mu = 0$）的流体称为理想流体，黏性不为零（$\mu \neq 0$）的流体称为实际流体。理想流体和实际流体的速度分布见图 1-1 和图 1-2。

图 1-1　理想流体在管内的速度分布　　　　图 1-2　实际流体在管内的速度分布

12. 牛顿黏性定律 $\tau = \mu \dfrac{\mathrm{d}u}{\mathrm{d}y}$

牛顿黏性定律指出，剪应力 τ 与法向速度梯度 $\dfrac{\mathrm{d}u}{\mathrm{d}y}$ 成正比，与法向压力无关。服从牛顿黏性定律的流体，称为牛顿型流体。气体与多数液体均属此类流体。牛顿黏性定律表明，流体受到剪切力必运动。对于不服从牛顿黏性定律的流体称为非牛顿型流体。

黏度 μ 单位：Pa·s，1Pa·s=10P（泊）=1000cP（厘泊）。理想流体黏度为零。常温下水的黏度为 1mPa·s。

黏度与物性和温度有关，液体黏度随温度上升而减小，气体黏度随温度上升而增加。

运动黏度 $\nu=\dfrac{\mu}{\rho}$，ν 的单位：m^2/s。

13. 总势能和虚拟压强

位能与压强能之和为总势能，以符号 $\dfrac{\mathscr{P}}{\rho}$ 表示。$\dfrac{\mathscr{P}}{\rho}=gz+\dfrac{p}{\rho}$。

$\mathscr{P}$ 为虚拟压强，其表达式 $\mathscr{P}=\rho gz+p$，单位与压强相同。同种静止流体各点的虚拟压强处处相等。由于 $\mathscr{P}$ 的大小与密度 ρ 有关，在使用虚拟压强时，必须注意所指定的流体种类。

14. 静止流体受力平衡的研究方法

其研究方法归纳起来有三点：①取控制体；②作力的衡算；③结合本过程的特点，解微分方程。

15. 静力学方程　$\dfrac{p_1}{\rho}+z_1g=\dfrac{p_2}{\rho}+z_2g$

静力学方程应用条件：①同种流体且不可压缩（气体压强变化不大时仍可用）；②流体静止（或等速直线流动的横截面——均匀流）；③重力场；④单连通。

压强单位：$1atm=1.013\times10^5Pa=760mmHg=10.33mH_2O$。

压强基准：表压=绝对压-大气压，真空度=大气压-绝对压。

压强数值用表压或真空度表示时，应分别注明，如：200kPa（表压），700mmHg（真空度）；若未注明，便视为绝对压力。记录真空度或表压时，应注明当地大气压；若未注明，可认为大气压强为1标准大气压。压力表读数就是表压，真空表读数就是真空度。压强在工程技术上常被称为压力。

16. 压差计

（1）U形压差计　如图 1-3 所示。

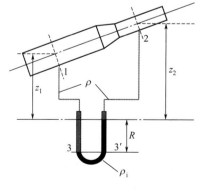

图 1-3　U形压差计

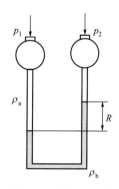

图 1-4　微差压差计

$$(p_1 + \rho g z_1) - (p_2 + \rho g z_2) = Rg(\rho_i - \rho)$$

$\mathscr{P} = \rho g z + p$，所以 $\mathscr{P}_1 - \mathscr{P}_2 = Rg(\rho_i - \rho)$

上式表明，当压差计两端的流体相同时，U 形压差计的读数 R 实际上并不是真正的压差，而是两点虚拟压强之差 $\Delta\mathscr{P}$。只有被测管道水平放置时，$\mathscr{P}_1 - \mathscr{P}_2 = p_1 - p_2$，U 形压差计才能直接测得两点的压差。

对于一般情况，压差由 $p_1 - p_2 = Rg(\rho_i - \rho) - \rho g(z_1 - z_2)$ 计算得到。当被测压差较小时，选择密度 ρ_i 指示液，减小 $(\rho_i - \rho)$，使读数 R 在适宜的范围内。

（2）倒置 U 形管压差计　当指示剂密度 ρ_i 小于被测液体密度 ρ 时，可用倒置 U 形管压差计测量流体的压差。

$$\mathscr{P}_1 - \mathscr{P}_2 = Rg(\rho - \rho_i)$$

（3）微差压差计　当被测压差较小，读数 R 也比较小，可用微差压差计，如图 1-4。微差压差计内装两种密度相近且不互溶的指示剂 ρ_a、ρ_b，目的在于放大读数 R。

其两点压差可用 $p_1 - p_2 = (\rho_b - \rho_a)Rg$ 表示。

17. 质量守恒方程

也称连续性方程，其表达式为 $q_{m1} = q_{m2}$，$\rho_1 u_1 A_1 = \rho_2 u_2 A_2$。

不可压缩流体在圆管内流动时，则 $u_1 A_1 = u_2 A_2$，$u_1 d_1^2 = u_2 d_2^2$。

不可压缩流体在等径圆管内流动，则 $u_1 = u_2$，表明：不可压缩流体在均匀直管内作定态流动时，平均速度沿流程保持定值，并不因内摩擦而减速。

18. 伯努利方程

$$\frac{p_1}{\rho} + z_1 g + \frac{u_1^2}{2} = \frac{p_2}{\rho} + z_2 g + \frac{u_2^2}{2}，单位 J/kg。$$

伯努利方程的应用条件：①重力场，定态流动，不可压缩的理想流体沿流线满流流动。②无外加机械能或机械能输出。

伯努利方程取截面应注意几点：①所选取的考察面在均匀流段（图 1-5 所示）、垂直于流向，且只有一个未知数。②位能基准面选取管中心或容器液面（$z = 0$）。③大容器液面处 $u^2/2$ 可以忽略。

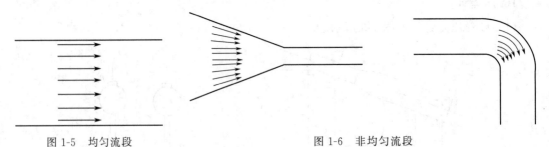

图 1-5　均匀流段　　　　　　　　　图 1-6　非均匀流段

伯努利方程的其他表达式：

$$\frac{p_1}{\rho g} + z_1 + \frac{u_1^2}{2g} = \frac{p_2}{\rho g} + z_2 + \frac{u_2^2}{2g}，单位 m，即每牛顿流体所具有的能量（焦耳）。$$

$\dfrac{p}{\rho g}$、z 和 $\dfrac{u^2}{2g}$ 分别称为压头、位头和速度头。

19. 伯努利方程的物理意义和几何意义

伯努利方程的物理意义：位能、压强能、动能，在流体流动中可相互转换，但其和保持不变。

伯努利方程的几何意义：位头、压头、速度头总高为常数。

20. 平均流速

平均流速以符号 $\bar{u}$ 表示，$\bar{u} = \dfrac{\displaystyle\int_A u\,\mathrm{d}A}{A}$，通常是按流量相等的原则来确定平均流速。水及一般液体的平均流速为 $1\sim3\mathrm{m/s}$，低压气体的平均流速 $8\sim15\mathrm{m/s}$，高压气体的平均流速 $15\sim25\mathrm{m/s}$。

21. 动能校正系数

平均动能应当是速度平方的平均值，它不等于平均速度的平方值。但在工程计算中希望使用平均速度来计算平均动能，故引入一动能校正系数 α，$\alpha = \dfrac{1}{\bar{u}^3 A}\displaystyle\int_A u^3\,\mathrm{d}A$，$\alpha$ 与速度分布形状有关。层流流动时的动能校正系数 α 为 2，湍流时的动能校正系数 α 接近 1。工程计算时，α 值可近似地取为 1。

22. 定态性与稳定性

定态性指的是有关运动参数随时间的变化情况，而稳定性则是系统对外界瞬间扰动的反应。一个系统如受到一个瞬时的扰动，使其偏离原有的平衡状态，而在扰动消失后，该系统能自动恢复原有平衡状态的就称该平衡状态是稳定的。反之，则称该平衡状态是不稳定的。

23. 流体流动阻力知识导图

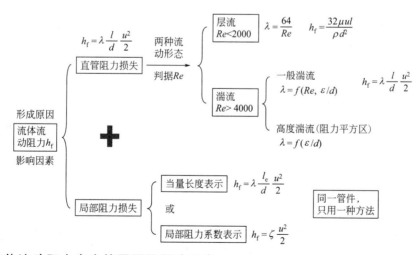

24. 流体流动阻力产生的原因及影响因素

流体具有黏性，流动时存在内部摩擦力是流动阻力产生的根本原因，固定的管壁或其他形状的固体壁面是流动阻力产生的条件。影响流动阻力大小的因素有：流体本身的物理性质、流体的流动状况、壁面的形状等。

25. 雷诺数

定义雷诺数 $Re = \dfrac{du\rho}{\mu} = \dfrac{dG}{\mu} = \dfrac{du}{\upsilon}$，$G = u\rho$，称为质量流速。$Re$ 是无量纲特征数，表示惯性力和黏性力之比。

Re 可作为流型的判据。当 $Re < 2000$ 时，为层流流动；当 $2000 < Re < 4000$ 时，称为过渡区，有时出现层流，有时出现湍流，依赖于环境。当 $Re > 4000$ 时，为湍流流动。

Re 将流动划分为三个区：层流区、过渡区、湍流区，但是只有两种流型：层流和湍流。

26. 层流和湍流的速度分布

在圆管内流动，层流和湍流的速度分布如图 1-7 和图 1-8 所示。层流时圆管截面上的速度呈抛物线分布，管中心流速最大，平均流速 $\bar{u} = 0.5u_{\max}$；湍流时靠管中心速度分布比层流时均匀得多，其平均速度约为最大流速的 0.8 倍，即 $\bar{u} \approx 0.8u_{\max}$。由于层流内层很薄，总体可认为湍流速度分布均匀。

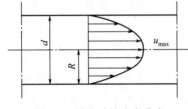
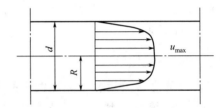

图 1-7　层流时的速度分布　　　　　　图 1-8　湍流时的速度分布

27. 层流和湍流的本质区别

湍流的基本特征是出现了速度、压强的脉动。当流体在管内层流时，只有轴向速度而无径向速度，微观的径向的分子运动已由黏性表达。层流和湍流的本质区别就是是否存在流体质点的脉动性。

28. 边界层

如图 1-9 所示，流体流动时，紧贴壁面上非常薄的一层，从近壁面处流速为 0 到流速为 99% 主体流速的流体之间的区域称为边界层。边界层以外的流动区域内流体速度梯度变化很小。

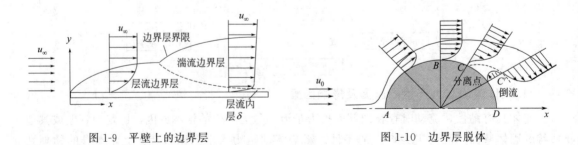

图 1-9　平壁上的边界层　　　　　　图 1-10　边界层脱体

29. 边界层分离现象

如图 1-10 所示，流体对圆柱形的绕流，在 AB 段，流道缩小，顺压强梯度，流体加速减压；BC 段，流道增加，逆压强梯度，流体减速增压；CC' 以上发生了边界层分离；CC' 以下，在逆压强梯度的推动下形成了倒流，产生大量旋涡。

由上所述，随着流道扩大，在逆压强梯度下，物体壁面附近的流体速度下降为零，形成了脱离物体的边界层，这种现象称为边界层分离现象。边界层分离导致旋涡的产生，增加了流动阻力和能耗。

30. 边界层分离的条件

边界层分离的条件为：逆压强梯度、流体具有黏性、外层动量来不及传入。平板和流线型物体不会发生边界层脱体，因为无逆压强梯度发生。

31. 量纲分析实验研究方法的主要步骤

量纲分析实验研究方法的主要步骤可归纳为以下三方面：①列出影响过程的主要因素；②将变量组合成无量纲数群，减少实验工作量；③数据处理，将实验结果正确表达。

32. 机械能衡算

黏性流体流动时因内摩擦而导致的机械能损耗，称为阻力损失，在机械能衡算时必须计入。机械能衡算方程（也称为实际流体的伯努利方程）：$\dfrac{p_1}{\rho}+z_1 g+\dfrac{u_1^2}{2}=\dfrac{p_2}{\rho}+z_2 g+\dfrac{u_2^2}{2}+\sum h_f$。其中 $\sum h_f$ 为管路中的流体从截面 1 至截面 2 的全部阻力损失。

33. 摩擦系数 λ、Re 和 ε/d 的关系

把摩擦系数 λ 与 Re 和相对粗糙度 ε/d 间的关系绘于双对数坐标内，得到 Moody 图。

层流时，λ 与 ε/d 无关。ε 为管壁粗糙度，ε 对 λ 值无影响。

湍流时，ε 对 λ 的影响相继出现。Re 值越大，层流内层越薄，越来越小的表面凸出物将暴露于湍流核心之中，而形成的阻力越大。

层流内层厚度设为 δ，如图 1-9 所示。

当 $\delta > \varepsilon$ 时，λ 与 Re 有关，与 ε/d 无关，称为水力光滑管；

当 δ 和 ε 相当时，λ 与 Re、ε/d 都有关；

当 $\delta < \varepsilon$ 时，λ 与 Re 无关，仅与 ε/d 有关，称为完全湍流粗糙管。同一根管子，随着 Re 的变化可以既是光滑管，又是粗糙管。

由 Moody 图可知，Re 增大，λ 减小，当 Re 增大到一定值，λ 不变。随着 Re 增大，ε/d 对 λ 的影响越来越大。

34. 阻力损失

经过管路的阻力损失有两种：直管阻力和局部阻力。

直管阻力（也称沿程阻力）——流体流经直管时所产生的阻力，是由于内部的黏性力导致的能量消耗。直管阻力损失体现在流体总势能的降低。

局部阻力——流体流经管路中的管件、阀门及管截面的突然扩大及缩小等局部地方所引起的阻力。

直管阻力损失沿程均匀分布，局部阻力损失集中于管阀件所在处。

流体在均匀直管中作定态流动，$u_1 = u_2$。

阻力损失 $h_f = \left(\dfrac{p_1}{\rho} + z_1 g\right) - \left(\dfrac{p_2}{\rho} + z_2 g\right) = \dfrac{\mathscr{P}_1 - \mathscr{P}_2}{\rho}$。

上式表明，阻力损失表现为流体势能的降低，即 $\dfrac{\Delta\mathscr{P}}{\rho}$ 的下降。

35. 直管阻力计算

直管阻力损失，无论是层流或湍流，均可表达为

$$h_f = \lambda \frac{l}{d} \frac{u^2}{2} \tag{①}$$

（1）层流时，根据泊谡叶方程，直管阻力 $h_f = \dfrac{32\mu u l}{\rho d^2}$，或者表达为 $h_f = \lambda \dfrac{l}{d} \dfrac{u^2}{2}$，此时 $\lambda = \dfrac{64}{Re}$，将流量公式 $q_V = \dfrac{\pi}{4} d^2 u$ 代入式①得：$h_f \propto \dfrac{u}{d^2} \propto \dfrac{q_V}{d^4}$。

（2）高度湍流时，λ 与 Re 无关，直管阻力 $h_f = \lambda \dfrac{l}{d} \dfrac{u^2}{2}$，同样将流量公式 $q_V = \dfrac{\pi}{4} d^2 u$ 代入式①得：$h_f \propto \dfrac{u^2}{d} \propto \dfrac{q_V^2}{d^5}$，高度湍流区也称为阻力平方区。

36. 局部阻力计算

局部阻力计算，采用局部阻力系数法或者当量长度法。

（1）局部阻力系数法 $h_f = \zeta \dfrac{u^2}{2}$，其中 ζ 为阻力系数。ζ 由实验测定，也可查表得到。

（2）当量长度法 $h_f = \lambda \dfrac{l_e}{d} \dfrac{u^2}{2}$，$l_e$ 为管件的当量长度，l_e 由实验测定，也可查管件和阀件的当量长度共线图表。

37. 突然扩大和突然缩小

突然扩大：由于流道突然扩大，下游压强上升，流体在逆压强梯度下流动，射流与壁面间出现边界层分离，产生旋涡，因此有能量损失。

突然缩小：流道缩小时，由于流体有惯性，流道将先继续收缩后再扩大。在流道扩大时，流体处于逆压强梯度下流动，也就产生了边界层分离和旋涡。突然缩小产生的边界层分离实质还是扩大引起的。

当截面积 A_1 与 A_2 相差大时，管道突然扩大，$\zeta = 1$；管道突然缩小，$\zeta = 0.5$。

无论管道突然扩大还是突然缩小，其阻力计算时都用小管流速，即 $h_f = \zeta \dfrac{u_{\text{小管}}^2}{2}$。

38. 管路中的总阻力计算

管路中的总阻力为直管阻力和局部阻力之和。

$$\sum h_f = \sum \left(\lambda \frac{l + l_e}{d} \frac{u^2}{2}\right) = \sum \left(\lambda \frac{l}{d} + \zeta\right) \frac{u^2}{2}$$

计算局部阻力时，可用局部阻力系数法，亦可用当量长度计算。但对同一管件，只可用其中一种方法计算，不能用两种方法重复计算。

阻力的单位有三种：①损失压降 $Pa=N/m^2$；②损失能量 J/kg；③损失压头 $J/N=m$。

39. 当量直径

非圆形管计算时，可用当量直径 d_e 代替圆管直径 d。

$$当量直径 \quad d_e = \frac{4 \times 管道截面积}{浸润周边} = \frac{4A}{\Pi}$$

40. 阻力对管路影响的分析

（1）简单管路 如图 1-11 所示，管路 AB 间装有一阀门。现将阀门关小，则

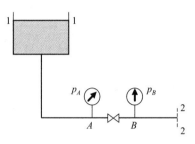

图 1-11 简单管路分析

① 阀门的阻力系数 ζ 增大，$h_{fA\text{-}B}$ 增大，出口及管内流量 q_V 减小；

② 在管段 1-A 之间考察，流量降低使 $h_{f1\text{-}A}$ 随之减小，A 处虚拟压强 $\mathscr{P}_A$ 将增大。因 A 点高度未变，$\mathscr{P}_A$ 的增大即意味着压强 p_A 的升高；

③ 在管段 B-2 之间考察，流量降低使 $h_{fB\text{-}2}$ 随之减小，虚拟压强 $\mathscr{P}_B$ 将下降。同理，$\mathscr{P}_B$ 的下降即意味着压强 p_B 的减小。

由此可引出如下结论：

① 任何局部阻力系数的增加将使管内流量下降；

② 下游阻力增大将使上游压强上升；

③ 上游阻力增大将使下游压强下降；

④ 阻力损失总表现为流体机械能的降低，在等管径中则为总势能的降低。

（2）分支管路 如图 1-12 所示，现将阀门 A 关小，ζ_A 增大，q_{V2} 下降。

① 考察整个管路，由于阻力增加而使总流量 q_{V0} 下降，$\mathscr{P}_0$ 上升；

② 在截面 0 至 3 间考察，$\mathscr{P}_0$ 的上升，ζ_B 不变，而使 q_{V3} 增加。

由此可知，关小阀门使所在的支管流量下降，与之平行的支管内流量上升，总流量减少。

若总管阻力为主，支管阻力可以忽略，$\mathscr{P}_0=\mathscr{P}_2$ 或 $\mathscr{P}_3$，阀 A 关小，q_{V2} 下降，q_{V3} 增加，总流量 q_{V0} 不变。

若总管阻力可以忽略，支管阻力为主，$\mathscr{P}_0=\mathscr{P}_1$。阀 A 关小，q_{V2} 下降，q_{V3} 不变。

显然，城市供水、煤气管线的铺设应尽可能属于这种情况。

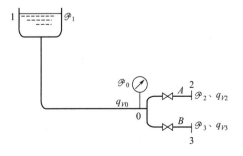

图 1-12 分支管路阻力影响

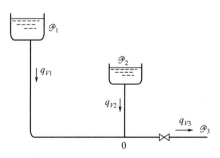

图 1-13 汇合管路阻力影响

（3）汇合管路　如图 1-13 所示，现将阀门关小，q_{V3} 下降，交汇点 0 虚拟压强 $\mathscr{P}_0$ 升高。此时 q_{V1}、q_{V2} 同时降低，但因 $\mathscr{P}_2 < \mathscr{P}_1$，$q_{V2}$ 下降更快。当阀门关小至一定程度，因 $\mathscr{P}_0 = \mathscr{P}_2$，致使 $q_{V2} = 0$；继续关小阀门则 q_{V2} 将作反向流动。

41. 管路计算知识导图

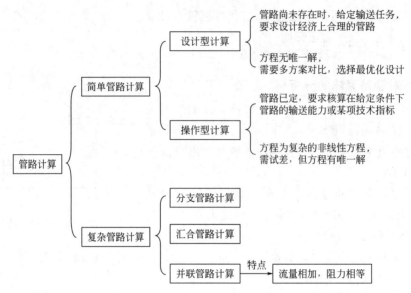

42. 管路计算

（1）简单管路计算　方程特点：

$$q_V = q_{V1} = q_{V2} = q_{V3}$$
$$h_{f总} = h_{f1} + h_{f2} + h_{f3}$$

注意各段阻力计算的 u、l、d、λ 可以不同，如图 1-14。

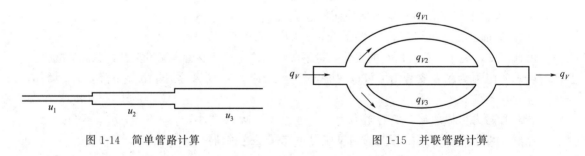

图 1-14　简单管路计算

图 1-15　并联管路计算

（2）复杂管路计算

① 并联管路（如图 1-15 所示）　方程特点：

$$q_V = q_{V1} + q_{V2} + q_{V3}$$
$$h_{f总} = h_{f1} = h_{f2} = h_{f3}$$

$h_f = \lambda \dfrac{l}{d} \dfrac{u^2}{2}$，因为阻力相等，所以 $\lambda_1 \dfrac{l_1}{d_1} \dfrac{u_1^2}{2} = \lambda_2 \dfrac{l_2}{d_2} \dfrac{u_2^2}{2} = \lambda_3 \dfrac{l_3}{d_3} \dfrac{u_3^2}{2}$，流量公式

$$q_V = \frac{1}{4} \pi d^2 u \Rightarrow u \propto \frac{q_V}{d^2}$$

所以并联管路流量之比 $q_{V1} : q_{V2} : q_{V3} = \sqrt{\dfrac{d_1^5}{\lambda_1 l_1}} : \sqrt{\dfrac{d_2^5}{\lambda_2 l_2}} : \sqrt{\dfrac{d_3^5}{\lambda_3 l_3}}$。

上述公式表明，并联管路中长而细的支管通过的流量小，短而粗的支管则流量大。

② 分支管路（如图 1-16 所示）　方程特点：

$$q_V = q_{V1} + q_{V2}$$

$$\frac{p_1}{\rho} + z_1 g + \frac{u_1^2}{2} = \frac{p_2}{\rho} + z_2 g + \frac{u_2^2}{2} + h_{f1\text{-}2}$$

$$\frac{p_1}{\rho} + z_1 g + \frac{u_1^2}{2} = \frac{p_3}{\rho} + z_3 g + \frac{u_3^2}{2} + h_{f1\text{-}3}$$

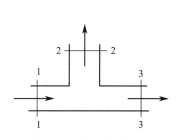

图 1-16　分支管路计算

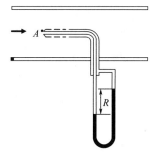

图 1-17　毕托管示意图

43. 毕托管

毕托管测点速度

$$u_A = \sqrt{\frac{2gR(\rho_i - \rho)}{\rho}}$$

如图 1-17 所示，式中，u_A 为测速管所在位置流体的流速；R 为压差计读数；ρ_i 和 ρ 分别为 U 形压差计中指示液的密度和被测流体密度。A 点压强最大，称为驻点压强。

特点：适于测量大直径气体管道内的气速，但不能直接测量流量（测定的是点速度），且一般压强差的读数小。

44. 孔板流量计

特点：恒截面、变压差、变流速。

流量 $q_V = C_0 A_0 \sqrt{\dfrac{2\Delta \mathscr{P}}{\rho}}$，其中 $\Delta \mathscr{P} = R(\rho_i - \rho) g$，式中，$C_0$ 为孔板的流量系数，需由实验测定。A_0 为孔口面积。

影响流量系数 C_0 的因素：面积之比 m、雷诺数 Re_d、取压位置、孔口的形状、加工精度等，C_0 值大多在 $0.6 \sim 0.7$ 之间。当 Re_d 增大到一定值后，C_0 不再随 Re_d 而变，成为一个仅决定于面积之比 m 的常数。选用孔板流量计时应尽量使常用流量时的 Re_d 在该范围内。

优点：构造简单，制造和安装方便。

缺点：机械能损失（称之为永久损失）大，当 $d_0/d_1 = 0.2$ 时，永久损失约为测得压差的 90%，$d_0/d_1 = 0.5$ 时，永久损失为测得压差的 75%。

所以孔板流量计的读数是以机械能损失为代价的。

$$h_f = \zeta \frac{u_0^2}{2} = \zeta C_0^2 \frac{Rg(\rho_i - \rho)}{\rho}$$

为了避免孔板流量计的突然缩小和突然扩大，设计成渐缩渐扩管的文丘里管，文丘里管的流量系数 C_V 约为 $0.98 \sim 0.99$，阻力损失（J/kg）降为 $h_f = 0.1 u_0^2$ 式中，u_0 为喉孔流速，m/s。

45. 转子流量计

特点：恒流速、恒压差、变截面。

流量

$$q_V = C_R A_0 \sqrt{\frac{2V_f(\rho_f - \rho)g}{\rho A_f}}$$

式中，A_f 为转子截面积；V_f 为转子体积；ρ_f 为转子的密度；C_R 为转子流量计的校正系数，与转子形状及 Re 有关。

转子流量计出厂时用20℃的水或20℃、101.3kPa的空气进行标定。当被测流体与上述条件不符时，应进行刻度换算。公式如下：

$$\frac{q_{V,B}}{q_{V,A}} = \sqrt{\frac{\rho_A(\rho_f - \rho_B)}{\rho_B(\rho_f - \rho_A)}} \quad 或 \quad \frac{q_{m,B}}{q_{m,A}} = \sqrt{\frac{\rho_B(\rho_f - \rho_B)}{\rho_A(\rho_f - \rho_A)}}$$

式中，$q_{V,A}$、$q_{m,A}$、ρ_A 分别为标定流体（水或空气）的体积流量、质量流量和密度；$q_{V,B}$、$q_{m,B}$、ρ_B 分别为被计量液体或气体的体积流量、质量流量和密度。

优点：读取流量方便，流体阻力小，测量精确度较高，能用于腐蚀性流体的测量；流量计前后无须保留稳定段。阻力损失 $h_f = \zeta \frac{u_0^2}{2}$ 为常数。

缺点：玻璃管易阻塞，且不耐高温、高压。

46. 非牛顿流体特性

非牛顿流体的黏度不再为一常数而与剪切率有关，如图1-18所示。

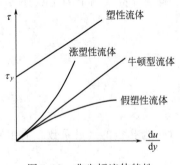

图 1-18 非牛顿流体特性

假塑性：剪切率增高，黏度下降，也称剪切稀化现象。

涨塑性：剪切率增高，黏度增大。

塑性的力学特征：当施加的剪应力大于某一临界值（屈服应力），流体开始流动。

依时性：指非牛顿流体受力产生的剪切率与剪切力的作用时间有关。

（1）触变性：当一定的剪应力所作用的时间足够长后，剪切率增大，黏度减小直至达到定态的平衡值的行为。例：圆珠笔油、涂料等人为制成具有触变性，涂写方便，静止不流。

（2）震凝性：黏度随剪切力作用时间延长而增大的行为。

（3）黏弹性：液体不但有黏性，还表现为明显的弹性。爬杆效应、挤出胀大、无管虹吸均属于黏弹性特点。

第二节 工程知识与问题分析

Ⅰ.基础知识解析

1.什么是连续性假定？质点的含义是什么？

答：假定流体是由大量质点组成的、彼此间没有间隙、完全充满所占空间的连续介质。质点是含有大量分子的流体微团，其尺寸远小于设备尺寸，但比起分子自由程却要大得多。

2.描述流体的拉格朗日法和欧拉法有什么不同？

答：前者描述同一质点在不同时刻的状态；后者描述同一时刻空间任意固定点的状态。

3.黏性的物理本质是什么？为何温度上升，气体黏度上升、液体黏度下降？

答：黏性的物理本质是分子间的引力和分子的热运动。通常气体的黏度随温度上升而增大，因为气体分子间距离较大，以分子的热运动为主；温度上升，热运动加剧，黏度上升。液体的黏度随温度增加而减小，因为液体分子间距离较小，以分子间的引力为主，温度上升，分子间的引力下降，黏度下降。

4.静压强有什么特性？

答：静压强的特性：①静止流体中任意界面上只受到大小相等、方向相反、垂直于作用面的压力；②作用于任意点所有不同方位的静压强在数值上相等；③压强各向传递。

5.什么是均匀分布？什么为均匀流段？

答：均匀分布指流体速度分布大小均匀；均匀流段则指流体速度方向平行、无迁移加速度。

6.伯努利方程的应用条件有哪些？

答：伯努利方程的应用条件是重力场下、不可压缩、理想流体作定态流动，流体微元与其他微元或环境没有能量交换时，同一流线上的流体间机械能的关系。

7.层流和湍流的本质区别是什么？

答：两者的本质区别在于是否存在流体速度 u、压强 p 的脉动性，即是否存在流体质点的脉动性。湍流的基本特征是出现了速度或压强的脉动。

8.何谓泊稷叶方程？其应用条件有哪些？

答：泊稷叶方程 $\Delta p = 32\mu u l / d^2$。其应用条件为：流体不可压缩、直圆管中作定态层流流动。

9.什么是水力光滑管？什么是完全湍流粗糙管？同一根管子是否既可以是水力光滑管，也可以是完全湍流粗糙管？

答：当管道壁面凸出物高度低于层流内层厚度，体现不出粗糙度对阻力损失的影响时，称为水力光滑管。当 Re 很大，λ 与 Re 无关时，称为完全湍流粗糙管。同一根管子既可以是水力光滑管，也可以是完全湍流粗糙管。当 Re 从小变大时，λ 与 Re 和相对粗糙度有关、再发展到与 Re 无关，则同一根管子从水力光滑管变化到了完全湍流粗糙管。

10.简述边界层的概念，边界层脱体造成的后果是什么？

答：流速降为来流速度99%以内的区域称为边界层。边界层脱体造成的后果是，产生大量的旋涡，造成较大的能量损失。

11.非牛顿流体中，塑性流体的特点是什么？

答：塑性流体的特点是只有当施加的剪应力大于某一临界值之后才开始流动，该临界值称为屈服压力（含固体量较多的悬浮体）。

12.非牛顿流体中，什么是剪切稀化现象？

答：在剪切率范围内，剪切率增高，黏度下降，称为剪切稀化现象，该流体称为假塑性流体。

Ⅱ. 工程知识应用

1.转子流量计流量为 q_{V1} 时，通过流量计前后的压降为 Δp_1，当流量 $q_{V2} = 2q_{V1}$ 时，则相应的压降 Δp_2 如何变？说明原因。

分析：当转子流量计的流量增加时，压降 Δp_2 不变。因为转子流量计的特点是恒压差。

2.当理想流体流经下列两种物体时（如图 1-19），哪个会出现边界层分离，为什么？

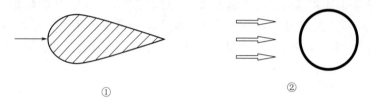

图 1-19　分析题 2 附图

分析：边界层分离的条件是流体有黏性，流动过程出现逆压强梯度，外层动量来不及传入。由于本题是理想流体，没有黏性，所以均不会出现边界层分离。

3.请指出图 1-20 中各标号所对应的曲线为何种非牛顿流体。

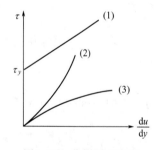

图 1-20　分析题 3 附图

分析：（1）宾汉流体（塑性流体）；

（2）涨塑性流体；

（3）假塑性流体。

4.在甲地操作的苯乙烯精馏塔塔顶的真空度为 $8.53 \times 10^4 \mathrm{Pa}$，问在乙地操作时，如果维持相同的绝对压强，真空表的读数应为多少？已知甲地的大气压强为 $9.48 \times 10^4 \mathrm{Pa}$，乙地的大气压强为 101.33kPa。

分析：（1）根据当地的条件，先求出甲地操作时塔顶的绝对压强。

绝对压强＝当地大气压－真空度＝$9.48 \times 10^4 - 8.53 \times 10^4 = 0.95 \times 10^4 \mathrm{Pa}$

（2）在乙地操作时，要维持相同的绝压，则

真空度＝当地大气压－绝对压强＝$101.33 \times 10^3 - 0.95 \times 10^4 = 9.18 \times 10^4 \mathrm{Pa}$

5.如图 1-21 静止盛水容器中，U 形压差计的指示剂为四氯化碳时，压差计读数为 R，当指示剂改用水银时，读数为 R'。比较 R 和 R' 的读数大小。

分析：由于容器中的液体静止，由静力学知识可知，静止流体总势能处处相等，即 $\mathscr{P} =$ 常数，$\Delta\mathscr{P} = 0$。读数 R 与 $\Delta\mathscr{P}$ 的关系为：$\Delta\mathscr{P} = Rg(\rho_i - \rho)$，所以无论何种指示剂，$R = 0$。

6.如图 1-22（a）所示两容器与一水银压差计用橡皮管相连，此二容器及接管中均充满水，读数 $R = 650\mathrm{mm}$，试求：p_1 与 p_2 的差值。现将此二容器改为图（b）位置，若读数 R' 不变，则 p_1、p_2 的压差是多少？

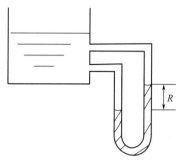
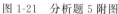

图 1-21　分析题 5 附图

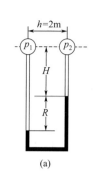
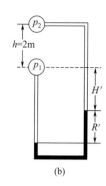

(a)　　　　(b)

图 1-22　分析题 6 附图

分析：图 (a)：$\Delta \mathscr{P} = p_1 - p_2 = (\rho_i - \rho)gR = (13600 - 1000) \times 9.81 \times 0.65 = 8.034 \times 10^4 \, \text{Pa}$

图 (b)：$\Delta \mathscr{P} = (p_1 - p_2) - \rho gh = (\rho_i - \rho)gR'$

$(p_1 - p_2) = (\rho_i - \rho)gR + \rho gh = 8.034 \times 10^4 + 1000 \times 9.81 \times 2 = 9.996 \times 10^4 \, \text{Pa}$

7. 如图 1-23 倒 U 形压差计测定管道中水的压差，指示剂为油，现改指示剂为空气（水的流向不变），则 R （　　）。

A. 增大；　　　　　　　　　　B. 变小；

C. 不变；　　　　　　　　　　D. R 不变，但倒 U 形压差计中左侧液位高于右侧。

分析：倒 U 形压差计 $\Delta \mathscr{P} = (\rho - \rho_i)gR$，指示剂由油改为空气，指示剂密度 ρ_i 减小，$(\rho - \rho_i)$ 增大，但是不影响 $\Delta \mathscr{P}$ 的大小。所以只有 R 减小才能保持两端压差不变。因此选 B。

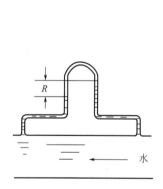

图 1-23　分析题 7 附图

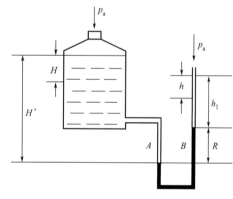

图 1-24　分析题 8 附图

8. 如图 1-24 有一敞口储油罐，为测定其油面高度，在罐下方装一 U 形管压差计。油的密度 ρ_1 为 800kg/m³，指示液为汞，在压差计 B 侧指示液上充以高度为 300mm 的同一种油，当储油罐充满油时，U 形压差计读数 R 为 250mm，油面高度 H' 为多少？当储油量减少、油罐内油面下降高度 0.55m 时，U 形压差计读数 R' 为多少？

分析：假设当油罐充满油时，油面至 U 形压差计之间的液面差为 H'（如图所示）

$\rho_1 = 800 \text{kg/m}^3$，$\rho_2 = 13600 \text{kg/m}^3$，充满油时：$H'\rho_1 g = R\rho_2 g + h_1 \rho_1 g$

$H' \times 800 = 0.25 \times 13600 + 0.3 \times 800$，$H' = 4.55 \text{m}$

当油罐液面下降 0.55m 时，设 U 形压差计右侧下降高度为 h，则 U 形压差计指示液的液面差将变为 $(R - 2h)$。

油面下降 H 以后：$(H'-H-h)\rho_1 g=(R-2h)\rho_2 g+h_1\rho_1 g$

$(4.55-0.55-h)\times 800=(0.25-2h)\times 13600+0.3\times 800$, $h=0.017\text{m}$

$R'=R-2h=0.25-2\times 0.017=0.216\text{m}$

9. 如图 1-25 所示，管中的水处于（　　　）。

　A. 静止；　　　　　　B. 向上流动；　　　　　　C. 向下流动；　　　　　　D. 不一定。

分析：（1）假设流体向上流动，AB 两截面根据能量守恒定律：

$\dfrac{p_A}{\rho}+\dfrac{u_A^2}{2}=\dfrac{p_B}{\rho}+gh+\dfrac{u_B^2}{2}+h_{fAB}$，由图已知压力表读数相等即 $p_A=p_B$，根据方程得到 $u_A>u_B$。但从图可知 A 段的截面大于 B 段，按照质量守恒定律，$u_A<u_B$。与假设矛盾。

（2）假定流体静止，则 $p_A=p_B+\rho gh$，与已知条件压力表读数相等即 $p_A=p_B$ 矛盾。

（3）假定流体向下流动，则 $\dfrac{p_B}{\rho}+gh+\dfrac{u_B^2}{2}=\dfrac{p_A}{\rho}+\dfrac{u_A^2}{2}+h_{fBA}$，可行，阻力损失消耗了势能和部分动能。因此，选择 C。

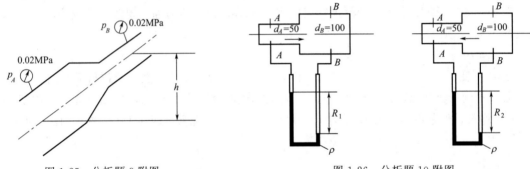

图 1-25　分析题 9 附图　　　　　　　　　图 1-26　分析题 10 附图

10. 水在图 1-26 所示管道中流动，流量为 q_V，$2d_A=d_B$，从 A 流向 B 的阻力系数 $\zeta_1=0.56$，从 B 流向 A 的阻力系数 $\zeta_2=0.42$，压差计指示液为汞，问 R_2/R_1 及指示液高低？

分析：因为 $2d_A=d_B$，根据质量守恒定律，$d_A^2 u_A=d_B^2 u_B$，所以，$u_A=4u_B$。

A 到 B 列伯努利方程，$\dfrac{p_A}{\rho}+\dfrac{u_A^2}{2}=\dfrac{p_B}{\rho}+\dfrac{u_B^2}{2}+\zeta_1\dfrac{u_A^2}{2}$

$\dfrac{p_A}{\rho}-\dfrac{p_B}{\rho}=\dfrac{u_A^2}{32}-\dfrac{u_A^2}{2}+0.56\times\dfrac{u_A^2}{2}=-0.1889u_A^2$

$p_A-p_B=R_1 g(\rho_i-\rho)=-0.1889u_A^2\rho$

$R_1=-0.1889u_A^2\rho/[g(\rho_i-\rho)]$，由此可知，$R_1<0$，指示液左高右低。

B 到 A，$\dfrac{p_B}{\rho}+\dfrac{u_B^2}{2}=\dfrac{p_A}{\rho}+\dfrac{u_A^2}{2}+\zeta_2\dfrac{u_A^2}{2}$，局部阻力 $h_f=\zeta\dfrac{u^2}{2}$ 中速度 u 为小管速度

$\dfrac{p_B}{\rho}-\dfrac{p_A}{\rho}=\dfrac{u_A^2}{2}-\dfrac{u_B^2}{2}+0.42\times\dfrac{u_A^2}{2}=0.6787u_A^2$

$p_B-p_A=R_2 g(\rho_i-\rho)=0.6787u_A^2\rho$

$R_2=0.6787u_A^2\rho/[g(\rho_i-\rho)]$，$R_2>0$，指示液如图左高右低。

$\left|\dfrac{R_2}{R_1}\right|=\dfrac{0.6787}{0.1889}=3.6$

11. 水在图 1-27 所示管道中流动，流量为 $20\text{m}^3/\text{h}$，A、B 两截面的内径分别为 $d_A=50\text{mm}$，$d_B=80\text{mm}$，A、B 两截面的压强计读数分别为 $p_A=58.5\text{kPa}$，$p_B=60\text{kPa}$，那么水的流动方向是从 _____ 流向 _____，判断的依据是 _____。（A、B 两截面间只计突然扩大或突然缩小的阻力损失）

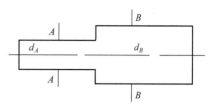

图 1-27　分析题 11 附图

分析：依据机械能衡算式

$$\frac{p_A}{\rho}+\frac{u_A^2}{2}=\frac{p_B}{\rho}+\frac{u_B^2}{2}+\sum h_f$$

$$u_A=\frac{q_V}{0.785d_A^2}=\frac{20/3600}{0.785\times0.05^2}=2.83\text{m/s}$$

$$u_Ad_A^2=u_Bd_B^2,\ 2.83\times0.05^2=u_B\times0.08^2,\ u_B=1.11\text{m/s}$$

若 $\sum h_f$ 为正，则水由 A 流向 B；若 $\sum h_f$ 为负，则水由 B 流向 A。

$$\sum h_f=\left(\frac{u_A^2}{2}-\frac{u_B^2}{2}\right)-\frac{p_B-p_A}{\rho}=\frac{2.83^2-1.11^2}{2}-\frac{(60-58.5)\times10^3}{1000}=1.89\text{J/kg}>0$$

所以水的流向从 A 流向 B。

12. 套管由 $\phi57\times2.5\text{mm}$ 和 $\phi19\times2\text{mm}$ 的钢管组成，则环隙的流通截面积等于 _____ mm^2，润湿周边等于 _____ mm，当量直径等于 _____ mm。

分析：据题可知，小管外径 $d_1=19\text{mm}$，内径 $d_2=15\text{mm}$，大管外径 $D_1=57\text{mm}$，内径 $D_2=52\text{mm}$

环隙流通截面积 $A=\dfrac{1}{4}\pi(D_2^2-d_1^2)=0.785\times(52^2-19^2)=1839\ \text{mm}^2$

润湿周边 $\Pi=\pi(D_2+d_1)=3.14\times(52+19)=223\text{mm}$

当量直径 $d_e=\dfrac{4A}{\Pi}=\dfrac{4\times1839}{223}=33\text{mm}$

13. 当 20℃ 的甘油（$\rho=1261\text{kg/m}^3$，$\mu=1499\text{cP}$）在内径为 100mm 的管内流动时，若流速为 1.0m/s 时，其雷诺数 Re 为 _____，其摩擦阻力系数 λ 为 _____。

分析：雷诺数 $Re=\dfrac{du\rho}{\mu}=\dfrac{0.1\times1.0\times1261}{1499\times10^{-3}}=84.1$

因为流体在层流区，所以摩擦阻力系数 $\lambda=\dfrac{64}{Re}=\dfrac{64}{84.1}=0.761$。

14. 某液体在内径为 d_1 的管路中稳定流动，其平均流速为 u_1，当它以相同的体积流量通过某内径为 d_2（$d_2=d_1/2$）的管子时，流速将变为原来的 _____ 倍；流动为层流时，管子两端压力降 Δp 为原来的 _____ 倍；湍流时（完全湍流区）Δp 为原来的 _____ 倍。

分析：（1）体积流量 $q_V=\dfrac{1}{4}\pi d^2u$，$d_1^2u_1=d_2^2u_2$，又因为已知 $d_2=d_1/2$，所以 $u_2=4u_1$

（2）层流时，$\Delta p=\dfrac{32\mu ul}{d^2}$，$\dfrac{\Delta p_2}{\Delta p_1}=\dfrac{u_2d_1^2}{u_1d_2^2}=4\times2^2=16$

（3）完全湍流时，$\Delta p=\rho\lambda\dfrac{l}{d}\dfrac{u^2}{2}$，$\Delta p\propto\dfrac{u^2}{d}$，$\dfrac{\Delta p_2}{\Delta p_1}=\dfrac{u_2^2d_1}{u_1^2d_2}=4^2\times2=32$

15. 质量流量为 16200kg/h 的某水溶液在 $\phi50\times3$mm 的钢管中流过。已知溶液的密度 1186kg/m³，黏度为 2.3×10^{-3}Pa·s。该溶液的流动类型为_____。层流时的最大流速 u_{max} _____。

分析：（1）算出 Re 后即可判断流动类型

$$u=\frac{q_m}{A\rho}=\frac{\dfrac{16200}{3600}}{\dfrac{\pi}{4}\times(0.044)^2\times1186}=2.497\approx2.5\text{m/s}$$

$$Re=\frac{du\rho}{\mu}=\frac{0.044\times2.5\times1186}{2.3\times10^{-3}}=56722，\text{所以流型为湍流}$$

（2）层流时，Re 最大值为 2000，相应的流速即为 u_{max}

$$Re=\frac{du_{max}\rho}{\mu}，\text{代入已知值后}\ \frac{0.044\times1186u_{max}}{2.3\times10^{-3}}=2000，\text{解得}\ u_{max}=0.088\text{m/s}$$

16. 质量流量相同的两液体，分别流经同一均匀直管，已知：$\rho_1=2\rho_2$，黏度 $\mu_1=4\mu_2$，则 $Re_1=$_____Re_2。若流动皆为层流，则 $h_{f1}=$_____h_{f2}。若两流体流动均处于阻力平方区，则 $h_{f1}=$_____h_{f2}。

分析：质量流量 $q_m=\dfrac{1}{4}\pi d^2u\rho$，因为 q_m、d 相等，所以 $u_1\rho_1=u_2\rho_2$。

$$Re=\frac{du\rho}{\mu}，\ \mu_1=4\mu_2，\ \frac{Re_1}{Re_2}=\frac{\mu_2}{\mu_1}=\frac{1}{4}，\text{所以}\ Re_1=0.25Re_2$$

若流动为层流，$h_f=\dfrac{32\mu ul}{\rho d^2}$，则 $\dfrac{h_{f1}}{h_{f2}}=\dfrac{\mu_1u_1\rho_2}{\mu_2u_2\rho_1}$，又因为 $u_1\rho_1=u_2\rho_2$，且已知 $\rho_1=2\rho_2$，$\mu_1=4\mu_2$，则 $h_{f1}:h_{f2}=\mu_1\rho_2^2:\mu_2\rho_1^2=1$，所以 $h_{f1}=h_{f2}$。

若在阻力平方区，则 $h_f\propto u^2$，又因为 $\rho_1=2\rho_2$，$\dfrac{h_{f1}}{h_{f2}}=\dfrac{u_1^2}{u_2^2}=\left(\dfrac{\rho_2}{\rho_1}\right)^2=\dfrac{1}{4}$，所以 $h_{f1}=0.25h_{f2}$。

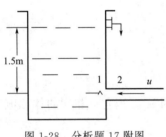

图 1-28　分析题 17 附图

17. 一敞口容器，底部有一进水管（如图 1-28 所示），容器水面距水管为 1.5m，容器内水面保持恒定，管内水的流速为 2.85m/s。水由水管进入容器，则 2 点的表压 $p_2=$ _____水柱。

分析：根据水的流向，由 2 至 1 列伯努利方程：$\dfrac{p_2}{\rho}+\dfrac{u_2^2}{2}=\dfrac{p_1}{\rho}+h_f$

2 至 1 流程很短，直管阻力可忽略，局部阻力考虑管子到容器的突然扩大，$h_f=\zeta_{出}\dfrac{u_2^2}{2}$，$\zeta_{出}=1$，代入伯努利方程得：$\dfrac{p_2}{\rho}+\dfrac{u_2^2}{2}=\dfrac{p_1}{\rho}+\dfrac{u_2^2}{2}$

由上述可知，2 点的压强同 1 点处的压强，如图 $p_1=1.5\text{mH}_2\text{O}$，所以 $p_2=1.5\text{mH}_2\text{O}$

Ⅲ. 工程问题分析

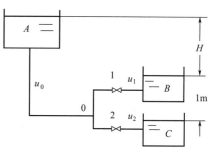

18. 如图 1-29 所示流程，A、B、C 皆为敞口容器，管径皆为 d，λ 均为定值。两根支管只考虑阀门阻力，且已知 $\zeta_1 = 1$，$\zeta_2 = 36$。今只将阀门 1 关小（其他不变），使 $\zeta_1' = 23$。此时总管流速：$u_0' = 2u_1'$，则 $u_0' = $ _____ m/s。

图 1-29　分析题 18 附图

分析： 设容器 A 到容器 B 的垂直距离为 H，

$q_{V0} = q_{V1} + q_{V2}$，$q_V = \dfrac{1}{4}\pi d^2 u$，管径 d 均相等，所以 $u_0 = u_1 + u_2$

阀门 1 关小，使得 $u_0' = 2u_1'$，$u_0' = 2u_1' = u_1' + u_2'$，所以 $u_2' = u_1'$

由容器 A 至容器 B 列伯努利方程：$H = h_{fA0} + h_{f支管1}$　　　　　　①

由容器 A 至容器 C 列伯努利方程：$H + 1 = h_{fA0} + h_{f支管2}$　　　　　②

式②－式①得到：$1 = h_{f支管2} - h_{f支管1} = \zeta_2 \dfrac{u_2'^2}{2g} - \zeta_1' \dfrac{u_1'^2}{2g} = (36-23)\dfrac{u_2'^2}{2g}$

解得 $u_2' = 1.23\text{m/s}$，$u_0' = 2u_2' = 2.46\text{m/s}$

19. 如图 1-30 所示，敞口容器输水至某密闭容器，管路中有一阀门，阀的前后装有两压力表，读数分别为 p_A 和 p_B。现阀门开大，管路中的流量 _____，消耗在阀门上的阻力损失 h_{fAB} _____，p_A _____，p_B _____；若水流方向相反，阀门关小，则 h_{fAB} _____，p_A _____，p_B _____。（增大、减小、不变）

分析： 阀门开大，ζ 减小，流量增加，消耗在阀门上的阻力损失减小，h_{fAB} 减小。阻力减小，上游压强减小，下游压强增大，所以 p_A 减小，p_B 增大。

若水流方向相反，阀门关小，h_{fAB} 增大，此时 A 为下游，B 为上游，根据阻力增加，上游压强增大，下游压强减小的原则，p_A 减小，p_B 增大。

总结： 下游阻力增大将使上游压强上升，上游阻力增大将使下游压强下降。

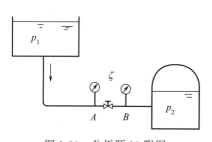

图 1-30　分析题 19 附图

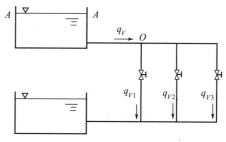

图 1-31　分析题 20 附图

20. 如图 1-31 管路系统，两敞口容器，水位恒定，总流量为 q_V，三个支管的阀门全部打开，阻力系数分别为 ζ_1、ζ_2、ζ_3。流量为 q_{V1}、q_{V2}、q_{V3}。现阀门 2 关小，总流量、各支管流量以及阻力如何变化？

分析： 阀门 2 关小，支管 2 流量 q_{V2} 减小、阻力增大。

由图可知，支管为并联管路，并联管路阻力相等。

$h_{f1} = h_{f2} = h_{f3}$，支管 2 阻力增大，支管 1 和支管 3 阻力也增大，$h_{f1} = \zeta_1 \dfrac{u_1^2}{2} = \zeta_3 \dfrac{u_3^2}{2}$，

阻力增大，但 ζ_1、ζ_3 阻力系数不变，所以 u_1、u_3 增大，q_{V1}、q_{V3} 相应也增大。

考察总流量 q_V 变化，高位槽液面 A 与总管 O 处列伯努利方程，设液面 A 到 O 的垂直距离为 z，$\dfrac{p_a}{\rho g}+z=\dfrac{p_O}{\rho g}+\dfrac{u^2}{2g}+\lambda\dfrac{l}{d}\dfrac{u^2}{2g}$，由于下游（支管）阻力增大，则上游压强 p_O 增大，A 槽的总势能不变，所以 u 减小，总流量 q_V 也减小。

总结： 并联管路，某一支管阀门关小，支管流量减小，总流量减小，其余支管流量增大。

21. 如图 1-32 所示，敞口容器液面保持不变，阀门 A 和 B 的阻力系数分别为 ζ_A 和 ζ_B，h_1 和 h_2 为连接管路的玻璃管显示的液面高度，现 ζ_B 不变，ζ_A 增大，h_1 _____，h_2 _____，(h_1-h_2) _____；若 ζ_A 不变，ζ_B 增大，h_1 _____，h_2 _____，(h_1-h_2) _____。（增大、减小、不变）

分析： ζ_A 增大，表明阀门 A 关小，则 u 减小，A 处阻力增大，下游压强减小。根据图示，h_1、h_2 位置处于 A 点下游，其数值反映下游的压强，所以 h_1、h_2 均减小。(h_1-h_2) 则反映 AB 段直管阻力损失，$(h_1-h_2)=\dfrac{\Delta P_{AB}}{\rho g}=\lambda\dfrac{l}{d}\dfrac{u^2}{2g}$，$u$ 减小，所以 (h_1-h_2) 减小。

若 ζ_A 不变，ζ_B 增大，表明阀门 B 关小，则 u 减小，B 处阻力增大，上游压强增大。根据图示，此时 h_1、h_2 位置处于 B 点上游，其数值反映上游的压强，所以 h_1、h_2 均增大。因为 u 减小，所以 AB 段直管阻力损失减小，(h_1-h_2) 也减小。

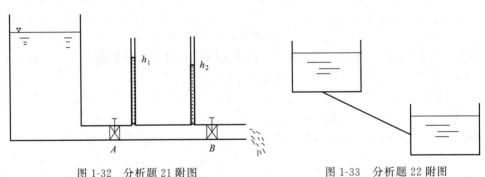

图 1-32　分析题 21 附图　　　　图 1-33　分析题 22 附图

22. 如图 1-33 所示的管路系统，管长为 l（包括局部阻力的当量长度，下同），管径为 d 时，流量为 q_V。今用两根长度均与原管长 l 相同，而管径为 $d/2$ 的管子并联取代原来管子后，总流量为 q_V'，则（　　）（设 λ 为常数）。

A. $q_V' \approx q_V$；B. $q_V' \approx 1/2 q_V$；C. $q_V' \approx 1/3 q_V$；D. $q_V' \approx 1/4 q_V$。

分析： 原管路系统阻力，$\dfrac{\Delta P}{\rho}=\sum h_f=\lambda\dfrac{l}{d}\dfrac{u^2}{2}$，$q_V=\dfrac{1}{4}\pi d^2 u$，则 $\sum h_f=\dfrac{8\lambda l q_V^2}{\pi^2 d^5}$。

现用两根管子并联取代原管，长度 l 相同，管径 d' 为 $d/2$，设总流量为 q_V'，则支管流量为 $q_V'/2$，新系统支管阻力：$\sum h_f=\dfrac{8\lambda l(q_V'/2)^2}{\pi^2(d/2)^5}$。

两个管路系统总势能 $\dfrac{\Delta P}{\rho}$ 不变，所以阻力相同。

$\sum h_f=\dfrac{8\lambda l\ (q_V'/2)^2}{\pi^2\ (d/2)^5}=\dfrac{8\lambda l q_V^2}{\pi^2 d^5}$，所以 $\dfrac{q_V}{q_V'}\approx 3$，选 C。

23. 在如图 1-34 所示的输水系统中,阀 A、B 和 C 全开时,各管路的流速分别为 u_A、u_B 和 u_C,现将 B 阀关小,则各管路流速的变化应为(　　　)。

A. u_A 不变,u_B 变小,u_C 变小;

B. u_A 变大,u_B 变小,u_C 不变;

C. u_A 变大,u_B 变小,u_C 变小;

D. u_A 变小,u_B 变小,u_C 变小。

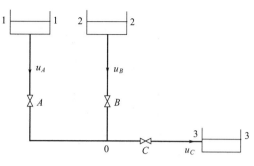

图 1-34　分析题 23 附图

分析:如图的管路系统,高位槽敞口容器压强均为大气压,因此两高位槽可以当作并联管路。B 阀关小,u_B 变小,另一支管 u_A 变大,总管路 u_C 变小。所以选择 C。

24. 某孔板流量计,当水流量为 q_V 时,U 形压差计读数 $R=200\text{mm}$($\rho_i=2000\text{kg/m}^3$),若改用 $\rho_i=3000\text{kg/m}^3$ 的指示液,且水流量加倍,则此时读数 R' 为 _____ mm。

分析:孔板流量计公式

$$q_V = C_0 A_0 \sqrt{\frac{2Rg(\rho_i-\rho)}{\rho}} \qquad ①$$

根据题意,新工况指示液密度增大,水流量加倍,但小孔面积和流量系数不变。

$$2q_V = C_0 A_0 \sqrt{\frac{2R'g(\rho_i'-\rho)}{\rho}} \qquad ②$$

比较式①和式②,$R'(\rho_i'-\rho)=4R(\rho_i-\rho)$,$R'(3000-1000)=4\times200\times(2000-1000)$,$R'=400\text{mm}$。

所以改用 $\rho_i=3000\text{kg/m}^3$ 的指示液,且水流量加倍后读数 R' 为 400mm。

25. LZB-40 转子流量计,出厂时用 20℃ 空气标定流量范围为 $5\sim50\text{m}^3/\text{h}$,现拟用以测定 50℃ 的空气,则空气流量值比刻度值 _____,校正系数为 _____,实际流量范围为 _____ m^3/h。

分析:根据转子流量计换算公式,$\dfrac{q_V'}{q_V}=\sqrt{\dfrac{\rho(\rho_f-\rho')}{\rho'(\rho_f-\rho)}}$,由于转子的密度 $\gg$ 空气的密度,所以 $\dfrac{q_V'}{q_V}=\sqrt{\dfrac{\rho}{\rho'}}$,查得 20℃ 空气密度 $\rho=1.205\text{m}^3/\text{kg}$,50℃ 空气密度 $\rho'=1.093\text{m}^3/\text{kg}$,$\dfrac{q_V'}{q_V}=\sqrt{\dfrac{1.205}{1.093}}=1.05$,空气流量值比刻度值大,校正系数为 1.05,实际流量范围为 $5.25\sim52.5\text{m}^3/\text{h}$。

第三节　工程问题与解决方案

Ⅰ. 一般工程问题计算

【例 1-1】　静压强计算　如图 1-35 以复式水银压差计测量某密闭容器内的压强 p_5,复式水银压差计中为空气,以水银压差计底部为基准,各液面标高分别为 $z_1=1.8\text{m}$,$z_2=0.3\text{m}$,$z_3=1.5\text{m}$,$z_4=0.5\text{m}$,$z_5=2.2\text{m}$。试求:

(1) 容器内的压强 p_5 值,以 kPa (表压)表示。

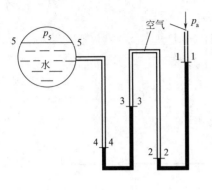

图 1-35　例 1-1 附图

(2) 若复式水银压差计中空气改为水，各液面标高不变，则压强 p_5' 等于多少？

解：(1) 复式水银压差计中为空气时，由于空气的 ρ 很小，因此空气段压强差可以忽略。

$$p_2=p_3,\quad p_a+\rho_i g(z_1-z_2)=p_2$$
$$p_3+\rho_i g(z_3-z_4)=p_5+\rho g(z_5-z_4)=p_4$$

所以，$p_a+\rho_i g(z_1-z_2)+\rho_i g(z_3-z_4)=p_5+\rho g(z_5-z_4)$

$$p_5-p_a=\rho_i g(z_1-z_2)+\rho_i g(z_3-z_4)-\rho g(z_5-z_4)$$
$$=13600\times9.81\times(1.8-0.3+1.5-0.5)$$
$$-1000\times9.81\times(2.2-0.5)$$
$$=316863Pa(表)=316.86kPa(表)$$

(2) 复式水银压差计中间为水时，复式压差计中间水段的压强差不能忽略，即 $p_2\neq p_3$

$$p_a+\rho_i g(z_1-z_2)=p_2,p_2=p_3+\rho g(z_3-z_2)$$
$$p_3+\rho_i g(z_3-z_4)=p_5+\rho g(z_5-z_4)=p_4$$

所以，$p_2-\rho g(z_3-z_2)+\rho_i g(z_3-z_4)=p_5+\rho g(z_5-z_4)$

$$p_a+\rho_i g(z_1-z_2)-\rho g(z_3-z_2)+\rho_i g(z_3-z_4)=p_5+\rho g(z_5-z_4)$$
$$p_5-p_a=\rho_i g(z_1-z_2)-\rho g(z_3-z_2)+\rho_i g(z_3-z_4)-\rho g(z_5-z_4)$$
$$=\rho_i g(z_1-z_2+z_3-z_4)-\rho g(z_3-z_2+z_5-z_4)$$
$$=13600\times9.81\times2.5-1000\times9.81\times2.9=305091Pa(表)=305.09kPa(表)$$

讨论：复式水银压差计中为空气时，空气段压强差一般忽略不计。若复式水银压差计中间为水时，水段压强差不计，带来的误差为 $\dfrac{(316.86-305.09)}{305.09}\times100\%=3.9\%$。

【例 1-2】 复式 U 形压差计　如图 1-36 AB 两截面分别位于直管段内，在此两截面间装有复式 U 形压差计，指示剂为汞。复式 U 形压差计中的中间流体和直管内流体相同，密度为 $1000kg/m^3$，读数分别为 $R_1=150mm$、$R_2=200mm$。$\Delta p_{AB}=?$ 若管道倾斜，B 端比 A 端高出 1.5m，$\Delta p_{AB}'=?$（流动阻力忽略）

解：复式 U 形压差计，设顶点为 P，指示剂密度为 ρ_1，流体密度为 ρ。

$$\mathscr{P}_A-\mathscr{P}_P=(\rho_1-\rho)gR_1 \quad ①$$
$$\mathscr{P}_P-\mathscr{P}_B=(\rho_1-\rho)gR_2 \quad ②$$

①+②，得 $\mathscr{P}_A-\mathscr{P}_B=(\rho_1-\rho)g(R_1+R_2)$

由于管道水平放置，$\Delta p_{AB}=\Delta\mathscr{P}_{AB}$

所以 $\Delta p_{AB}=(\rho_1-\rho)g(R_1+R_2)=(13600-1000)\times9.81\times0.35=43.262kPa$

管道倾斜，B 端比 A 端高出 H 时，虚拟压差与高度无关，所以 R_1、R_2 不变。

又因为 $\mathscr{P}_A=p_A$，$\mathscr{P}_B=p_B+\rho gH$

所以 $\Delta\mathscr{P}_{AB}=p_A-p_B-\rho gH=(\rho_1-\rho)g(R_1+R_2)$

则 $\Delta p_{AB}=(\rho_1-\rho)g(R_1+R_2)+\rho gH=$

图 1-36　例 1-2 附图

$43262+1000\times9.81\times1.5=57.98\text{kPa}$

讨论：当被测压力差较大时，可采用复式 U 形压差计，其效果与单 U 形压差计一致。当压差计两端的流体相同时，U 形压差计的读数 R 实际上并不是真正的压差，而是两点虚拟压强之差 $\Delta\mathscr{P}$。只有被测管道水平放置时，U 形压差计才能直接测得两点的压差。

【例 1-3】 虚拟压强的计算 水流过倾斜扩大管，如图 1-37 所示，管子由 $\phi38\times2.5\text{mm}$ 逐渐扩至 $\phi54\times3.5\text{mm}$。A、B 两点的垂直距离为 0.2m。已知小管流速 2.6m/s。在两点间连接一 U 形压差计，指示剂的密度为 1420 kg/m^3，若扩大管 A-B 的阻力系数为 0.3，AB 段直管阻力忽略。试求：

(1) U 形管中两侧的指示剂液面哪侧高？

(2) 压差计读数 R。

(3) 若保持流量及其他条件不变，而将管路改为水平放置，则压差计的读数有何变化？

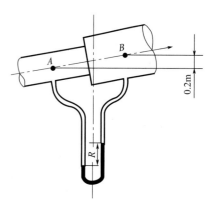

图 1-37　例 1-3 附图

解：(1) 管径 $d_A=38-5=33\text{mm}$，$d_B=54-7=47\text{mm}$。

$u_A=2.6\text{m/s}$，由质量守恒方程可得 $u_B=u_A\left(\dfrac{d_A}{d_B}\right)^2=2.6\times\left(\dfrac{0.033}{0.047}\right)^2=1.28\text{m/s}$

取 A、B 两个管截面列伯努利方程：

得 $\dfrac{\mathscr{P}_A}{\rho}+\dfrac{u_A^2}{2}=\dfrac{\mathscr{P}_B}{\rho}+\dfrac{u_B^2}{2}+h_\text{f}$，$h_\text{f}=\zeta\dfrac{u_A^2}{2}$

所以 $\Delta\mathscr{P}_{AB}=\rho\left(\dfrac{u_B^2}{2}+h_\text{f}-\dfrac{u_A^2}{2}\right)=1000\times\left(\dfrac{1.28^2}{2}+0.3\times\dfrac{2.6^2}{2}-\dfrac{2.6^2}{2}\right)$

$=1000\times(0.819-2.366)=-1547\text{N/m}^2<0$

说明压差计左侧的指示液面高于右侧。

(2) 利用 U 形压差计公式，$\Delta\mathscr{P}=Rg\,(\rho_\text{i}-\rho)$

$1547=R\times9.81\times(1420-1000)$，$R=0.375\text{m}$

U 形压差计读数 R 为 375mm。

(3) 保持流量及其他条件不变，仅管路改为水平放置，由于 u_A、u_B 不变，则 $\Delta\mathscr{P}_{AB}$ 也不变，由 $\Delta\mathscr{P}=Rg(\rho_\text{i}-\rho)$ 可知，R 值也不变。

讨论：U 形压差计的读数 R 是两点虚拟压强之差 $\Delta\mathscr{P}$，与管道位置无关，管道倾斜或者水平放置，其读数 R 不变，但是 AB 两端实际压强差与位置是有关的。

【例 1-4】 指示剂密度对 U 形压差计读数影响 如图 1-38 示，水以 1.2m/s 的流速稳定流过内径为 0.03m 管道。A、B 两端接一 U 形水银压差计，读数 R_1 为 20mm，B 端接一压强计，读数为 200mm，指示液密度为 1590kg/m^3。管道与压强计指示液面的距离 h 为 0.1m，管路摩擦系数为 0.03。求：

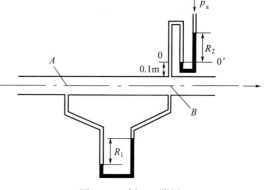

图 1-38　例 1-4 附图

（1）B 处的表压和 AB 段管道长度。

（2）若 U 形压差计和 B 端压强计的指示液密度均为 $1590kg/m^3$，U 形压差计读数 R_1 为多少？

解：（1）设水的密度为 ρ，压强计指示液密度为 ρ_i，U 形压差计指示液密度为 ρ_i'，则

$$p_B = p_a + \rho gh + \rho_i gR_2$$

$$p_B - p_a = 1000 \times 9.81 \times 0.1 + 1590 \times 9.81 \times 0.2 = 4100Pa$$

A、B 列机械能衡算式：$\dfrac{p_A}{\rho} = \dfrac{p_B}{\rho} + h_{fAB}$，$p_A - p_B = \rho h_{fAB} = \lambda \dfrac{l}{d} \dfrac{u^2}{2} \rho$

又因为 $p_A - p_B = R_1 g(\rho_i' - \rho) = 0.02 \times 9.81 \times (13600 - 1000) = 2472Pa$

所以 $p_A - p_B = \lambda \dfrac{l}{d} \dfrac{u^2}{2} \rho = 0.03 \times \dfrac{l}{0.03} \times \dfrac{1.2^2}{2} \times 1000 = 2472$，解得 $l = 3.43m$

（2）若 U 形压差计的指示液密度为 $1590kg/m^3$，指示液密度的变化不影响管道 AB 两端的压差。

$$p_A - p_B = R_1' g(\rho_i' - \rho) = R_1' \times 9.81 \times (1590 - 1000) = 2472Pa$$

$$R_1' = 0.427m = 427mm$$

讨论：压差一定，U 形压差计读数 R 与密度差 $(\rho_i' - \rho)$ 成反比，当被测压差较小时，可选择密度 ρ_i' 小的指示液，减小密度差，使读数 R 在适宜的范围内。本题中 U 形压差计密度从 $13600 kg/m^3$ 换成 $1590kg/m^3$，读数从 20mm 增大为 427mm，说明当 U 形压差计读数太小时，可考虑换密度小的指示剂。

【例 1-5】 黏度对层流流动的影响　密度为 $800kg/m^3$、黏度为 30cP 的油品，以 $16000kg^3/h$ 的质量流量在 $\phi108 \times 4mm$ 的水平管道内流过，在管路上 A 处流体静压强为 25kPa，若管路的局部阻力可略去不计，问距 A 处 100m 下游 B 处流体压强为多少（kPa）？由于温度降低，油品黏度为 45cP（假设密度不变），若维持输油管两端由流动阻力所引起的压强降 Δp 不变，则油品的质量流量为多少（kg/h）？

解：（1）$d_{内} = 108 - 2 \times 4 = 100mm$，$u = \dfrac{q_m/\rho}{\frac{\pi}{4}d_{内}^2} = \dfrac{16000/(800 \times 3600)}{0.785 \times 0.1^2} = 0.708m/s$

$$Re = \dfrac{d_{内} u\rho}{\mu} = \dfrac{0.1 \times 0.708 \times 800}{0.03} = 1888 < 2100，为层流$$

$$\lambda = \dfrac{64}{Re} = \dfrac{64}{1888} = 0.034$$

在管道 A 处和 B 处列伯努利方程：

$$\dfrac{p_1}{\rho} + gh_1 + \dfrac{u_1^2}{2} = \dfrac{p_2}{\rho} + gh_2 + \dfrac{u_2^2}{2} + h_f$$

由题意可知，$p_1 = 25kPa = 25 \times 1000Pa$

$h_1 = h_2$，$u_1 = u_2$，$h_f = \dfrac{32\mu ul}{\rho d^2} = \dfrac{32 \times 0.03 \times 0.708 \times 100}{800 \times 0.1^2} = 8.496J/kg$

所以　$\dfrac{p_1}{\rho} = \dfrac{p_2}{\rho} + h_f$，$\dfrac{25 \times 1000}{800} = \dfrac{p_2}{800} + 8.496$

得到　$p_2 = 18203Pa = 18.20kPa$

（2）现由于温度下降，油品黏度为 45cP

$$Re' = \frac{d_{内}u\rho}{\mu'} = \frac{0.1 \times 0.708 \times 800}{0.045} = 1259 < 2000，为层流$$

由于两种油品在管内均为层流流动，阻力仍服从泊谡叶方程 $h_f = \frac{\Delta p}{\rho} = \frac{32\mu u l}{\rho d^2}$

根据题意，输油管两端的压强降不变，即 $\Delta p_1 = \Delta p_2$

所以 $\dfrac{32\mu_1 u_1 l}{d^2} = \dfrac{32\mu_2 u_2 l}{d^2}$

$$\mu_1 u_1 = \mu_2 u_2 \qquad\qquad\qquad ①$$

$\mu_1 = 30\text{cP}$，$u_1 = 0.708\text{m/s}$，$\mu_2 = 45\text{cP}$，代入式① 得 $u_2 = 0.47\text{m/s}$。

此时流量为 $q_m = \frac{\pi}{4}d_{内}^2 u_2\rho = 0.785 \times 0.1^2 \times 0.47 \times 800 = 2.95\text{kg/s} = 10626\text{kg/h}$

讨论：温度对油的黏度影响比较大，温度降低，流体黏度上升，输送油品的质量流量将下降。若要增大流量，则应增加输送压差。

【例1-6】 管径变化对流体流动的影响 某流体在水平串联的直管1和直管2中流动，已知 $d_1 = d_2/2$，$l_1 = 10\text{m}$，$Re_1 = 1760$。今测得该流体流经管道1与流经管道2的压力降相等。试求：

(1) 管道2的长度为多少米？

(2) 若 $Re_1 = 3.5 \times 10^5$，管道1与管道2的相对粗糙度均为0.03，流经管道1与流经管道2的压力降相等，此时管道2的长度又为多少米？

答：(1) 串联管道流体流量相同，$A_1 u_1 = A_2 u_2$，因为 $d_1 = d_2/2$

所以 $\dfrac{u_2}{u_1} = \left(\dfrac{d_1}{d_2}\right)^2 = \left(\dfrac{1}{2}\right)^2 = 0.25$，$\dfrac{Re_1}{Re_2} = \dfrac{\frac{d_1 u_1 \rho}{\mu}}{\frac{d_2 u_2 \rho}{\mu}} = \dfrac{d_1 u_1}{d_2 u_2} = \dfrac{1}{2} \times \dfrac{1}{0.25} = 2$

$Re_2 = \dfrac{Re_1}{2} = \dfrac{1760}{2} = 880 < 2100$，管道2中仍为层流流动。

层流阻力 $h_f = \dfrac{32\mu l u}{\rho d^2}$，且已知压降($\Delta p = \rho h_f$)相等，所以 $\dfrac{h_{f2}}{h_{f1}} = \dfrac{l_2}{l_1} \times \dfrac{u_2}{u_1}\left(\dfrac{d_1}{d_2}\right)^2 = 1$

$l_2 = l_1 \dfrac{u_1}{u_2}\left(\dfrac{d_2}{d_1}\right)^2 = 10 \times 4 \times 2^2 = 160\text{m}$，故管道2的长度为160m。

(2) $Re_1 = 3.5 \times 10^5$，$Re_2 = \dfrac{Re_1}{2} = 1.75 \times 10^5$，湍流阻力 $h_f = \lambda \dfrac{l}{d}\dfrac{u^2}{2}$

管道1和管道2的相对粗糙度均为0.03，查Moody图，流动均在高度湍流区，所以摩擦系数λ相等。

由于流经管道1与流经管道2的压力降相等，$\dfrac{h_{f2}}{h_{f1}} = \dfrac{l_2}{l_1}\left(\dfrac{u_2}{u_1}\right)^2\dfrac{d_1}{d_2} = 1$

所以 $l_2 = l_1\dfrac{d_2}{d_1}\left(\dfrac{u_1}{u_2}\right)^2 = 10 \times 2 \times 4^2 = 320\text{m}$

故管道2的长度为320m。

讨论：相同流量作层流流动时，若管径加倍，同样的阻力降，流体在大管流过的距离是小管的16倍。若为高度湍流区，管径加倍，同样的阻力降，流体在大管流过的距离是小管的32倍。

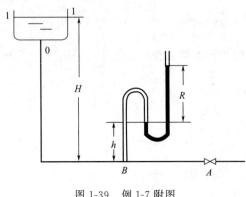

图 1-39   例 1-7 附图

【**例 1-7**】   **总势能恒定流量对阻力的影响**

如图 1-39 高位槽连接内径为 200mm 的钢管，A 阀控制水的出口流速，在 B 点连接一 U 形水银压差计。当 A 阀关闭时，水银压差计读数 $R=550$mm，$h=200$mm（水柱）。当 A 阀全开时，水银压差计读数 $R'=500$mm，压差计为等径玻璃管，从高位槽液面到 B 点的阻力损失为 4.67J/kg，求此时 h 为多少（mm）？管道内流量为多少？若 A 阀关小，定性分析 B 点的压强和总阻力损失的变化。（与 A 阀全开时比较）

解：A 阀关闭时，在 B 点列静力学方程可求出高位槽高度 H。

$$p_a + \rho g H = p_B, \quad p_B = p_a + \rho_i g R + \rho g h$$

$$H = \frac{\rho_i g R + \rho g h}{\rho g} = h + \frac{\rho_i}{\rho} R$$

$$= 200 + 550 \times \frac{13.6 \times 10^3}{1.0 \times 10^3} = 7680 \text{mm}$$

A 阀全开时，$\Delta R = \dfrac{R - R'}{2} = \dfrac{50}{2} = 25$mm $R' = 500$mm，$h' = h + \Delta R = 225$mm

此时 B 点的压强

$$p_B' = p_a + \rho_i g R' + \rho g h' = p_a + 13600 \times 9.81 \times 0.5 + 1000 \times 9.81 \times 0.225 = 68.9 \text{kPa （表压）}$$

由高位槽液面 1-1，到管道 B 列机械能衡算方程：

$$\frac{p_1}{\rho} + z_1 g + \frac{u_1^2}{2} = \frac{p_B}{\rho} + z_B g + \frac{u_B^2}{2} + h_f$$

其中 $p_1 = p_a$，$z_1 = H$，$u_1 = 0$，$z_B = 0$，$p_B' = 68.9$kPa（表），$h_f = 4.67$J/kg

化简得 $$Hg = \frac{p_B' - p_a}{\rho} + \frac{u_B^2}{2} + h_f$$

$$7.68 \times 9.81 = \frac{68.9 \times 10^3}{1000} + \frac{u_B^2}{2} + 4.67, \text{ 解得 } u_B = 1.88 \text{m/s}$$

$$q_V = \frac{1}{4} \pi d^2 u = 0.785 \times 0.2^2 \times 1.88 = 0.059 \text{m}^3/\text{s}$$

若 A 阀关小，流量减小，上游压强 p_B 增大。A 阀关小与全开时相比，流速 u 下降，总阻力损失增加。

讨论：阀门全关时为静力学问题，利用静力学方程求解；当阀门开启时，利用机械能衡算方程求解，同时考虑流体流动阻力。在总高 H 不变即总势能一定时，A 阀关小，流速 u 下降，故动能项 $\dfrac{u^2}{2}$ 减小，总阻力损失增加。

【**例 1-8**】   **流动形态对流动的影响**   液体密度 900kg/m³、黏度 75cP 的某种油品，以 120m³/h 的流量在连接两容器间的光滑管中流动，钢管直径 $\phi 114 \times 4.5$mm，总长为 15m（包括局部当量长度）（如图 1-40 所示）。取钢管壁面绝对粗糙度为 0.15mm。求：

(1) 两容器液面差为多少？

（2）若在两容器连接管口装一阀门，调节此阀的开度使流量减为原来的三分之一，且已知阀门的局部阻力系数是 ζ 为 9.5。其他条件不变，直管阻力 h_f 以及容器液面差。

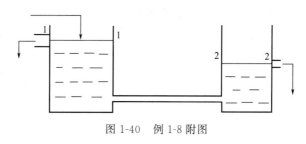

图 1-40　例 1-8 附图

解：（1）先求流速 u 和 Re，确定流型后才能选用计算公式。$d = 114 - 2 \times 4.5 = 105\text{mm}$

$$u = \frac{q_V}{A} = \frac{120/3600}{0.785 \times 0.105^2} = 3.85\text{m/s}$$

$$Re = \frac{du\rho}{\mu} = \frac{0.105 \times 3.85 \times 900}{0.075} = 4851 > 4000，属湍流流动$$

据 Re 值及 ε/d 值查 Moody 图求 λ

相对粗糙度 $\dfrac{\varepsilon}{d} = \dfrac{0.15 \times 10^{-3}}{0.105} = 1.43 \times 10^{-3}$ 及 $Re = 4851$，查出 $\lambda = 0.0215$

$$h_f = \lambda \times \frac{l}{d} \times \frac{u^2}{2} = 0.0215 \times \frac{15}{0.105} \times \frac{(3.85)^2}{2} = 22.79\text{J/kg}$$

设两容器液面差为 H，列 1-1 面和 2-2 面机械能守恒方程

$\dfrac{p_1}{\rho} + z_1 g + \dfrac{u_1^2}{2} = \dfrac{p_2}{\rho} + z_2 g + \dfrac{u_2^2}{2} + h_f$，其中 $p_1 = p_2 = p_a$，$z_1 - z_2 = H$，$u_1 = u_2 = 0$，

代入得　$gH = h_f = 22.79\text{J/kg}$，解得两容器液面差 $H = h_f/g = 2.32\text{m}$

（2）根据题意，流量减为原来的三分之一

$$u' = \frac{q_V'}{A} = \frac{40/3600}{0.785 \times 0.105^2} = 1.284\text{m/s}$$

$$Re = \frac{du'\rho}{\mu} = \frac{0.105 \times 1.284 \times 900}{0.075} = 1617.8 < 2000，属层流流动$$

$$\lambda = \frac{64}{Re} = \frac{64}{1617.8} = 0.03956$$

直管阻力 $h_{f直} = \lambda \dfrac{l}{d} \dfrac{u'^2}{2} = 0.03956 \times \dfrac{15}{0.105} \times \dfrac{1.284^2}{2} = 4.659\text{J/kg}$

设两容器液面差为 H'，列 1-1 面和 2-2 面机械能守恒方程

$\dfrac{p_1}{\rho} + z_1 g + \dfrac{u_1^2}{2} = \dfrac{p_2}{\rho} + z_2 g + \dfrac{u_2^2}{2} + h_f'$，其中 $p_1 = p_2 = p_a$，$z_1 - z_2 = H'$，$u_1 = u_2 = 0$，

代入得　$gH' = h_f'$，据题意，管路阻力由两部分组成：直管阻力和阀门阻力

$$h_f' = h_{f直} + h_{f局部} = h_{f直} + \zeta \frac{u'^2}{2} = 4.659 + 9.5 \times \frac{1.284^2}{2} = 12.49\text{J/kg}$$

$gH' = h_f' = 12.49\text{J/kg}$，解得两容器液面差 $H' = h_f'/g = 1.27\text{m}$

讨论：流体流动时，先要通过 Re 确定流型。管路中的总阻力为直管阻力和局部阻力之和。无论层流或湍流，直管阻力均可表达为 $h_f = \lambda \dfrac{l}{d} \dfrac{u^2}{2}$，但是 λ 算法不同，层流时，$\lambda = \dfrac{64}{Re}$；湍流时，根据 Re 值及相对粗糙度 ε/d 值，查 Moody 图求出 λ。

【例 1-9】 层流流动的计算 将密度为 $800kg/m^3$ 的油品，从贮槽 1 放至槽 2，两槽液面均与大气相通。除 AB 段外，直管长为 290m（包括直管长度和所有局部阻力的当量长度），管子直径为 0.20m，两贮槽液面位差为 9m，油的黏度为 85cP。管路中在同一水平面上的 A、B 两处的压力表读数分别为 66kPa 和 15.5kPa。求此管路系统的输油量为多少（m^3/h）？假设为定态流动，流程见图 1-41。

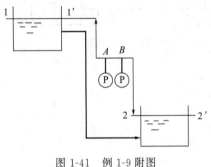

图 1-41 例 1-9 附图

解： 本题流速未知，无法直接求 Re，但由于输送的油品黏度较大，可以先假设为层流。

设两贮槽液面位差为 H，两槽 1 和 2 之间列机械能守恒方程

$$\frac{p_1}{\rho}+z_1g+\frac{u_1^2}{2}=\frac{p_2}{\rho}+z_2g+\frac{u_2^2}{2}+h_f$$

其中 $p_1=p_2=p_a$，$z_1-z_2=H$，$u_1=u_2=0$，化简得

$$gH=h_f \qquad\qquad ①$$

总阻力包括两部分，$h_f=h_{f1}+h_{f2}$

假设层流流动，根据泊谡叶方程，$h_{f1}=\dfrac{32\mu ul}{\rho d^2}=\dfrac{32\times0.085u\times290}{800\times0.2^2}=24.65u$

因管路中 AB 段在同一水平面上，无位差；均匀直管，u 相同，则 AB 间列机械能守恒方程，得：

$$h_{f2}=\frac{p_A-p_B}{\rho}=\frac{(66-15.5)\times10^3}{800}=63.13J/kg$$

所以 $h_f=h_{f1}+h_{f2}=24.65u+63.13$，代入方程①

得 $gH=24.65u+63.13$

已知 $H=9m$，所以 $24.65u+63.13=9.81\times9$，解得 $u=1.02m/s$

检验 Re，$Re=\dfrac{du\rho}{\mu}=\dfrac{0.2\times1.02\times800}{0.085}=1920<2000$ 为层流，假设正确。

流量 $q_V=\dfrac{1}{4}\pi d^2u=0.785\times0.2^2\times1.02=0.032m^3/s=115.2m^3/h$

讨论： 当流速未知时，若流体黏度较大，可先假设为层流流动，通过机械能衡算方程，求得流速等再计算 Re 进行验证。

【例 1-10】 阀门变化时对流动的影响 水从高位槽流出如图 1-42 所示，高位槽液面距管路出口的垂直距离保持 5m 不变，管路中装一个球形阀。管路直径为 20mm，长度为 24m（包括除球形阀外的局部阻力的当量长度）。已知阀门全开时（$\zeta=6.4$），管内流速为 2.49m/s，$\lambda=0.02$。求：

（1）水面上方的压强 p_0 及管路的阻力损失；

（2）当阀门关小时（$\zeta=20$），λ 不变，流量为多少？定性分析 B 的压力表变化。

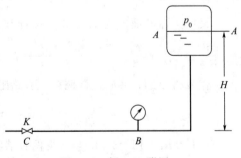

图 1-42 例 1-10 附图

解：（1）由高位槽液面 A 和管路出口 C 列伯努利方程

$$\frac{p_A}{\rho g}+z_A+\frac{u_A^2}{2g}=\frac{p_C}{\rho g}+\frac{u_C^2}{2g}+z_C+H_{fA-C}$$

其中 $p_A = p_0$，$p_C = p_a$，$z_A = H$，$u_A = 0$，$u_C = u = 2.49 \text{m/s}$，$z_C = 0$

化简得：$\dfrac{p_0}{\rho g} + H = \dfrac{p_a}{\rho g} + \dfrac{u^2}{2g} + H_f$

计算阻力损失 H_f，$H_f = \left(\lambda \dfrac{l}{d} + \zeta\right)\dfrac{u^2}{2g} = \left(0.02 \times \dfrac{24}{0.02} + 6.4\right) \times \dfrac{2.49^2}{2 \times 9.81} = 9.61 \text{m}$

$$p_0 - p_a = \left(\dfrac{u^2}{2g} + H_f - H\right)\rho g$$

$$= \left(\dfrac{2.49^2}{2 \times 9.81} + 9.61 - 5\right) \times 9.81 \times 1000 = 4.83 \times 10^4 \text{Pa（表）}$$

（2）阀门关小时，高位槽液面 A 和管路出口 C 间列伯努利方程

$$\dfrac{p_0}{\rho g} + H = \dfrac{p_a}{\rho g} + \left(\lambda \dfrac{l}{d} + \zeta + 1\right)\dfrac{u^2}{2g}，\quad p_0 - p_a = 4.83 \times 10^4$$

则 $\dfrac{4.83 \times 10^4}{1000 \times 9.81} + 5 = \left(0.02 \times \dfrac{24}{0.02} + 20 + 1\right)\dfrac{u^2}{2 \times 9.81}$

代入数据，求得 $u = 2.08 \text{m/s}$

流量 $q_V = \dfrac{\pi}{4}d^2 u = 0.785 \times 0.02^2 \times 2.08 = 6.53 \times 10^{-4} \text{m}^3/\text{s}$

阀门关小，局部阻力增大，上游压强增大，所以 B 处的压力表读数增大。

讨论： 当量长度 l_e 通常包括管长 l 和全部或者部分局部阻力，因此当量长度的说明尤其重要，本题管长 24m 包括除球形阀外的局部阻力的当量长度，所以计算阻力时弯管和高位槽至管路的突然缩小均不再计入，但是球形阀的阻力必须另外计算。

【例 1-11】 局部阻力系数法 如图 1-43 所示，有两个敞口水槽，其底部用一水管相连，水从槽 1 经水管流入另一槽 2，管路中的流量为 40m³/h，无缝钢管 $\phi 89 \times 4$mm，管长 100m，管路中有 3 个 90°标准弯头、一个 180°回弯头、一个闸阀（全开）。管壁绝对粗糙度取 0.3mm。试问两水槽液位差？

解： $d_内 = 89 - 2 \times 4 = 81 \text{mm} = 0.081 \text{m}$

$q_V = \dfrac{1}{4}\pi d^2 u = 0.785 \times 0.081^2 u$，$\dfrac{40}{3600} = 0.785 \times 0.081^2 u$

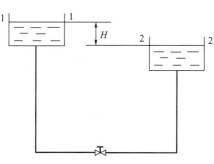

图 1-43 例 1-11 附图

解得 $u = 2.157 \text{m/s}$

取 1-1 与 2-2 截面列伯努利方式：

$\dfrac{p_1}{\rho} + gz_1 + \dfrac{u_1^2}{2} = \dfrac{p_2}{\rho} + gz_2 + \dfrac{u_2^2}{2}$，其中 $p_1 = p_2 = p_a$，$z_1 - z_2 = H$，$u_1 = u_2 = 0$，

化简得，$gH = h_f$

$Re = \dfrac{du\rho}{\mu} = \dfrac{0.081 \times 2.157 \times 1000}{1 \times 10^{-3}} = 1.74 \times 10^5 > 4000$，湍流

管壁绝对粗糙度 0.3mm，$\dfrac{\varepsilon}{d} = \dfrac{0.3 \times 10^{-3}}{0.081} = 0.0037$

由 $\dfrac{\varepsilon}{d}$ 和 Re 查 Moody 图，得摩擦系数 $\lambda = 0.028$。

查得有关管件的局部阻力系数分别为：90°标准弯头 $\zeta_1 = 0.75$，180°回弯头 $\zeta_2 = 1.5$，闸阀（全开）$\zeta_3 = 0.17$，进口突然收缩 $\zeta_4 = 0.5$，出口突然扩大 $\zeta_5 = 1$。

$$h_f = \left(\lambda \frac{l}{d} + \Sigma \zeta\right) \frac{u^2}{2}$$

$$= \left(0.028 \times \frac{100}{0.081} + 3 \times 0.75 + 1.5 + 0.17 + 0.5 + 1\right) \times \frac{2.157^2}{2} = 93.02 \text{J/kg}$$

所求两水槽位差　$H = \dfrac{h_f}{g} = \dfrac{93.02}{9.81} = 9.48 \text{m}$

讨论：局部阻力计算，可采用局部阻力系数法或者当量长度法。本题计算时采用了局部阻力系数法 $h_f = \zeta \dfrac{u^2}{2}$，其中 ζ 为阻力系数，可查表得到。

【例 1-12】 局部阻力的计算　敞口高位槽如图 1-44 所示，贮槽 A 经内径为 50mm 的管道输送水流入敞口贮槽 B 中。如图示 K 点的真空度为 8kPa，K 点至管路出口处之管长 20m，有 3 个 90°弯头（每个弯头的当量长度 $l_e = 35d$）和一个阀门 M。摩擦系数 $\lambda = 0.025$。试求：

(1) 管路流量和阀门 M 的阻力系数 ζ。

(2) 若阀门关小，K 点的压强如何变化？流速为多少时，K 点的真空表读数为零？

解：列 1-K 截面之间的伯努利方程：

(1) $\dfrac{p_1}{\rho} + g z_1 + \dfrac{u_1^2}{2} = \dfrac{p_K}{\rho} + \dfrac{u_K^2}{2} + g z_K + h_f$

其中 $p_1 = p_a$，$p_K = p_a - 8 \times 10^3$，$z_1 = 2\text{m}$，$z_K = 0$，$u_1 = 0$，$u_K = u$

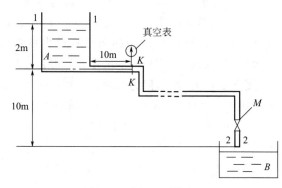
图 1-44　例 1-12 附图

化简得：$\dfrac{p_a}{\rho} + 2g = \dfrac{p_a - 8 \times 10^3}{\rho} + \dfrac{u^2}{2} + h_f$

$2g = \dfrac{-8 \times 10^3}{\rho} + \dfrac{u^2}{2} + h_f$　　　①

又 $h_f = \lambda \dfrac{l}{d} \dfrac{u^2}{2} + \zeta_入 \dfrac{u^2}{2}$，其中 $\zeta_入 = 0.5$，

$\lambda = 0.025$，$l = 10\text{m}$，$d = 0.05\text{m}$

代入得　$h_f = 0.025 \times \dfrac{10}{0.05} \times \dfrac{u^2}{2} + 0.5 \times \dfrac{u^2}{2} = 2.75 u^2$，代入式①

得　$2g = -\dfrac{8 \times 10^3}{1000} + \dfrac{u^2}{2} + 2.75 u^2$，解得 $u = 2.92 \text{m/s}$

管路流量 $q_V = \dfrac{1}{4} \pi d^2 u = 0.785 \times 0.05^2 \times 2.92 = 5.73 \times 10^{-3} \text{m}^3/\text{s} = 20.63 \text{m}^3/\text{h}$

求 M 处的阻力系数，列 1-2 截面之间的伯努利方程：

$\dfrac{p_1}{\rho} + gH = \dfrac{p_2}{\rho} + h_f'$，其中，$p_1 = p_a$，$p_2 = p_a$，$H = 2 + 10 = 12\text{m}$

$gH = h_f'$，$9.81 \times 12 = h_f'$，得 $h_f' = 117.72 \text{J/kg}$

阻力 h_f' 包括直管阻力和局部阻力，$h_f' = \lambda \dfrac{l + 3 l_e}{d} \dfrac{u^2}{2} + \zeta_入 \dfrac{u^2}{2} + \zeta_M \dfrac{u^2}{2} + \zeta_出 \dfrac{u^2}{2}$

其中 $l=30m$，$d=0.05m$，$l_e=35d=1.75m$，$u=2.92m/s$，$\zeta_入=0.5$，$\zeta_出=1$，$\lambda=0.025$

代入得：$117.72=0.025\times\dfrac{30+3\times1.75}{0.05}\times\dfrac{2.92^2}{2}+0.5\times\dfrac{2.92^2}{2}+\zeta_M\dfrac{2.92^2}{2}+1\times\dfrac{2.92^2}{2}$

解得 $\zeta_M=8.49$。

（2）阀门关小，流量减小，上游压强增大，所以 K 点绝对压增大，真空表读数减小。设流速为 u' 时，真空表读数为零，列 1-K 截面之间的伯努利方程：

$$\frac{p_1}{\rho}+gh=\frac{p'_K}{\rho}+\frac{u'^2}{2}+h'_f \qquad ②$$

其中 $p_1=p'_K=p_a$

$$h'_f=\lambda\frac{l}{d}\frac{u'^2}{2}+\zeta_入\frac{u'^2}{2}=0.025\times\frac{10}{0.05}\times\frac{u'^2}{2}+0.5\times\frac{u'^2}{2}=2.75u'^2$$

将 h'_f 代入式②，得到 $\dfrac{p_a}{\rho}+9.81\times2=\dfrac{p_a}{\rho}+\dfrac{u'^2}{2}+2.75u'^2$

$u'=2.46m/s$，所以当流速为 2.46m/s 时，真空表读数为零。

讨论：本题局部阻力计算，根据已知条件，用到了当量长度法和局部阻力系数法。3 个 90°弯头的阻力以当量长度 $l_e=35d$ 计入；突然扩大和突然缩小以局部阻力系数法 $h_f=\zeta\dfrac{u^2}{2}$ 计算，管道突然扩大，$\zeta=1$；管道突然缩小，$\zeta=0.5$。本题也说明了阻力对上游压强影响较大。

【例 1-13】 两管路并联计算 如图 1-45 所示，水槽中水位恒定。水从 BC、BD 管中同时流出，阀门均全开。AB 段为 $\phi89\times3.5mm$、长为 20m（忽略 AB 间局部阻力）的钢管。BC 段内径为 30mm，管长为 8m（包括局部阻力的当量长度）；BD 段内径为 53mm，管长为 10m（包括局部阻力当量长度）。摩擦系数均为 0.03。且已知 BD 段流量为 $27.2m^3/h$，试求：

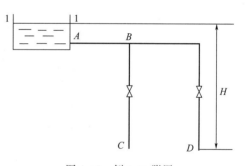

图 1-45 例 1-13 附图

（1）当 C、D 两处阀门均全开时总流量（m^3/h）？

（2）高位槽至 CD 段的垂直高度 H？

解：（1）水从高位槽经过总管 AB 流出，分别进入支管 BC 和 BD 段。由于 C、D 为敞口管口，出口压强均为大气压，因此可以认为支管 BC 和 BD 为并联管路。

总流量 $q_V=q_{VBC}+q_{VBD}$

支管 BD 流量 $q_{VBD}=\dfrac{\pi}{4}d^2_{BD}u_{BD}$

所以 BD 管中流速 $u_{BD}=\dfrac{q_{VBD}}{0.785d^2_{BD}}=\dfrac{27.2/3600}{0.785\times0.053^2}=3.43m/s$

支管 BD 阻力 $h_{fBD}=\lambda\dfrac{l_{BD}}{d_{BD}}\dfrac{u^2_{BD}}{2}=0.03\times\dfrac{10}{0.053}\times\dfrac{3.43^2}{2}=33.30J/kg$

支管 BC 阻力 $h_{fBC}=\lambda_{BC}\dfrac{l_{BC}}{d_{BC}}\dfrac{u^2_{BC}}{2}=0.03\times\dfrac{8}{0.03}\times\dfrac{u^2_{BC}}{2}=4u^2_{BC}$

并联管路各支管阻力相等，所以 $4u_{BC}^2=33.30$

解得 BC 管中流速 $u_{BC}=2.88\text{m/s}$

支管 BC 流量

$$q_{VBC}=\frac{\pi}{4}d_{BC}^2u_{BC}=0.785\times0.03^2\times2.88=2.03\times10^{-3}\text{m}^3/\text{s}=7.32\text{m}^3/\text{h}$$

总流量 $q_V=q_{VBC}+q_{VBD}=27.2+7.32=34.52\text{m}^3/\text{h}$

（2）列水槽液面 1-1 和 BC 管路出口 C 的机械能守恒方程

$$\frac{p_a}{\rho g}+H=\frac{p_a}{\rho g}+\lambda\frac{l_{AB}}{d_{AB}}\frac{u_{AB}^2}{2g}+\lambda\frac{l_{BC}}{d_{BC}}\frac{u_{BC}^2}{2g} \qquad ①$$

$d_{AB}=89-2\times3.5=82\text{mm}$，已求得总流量 $q_V=34.52\text{m}^3/\text{h}$

则 $u_{AB}=\dfrac{q_{VAB}}{0.785d_{AB}^2}=\dfrac{34.52/3600}{0.785\times0.082^2}=1.82\text{m/s}$

又已知 $\lambda=0.03$，$l_{AB}=20\text{m}$，$l_{BC}=8\text{m}$，$d_{BC}=0.03\text{m}$，代入式①

得：$H=0.03\times\dfrac{20}{0.082}\times\dfrac{1.82^2}{2\times9.81}+0.03\times\dfrac{8}{0.03}\times\dfrac{2.88^2}{2\times9.81}=4.62\text{m}$

讨论：本题属于并联管路计算，并联管路特点为：总流量为各支管流量之和，各支管阻力相等。

【例 1-14】 三管路并联计算 如图 1-46 所示三根并联管路，管长分别为 8m，12m，10m（包括局部阻力的当量长度），三根管路的管径分别为 100mm，150mm 和 120mm，直管阻力系数 λ 均为 0.025。三根管子的流量之比为多少？若并联管路两端的压差为 2kPa，求总流量为多少（m³/h）？

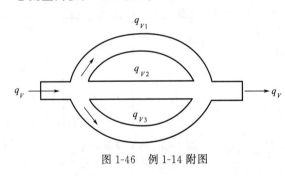

图 1-46 例 1-14 附图

解：（1）根据题意，并联管路中

$l_1=8\text{m}$，$l_2=12\text{m}$，$l_3=10\text{m}$，$d_1=0.1\text{m}$，$d_2=0.15\text{m}$，$d_3=0.12\text{m}$

并联管路方程特点：$q_V=q_{V1}+q_{V2}+q_{V3}$，$h_{f总}=h_{f1}=h_{f2}=h_{f3}$，三根支管阻力

$$\lambda_1\frac{l_1}{d_1}\frac{u_1^2}{2}=\lambda_2\frac{l_2}{d_2}\frac{u_2^2}{2}=\lambda_3\frac{l_3}{d_3}\frac{u_3^2}{2}$$

又因为 $q_V=\dfrac{1}{4}\pi d^2u\Rightarrow u\propto\dfrac{q_V}{d^2}$

所以 $q_{V1}:q_{V2}:q_{V3}=\sqrt{\dfrac{d_1^5}{\lambda_1l_1}}:\sqrt{\dfrac{d_2^5}{\lambda_2l_2}}:\sqrt{\dfrac{d_3^5}{\lambda_3l_3}}$

λ 均为 0.025，$q_{V1}:q_{V2}:q_{V3}=\sqrt{\dfrac{0.1^5}{8}}:\sqrt{\dfrac{0.15^5}{12}}:\sqrt{\dfrac{0.12^5}{10}}=1:2.25:1.41$

（2）在并联管路两端列机械能守恒方程

$\dfrac{\Delta p}{\rho}=h_f=\lambda_1\dfrac{l_1}{d_1}\dfrac{u_1^2}{2}$，两端压差为 2kPa

$\dfrac{2\times10^3}{1000}=0.025\times\dfrac{8}{0.1}\times\dfrac{u_1^2}{2}$，解得 $u_1=1.414\text{m/s}$

$q_{V1}=\dfrac{1}{4}\pi d_1^2u_1=0.785\times0.1^2\times1.414=0.0111\text{m}^3/\text{s}=40\text{m}^3/\text{h}$

$q_{V1}:q_{V2}:q_{V3}=1:2.25:1.41$，所以 $q_{V2}=90\text{m}^3/\text{h}$，$q_{V3}=56.4\text{m}^3/\text{h}$

$q_V=q_{V1}+q_{V2}+q_{V3}$，求得总流量 $q_V=186.4\text{m}^3/\text{h}$

【例 1-15】 孔板流量计计算 有一内径为 $D=50\text{mm}$ 的管子，用孔板流量计测量水的流量，孔板的流量系数 $C_0=0.62$，孔板内孔直径 $d_0=30\text{mm}$，U 形压差计的指示液为汞，当 U 形压差计读数 $R=180\text{mm}$，问管中水的流量为多少？已知 U 形压差计的最大读数 $R_{\max}=250\text{mm}$，若用上述 U 形压差计，当需测量的最大水流量为 $q_{V\max}=15\text{m}^3/\text{h}$ 时，则孔板的孔径应该用多大？（假设孔板的流量系数不变）

解：（1）孔板流量计公式 $q_V=C_0A_0\sqrt{\dfrac{2\Delta\mathscr{P}}{\rho}}$，$\Delta\mathscr{P}=R\,(\rho_i-\rho)\,g$

小孔面积 $A_0=\dfrac{\pi}{4}d_0^2=0.785\times0.03^2=7.065\times10^{-4}\text{m}^2$

当读数 $R=180\text{mm}$ 时

$$q_V=0.62\times7.065\times10^{-4}\times\sqrt{\frac{2\times0.18\times(13600-1000)\times9.81}{1000}}=2.92\times10^{-3}\text{m}^3/\text{s}=10.5\text{m}^3/\text{h}$$

所以，管中流量为 $10.5\text{m}^3/\text{h}$。

（2）最大读数 $R_{\max}=250\text{mm}$ 时，设小孔最大流速为 $u_{\max}$

$$u_{\max}=C_0\sqrt{\frac{2R_{\max}\,(\rho_i-\rho)\,g}{\rho}}=0.62\times\sqrt{\frac{2\times0.25\times(13600-1000)\times9.81}{1000}}=4.87\text{m/s}$$

若 $q'_{V\max}=15\text{m}^3/\text{h}$ 时，孔板的流量系数不变，$q'_{V\max}=\dfrac{1}{4}\pi d_0'^2u_{\max}$

$$d_0'=\sqrt{\frac{4q'_{V\max}}{\pi u_{\max}}}=\sqrt{\frac{4\times15/3600}{3.14\times4.87}}=0.033\text{m}$$，即应该用孔径为 33mm 的孔板。

【例 1-16】 转子流量计计算 某一不锈钢转子流量计（$\rho_{钢}=7920\text{kg/m}^3$），测量流量的刻度范围为 $250\sim2500\text{L/h}$。若测定四氯化碳（$\rho_{CCl_4}=1590\text{kg/m}^3$）时，试问能测得的最大流量为多少？若将转子改为铅（$\rho_{铅}=10670\text{kg/m}^3$）时，保持转子的形状和大小不变，试问此时测定四氯化碳的最大流量为多少？（流量系数可近似看作常数）

解：（1）转子流量计用 20℃ 的水进行标定，$\rho_{钢}=7920\text{kg/m}^3$，设 $\rho_A=1000\text{kg/m}^3$，$\rho_B=1590\text{kg/m}^3$

$$\frac{q_{V,B}}{q_{V,A}}=\sqrt{\frac{\rho_A\,(\rho_f-\rho_B)}{\rho_B\,(\rho_f-\rho_A)}}=\sqrt{\frac{1000\times(7920-1590)}{1590\times(7920-1000)}}=0.758$$

原流量最大刻度 $q_{VA\max}=2500\text{L/h}$

测定四氯化碳的最大流量为 $q_{VB\max}=0.758\times2500\text{L/h}=1895\text{L/h}$

（2）转子改为铅，$\rho_{铅}=10670\text{kg/m}^3$

$$\frac{q_{V,B}}{q_{V,A}}=\sqrt{\frac{\rho_A\,(\rho_f'-\rho_B)}{\rho_B\,(\rho_f-\rho_A)}}=\sqrt{\frac{1000\times(10670-1590)}{1590\times(7920-1000)}}=0.908$$

$q_{VA\max}=2500\text{L/h}$，测四氯化碳的最大流量为 $q_{VB\max}=0.908\times2500\text{L/h}=2270\text{L/h}$。

讨论： 转子流量计出厂时用 20℃ 的水或 20℃、101.3kPa 的空气进行标定。当被测流体与上述条件不符时，应进行刻度换算。

Ⅱ. 复杂工程问题分析与计算

【例 1-17】 气体质量变化的静力学计算 图 1-47 所示，A 为一密闭容器，其直径 $D=1.2m$，高度 $H=1.5m$，底部与直径 $d=0.5m$ 的 B 管相通，B 管通大气。当 A、B 的液面高度 h 均为 1m 时，A 容器内的压力为 101.3kPa（绝），今将外界空气压入 A 中后，A 容器内的压力表读数为 20kPa，而温度保持不变，水的密度可取 $\rho=1000kg/m^3$。试求：

（1）A 容器水位下降多少？A 容器内空气的质量为原来的多少倍？

（2）B 管内水面高度。

解：AB 为连通容器。在容器 A 中加入气体，压强增大，液位下降，同时容器 B 液位上升，达到新的平衡。本题通过压强的变化，根据 $pV=nRT$ 反算增加气体的量。

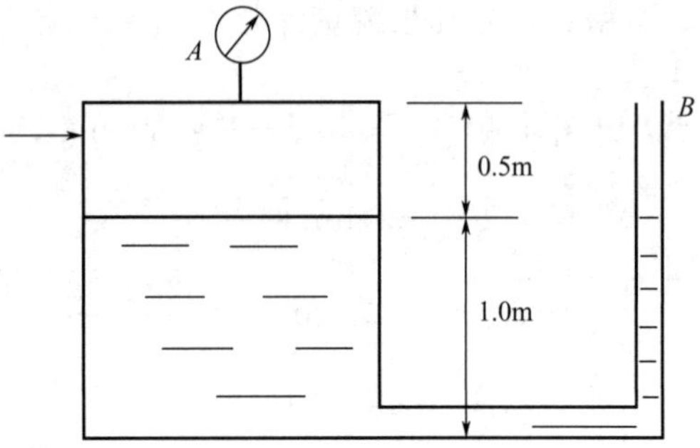

（1）设容器 A 中水位下降 x m 后达到静力学平衡，容器 B 中水位上升 y，根据质量守恒定律，

$$\frac{1}{4}\pi D^2 x=\frac{1}{4}\pi d^2 y,\quad 1.2^2 x=0.5^2 y,\quad y=5.76x$$

图 1-47　例 1-17 附图

此时容器中气体压强为 p_A'，则

$$p_A'+\rho g(h-x)=p_B+\rho g(h+y) \qquad ①$$

$p_A'=p_a+20kPa$，B 管通大气，则 $p_B=p_a=101.3kPa$，代入式①

得 $p_a+20\times10^3+1000\times9.81(1-x)=p_a+1000\times9.81(1+5.76x)$

解得 $x=0.3m$，所以 A 容器水位下降 0.3m。

设原来 A 容器中空气质量为 n，加入空气后，空气质量为 n'。

由题意知，A 容器顶部与液面的高度 $\Delta h=H-h=1.5-1=0.5m$

根据 $pV=nRT$ 方程，

$$\frac{p_A\Delta h}{n}=\frac{p_A'(\Delta h+x)}{n'} \qquad ②$$

将 $p_A=101.3kPa$，$p_A'=121.3kPa$，$x=0.3m$，$\Delta h=0.5m$ 代入式②，$\dfrac{101.3\times0.5}{n}=\dfrac{121.3\times0.8}{n'}$

解得 $n'/n=1.92$，所以 A 容器内空气的质量为原来的 1.92 倍。

（2）B 管内水位高度 $h_B=h+y=1+5.76x=1+5.76\times0.3=2.73m$。

【例 1-18】 压强变化的静力学计算 容器分别盛有 A、B 液体，$\rho_A=1000kg/m^3$，$\rho_B=900kg/m^3$，水银压差计的读数 $R=0.4m$，$H_1=3m$，$H_2=2.5m$。

如图 1-48 所示。试求：

（1）(p_A-p_B) 为多少（N/m^2）？

（2）现因 p_B 发生变化，压差计读数升为 $R'=0.6m$，p_B 减小多少？

解：两个容器为连通器，一端压强发生变化，U 形压差计 R 的读数随着发生变化。读数变化 $\Delta h=\dfrac{R'-R}{2}$。

（1）设指示剂密度为 ρ_i，按题意列静力学方程

$$p_A+\rho_A g H_1=p_B+\rho_B g H_2+\rho_i g R$$

$$p_A-p_B=\rho_B g H_2+\rho_i g R-\rho_A g H_1$$

$$=900\times9.81\times2.5+13600\times9.81\times0.4-1000\times9.81\times3$$
$$=4.6\times10^{4}\,\text{Pa}$$

（2）现因 p_B 发生变化，压差计读数升为 $R'=0.6\text{m}$ 时

$$\Delta h=\frac{R'-R}{2}=\frac{0.6-0.4}{2}=0.1\text{m}$$

H_1 增大，H_2 减小。$H_1'=H_1+\Delta h=3.1\text{m}$，$H_2'=H_2-\Delta h=2.4\text{m}$

静力学方程为 $p_A+\rho_A g H_1'=p_B'+\rho_B g H_2'+\rho_i g R'$

$p_A-p_B'=\rho_B g H_2'+\rho_i g R'-\rho_A g H_1'$

$$=900\times9.81\times2.4+13600\times9.81\times0.6-1000\times9.81\times3.1=7.08\times10^{4}\,\text{Pa}$$

由于 p_A 未变，所以 $(p_A-p_B')-(p_A-p_B)$ 即为 p_B 的减小值。

$$p_B-p_B'=(p_A-p_B')-(p_A-p_B)=(7.08-4.6)\times10^{4}=2.48\times10^{4}\,\text{Pa}$$

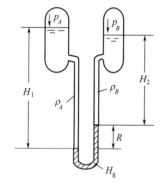

图 1-48 例 1-18 附图

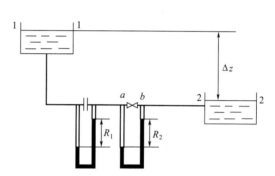

图 1-49 例 1-19 附图

【例 1-19】 流速变化对流动的影响 如图 1-49 所示，常温水由高位槽流向低位槽，管路中装有孔板流量计和一个截止阀，已知管道为 $\phi45\times2.5\text{mm}$ 的钢管，直管与局部阻力的当量长度（不包括截止阀）总和为 50m，截止阀在某一开度时的局部阻力系数 ζ 为 10.8。假设管路摩擦系数 λ 均为 0.03。孔板流量计的读数 $R_1=100\text{mm}$，孔径为 25mm，孔板流量系数为 0.62。U 形压差计读数为 R_2，指示剂为汞。试求：

（1）U 形压差计读数 R_2。

（2）若将阀门关小，流速为原来的 0.85 倍，设 λ 近似不变，则 U 形管压差计读数 R_2' 为多少？a、b 点压强的变化？

解：本题要熟悉孔板流量计的公式，通过读数 R_1 求出流量。通过截止阀的阻力求出 a、b 点的压强差，继而求出 U 形压差计读数 R_2。当阀门关小，流速减小，但是两槽间的距离 Δz 不变，通过伯努利方程求出阀门阻力系数，继而求出 a、b 点压强的变化和 U 形压差计读数的变化。

（1）已知孔板流量计的读数 R_1，可求出流量 q_V

$$q_V=u_0 A_0=\frac{\pi}{4}d_0^{2}C_0\sqrt{\frac{2gR_1(\rho_i-\rho)}{\rho}}$$

$$=\frac{3.14}{4}\times0.025^{2}\times0.62\times\sqrt{\frac{2\times9.81\times0.1\times(13600-1000)}{1000}}$$

$$=1.512\times10^{-3}\,\text{m}^3/\text{s}=5.44\,\text{m}^3/\text{h}$$

又因为管内流量 $q_V=\frac{\pi}{4}d^{2}u$，其中 $d=45-2\times2.5=40\text{mm}=0.04\text{m}$

可求出管内流速 $u = \dfrac{q_V}{0.785d^2} = \dfrac{1.512 \times 10^{-3}}{0.785 \times 0.04^2} = 1.2 \text{m/s}$

截止阀前后压强差：$\Delta p_2 = \zeta \dfrac{\rho u^2}{2} = 10.8 \times 1000 \times \dfrac{1.2^2}{2} = 7776 \text{Pa}$

U 形管压差计读数 R_2 可由公式 $\Delta p_2 = (\rho_i - \rho) g R_2$ 求得

$$R_2 = \frac{\Delta p_2}{(\rho_i - \rho) g} = \frac{7776}{(13600 - 1000) \times 9.81} = 0.0629 \text{m}$$

（2）列 1-1 和 2-2 截面间伯努利方程求两槽间的距离 Δz

$z_1 + \dfrac{p_1}{\rho g} + \dfrac{u_1^2}{2g} = z_2 + \dfrac{p_2}{\rho g} + \dfrac{u_2^2}{2g} + \sum H_{f1-2}$，其中，$p_1 = p_2 = p_a$，$z_1 - z_2 = \Delta z$，$u_1 = u_2 = 0$

则 $\Delta z = \sum H_{f1-2} = \left(\lambda \dfrac{l}{d} + \zeta \right) \dfrac{u^2}{2g} = \left(0.03 \times \dfrac{50}{0.04} + 10.8 \right) \times \dfrac{1.2^2}{2 \times 9.81} = 3.54 \text{m}$

阀门关小，流速减为原来的 0.85 倍，$u' = 0.85u = 0.85 \times 1.2 = 1.02 \text{m/s}$，两槽间的距离 Δz 不变

$$\Delta z = \sum H_{f1-2} = \left(\lambda \frac{l}{d} + \zeta' \right) \frac{u'^2}{2g} = \left(0.03 \times \frac{50}{0.04} + \zeta' \right) \times \frac{1.02^2}{2 \times 9.81} = 3.54 \text{m}$$

求得关小后的阀门阻力系数为 $\zeta' = 29.3$

截止阀前后压强差：$\Delta p_2' = \zeta' \dfrac{\rho u'^2}{2} = 29.3 \times 1000 \times \dfrac{1.02^2}{2} = 15242 \text{Pa}$

$$\Delta p_2' = (\rho_i - \rho) g R_2', \quad R_2' = \frac{\Delta p_2'}{(\rho_i - \rho) g} = \frac{15242}{(13600 - 1000) \times 9.81} = 0.123 \text{m}$$

关小阀门，局部阻力增大，a 点压强 p_a 增大，b 点的压强 p_b 减小。

讨论：任何局部阻力系数的增加将使管内流量下降，下游阻力增大将使上游压强上升，上游阻力增大将使下游压强下降。

【例 1-20】 **阀门开度变化对流动的影响**　某输水管路如图 1-50 所示。其中 AB 段为均匀水平直管。当阀门 K 半开时管内流速为 1.5m/s，A 点 U 形压强计（指示液为汞）读数为 $R = 250$mm，$h = 200$mm，B 点压力表读数为 0.29atm。现将阀 K 开大，使 B 点压力读数升高至 0.488atm。设两种情况下流动均进入高度湍流区。U 形压强计玻管直径均匀。

试求阀开大之后：

（1）管内水的流速（m/s）；

（2）U 形压强计读数 R'。

解：本题阀门变化，但是未告知局部阻力系数的变化。所以，通过 B 点压力表读数的变化，求出 B 点的势能变化比，进而求得流速。U 形压强计读数变化既要通过伯努利方程，又要利用静力学方程共同求解。

（1）当阀门 K 半开时，B 点压力表读数为 0.29atm

$$\frac{p_B \text{（表）}}{\rho g} = \frac{p_B - p_a}{\rho g} = \frac{0.29 \times 1.013 \times 10^5}{1000 \times 9.81} = 3 \text{m}$$

列 B 处至高位槽 2-2 的伯努利方程

$\dfrac{p_B}{\rho g} + \dfrac{u^2}{2g} + z_B = \dfrac{p_2}{\rho g} + z_2 + \dfrac{u_2^2}{2g} + h_f$，其中

$p_2 = p_a$，$z_2 = 2$m，$z_B = 0$，$u_2 = 0$

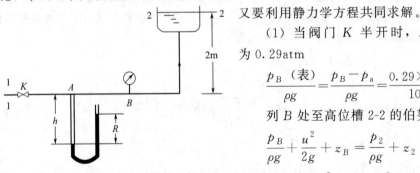

图 1-50　例 1-20 附图

设弯管和突然扩大的阻力系数为 ζ

$h_{\mathrm{f}}=\left(\lambda\dfrac{l}{d}+\zeta\right)\dfrac{u^2}{2g}$，代入得：

$$\dfrac{p_B（表）}{\rho g}-2=\left(\lambda\dfrac{l}{d}+\zeta-1\right)\dfrac{u^2}{2g} \tag{①}$$

阀门开大后，$\dfrac{p_B'（表）}{\rho g}=\dfrac{p_B'-p_{\mathrm a}}{\rho g}=\dfrac{0.488\times1.013\times10^5}{1000\times9.81}=5\mathrm{m}$，流速增大为 u'

$$\dfrac{p_B'（表）}{\rho g}-2=\left(\lambda\dfrac{l}{d}+\zeta-1\right)\dfrac{u'^2}{2g} \tag{②}$$

将②/①得到：$\dfrac{5-2}{3-2}=\left(\dfrac{u'}{u}\right)^2$，所以 $u'=\sqrt3 u=\sqrt3\times1.5=2.6\mathrm{m/s}$

（2）当阀门 K 半开时，列 A 至 B 的伯努利方程

$\dfrac{p_A}{\rho g}+\dfrac{u_A^2}{2g}+z_A=\dfrac{p_B}{\rho g}+z_B+\dfrac{u_B^2}{2g}+H_{\mathrm{f}AB}$，其中 $z_A=z_B=0$，$u_A=u_B=u$，$H_{\mathrm{f}AB}=\lambda\dfrac{l_{AB}}{d}\dfrac{u^2}{2g}$

代入得 $\dfrac{p_A}{\rho g}=\dfrac{p_B}{\rho g}+\lambda\dfrac{l_{AB}}{d}\dfrac{u^2}{2g}$

$\dfrac{p_A}{\rho g}-\dfrac{p_B}{\rho g}=\lambda\dfrac{l_{AB}}{d}\dfrac{u^2}{2g}$，已知 $\dfrac{p_B（表）}{\rho g}=3\mathrm{m}$，所以

$$\dfrac{p_A（表）}{\rho g}-3=\lambda\dfrac{l_{AB}}{d}\dfrac{u^2}{2g} \tag{③}$$

阀门开大后，A、B 点压强和流速均发生变化

$\dfrac{p_A'}{\rho g}-\dfrac{p_B'}{\rho g}=\lambda\dfrac{l_{AB}}{d}\dfrac{u'^2}{2g}$，已求得 $\dfrac{p_B'（表）}{\rho g}=5\mathrm{m}$，所以

$$\dfrac{p_A'（表）}{\rho g}-5=\lambda\dfrac{l_{AB}}{d}\dfrac{u'^2}{2g} \tag{④}$$

其中 $\lambda\dfrac{l_{AB}}{d}$ 为定值

将④/③得到：

$$\dfrac{\dfrac{p_A'（表）}{\rho g}-5}{\dfrac{p_A（表）}{\rho g}-3}=\left(\dfrac{u'}{u}\right)^2=\left(\dfrac{2.6}{1.5}\right)^2=3 \tag{⑤}$$

在 A 点由静力学方程得到，$p_A+hg\rho=p_{\mathrm a}+Rg\rho_{\mathrm i}$

则 $p_A-p_{\mathrm a}=Rg\rho_{\mathrm i}-hg\rho=(0.25\times13600-0.2\times1000)\times9.81=31392\mathrm{Pa}（表）$

$\dfrac{p_A（表）}{\rho g}=\dfrac{31392}{1000\times9.81}=3.2\mathrm{m}$，代入式⑤得 $\dfrac{p_A'（表）}{\rho g}-5=3\times(3.2-3)$

所以 $\dfrac{p_A'（表）}{\rho g}=5.6\mathrm{m}$，$p_A'=5.6\times1000\times9.81=54936\mathrm{Pa}（表）$

因为阀门 K 开大后，B 点压强增大，所以 U 形压差计的读数增加至 R'

$\Delta R=R'-R$，$p_A'（表）+\rho g\left(h+\dfrac{\Delta R}{2}\right)=R'\rho_{\mathrm i}g$

$$R' = \frac{2p'_A(表) + (2h-R)\rho g}{(2\rho_i - \rho)g} = \frac{2 \times 54936 + (0.4 - 0.25) \times 1000 \times 9.81}{(2 \times 13600 - 1000) \times 9.81} = 0.433\text{m}$$

所以 A 点处 U 形压强计读数 R' 为 433mm。

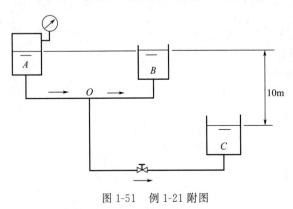

图 1-51　例 1-21 附图

【例 1-21】 带支管的流体流动计算

如图 1-51 所示的输水管路系统，AO 管长 $l_{AO} = 100$m，管内径 75mm，两支管管长分别为 $l_{OB} = l_{OC} = 75$m，管内径均为 50mm，支管 OC 上阀门全开时的局部阻力系数 $\zeta = 15$。所有管路均取摩擦系数 $\lambda = 0.03$。支管 OB 中流量为 18m³/h，方向如图所示。除阀门外其他局部阻力的当量长度均已包括在上述管长中。试求：

(1) 支管 OC 的流量 (m³/h)；

(2) A 槽上方压强表的读数 p_A (kPa)。

解： 本题为带有支管的流体流动，因此要考虑总管流量等于支管流量之和，特别注意总管和支管的能量守恒方程。

(1) 设 AO 管内流速为 u_0，OB 管内流速为 u_2，OC 管内流速为 u_3

在 A 槽液面和 B 槽液面之间列伯努利方程

$$\frac{p_A}{\rho g} + \frac{u_A^2}{2g} + z_A = \frac{p_B}{\rho g} + z_B + \frac{u_B^2}{2g} + H_{fAB}, \quad u_A = u_B = 0, \quad z_A = z_B, \quad p_B = p_a$$

$$\frac{p_A - p_a}{\rho g} = H_{fAB} = \lambda \frac{l_A}{d_0} \frac{u_0^2}{2g} + \lambda \frac{l_B}{d} \frac{u_2^2}{2g} \qquad ①$$

同理在 A 槽液面和 C 槽液面之间列伯努利方程

$$\frac{p_A}{\rho g} + \frac{u_A^2}{2g} + z_A = \frac{p_C}{\rho g} + z_C + \frac{u_C^2}{2g} + H_{fAC}, \quad u_A = u_C = 0, \quad z_A = 10\text{m}, \quad z_C = 0, \quad p_C = p_a$$

$$\frac{p_A - p_a}{\rho g} = H_{fAC} - z_A = \lambda \frac{l_A}{d_0} \frac{u_0^2}{2g} + \lambda \frac{l_C}{d} \frac{u_3^2}{2g} + \zeta \frac{u_3^2}{2g} - z_A \qquad ②$$

①－②，$z_A + \lambda \dfrac{l_B}{d} \dfrac{u_2^2}{2g} = \lambda \dfrac{l_C}{d} \dfrac{u_3^2}{2g} + \zeta \dfrac{u_3^2}{2g}$, $\quad u_2 = \dfrac{4q_{V2}}{\pi d^2} = \dfrac{4 \times 18/3600}{3.14 \times 0.05^2} = 2.55\text{m/s}$

代入 $10 + 0.03 \times \dfrac{75}{0.05} \times \dfrac{2.55^2}{2 \times 9.81} = \left(0.03 \times \dfrac{75}{0.05} + 15\right) \times \dfrac{u_3^2}{2 \times 9.81}$

解得 $u_3 = 2.85\text{m/s}$

所以 OC 流量 $q_{VOC} = \dfrac{\pi}{4} d^2 u_3 = 0.785 \times 0.05^2 \times 2.85 = 5.59 \times 10^{-3}\text{m}^3/\text{s} = 20.15\text{m}^3/\text{h}$

(2) AO 管的流量：$q_{VAO} = q_{VOB} + q_{VOC} = 18 + 20.15 = 38.15\text{m}^3/\text{h}$

$$u_0 = \frac{4q_{VAO}}{\pi d_0^2} = \frac{4 \times 38.15/3600}{3.14 \times 0.075^2} = 2.40\text{m/s}, \quad 代入式①$$

$$\frac{p_A - p_a}{\rho g} = \lambda \frac{l_A}{d_0} \frac{u_0^2}{2g} + \lambda \frac{l_B}{d} \frac{u_2^2}{2g}$$

$$\frac{p_A - p_a}{\rho g} = \frac{0.03}{2 \times 9.81} \times \left(\frac{100}{0.075} \times 2.40^2 + \frac{75}{0.05} \times 2.55^2\right) = 26.66\text{m}$$

A 槽上方表压 $(p_A - p_a) = 26.66 \times 1000 \times 9.81 = 261.5\text{kPa}$

【例 1-22】 并联管路的计算 如图 1-52 所示，水位恒定的高位槽从 C、D 两支管同时放水。AB 段管长 6m，内径 41mm。BC 段长 15m，内径 25mm。BD 段长 24m，内径 25mm。上述管长均包括阀门及其他局部阻力的当量长度，但不包括出口动能项，分支点 B 的能量损失可忽略，试求：

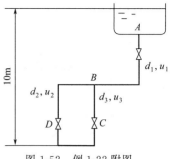

图 1-52 例 1-22 附图

(1) D、C 两支管的流量及水槽的总排水量；

(2) 当 D 处阀关闭，水槽由 C 支管流出的水量；

设全部管路的摩擦系数均可取 0.03，且不变化，出口损失应另作考虑。

解：利用并联管路的性质求出各管路的流量。当 D 处阀关闭时，管路变为不同管径的简单管路计算。

(1) 从 B 点至两管出口列伯努利方程

$$h_{f2} + \frac{u_2^2}{2} = h_{f3} + \frac{u_3^2}{2}, \quad 即：\left(\lambda \frac{l_2}{d_2} + 1\right)\frac{u_2^2}{2} = \left(\lambda \frac{l_3}{d_3} + 1\right)\frac{u_3^2}{2}$$

$\left(0.03 \times \dfrac{24}{0.025} + 1\right) u_2^2 = \left(0.03 \times \dfrac{15}{0.025} + 1\right) u_3^2$，所以 $u_2 = 0.798u_3$

由连续性方程：$q_{V1} = q_{V2} + q_{V3}$，$u_1 d_1^2 = u_2 d_2^2 + u_3 d_3^2 = 1.798 d_3^2 u_3$

所以 $u_1 = 1.798 \times \left(\dfrac{0.025}{0.041}\right)^2 u_3 = 0.669u_3$，$u_3 = 1.50u_1$

由 A 槽液面至 BC 管路出口列伯努利方程

$$Hg = \lambda \frac{l_1}{d_1}\frac{u_1^2}{2} + \lambda \frac{l_3}{d_3}\frac{u_3^2}{2} + \frac{u_3^2}{2}$$

$10 \times 9.81 = 0.03 \times \dfrac{6}{0.041} \times \dfrac{u_1^2}{2} + 0.03 \times \dfrac{15}{0.025} \times \dfrac{1}{2} \times (1.50u_1)^2 + \dfrac{1}{2}(1.50u_1)^2 = 23.6u_1^2$

解得 $u_1 = 2.04\text{m/s}$，$u_3 = 1.5 \times 2.04 = 3.06\text{m/s}$，$u_2 = 0.798 \times 3.06 = 2.44\text{m/s}$

可求出各管路流量

$$q_{V1} = \frac{1}{4}\pi d_1^2 u_1 = 0.785 \times 0.041^2 \times 2.04 = 2.69 \times 10^{-3}\text{m}^3/\text{s} = 9.70\text{m}^3/\text{h}$$

$$q_{V2} = \frac{1}{4}\pi d_2^2 u_2 = 0.785 \times 0.025^2 \times 2.44 = 1.20 \times 10^{-3}\text{m}^3/\text{s} = 4.31\text{m}^3/\text{h}$$

$$q_{V3} = q_{V1} - q_{V2} = 9.70 - 4.31 = 5.39\text{m}^3/\text{h}$$

(2) D 处阀关闭时，管路为不同管径的简单管路

由质量守恒方程得到：$q'_{V1} = q'_{V3}$

$$u_1' d_1^2 = u_3' d_3^2, \quad u_3' = \left(\frac{0.041}{0.025}\right)^2 u_1' = 2.69u_1'$$

由 A 槽液面至 BC 管路出口列伯努利方程：

$$Hg = \lambda \frac{l_1}{d_1}\frac{u_1^2}{2} + \lambda \frac{l_3}{d_3}\frac{u_3^2}{2} + \frac{u_3^2}{2}$$

$10 \times 9.81 = 0.03 \times \dfrac{6}{0.041} \times \dfrac{u_1^2}{2} + 0.03 \times \dfrac{15}{0.025} \times \dfrac{1}{2} \times (2.69u_1)^2 + \dfrac{1}{2}(2.69u_1)^2 = 70.94u_1^2$

解得 $u_1 = 1.18 \text{m/s}$

所以 D 处阀关闭，C 支管流出水量为

$$q'_{V3} = q'_{V1} = \frac{1}{4}\pi d_1^2 u_1 = 0.785 \times 0.041^2 \times 1.18 = 1.56 \times 10^{-3} \text{m}^3/\text{s} = 5.61 \text{m}^3/\text{h}$$

【例 1-23】 分支管路计算 某水槽的液位维持恒定（图 1-53），水由总管 A 流出，然后由 B、C 两支管流入大气。已知 B、C 两支管的内径均为 20mm，管长 $l_B = 2\text{m}$，$l_C = 4\text{m}$。阀门以外的局部阻力可以略去。设流动已进入阻力平方区，两种情况下的 $\lambda = 0.028$，交点 O 的阻力可忽略。试求：

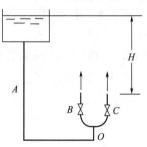

图 1-53 例 1-23 附图

(1) B、C 两阀门全开（$\zeta = 0.17$）时，两支管流量之比；

(2) 提高位差 H，同时关小两阀门至 1/4 开（$\zeta = 24$），使总流量保持不变，B、C 两支管流量之比。

解： 本题既可作为分支管路，由于 B/C 均通大气，也可利用并联管路特性计算。通过并联管路阻力相等，求出流速及流量之比。

(1) 由汇点 O 至两管口截面列伯努利方程：

$$\frac{p_O}{\rho} + \frac{u_O^2}{2} + z_1 g = \frac{p_B}{\rho} + z_2 g + \frac{u_B^2}{2} + h_{fB} \qquad ①$$

其中 $p_B = p_a$

$$\frac{p_O}{\rho} + \frac{u_O^2}{2} + z_1 g = \frac{p_C}{\rho} + z_2 g + \frac{u_C^2}{2} + h_{fC} \qquad ②$$

其中 $p_C = p_a$

式①-式②得到 $h_{fB} + \frac{u_B^2}{2} = h_{fC} + \frac{u_C^2}{2}$，阻力可表达为 $h_f = \left(\lambda \frac{l}{d} + \zeta\right)\frac{u^2}{2}$

所以 $\left(\lambda \frac{l_B}{d_B} + \zeta_B + 1\right)\frac{u_B^2}{2} = \left(\lambda \frac{l_C}{d_C} + \zeta_C + 1\right)\frac{u_C^2}{2}$

化简得到 B、C 支管的流速之比：

$$\frac{u_B}{u_C} = \sqrt{\frac{\lambda \frac{l_C}{d_C} + \zeta_C + 1}{\lambda \frac{l_B}{d_B} + \zeta_B + 1}}，\text{因为 } d_B = d_C，\text{所以} \frac{q_{VB}}{q_{VC}} = \frac{u_B}{u_C}$$

$d_B = d_C = 20\text{mm}$，$l_B = 2\text{m}$，$l_C = 4\text{m}$，$\lambda = 0.028$，当 $\zeta_B = \zeta_C = 0.17$ 时

$$\frac{q_{VB}}{q_{VC}} = \frac{u_B}{u_C} = \sqrt{\frac{\lambda \frac{l_C}{d_C} + \zeta_C + 1}{\lambda \frac{l_B}{d_B} + \zeta_B + 1}} = \sqrt{\frac{0.028 \times \frac{4}{0.02} + 0.17 + 1}{0.028 \times \frac{2}{0.02} + 0.17 + 1}} = 1.31$$

(2) 当 $\zeta_B = \zeta_C = 24$ 时，将数据代入

$$\frac{q_{VB}}{q_{VC}} = \sqrt{\frac{\lambda \frac{l_C}{d_C} + \zeta_C + 1}{\lambda \frac{l_B}{d_B} + \zeta_B + 1}} = \sqrt{\frac{0.028 \times \frac{4}{0.02} + 24 + 1}{0.028 \times \frac{2}{0.02} + 24 + 1}} = 1.05$$

讨论：当两支管流体流量不均匀时，增大支管阻力，可以达到流量均布的效果。但是流体均布是以能量损失为条件的。q_{VB} 与 q_{VC} 的比值与 H 的变化无关。

【例 1-24】 非定态流体流动计算 图 1-54 所示输水管路，圆桶形高位槽直径为 0.5m，底部接一长 30m（包括局都阻力当量长度）、内径为 20mm 的管路，摩擦系数 $\lambda =$ 0.02。水平支管很短，除阀门外的其他阻力可忽略，支管直径与总管相同。高位槽水面与支管出口的初始垂直距离为 5m，槽内水深为 1m，阀门 1、2 的类型相同。试求：

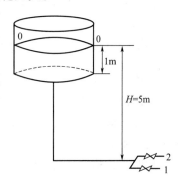

图 1-54　例 1-24 附图

(1) 当阀门 1 全开（$\zeta = 2$）、阀门 2 全关时，支管 1 中的瞬时流速为多少？

(2) 在上述情况下，将槽中的水放出一半，需多少时间？

(3) 若在阀门 1 全开、阀门 2 全关的条件下放水 100s 后，将阀门 2 也全开，放完槽中的水总共需多长时间？

解： 本题为非定态，流速 u 随水槽液面高度变化而变化。通过物料衡算得到时间和水槽液面高度的微分关系。通过积分得到不同时间水槽的高度。

(1) 在高位槽 0-0 截面与支管出口 1-1 截面列机械能守恒方程

$$\frac{p_0}{\rho} + \frac{u_0^2}{2} + z_0 g = \frac{p_1}{\rho} + z_1 g + \frac{u_1^2}{2} + h_f \quad \text{其中 } p_0 = p_1 = p_a，z_0 = H，z_1 = 0，u_0 = 0$$

简化为 $gH = \dfrac{u_1^2}{2} + h_f$，$h_f = \left(\lambda \dfrac{l}{d} + \zeta\right)\dfrac{u_1^2}{2}$

所以　$H = \left(\lambda \dfrac{l}{d} + \zeta + 1\right)\dfrac{u_1^2}{2g}$

当 H 为 5m，支管 1 中的瞬时流速为

$$u_1 = \sqrt{\frac{2gH}{\zeta + \lambda \dfrac{l}{d} + 1}} = \sqrt{\frac{2 \times 9.81 \times 5}{2 + 0.02 \times \dfrac{30}{0.02} + 1}} = 1.7\,\text{m/s}$$

(2) 槽中放水过程中，支管出口流速时刻随位差 H 变化

即 $u_1 = \sqrt{\dfrac{2gH}{\zeta + \lambda \dfrac{l}{d} + 1}} = \sqrt{\dfrac{2 \times 9.81 H}{2 + 0.02 \times \dfrac{30}{0.02} + 1}} = 0.771\sqrt{H}$

设在 t 时刻高位槽 0-0 截面与支管出口 1-1 截面出口垂直高度为 H m，在 dt 时间内，高位槽水位下降 dH，高位槽下降的体积即为支管出口 1 流出的流量，在（$t +$ dt）内做物料衡算

$$\frac{\pi}{4}D^2 \mathrm{d}H = -\frac{\pi}{4}d^2 u\,\mathrm{d}t，\quad \text{化简得 } \mathrm{d}t = -\left(\frac{D}{d}\right)^2 \frac{\mathrm{d}H}{u}$$

两边积分

$$\int_0^t \mathrm{d}t = -\int_5^{H_1}\left(\frac{D}{d}\right)^2 \frac{\mathrm{d}H}{u} \tag{①}$$

原槽内水深为 1m，将槽中的水放出一半，则槽内水深为 0.5m

将 $D = 0.5\text{m}$，$d = 0.02\text{m}$，$H_1 = 4.5\text{m}$，$u = 0.771\sqrt{H}$ 代入式①

解得 $t = -\dfrac{1}{0.771}\left(\dfrac{D}{d}\right)^2 \displaystyle\int_5^{4.5} \dfrac{1}{\sqrt{H}}\mathrm{d}H = -\dfrac{0.5^2}{0.771 \times 0.02^2} \times \dfrac{1}{-0.5} \times (\sqrt{5} - \sqrt{4.5}) = 186\text{s}$

（3）水放 100s 后高位槽水平面与支管出口垂直距离为 H_2，那么利用式①得

$$\int_0^{100} dt = -\int_5^{H_2}\left(\frac{D}{d}\right)^2\frac{dH}{u}$$，将 $D=0.5m$，$d=0.02m$，$u=0.771\sqrt{H}$ 代入

两边积分得 $100 = -\dfrac{0.5^2}{0.771\times0.02^2}\times\dfrac{1}{-0.5}(\sqrt{5}-\sqrt{H_2})$

$\sqrt{H_2}=2.174$，所以 $H_2=4.73m$

在阀门 1 全开 100s 后，高位槽液面水深 4.73m。

这样在阀门 1 全开 100s 后，高位槽液面水深 4.73m，此时打开阀门 2，由于阀门 1、2 类型同，则 $q_总=q_1+q_2$，$q_总=2q_1$

此时高位槽 0-0 截面与支管出口 1-1 截面列机械能守恒

$$H = (\zeta+1)\frac{u_1^2}{2g} + \lambda\frac{l}{d}\frac{u^2}{2g} = \left(\zeta+4\lambda\frac{l}{d}+1\right)\frac{u_1^2}{2g}$$

$$u_1 = \sqrt{\frac{2gH}{\zeta+2\lambda\frac{l}{d}+1}} = 0.399\sqrt{H}$$

此时在 $[t+dt]$ 时间内物料衡算，有

$$\frac{1}{4}D^2 dH = -2\frac{\pi}{4}d^2 u_1 dt$$

$$\int_0^t dt = -\frac{1}{2}\int_4^{4.73}\frac{D^2}{d^2 u_1} dH$$

$$t = -\frac{D^2}{0.399}\int_4^{4.73}\frac{1}{\sqrt{H}}dH = 274s$$

所以放水时间 $t = 100+274 = 374s$

Ⅲ. 工程案例解析

【例 1-25】 **设计型计算** 某工业炉每小时排出 80000m³ 的废气，温度为 200℃、密度为 0.67kg/m³、黏度为 0.026cP。大气的平均密度可取 1.15kg/m³。烟囱底部的压强低于地面大气压 196Pa，图 1-55（a）中 U 形压差计读数 R 为 20mm 水柱，求烟囱高度。

设烟囱是由砖砌成的等直径圆筒，绝对粗糙度为 0.8mm，直径为 2m。

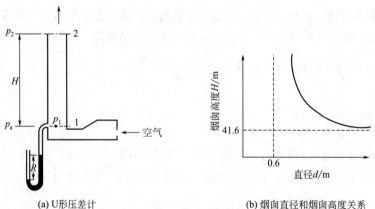

(a) U形压差计　　　　(b) 烟囱直径和烟囱高度关系

图 1-55　例 1-25 附图

解：设计型问题是一个优化的问题。本题给定流量，选择不同的 u，对应不同的管径，同时求出管径和烟囱高度的关系。

设烟囱内的流速为 u，高度为 H。

烟囱内的底部 1 和顶截面 2 列机械能衡算方程如下：

$$\frac{p_1}{\rho_f}=\frac{p_2}{\rho_f}+Hg+\lambda\frac{H}{d}\frac{u^2}{2}$$

$$p_1=p_a-\rho_i gR,\quad p_2=p_a-\rho_a gH$$

其中 ρ_i、ρ_f 和 ρ_a 分别为指示液、烟气和大气的密度

代入机械能衡算方程，求得 $H=\dfrac{R\rho_i}{\rho_a-\rho_f\left(1+\dfrac{\lambda}{d}\dfrac{u^2}{2g}\right)}$

$$u=\frac{q_V}{0.785d^2}=\frac{80000/3600}{0.785\times2^2}=7.07\,\mathrm{m/s}$$

$$Re=\frac{du\rho_i}{\mu}=\frac{2\times7.07\times0.67}{0.026\times10^{-3}}=3.64\times10^5$$

已知 $d=2\mathrm{m}$，$\varepsilon/d=0.0004$，通过 Moody 图查得 $\lambda=0.0175$

代入求得 $H=\dfrac{R\rho_i}{\rho_a-\rho_f\left(1+\dfrac{\lambda}{d}\dfrac{u^2}{2g}\right)}=\dfrac{0.02\times1000}{1.15-0.67\times\left(1+\dfrac{0.0175}{2}\times\dfrac{7.07^2}{2\times9.81}\right)}=43\mathrm{m}$

由 $H=\dfrac{R\rho_i}{\rho_a-\rho_f\left(1+\dfrac{\lambda}{d}\dfrac{u^2}{2g}\right)}$ 可知，选择不同直径 d，所得高 H 不同，选择 d 分别为 1m，

2.5m 和无穷大，代入，得到高度如下：

烟囱直径对高度的影响

直径 d/m	1	2	2.5	∞
高度 H/m	1700	43	42.1	41.6

从表中可知，当烟囱直径 $d>2\mathrm{m}$ 时，不能使烟囱高度明显降低，当烟囱直径 $d<2\mathrm{m}$，烟囱高度明显增大至不实际的程度。烟囱直径和烟囱高度 H 的关系见图 1-55(b)。

本题表现设计型计算的特点，同时解释了烟囱"拔风"的原因。

【例 1-26】 流量调节方案选择　水从高位槽经一管线流出（图 1-56），槽的水面及管的出口均通大气，高位槽的水位保持一定。现因生产任务变动需将排水量增大 1 倍，拟对排水管进行改装。有人建议：

（1）更换排水管，将管径增大 1 倍；

（2）更换排水管，将管子截面积增大 1 倍；

（3）增加 1 根直径相同的管子。

试定量分析上述建议的效果。为了简化，假定各种方案下，摩擦系数 λ 变化不大，水在管中的动能可以忽略不计。

解：工程上经常会碰到生产任务变化时，需要扩大生产量、增大流量，因此需要提出改造方案。本题针对增大 1 倍排水量，改造排水管的工程案例进行分析。如例图所示，以 0-0′

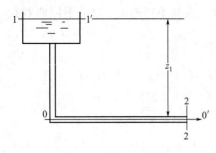

图 1-56 例 1-26 附图

为基准面，列 1-1′、2-2′ 截面间的伯努利方程式，以表压计。

$$z_1 g + \frac{p_1}{\rho} + \frac{u_1^2}{2} = z_2 g + \frac{p_2}{\rho} + \frac{u_2^2}{2} + \sum h_f$$

由题意知，水在管内的动能可以忽略不计。与位能及管内总的流动阻力相比，进、出口的阻力及高位槽中的流动阻力都很小，也可以忽略不计。

由 $p_1 = p_2 = 0$，$u_1 \approx 0$，$z_1 \approx 0$

即：截面 1 的位能等于沿程的流动阻力。

由题中给出的条件，λ、l、z_1 都是定值，所以 $u^2 \propto d$ 即 $u \propto d^{\frac{1}{2}}$

又 $q_V = 0.785 d^2 u$

故 $q_V \propto d^{\frac{5}{2}}$

根据流量与管径的关系，便可求出 3 种情况下，哪种情况最符合新工况的要求。

(1) 管径增大 1 倍，即 $d' = 2d$

$\dfrac{q_V'}{q_V} = \left(\dfrac{d'}{d}\right)^{\frac{5}{2}} = 2^{\frac{5}{2}} = 5.66$，流量增大 4.66 倍，远远超过新工况的要求。

(2) 截面积增大 1 倍，即 $0.785 d'^2 = 0.785 d^2 \times 2$，$d' = \sqrt{2} d$

$\dfrac{q_V'}{q_V} = \left(\dfrac{d'}{d}\right)^{\frac{5}{2}} = 2^{\frac{5}{4}} = 2.38$，流量增大 1.38 倍，也超过新工况的要求。

(3) 增加 1 根直径相同的管子，$q_V' = q_V$，流量增大 1 倍，符合新工况的要求。

第四节 自测练习同步

Ⅰ.自测练习一

一、填空题

1.当地大气压为 760mmHg 时，测得某体系的表压为 200mmHg，则该体系的绝对压强为_____ Pa，真空度为_____ Pa。

2.描述流体运动通常有_____和_____两种考察方法。定态是指全部过程参数_____。稳定性是指系统_____。

3.连续性假定指_____。伯努利方程的几何意义_____。

4.雷诺数的表达式为_____。当密度 $\rho = 800 \text{kg}^3/\text{m}$、黏度 $\mu = 30 \text{cP}$ 的油品，在内径为 $d = 20 \text{mm}$，以流速为 1.5m/s 在管中流动时，其雷诺数等于_____，其流动类型为_____。

5.流体在圆形直管内流动时，在湍流区则摩擦系数 λ 与_____及_____有关。在完全湍流区则 λ 与雷诺数的关系线趋近于_____线。

6.牛顿黏性定律的表达式为_____，黏度的物理本质是_____。通常液体的黏度随温度的升高而_____，气体的黏度随温度的升高而_____。20℃水的黏度等于_____ mPa·s。

7. 转子流量计的特点是_____。孔板流量计的特点是_____。皮托管测得的是_____速度。

8. 在定态流动系统中，水连续地从粗圆管流入细圆管，粗管内径为细管的 2 倍，则细管内水的流速为粗管内流速的_____倍。

9. 流体在一段装有若干个管件的直管 l 中流过的总能量损失的通式为_____，它的单位为_____。

10. 某长方形截面的通风管道，其截面尺寸为 15mm×20mm，其当量直径 d_e 为_____mm。

11. 非牛顿流体的三种弹性行为_____，_____，_____。

12. 圆形直管内，q_V 一定，设计时将 d 减小 50%，则层流时 h_f 是原来的_____倍，高度湍流时，h_f 是原来的_____倍。(忽略 ε/d 的变化)

二、选择题

1. 当被测流体的 （   ） 大于外界大气压力时，所用的测压仪表称为压力表。

　　A. 真空度；　　　　　 B. 表压力；　　　　　 C. 相对压力；　　　　　 D. 绝对压力。

2. 图示为一异径管段，A、B 两截面积之比小于 0.6，从 A 段流向 B 段，测得 U 形压差计的读数为 $R = R_1$，从 B 段流向 A 段测得 U 形压差计读数为 $R = R_2$，若两种情况下的水流量相同，则 （   ）。

　　A. $R_1 > R_2$；　　　　　 B. $R_1 < R_2$；　　　　　 C. $R_1 = R_2$；　　　　　 D. $R_2 = -R_1$。

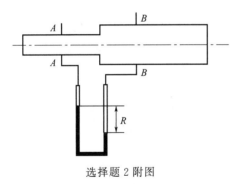

选择题 2 附图　　　　　　　　　　　　　选择题 4 附图

3. 层流与湍流的本质区别是：（   ）。

　　A. 湍流流速 > 层流流速；

　　B. 流道截面大的为湍流，截面小的为层流；

　　C. 层流的雷诺数 < 湍流的雷诺数；

　　D. 层流无径向脉动，而湍流有径向脉动。

4. 如图所示，连接 A、B 两截面间的压差计的读数 R 表示了 （   ） 的大小。

　　A. A、B 间的压头损失 H_{fAB}；

　　B. A、B 间的压强差 Δp；

　　C. A、B 间的压头损失及动压头差之和；

　　D. A、B 间的动压头差 $(u_A^2 - u_B^2)/(2g)$。

5. 流体在圆管内流动时，管中心流速最大，若为湍流时，平均流速与管中心的最大流速

的关系为 ( )。

    A. $u = 1/2u_{max}$；   B. $u = u_{max}$；

    C. $u = 3/2u_{max}$；   D. $u \approx 0.8u_{max}$。

6. 孔板流量计的流量系数 C_0，当 Re 增大时，其值 ( )。

    A. 总在增大；

    B. 先减小，当 Re 增大到一定值时，C_0 保持为某定值；

    C. 总是减小；

    D. 不定。

7. 一敞口容器，底部有一进水管（如图示）。容器内水面保持恒定，管内水的流速 $u = 2.426\text{m/s}$。水由水管进入容器，则 2 点的表压 $p_2 = $ ( ) 水柱。

    A. 1.8m；   B. 1.6m；   C. 1.5m；   D. 1.2m。

8. 流体在圆形直管内作定态流动，雷诺数 $Re = 1500$，则其摩擦系数为 ( )。

    A. 0.032；   B. 0.0427；   C. 0.0267；   D. 无法确定。

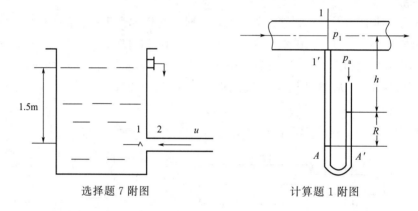

选择题 7 附图   计算题 1 附图

三、计算题

1. 本题附图所示，流动条件下平均密度为 1.1kg/m^3 的某种气体在水平管中流过，1-1′ 截面处测压口与右臂开口的 U 形管压差计相连，指示液为水，图中，$R = 0.17\text{m}$，$h = 0.3\text{m}$。求 1-1′ 截面处绝对压强 p_1（当地大气压 p_a 为 101.33kPa）。

2. 某厂如图所示的输液系统将某种料液由敞口高位槽 A 输送至一敞口搅拌反应槽 B 中，输液管为 $\phi 38 \times 2.5\text{mm}$ 的铜管，已知料液在管中的流速为 $u\text{m/s}$，系统的 $\sum h_f = 20.6u^2/2$ J/kg，因扩大生产，须再建一套同样的系统，所用输液管直径不变，而要求的输液量增加 30%，问新系统所设的高位槽的液面需要比原系统增高多少？

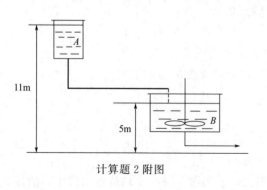

计算题 2 附图

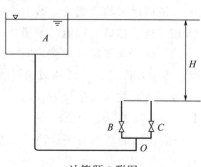

计算题 3 附图

3.如图，高位槽 A 输送水至两并联管道 B 和 C，B、C 管道内径均为 30mm，管道 C 长为 3m，管道 B 长为 1m，装有阀门调节流量，已知 $\zeta_B = \zeta_C = 0.17$。摩擦系数 λ 可取 0.025。问两支管流量比为多少？若要使两支管流量分布均匀，通过计算说明如何操作？

Ⅱ.自测练习二

一、填空题

1.定态流动时，不可压缩理想流体在管道中流过时各截面上_____相等。它们是_____之和，每一种能量_____，但可以_____。

2.描述流体运动通常有_____和_____两种考察方法。雷诺数 Re 的物理意义是_____。当 $Re <$ _____时，为层流，当 $Re >$ _____时，为湍流。

3.圆管中有常温下的水流动，管内径 $d = 100\text{mm}$，测得其中的质量流量为 15.7kg/s，其体积流量为_____，平均流速为_____。

4.当流体在圆形直管中作层流流动时，其速度分布呈_____型曲线，其管中心流速为平均流速的_____倍，摩擦系数 λ 与 Re 的关系为_____。

5.从液面恒定的敞口高位槽向常压容器加水，若将放水管路上的阀门开度关小，则管内水流量将_____，管路的局部阻力将_____，直管阻力将_____，管路总阻力将_____。（设动能项可忽略。）

6.管流中水的常用流速范围为_____ m/s，空气流速范围为_____ m/s。若水与空气以相同质量流量流经相同管长水平直管，各自采用最经济流速，则管径 $d_气 \approx$ _____$d_水$，压降 $\Delta p_气 \approx$ _____ $\Delta p_水$。

7.流体在管内作层流流动，流量不变，仅增大一倍管径，则摩擦系数_____，直管阻力_____。流体在直管内流动造成阻力损失的根本原因是_____，直管阻力损失体现在_____。

8.一输油管，原输送 $\rho_1 = 900\text{kg/m}^3$、$\mu_1 = 1.35\text{P}$ 的油品，现改输送 $\rho_2 = 880\text{kg/m}^3$、$\mu_2 = 1.25\text{P}$ 的另一油品。若两种油品在管内均为层流流动，且维持输油管两端由流动阻力所引起的压强降 Δp_f 不变，则输油量比原来增加_____%。

9.测气体用的转子流量计上的刻度是在_____条件下获得的，皮托管测得的是_____速度。孔板流量计的主要缺点是_____。

10._____的流体称非牛顿流体。涨塑性流体的黏度随剪切率的增大而_____。

二、选择题

1.从流体静力学基本方程了解到 U 形管压力计测量其压强差是（　　）。

A.与指示液密度、液面高度有关，与 U 形管粗细无关；

B.与指示液密度、液面高度无关，与 U 形管粗细有关；

C.与指示液密度、液面高度无关，与 U 形管粗细无关；

D.与指示液密度、液面高度和 U 形管粗细均有关。

2.如图所示，用 U 形压差计与管道 A、B 两点相连。已知各图中管径，A、B 间的管长 l 及管道中流体流量 V_s 均相同，管内流体均为 $20\,℃$ 水，指示液均为汞，则（　　）。

A.$R_1 \neq R_2$，$R_1 = R_2 = R_4$；　　　　　　　　B.$R_1 = R_2 = R_3 = R_4$；

C.$R_1 = R_2 < R_3 < R_4$；　　　　　　　　　　　　D.$R_1 \neq R_2 \neq R_3 \neq R_4$。

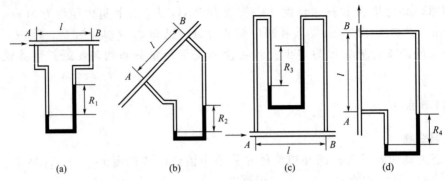

选择题 2 附图

3. 在完全湍流（阻力平方区）时，粗糙管的摩擦系数 λ 数值（　　　）。

A. 与光滑管一样；　　　　　　　　　　　　B. 只取决于 Re；

C. 只取决于相对粗糙度；　　　　　　　　　D. 与粗糙度无关。

4. 流体在圆形管道中作高度湍流流动时，当流量增大一倍，管径不变，阻力损失是原来的（　　　）倍。

A. 2；　　　　　　　B. 4；　　　　　　　C. 8；　　　　　　　D. 16。

5. 图示，局部阻力损失 $h_f = \dfrac{\zeta u^2}{2}$ 计算式中的 u 是指（　　　）。

A. 小管流速 u_1；

B. 大管流速 u_2；

C. $(u_1 + u_2)/2$；

D. 与流向有关，可以是 u_1 或 u_2。

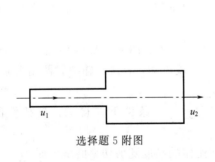

选择题 5 附图

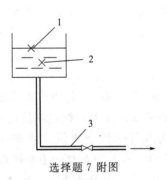

选择题 7 附图

6. 有一并联管路，两段管路的流量、流速、管径、管长及流动阻力损失分别为 q_{V1}、u_1、d_1、l_1、h_{f1} 及 q_{V_2}、u_2、d_2、l_2、h_{f2}。若 $d_1 = 2d_2$，$l_1 = 2l_2$，则 $h_{f1}/h_{f2} = $（　　　），当两段管路中流体均作层流流动时，$u_1/u_2 = $（　　　）。

A. 8；　　　　　　　B. 4；　　　　　　　C. 2；　　　　　　　D. 1。

7. 如图，若水槽液位不变，1、2、3 点的流体总机械能的关系为（　　　）。

A. 阀门打开时 1>2>3；　　　　　　　　　B. 阀门打开时 1=2>3；

C. 阀门打开时 1=2=3；　　　　　　　　　D. 阀门打开时 1>2=3。

8. 转子流量计流量为 q_{V1} 时，通过流量计前后的压降为 Δp_1，当流量 $q_{V2} = q_{V1}$ 时，相应的压降 Δp_2（　　　）。

A. 变小；　　　　　　B. 变大；　　　　　　C. 不变；　　　　　　D. 不确定。

三、计算题

1. 如图所示，$D = 100\text{mm}$，$d = 50\text{mm}$，$R = 25\text{mm}$，$\rho_{气体} = 1.2\text{kg/m}^3$，$V_{气} = 0.181\text{m}^3/\text{s}$，欲将水从水池吸入水平管中，问：$H$ 应不大于何值？设阻力不计。

2. 如图所示，油在光滑管中以 $u = 2\text{m/s}$ 的速度流动，油的密度 $\rho = 920\text{kg/m}^3$，管长 $L = 3\text{m}$，直径 $d = 50\text{mm}$，水银压差计测得 $R = 15.0\text{mm}$，$\rho_{\text{Hg}} = 13600\text{kg/m}^3$。试求：

(1) 油在管中的流动形态；

(2) 油的黏度；

(3) 若保持相同的平均流速反向流动，压差计读数有何变化？层流：$\lambda = 64/Re$；湍流：$\lambda = 0.3164/Re^{0.25}$。

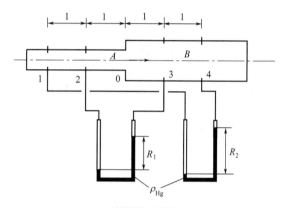

计算题 1 附图

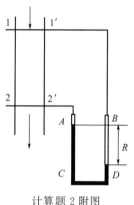

计算题 2 附图

计算题 3 附图

3. 如图所示装置，水以 4.4m/s 流速从 A 段流向 B 段，用四点法测量突然扩大局部阻力系数，假设 $h_{f1\text{-}2} = h_{f2\text{-}0}$，$h_{f0\text{-}3} = h_{f3\text{-}4}$，$A$ 段管内径为 25mm，B 段管内径为 50mm，测得 $R_1 = 200\text{mm}$，$R_2 = 430\text{mm}$，U 形管压差计指示液为汞，求：突然扩大局部阻力系数为多少？

本章符号说明

符号	意义	单位
A	面积	m^2
C_0、C_R	流量系数	
d	管径	m
d_0	孔径	m
G	质量流速	$\text{kg/(m}^2 \cdot \text{s)}$
g	重力加速度	$\text{m}^2 \cdot \text{s}$
H_f	单位重量流体的机械能损失	m

h_f	单位质量流体的机械能损失	J/kg
l	管路长度	m
l_e	局部阻力的当量长度	m
$\mathscr{P}$	虚拟压强	Pa
p	压强	Pa
p_a	大气压	Pa
R	压差计读数	m
Re	雷诺数	
r	半径	m
t	时间	s
u	流速	m/s
q_V	体积流量	m^3/s
q_m	质量流量	kg/s
z	高度	m
α	动能校正系数	
ε	绝对粗糙度	mm
ζ	局部阻力系数	
λ	摩擦系数	
μ	黏度	Pa·s
ν	运动黏度	m^2/s
Π	浸润周边	m
ρ	密度	kg/m^3
τ	剪应力	N/m^2

下标

max	最大
min	最小

上标

—	平均值

第二章

流体输送机械

第一节　知识导图和知识要点

1. 外加能量的机械能衡算知识导图

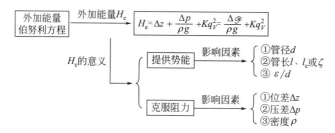

2. 管路特性方程

输送流体所需的能量 $H = \dfrac{\Delta \mathscr{P}}{\rho g} + \dfrac{\Delta u^2}{2g} + \sum H_f$

$\dfrac{\Delta \mathscr{P}}{\rho g}$ 为管路两端单位重量流体的势能差，$\sum H_f = \sum \left(\lambda \dfrac{l}{d} + \zeta \right) \dfrac{u^2}{2g}$

输送管路中的流速为，$u = \dfrac{q_V}{\dfrac{\pi}{4} d^2}$，$\sum H_f = \sum \dfrac{8 \left(\lambda \dfrac{l}{d} + \zeta \right)}{\pi^2 d^4 g} q_V^2$

或 $\sum H_f = K q_V^2$，式中系数 $K = \sum \dfrac{8 \left(\lambda \dfrac{l}{d} + \zeta \right)}{\pi^2 d^4 g}$

其数值由管路特性决定。当管内流动已进入阻力平方区，系数 K 是一个与管内流量无关的常数。

管路特性方程 $H = \dfrac{\Delta \mathscr{P}}{\rho g} + K q_V^2$ 或者 $H = \dfrac{\Delta P}{\rho g} + \Delta z + \sum \dfrac{8 \left(\lambda \dfrac{l}{d} + \zeta \right)}{\pi^2 d^4 g} q_V^2$

3. 管路特性曲线的影响因素

输送流体所需的能量用于提供势能 $\dfrac{\Delta \mathscr{P}}{\rho g}$ 和克服阻力 $K q_V^2$，因此势能或者阻力的变化均会影响管路的特性曲线。

（1）势能的影响 $\dfrac{\Delta \mathscr{P}}{\rho g} = \dfrac{\Delta p}{\rho g} + \Delta z$，位差 Δz、压差 Δp、密度 ρ 的变化会引起势能变化，进而改变管路的特性曲线。如图 2-1，当位差 Δz 增加时，管路特性曲线平行上移。需要注意的是密度 ρ 的影响，当 $\Delta \mathscr{P} > 0$ 时，密度 ρ 的下降会引起势能的增加，但是当 $\Delta \mathscr{P} = 0$ 时，密度的增加或减小不影响管路的特性曲线。

（2）阻力的影响 $\sum H_{\mathrm{f}} = \sum \dfrac{8\left(\lambda \dfrac{l}{d} + \zeta\right)}{\pi^2 d^4 g} q_V^2$，管径 d、管长 l、l_{e} 或 ζ 以及相对粗糙度 $\dfrac{\varepsilon}{d}$ 的变化对阻力均会产生影响。如图 2-2 所示，ζ 增加，管路阻力增加，管路特性曲线上升。

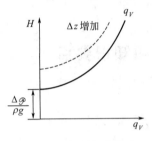
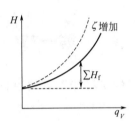

图 2-1　势能增加的影响　　　　图 2-2　阻力变化的影响

4. 离心泵的主要部件知识导图

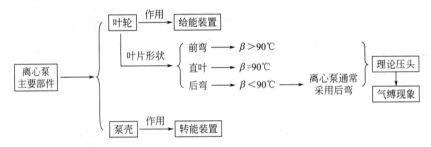

5. 离心泵的主要参数

流量 q_V，单位时间内泵所输送液体的体积，单位 $\mathrm{m^3/s}$ 或 $\mathrm{m^3/h}$。

压头或扬程 H，单位重量的液体经泵后所获得的能量，单位 $\mathrm{J/N}$ 或 m。

6. 离心泵主要构件

离心泵主要工作构件包括旋转叶轮、固定的泵壳和轴封装置。

叶轮的作用是将机械能传给液体，使液体的势能和动能都有所提高。泵壳内有一截面逐渐扩大的通道，使液体的能量发生转换，一部分动能转变为静压能，起转能装置的作用。泵轴与泵壳之间的密封称为轴封。轴封的作用是防止高压液体从泵壳内沿间隙漏出，或外界空气进入泵内。常用的轴封装置有填料密封和机械密封两种。

7. 离心泵理论压头的影响因素

泵的理论压头：$H_{\mathrm{T}} = \dfrac{u_2 c_2 \cos\alpha_2}{g}$

（1）流量的影响 $H_{\mathrm{T}} = \dfrac{u_2^2}{g} - \dfrac{u_2}{g A_2} q_V \mathrm{ctg}\beta_2$，$u_2$ 为切向速度；β_2 为叶片出口端倾角。该式

表示不同形状的叶片在叶轮尺寸和转速一定时泵的理论压头和流量的关系。

（2）叶片形状对理论压头的影响　根据叶片出口端倾角 β_2 的大小，叶片形状可分为三种：直叶叶片（$\beta_2=90°$）；后弯叶片（$\beta_2<90°$）和前弯叶片（$\beta_2>90°$），如图 2-3 所示。

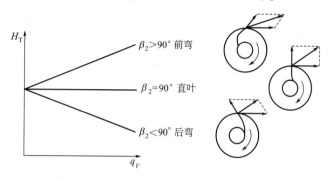

图 2-3　离心泵叶片形状对理论压头的影响

（3）叶轮转速 n 的影响　由于转速 n 影响速度 u，继而影响流量和压头。$u_2=n\pi D_2$，$q_V \propto u \propto n$，$H_T \propto q_V^2 \propto n^2$，说明转速越快，流量越大，压头更大。

（4）液体密度的影响　理论压头与液体密度无关。因此，同一台泵不论输送何种液体，所能提供的理论压头是相同的。值得注意的是，离心泵的压头是以被输送流体的液体柱高度表示，在同一压头下，泵进、出口的压差与流体的密度成正比。

8. 离心泵采用后弯叶片原因

理论压头包括势能的提高和动能的提高两部分。相同流量下，虽然前弯叶片的动能较大，液体的动能可经蜗壳部分地转化为势能，但此过程导致较多的能量损失。为获得较高的能量利用率，离心泵采用后弯叶片。

9. 气缚现象

由于泵内存有空气，使泵内流体的平均密度下降，压头不变，但实际压差减小。叶轮中心处所形成的低压不足以将贮槽内的液体吸入泵内，虽启动离心泵，也不能输送液体，这种现象称为气缚现象。

一般泵体内是空气或者管路及轴封密封不良，漏入空气会发生气缚现象。为了避免气缚现象产生，离心泵启动时须先使泵内充满液体，这一操作称为灌泵。

10. 离心泵特性曲线知识导图

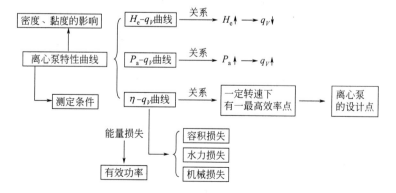

11. 泵的有效功率和效率

（1）泵的有效功率 P_e，$P_e = \rho g q_V H_e$，其中 H_e 为泵的有效压头，即单位重量流体自泵处净获得的能量。由电机输入离心泵的功率称为泵的轴功率 P_a。

（2）效率 η，有效功率与轴功率之比值定义为泵的（总）效率 η，即 $\eta = \dfrac{P_e}{P_a}$。离心泵内的容积损失、水力损失和机械损失是构成泵的效率的主要因素。一般，小型泵效率为 $55\% \sim 65\%$，大型泵效率为 $75\% \sim 85\%$，最大可达 90%。

12. 离心泵特性曲线

离心泵的有效压头 H_e、效率 η、轴功率 P_a 与输液量 q_V 的关系为离心泵的特性曲线。

离心泵出厂前均由泵制造厂测定 $H_e\text{-}q_V$、$\eta\text{-}q_V$、$P_a\text{-}q_V$ 三条曲线，如图 2-4，列于产品样本。离心泵特性曲线是在一定转速、常压、20℃清水下测得的。

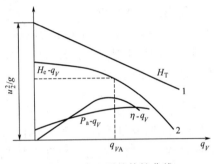

图 2-4　离心泵的特性曲线

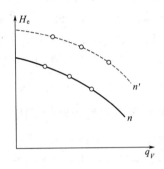

图 2-5　比例定律

$H_e\text{-}q_V$ 曲线，在较大范围内，流量 q_V 增大，压头 H_e 减小，

$P_a\text{-}q_V$ 曲线，流量 q_V 增大，轴功率 P_a 增大。且 $q_V = 0$ 时，轴功率 P_a 最小。所以一般离心泵启动时，关闭出口阀门，其功率最小。

$\eta\text{-}q_V$ 曲线，离心泵在一定转速下有一最高效率点，这也是离心泵的设计点。

离心泵铭牌上标注的性能参数均为最高效率点下之值。

13. 离心泵特性曲线的影响因素

密度对特性曲线的影响，密度 ρ 增大，流量 q_V、压头 H 不变，效率 η 基本不变，轴功率 P_a 增大。

黏度对特性曲线的影响，黏度 μ 增大，流量 q_V、压头 H、效率 η 减小，轴功率 P_a 增大。

转速对特性曲线的影响，当液体的黏度不大、转速变化小于 20% 时，认为效率不变（等效点），符合比例定律

$$\frac{q_{V2}}{q_{V1}} = \frac{n_2}{n_1}, \frac{H_2}{H_1} = \left(\frac{n_2}{n_1}\right)^2, \frac{P_{a2}}{P_{a1}} = \left(\frac{n_2}{n_1}\right)^3$$

如图 2-5。当转速变化超出此范围，则上述速度三角形相似、效率相等的假设将导致较大误差，此时泵的特性曲线应通过实验重新测定。

14. 带泵管路知识导图

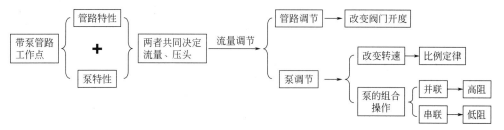

15. 离心泵的工作点

管路特性曲线反映了被输送液体对泵的能量要求，泵特性曲线反映了泵提供能量时流量和压头的关系，工作点反映了管路中实际的流量和压头。离心泵的工作点由泵特性和管路特性共同决定，必同时满足管路特性方程 $H=\dfrac{\Delta p}{\rho g}+Kq_V^2$ 和泵的特性方程 $H_e=A-Bq_V^n$，联立求解此两方程即得离心泵的工作点即管路特性曲线和泵特性曲线的交点，如图 2-6。

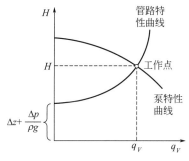

图 2-6 离心泵的工作点

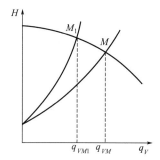

图 2-7 改变管路特性曲线的调节

16. 离心泵的调节手段

（1）改变出口阀门开度，即改变管路特性曲线。关小阀门，阻力系数 ζ 增加，如图 2-7 所示。工作点由 M 移向 M_1，流量 q_V 减小、压头 H 增大。阀门调节特点：方便、快捷，流量连续变化；但是阀门消耗阻力，经济上不合理。适用于调节幅度不大，而经常需要改变的场合。

关小阀门后的节流损失如图 2-8 所示，增加的节流损失 $h_f=H_e-H$。

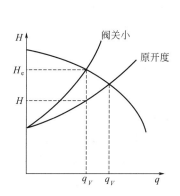

图 2-8 增加的节流损失

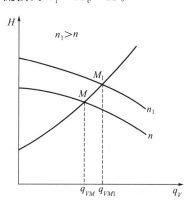

图 2-9 改变泵特性曲线的调节

（2）改变泵的转速，即改变泵的特性曲线，如图 2-9 所示。转速 n 增加，泵特性曲线上移，工作点由 M 移向 M_1，流量 q_V 增大、压头 H 增大。转速调节特点：泵在高效率下工作，能量利用经济，需变速装置。适用于幅度大、时间又长的季节性调节。

17. 离心泵的串、并联

串联组合，同样流量下，两泵压头相加 $H_单 = \varphi(q_V)$，$H_串 = 2\varphi(q_V)$。

两台泵串联，如图 2-10 所示，$H_串 < 2H_单$，$q_{V串} > q_{V单}$。

并联组合，同样压头下，两泵流量相加。$H_单 = \varphi(q_V)$，$H_并 = \varphi\left(\dfrac{q_V}{2}\right)$。

两台泵并联，如图 2-11 所示，$H_并 > H_单$，$q_{V并} < 2q_{V单}$。

一般情况，低阻时，并联优于串联；高阻时，串联优于并联。

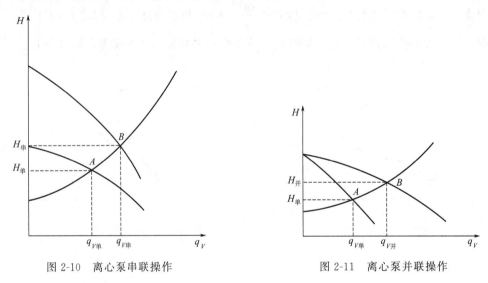

图 2-10　离心泵串联操作　　　　图 2-11　离心泵并联操作

18. 离心泵安装高度知识导图

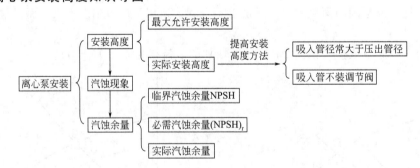

19. 汽蚀现象

提高泵的安装位置，叶轮进口处的压强可能降至被输送液体的饱和蒸气压，引起液体部分汽化，形成气泡，受压缩后溃灭，叶轮受冲击而出现剥落；泵轴振动强烈，甚至振断。这种现象称为泵的汽蚀。为避免汽蚀现象，泵的安装位置不能太高，以保证叶轮中各处压强高于液体的饱和蒸气压。

20. 离心泵安装高度和必需汽蚀余量 (NPSH)$_r$

(1) 离心泵安装高度，如图 2-12，泵轴与吸入槽液面间的垂直高度，称为安装高度，用 H_g 表示。可正可负。

当 $p_K = p_v$（水的饱和蒸气压）时，发生汽蚀现象，p_1 达到最小值 $p_{1\min}$。为避免汽蚀现象，安装高度必须加以限制，即存在最大安装高度 $H_{g,\max}$。

(2) 临界汽蚀余量 (NPSH)$_c$

$$(NPSH)_c = \frac{p_{1,\min}}{\rho g} + \frac{u_1^2}{2g} - \frac{p_v}{\rho g}$$

离心泵的最大安装高度与临界汽蚀余量 (NPSH)$_c$ 的关系：

$$H_{g,\max} = \frac{p_0 - p_V}{\rho g} - (NPSH)_c - \sum h_{f0\text{-}1}, \sum h_{f0\text{-}1}$$ 是吸入管阻力损失。

必需汽蚀余量 (NPSH)$_r$ = (NPSH)$_c$ + Δ，Δ 为一定的安全余量。(NPSH)$_r$ 是泵的特性参数之一，由厂家测定。

实际汽蚀余量 $NPSH = \frac{p}{\rho g} + \frac{u_1^2}{2g} - \frac{p_v}{\rho g}$，$NPSH$ 须比必需汽蚀余量 (NPSH)$_r$ 大 0.5m 以上。

(3) 离心泵最大允许安装高度 $[H_g]$

$$[H_g] = \frac{p_0 - p_v}{\rho g} - \sum h_{f0\text{-}1} - [(NPSH)_r + 0.5]，实际安装高度 H_g < [H_g] 即可。$$

从最大允许安装高度 $[H_g]$ 可知，减少吸入管的阻力，有利于离心泵的安装高度。所以吸入管径常大于压出管径，吸入管一般也不安装调节阀。

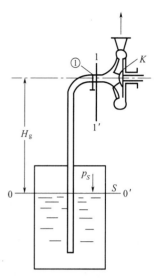

图 2-12　离心泵安装高度

21. 离心泵的选型

离心泵的选用原则上可分为两步进行：①根据被输送液体的性质和操作条件确定泵的类型；②根据具体管路对泵提出的流量和压头要求确定泵的型号。

22. 往复泵知识导图

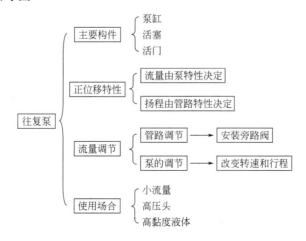

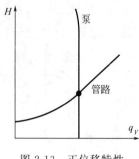

图 2-13　正位移特性

23. 正位移特性

正位移特性如图 2-13，流量由泵决定，与管路特性无关；压头在电机功率范围内，由管路特性决定。具有这种特性的泵称为正位移泵。

24. 往复泵的调节手段

往复泵属于正位移泵，其流量与管路特性无关，不能安装调节阀来改变管路流量。

往复泵的流量调节方法：①改变曲柄转速和活塞行程，达到流量调节的目的，是最常用的经济方法。②旁路调节，通过阀门调节旁路流量，使一部分压出流体返回吸入管路，达到调节主管流量的目的。显然，这种调节方法很不经济，只适用于变化幅度较小的经常性调节。

25. 各种化工用泵比较

离心泵适用性广，易于达到大流量，但较难产生高压头；往复泵易于获得高压头，但难以获得大流量。表 2-1 是各种化工用泵比较。

表 2-1　各种化工用泵比较

泵的类型		离心式		正位移式	
		离心泵	轴流泵	往复泵	旋转泵
性能	特性	流量、压头与管路特性和泵特性均有关		流量仅取决于泵特性，压头取决于管路特性	
	流量	大	大	较小	小
	压头	中等	低	高	较高
	效率	稍低	稍低	高	较高
操作	流量调节	小幅度调节阀门，大幅度调节泵的转速	小幅度调节旁路阀	小幅度调节旁路阀，大幅度调节转速	用旁路阀调节
	自吸作用	一般没有	没有	有	有
	启动	出口阀关闭	出口阀全开	出口阀全开	出口阀全开
适用范围		低压头、大流量	低压头、大流量	高压头、小流量	高压头、小流量，适合高黏度液体

26. 气体输送特点

（1）流量：$\rho_液 \approx 1000\rho_气$，所以当质量流量相同时，$q_{V气} \approx 1000q_{V液}$；

（2）经济流速：水 1～3m/s；空气 15～25m/s，$u_气 \approx 10u_液$，动能项大；

（3）管径 $d = \sqrt{\dfrac{q_m}{\dfrac{\pi}{4}u\rho}}$，$q_m$ 相同时，u 增大 10 倍，ρ 下降 1000 倍，所以 $d_气 \approx 10d_液$。

27. 通风机的全压、动风压

$p_T = p_2 - p_1 + \dfrac{\rho_2 u_2^2}{2} - \dfrac{\rho_1 u_1^2}{2}$。通风机的压头由两部分组成；其中压差（$p_2 - p_1$）习惯

上称为静风压 p_S，$(\dfrac{\rho_2 u_2^2}{2} - \dfrac{\rho_1 u_1^2}{2})$ 称为动风压 p_K，p_T 称为全风压。

通风机的特性曲线是在 0.1MPa、温度为 20℃的空气（$\rho = 1.2kg/m^3$）下测定的，所以使用中注意换算：$p'_T = p_T \dfrac{\rho'}{\rho}$，$\rho'$ 为实际输送气体的密度。

28. 真空泵的主要性能参数

真空泵的最主要特性是极限真空和抽气速率。

（1）极限真空（残余压强）：真空泵所能达到的稳定最低压强，习惯上以绝对压强表示。

（2）抽气速率（简称抽率）：单位时间内真空泵吸入口吸进的气体体积。

第二节　工程知识与问题分析

Ⅰ. 基础知识解析

1. 什么是液体输送机械的压头或扬程？

答：流体输送机械向单位重量流体所提供的能量（J/N）称为液体输送机械的压头或扬程。

2. 离心泵的压头受哪些因素的影响？

答：离心泵的压头与流量、转速、叶片形状及直径大小有关。

3. 后弯叶片有什么优点和缺点？

答：后弯叶片的叶轮使流体势能提高大于动能提高，动能在蜗壳中转换成势能时损失小，泵的效率高，这是它的优点。缺点是产生同样理论压头所需泵体体积比前弯叶片的大。

4. 什么是气缚现象？产生的原因是什么？如何防止气缚现象？

答：因泵内流体密度小而产生的压差小、无法吸上液体的现象称为气缚现象。气缚现象产生的原因是离心泵产生的压差与密度成正比，若密度小，则压差小，吸不上液体。通过灌泵、排气来防止气缚现象。

5. 影响离心泵特性曲线的主要因素有哪些？

答：离心泵的特性曲线指 H_e-q_V，η-q_V，P_a-q_V。影响这些曲线的主要因素有液体密度、黏度、转速、叶轮形状及直径大小。

6. 离心泵的工作点是如何确定的？流量调节的方法有哪些？

答：离心泵的工作点是由管路特性方程和泵的特性方程共同决定的。流量调节的方法有调节出口阀、改变泵的转速等。

7. 简述选用离心泵的一般步骤。

答：一般步骤如下：①根据输送液体的性质和操作条件，确定离心泵的类型；②确定输送系统的流量 q_{Ve} 和压头 H_e；③选择泵的型号，要求 $q_V \geqslant q_{Ve}$，$H \geqslant H_e$，且效率 η 较高（在高效区）；④核算泵的轴功率。

8. 什么是泵的汽蚀？如何防止汽蚀现象？

答：泵的汽蚀是指液体在泵的最低压强处（叶轮入口）汽化形成气泡，又在叶轮中因压强升高而溃灭，造成液体对泵设备的冲击，引起振动和腐蚀的现象。防止汽蚀现象：规定泵的实际汽蚀余量必须大于允许汽蚀余量；通过计算，确定泵的实际安装高度低于允许安装高度。

9.用某离心油泵从贮槽取液态烃类至反应器，贮槽液面恒定，其上方绝压为 680kPa，泵安装于贮槽液面以下 2.5m 处。吸入管路的压头损失为 1.5m。输送条件下液态烃的密度为 540kg/m³，饱和蒸气压为 660kPa，输送流量下泵的必需汽蚀余量为 3.5m，请分析该泵能否正常操作。

答：在此条件下泵的允许安装高度为

$$[H_g] = \frac{p_0 - p_v}{\rho g} - \sum h_{f0-1} - [(NPSH)_r + 0.5] = \frac{(680-660) \times 10^3}{540 \times 9.81} - 1.5 - (3.5+0.5) = -1.72m$$

由于泵安装于贮槽液面以下 2.5m 处，−2.5＜−1.72，故该泵能正常操作。

10.正位移的泵特性是什么？

答：正位移的泵特性是流量由泵决定，与管路特性无关。

11.往复泵有没有汽蚀问题？

答：往复泵有汽蚀问题，这是由液体汽化压强所决定的。

12.为何离心泵启动前应关闭出口阀，而旋涡泵启动前应打开出口阀？

答：这与功率曲线的走向有关，离心泵在零流量时功率负荷最小，所以在启动时关闭出口阀，使电机负荷最小；而旋涡泵在大流量时功率负荷最小，所以在启动时要开启出口阀，使电机负荷最小。

13.通风机的全风压、动风压各有什么意义？为什么离心泵的压头 H 与密度 ρ 无关，而风机的全风压 p_T 与密度 ρ 有关？

答：通风机给每立方米气体加入的能量为全风压，其中动能部分为动风压。因单位不同，压头 H 为 m，全风压 p_T 为 N/m²，按 $\Delta p = \rho g h$ 可知 h 与 ρ 无关时，Δp 与 ρ 成正比。

14.离心通风机用于锅炉通风，通风机放在锅炉前后，质量流量、电机功率负荷有什么变化？

答：风机在锅炉前时，气体密度大，质量流量大，电机功率负荷也大；

风机在锅炉后时，气体密度小，质量流量小，电机功率负荷也小。

Ⅱ.工程知识应用

1.某离心泵将江水送入一敞口高位槽，吸入管和压出管管径相同，如图 2-14(a)，现因落潮，江水液面下降，当管路条件和 λ 均不变（泵仍能正常操作），泵的压头 H _____。管路总阻力损失 h_f _____。泵的出口处压力表读数 _____，泵的入口处真空表读数 _____。（增加，减少，不变，不确定）。为维持原送水能力，泵出口调节阀应 _____（关小、不变、开大）。

分析：管路特性方程 $H = \frac{\Delta p}{\rho g} + \Delta z + K q_V^2$

江水液面下降，Δz 增大，如图 2-14(b) 所示虚线，由图可知，流量 q_V 减小，泵的压头 H 变大。管路总阻力 $h_f = K q_V^2$ 减小（K 不变）。

从压力表 C 至高位槽液面列方程，$\frac{p_C}{\rho g} + \frac{u^2}{2g} = \frac{p_a}{\rho g} + \Delta z_1 + \left(\lambda \frac{l}{d} + \sum \zeta\right) \frac{u^2}{2g}$

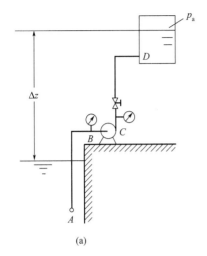 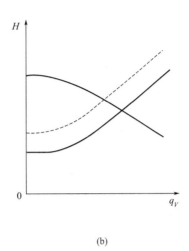

(a)　　　　　　　　　　　　　(b)

图 2-14　分析题 1 附图

$$\frac{p_C - p_a}{\rho g} = \Delta z_1 + \left(\lambda \frac{l}{d} + \sum \zeta - 1\right)\frac{u^2}{2g} \qquad ①$$

Δz_1 为压力表 C 至高位槽液面的距离，由于 $\sum \zeta$ 包括突然扩大，所以 $\sum \zeta > 1$，Δz_1 不变。由①可知，u 减小，$\dfrac{p_C - p_a}{\rho g}$ 减小，所以 C 处压力空表读数减小。

在管路的 B 处和 C 处列方程：$\dfrac{p_B}{\rho g} + \dfrac{u^2}{2g} + H_e = \dfrac{p_C}{\rho g} + h + \dfrac{u^2}{2g}$，$h$ 为压力表和真空表间的高度差，简化得

$$\frac{p_B}{\rho g} + H_e = \frac{p_C}{\rho g} + h \qquad ②$$

因为泵的压头 H 增大，且 p_C 减小，由②可知，p_B 减小，所以 B 处的真空表读数（$p_a - p_B$）增大。

为维持原送水能力，流量应增大，所以泵出口调节阀应开大。

2.用离心泵在两个敞口容器间输送液体。若维持两容器的液面高度不变，则当输送管道上的阀门关小后，泵的压头 H _____。管路总阻力损失 h_f _____，泵的出口压力表读数_____，轴功率将_____。（增加，减少，不变，不确定）

分析：离心泵在两个敞口容器间输送液体，阀门关小，如图 2-15，工作点由 M 移至 M_1，流量 q_V 减小，泵的压头 H 变大。$H = \dfrac{\Delta \mathscr{P}}{\rho g} + K q_V^2 = \Delta z + K q_V^2$，由于 Δz 不变，H 增大，所以 $h_f = K q_V^2$ 增大。

轴功率 P_a 与流量是单调上升函数关系，所以流量 q_V 减小，轴功率 P_a 也减小。出口压力表至高位槽列方程，$\dfrac{p_C - p_a}{\rho g} = \Delta z + K' q_V^2$，阀门关小，压出管阻力 $K' q_V^2$ 增大，所以 $p_C - p_a$ 增大，即出口压力表读数增大。

3.离心泵输水管路的流程如图 2-16 示。容器上方压力表读数 p 为零。管内流量为 q_V，若容器上方压力表读数 p 为 1 个大气压，其他条件不变，则输水量_____，泵的压头 H _____。

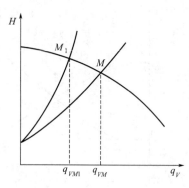

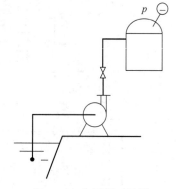

图 2-15　分析题 2 附图　　　　　　图 2-16　分析题 3 附图

分析： 管路特性方程 $H=\dfrac{\Delta\mathscr{P}}{\rho g}+Kq_V^2$，而 $\dfrac{\Delta\mathscr{P}}{\rho g}=\dfrac{\Delta p}{\rho g}+\Delta z$

容器上方压力表读数 p 由于零变为 1 个大气压时，说明 Δp 增大，总势能差增大，如图 2-14(b) 所示的虚线，所以流量 q_V 减小，泵的压头 H 变大。

4. 如图 2-17(a) 用离心泵在两个容器间输送液体，管路中充分湍流，$\lambda=$ 常数，现将离心水泵输水改为输送某液体，密度 ρ 比水大。问：① 当 $p_1=p_2$ 时，流量 q_V _____，泵的压头 H _____，泵的效率 η _____，泵的出口处压力表读数 $p_出$ _____，有效功率 P_e _____；（增加，减少，不变，不确定）

② 当 $p_1<p_2$ 时，流量 q_V _____，泵的压头 H _____，泵的效率 η _____，泵的出口处压力表读数 $p_出$ _____，有效功率 P_e _____。（增加，减少，不变，不确定）

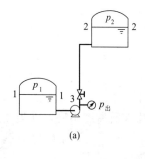
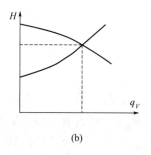
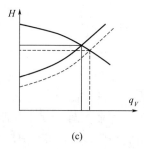

(a)　　　　　　　　(b)　　　　　　　　(c)

图 2-17　分析题 4 附图

分析： ① 管路特性方程 $H=\dfrac{\Delta p}{\rho g}+\Delta z+Kq_V^2$

当 $p_1=p_2$ 时，$\Delta p=0$，密度 ρ 增大，$\dfrac{\Delta p}{\rho g}=0$，$\dfrac{\Delta\mathscr{P}}{\rho g}$ 不变，如图 2-17（b）所示，管路特性不变，工作点不变，q_V 不变，H 不变，η 也不变。

由图 2-17(a) 的 3 至 2 列伯努利方程

$$\dfrac{p_出}{\rho g}+\dfrac{u^2}{2g}=\dfrac{p_2}{\rho g}+\Delta z_{32}+\left(\lambda\dfrac{l_{32}}{d}+\zeta\right)\dfrac{u^2}{2g}+\dfrac{u^2}{2g}\quad(出口突然扩大损失)$$

化简得 $p_出=p_2+\Delta z_{32}\rho g+\left(\lambda\dfrac{l_{32}}{d}+\zeta\right)\dfrac{\rho u^2}{2}$，$\rho$ 增大，泵的出口处压力表读数 $p_出$ 增大。

$P_e=\rho g q_V H_e$，ρ 增大，所以有效功率 P_e 也增大。

② 当 $p_1 < p_2$ 时，$\Delta p > 0$，密度 ρ 增大，$\dfrac{\Delta p}{\rho g}$ 减小，管路特性曲线下移，如图 2-17(c) 虚线，由图可知，流量 q_V 增大，泵的压头 H 下降，但是 η 变化不确定。

由图示 2-17(a) 的 3 至 2 列伯努利方程

$$p_{出} = p_2 + \Delta z_{32}\rho g + \left(\lambda\frac{l_{32}}{d} + \zeta\right)\frac{\rho u^2}{2}，\rho 增大，泵的出口处压力表读数 p_{出} 增大。$$

$P_e = \rho g q_V H_e$，ρ 增大，流量 q_V 增大，泵的压头 H 下降，一时难以判断。两容器液面 1 至 2 列伯努利方程

$$H = \frac{\Delta p}{\rho g} + \Delta z + K q_V^2，\rho g H = \Delta p + \rho g \Delta z + \rho g K q_V^2，\rho 增大，流量 q_V 增大，阻力 h_f =$$

$K q_V^2$ 增大，所以 $\rho g H$ 增大；又 q_V 增大，则 $P_e = \rho g q_V H_e$ 增大。

5. 操作中离心泵，将水由水池送往敞口高位槽 [图 2-18(a)]。现泵的转速增加，管路情况不变。管路流量_____，泵的扬程_____，管路总阻力_____，泵的轴功率_____，泵的效率_____。（增大、减小、不变、不确定）

分析：泵的转速增加，影响泵的特性曲线，但不影响管路特性曲线方程。如图 2-18(b) 所示，工作点由 M 移至 M_1，此时流量 q_V 增大，泵的压头 H 变大。管路总阻力 $h_f = K q_V^2$，增大（K 不变），轴功率 P_a 与流量是单调上升函数关系，所以流量 q_V 增大，轴功率 P_a 也增大。但泵的效率变化不确定。

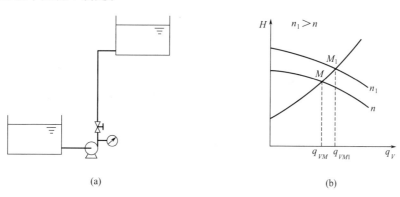

图 2-18　分析题 5 附图

Ⅲ. 工程问题分析

6. 如图 2-19(a) 所示流程，泵进行循环输水。若离心泵转速减小（符合比例定律），则泵的效率 η _____；压力表读数 p _____。

　　A. 变大；　　　　　B. 变小；　　　　　C. 不变；　　　　　D. 不确定。

分析：由于循环管路 $\dfrac{\Delta \mathscr{P}}{\rho g} = \dfrac{\Delta p}{\rho g} + \Delta z = 0$，如图 2-19(b) 所示，若离心泵转速减小，工作点由 C 变为 B，因符合比例定律，所以 C 和 B 等效，因此泵的效率 η 不变。

从图 2-19(b) 可知，流量减小，压头也减小。由泵出口压力表处与循环液面处列伯努利方程：

$$\frac{p}{\rho g} + \frac{u^2}{2g} = \frac{p_a}{\rho g} + \Delta z + \left(\lambda\frac{l}{d} + \Sigma\zeta\right)\frac{u^2}{2g}，\Sigma\zeta 包括突然扩大，所以 \Sigma\zeta > 1。$$

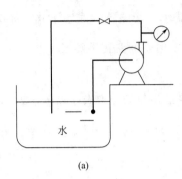

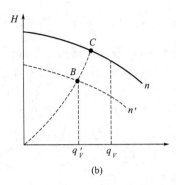

图 2-19 分析题 6 附图

$\dfrac{p-p_a}{\rho g}=\Delta z_1+\left(\lambda\dfrac{l}{d}+\sum\zeta-1\right)\dfrac{u^2}{2g}$，流量减小，$(p-p_a)$ 减小，所以泵出口压力表读数减小。

7. 常压下，100℃ 水槽面距泵入口垂直距离 z 至少为_____。已知泵 $(NPSH)_r=3.5m$，吸入管线阻力为 $2mH_2O$。

　　A. 10m；　　　　　　B. 6m；　　　　　　C. 4m；　　　　　　D. 只须 $z>0$ 即可。

分析： 离心泵最大允许安装高度

$$[H_g]=\dfrac{p_0-p_v}{\rho g}-\sum h_{f0-1}-[(NPSH)_r+0.5]$$

敞口液面，$p_0=p_a$（大气压）。常压下，100℃ 水 $p_v=p_a$（大气压）

数据代入得：$[H_g]=\dfrac{p_a-p_a}{\rho g}-2-(3.5+0.5)=-6m$，所以选 B。

8. 离心通风机输送密度 $\rho=1.2kg/m^3$ 的空气时，流量为 $4500m^3/h$，全风压为 $280mm\ H_2O$。若用来输送密度 $\rho=1.6kg/m^3$ 的空气，流量不变，全风压为_____。

分析： 通风机的特性曲线在 0.1MPa、温度为 20℃ 的空气（$\rho=1.2kg/m^3$）下测定的，当输送气体的密度变化时，要进行换算 $p'_T=p_T\dfrac{\rho'}{\rho}=280\times\dfrac{1.6}{1.2}=373.33mmH_2O$。

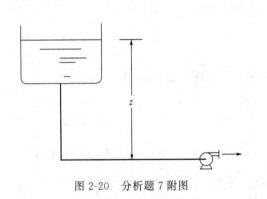

图 2-20 分析题 7 附图　　　　　　　　图 2-21 分析题 10 附图

9. 已知泵的特性方程 $H_e=18-2q_V^2$，管路特性方程 $H=8+8q_V^2$，式中流量单位为 m^3/min。现要求两台相同型号的泵组合操作后使流量为 $1.4\ m^3/min$，下列结论中_____正确。

　　A. 串联；　　　　　　B. 并联；　　　　　　C. 串、并联均可；　　　　　　D. 无法满足要求。

分析：管路特性方程，$H=8+8q_V^2=8+8\times1.4^2=23.68\text{m}$

泵方程为 $H_e=18-2q_V^2$

泵串联时特性方程为 $H_{e1}=2(18-2q_V^2)=2\times(18-2\times1.4^2)=28.16\text{m}$

泵并联时特性方程为 $H_{e1}=18-2\left(\dfrac{q_V}{2}\right)^2=18-2\times\left(\dfrac{1.4}{2}\right)^2=17.02\text{m}$

所以泵串联时提供的压头可以满足管路需求，多余的能量可用阀门调节。

10. 图 2-21 为测定离心泵特性曲线的实验装置，泵出口处压强表读数 $p_2=0.15\text{MPa}$；泵进口处真空表读数 $p_1=0.082\text{MPa}$；假定吸入管和压出管的管径相同，实验介质为 20℃ 的水。问泵的压头 H_e？

分析：在泵进口 1、泵出口 2 间列机械能衡算式：

$$\frac{p_1}{\rho g}+\frac{u^2}{2g}+H_e=\frac{p_2}{\rho g}+\frac{u^2}{2g}$$

$$H_e=\frac{p_2-p_1}{\rho g}=\frac{p_2-p_a}{\rho g}+\frac{p_a-p_1}{\rho g}=\frac{p_2\,（压力表读数）}{\rho g}+\frac{p_1\,（真空表读数）}{\rho g}$$

$$=\frac{(0.15+0.082)\times10^6}{1000\times9.81}=23.65\text{m}$$

11. 离心泵的流量调节。用离心泵将水从贮槽送至高位槽中，两槽均为敞口，试判断下列几种情况下泵流量、压头及轴功率如何变化并画出定性判断示意图。

（1）贮槽中水位上升；

（2）将高位槽改为高压容器；

（3）改送密度大于水的其他液体，高位槽为敞口；

（4）改送密度大于水的其他液体，高位槽为高压容器。（设管路状况不变，且流动处于阻力平方区）

分析：本例中的各种情况下离心泵的特性曲线均不变，但管路特性曲线发生变化。

设管路特性方程为 $H_e=A+Kq_V^2=\Delta z+\dfrac{\Delta p}{\rho g}+Kq_V^2$

当管路状况不变，且流动处于阻力平方区时，曲线的陡度 K 不变，现考察各种情况下曲线截距 A 的变化。

（1）贮槽中水位上升时，两液面间的位差减小，$A=\Delta z+\dfrac{\Delta p}{\rho g}$，$\Delta z$ 下降，管路特性曲线平行下移，如新工况 1 所示，工作点由 M 移至 M_1，故 q_{V1} 上升，H_1 下降，结合泵性能，轴功率 P_{a_1} 随流量的增大而增大；

（2）将高位槽改为高压容器时，现 $p_2>0$（表压），$A=\Delta z+\dfrac{\Delta p}{\rho g}$ 上升，管路特性曲线平行上移，如新工况 2 所示，工作点由 M 移至 M_2，故 q_{V2} 下降，H_2 上升，P_{a_2} 下降；

（3）当高位槽为敞口时，虽然被输送流体的密度变化，但 $A=\Delta z+\dfrac{\Delta p}{\rho g}$，$\Delta z$ 不变，故管路特性曲线不变，工作点不变，即 $q_{V3}=q_V$，$H_3=H$，但轴功率随流体密度的增大而增大；

（4）当高位槽为高压容器时，与（2）中输送水比较，$A=\Delta z+\dfrac{\Delta p}{\rho g}$ 上升，管路特性曲线上移，流量降低，轴功率降低。

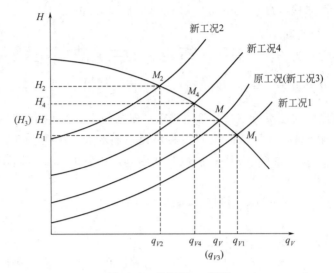

图 2-22　分析题 11 附图

运转输送系统发生变化时，管路特性曲线将随之变化，导致工作点的变化，工作点的变化实际是流量的变化。特别注意被输送流体密度发生变化对工作点的影响：流体密度变化时，离心泵的特性曲线不变，但随两截面间压力差的不同，管路特性曲线变化不同；当 $\Delta p = 0$ 时，管路特性曲线不变，故流量即压头均不变，但轴功率随密度的增大而增大；当 $\Delta p > 0$ 时，管路特性曲线随密度的增大而下移，使流量增大，压头减小，轴功率随流量及密度的增大而增大；当 $\Delta p < 0$ 时，结论正相反。

带泵管路系统中，离心泵定常时，必须同时满足物料衡算关系、机械能衡算关系（管路特性方程）、阻力系数关系和泵的特性方程，实际流量是由上述四个关系（方程组）共同确定。

本例离心泵流量的调节方法是通过管路（需要能量的一方即管路简称"需方"）来调节的，也可通过泵（提供能量的一方即泵，简称"供方"）来调节，此处从略。

第三节　工程问题与解决方案

Ⅰ.一般工程问题计算

【例 2-1】　带泵管路的计算　图 2-23 所示离心泵输水管路，将敞口低位槽中的水输送到塔设备中。泵的扬程可用 $H = 50 - 25q_V^2$（H：m，q_V：m^3/min）表示，泵的吸入管 $\phi 50 \times 2.5mm$，管长 10m（包括局部阻力当量长度），压出管 $\phi 45 \times 2.5mm$，管长 30m（包括局部阻力当量长度），摩擦系数 $\lambda = 0.03$。塔内压强为 0.1MPa（表）塔内出水口与低位槽液面垂直高差为 12m。试求：

（1）管路的流量为多少（m^3/s）？泵的有效功率为多少？

（2）若塔内压强变为 0.3MPa（表），则此时流量为

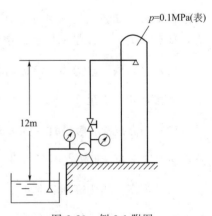

图 2-23　例 2-1 附图

多少（m^3/s）？

解：（1）在水槽液面和压出管出口之间列伯努利方程

$$H_e + \frac{p_1}{\rho g} + z_1 + \frac{u_1^2}{2g} = \frac{p_2}{\rho g} + z_2 + \frac{u_2^2}{2g} + H_f，其中~p_1 = p_a，p_2 = p_a + 0.1\text{MPa}，z_1 = 0，$$

$u_1 = 0，z_2 = 12\text{m}$

简化得：$H_e = \dfrac{\Delta\mathscr{P}}{\rho g} + Kq_V^2$，$\dfrac{\Delta\mathscr{P}}{\rho g} = \dfrac{p_2 - p_1}{\rho g} + \Delta z = \dfrac{0.1 \times 10^6}{1000 \times 9.81} + 12 = 22.2\text{m}$

$$H_f = Kq_V^2 = \frac{8\lambda}{\pi^2 g}\left(\frac{l_1}{d_1^5} + \frac{l_2}{d_2^5}\right)q_V^2$$

其中 $\lambda = 0.03$，$l_1 = 10\text{m}$，$d_1 = 50 - 2 \times 2.5 = 45\text{mm}$，$l_2 = 30\text{m}$，$d_2 = 45 - 2 \times 2.5 = 40\text{mm}$

代入得 $H_f = \dfrac{8 \times 0.03}{3.14^2 \times 9.81} \times \left(\dfrac{10}{0.045^5} + \dfrac{30}{0.04^5}\right)q_V^2 = 8.61 \times 10^5 q_V^2$

所以管路方程为 $H_e = 22.2 + 8.61 \times 10^5 q_V^2$ 　（H_e：m；q_V：m^3/s）　　　①

泵的特性方程为 $H = 50 - 25q_V^2$（H：m；q_V：m^3/min）

$H = 50 - 25(60q_V)^2 = 50 - 9 \times 10^4 q_V^2$（$H$：m；$q_V$：$m^3/s$）　　　②

管路方程和泵的特性方程联立求解

$22.2 + 8.61 \times 10^5 q_V^2 = 50 - 9 \times 10^4 q_V^2$，得到 $q_V = 5.41 \times 10^{-3}~m^3/s$

$H_e = 50 - 9 \times 10^4 q_V^2 = 50 - 9 \times 10^4 \times (5.41 \times 10^{-3})^2 = 47.4\text{m}$

$P_e = \rho g q_V H_e = 1000 \times 9.81 \times 5.41 \times 10^{-3} \times 47.4 = 2515.6\text{W}$

（2）当塔内压强为 0.3MPa（表压）时，管路方程为

$H_e = \dfrac{\Delta\mathscr{P}}{\rho g} + Kq_V^2$，$\dfrac{\Delta\mathscr{P}}{\rho g} = \dfrac{p_2 - p_1}{\rho g} + \Delta z = \dfrac{0.3 \times 10^6}{1000 \times 9.81} + 12 = 42.6\text{m}$，$H_f = 8.61 \times 10^5 q_V^2$

所以管路方程为 $H_e = 42.6 + 8.61 \times 10^5 q_V^2$

泵的特性方程不变，$H = 50 - 25(60q_V)^2 = 50 - 9 \times 10^4 q_V^2$（$H$：m；$q_V$：$m^3/s$）

管路特性方程和泵特性方程联立求解

$42.6 + 8.61 \times 10^5 q_V^2 = 50 - 9 \times 10^4 q_V^2$，得到 $q_V = 2.79 \times 10^{-3}~m^3/s$

讨论：离心泵的工作点由泵特性和管路特性共同决定，必同时满足管路特性方程和泵的特性方程，联立求解即得离心泵的工作点。在联立方程时，要特别注意流量 q_V 的单位，其中管路特性方程中 q_V 单位为 m^3/s，泵的特性方程中 q_V 单位为 m^3/min，要进行换算后再联立求解。

【例 2-2】　带泵管路的流量调节　欲用离心泵将池中水送至 10m 敞口高位槽。输送量为 $q_V = 20~m^3/h$，管路总长 $l = 35\text{m}$（包括所有局部阻力的当量长度），管径均为 40mm，摩擦系数 $\lambda = 0.025$。若所选用的离心泵在操作范围内特性方程为 $H_e = 60 - 7.9 \times 10^5 q_V^2$，式中单位 H_e：m；q_V：m^3/s。试问：

（1）该泵是否适用？管路情况不变时，此泵正常运转后，实际管路流量为多少（m^3/h）？

（2）为使流量满足设计要求，需用出口阀进行调节，则消耗在该阀门上的阻力损失增加了多少（J/kg）？并作图表示消耗在该阀门上增加的阻力损失。

解：（1）水池液面和水槽液面列伯努利方程

$$H + \frac{p_1}{\rho g} + z_1 + \frac{u_1^2}{2g} = \frac{p_2}{\rho g} + z_2 + \frac{u_2^2}{2g} + H_f$$，其中 $p_1 = p_a$，$p_2 = p_a$，$z_1 = 0$，$z_2 = 10\text{m}$，$u_1 = u_2 = 0$

简化得管路方程

$$H = \frac{\Delta p}{\rho g} + \Delta z + \frac{8\lambda l}{\pi^2 d^5 g} q_V^2 = 0 + 10 + \frac{8 \times 0.025 \times 35}{\pi^2 \times (0.04)^5 \times 9.81} q_V^2 = 10 + 7.07 \times 10^5 q_V^2$$

当 $q_V = 20\text{m}^3/\text{h} = 5.56 \times 10^{-3} \text{m}^3/\text{s}$ 时，$H = 10 + 7.07 \times 10^5 \times (5.56 \times 10^{-3})^2 = 31.86\text{m}$

泵能提供的扬程为：

$$H_e = 60 - 7.9 \times 10^5 q_V^2 = 60 - 7.9 \times 10^5 \times (5.56 \times 10^{-3})^2 = 35.58\text{m}$$

因为 $H_e > H$，所以该泵是适合的。

管路方程为 $H = 10 + 7.07 \times 10^5 q_V^2$

泵特性方程为 $H_e = 60 - 7.9 \times 10^5 q_V^2$

正常运转时，有 $H = H_e$，管路方程和泵的特性方程联立求解

$10 + 7.07 \times 10^5 q_V^2 = 60 - 7.9 \times 10^5 q_V^2$，得到 $q_V = 5.78 \times 10^{-3} \text{m}^3/\text{s} = 20.81\text{m}^3/\text{h}$

（2）出口阀上增加的阻力损失为

$$H_{f,阀} = H_e - H = 35.58 - 31.86 = 3.72\text{J/N}$$

$$h_{f,阀} = g H_{f,阀} = 3.72 \times 9.81 = 36.5\text{J/kg}$$

出口阀上的增加阻力损失，如图 2-24。

讨论： 当离心泵可以提供的扬程 H_e 大于管路需要的压头 H，该泵能够适用，多余的能量可用阀门调节，即改变管路特性曲线。关小阀门后增加的节流损失 $H_f = H_e - H$。阀门调节方便，但是阀门消耗阻力，经济上不合理。

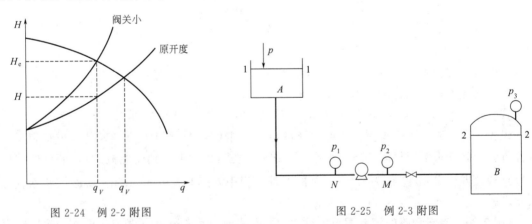

图 2-24　例 2-2 附图　　　　　　　　图 2-25　例 2-3 附图

【例 2-3】　带泵管路的层流流动计算　用离心泵将油品从高位槽 A 流向 B 槽，流程如图 2-25 所示，A 槽液面至管路的垂直距离为 10m，B 槽液面至管路的垂直距离为 3m，油品 $\rho = 900\text{kg/m}^3$，$\mu = 40 \times 10^{-3} \text{Pa} \cdot \text{s}$，泵进、出口压力表读数：$p_1 = 8.32 \times 10^4 \text{Pa}$（表），$p_2 = 3.25 \times 10^5 \text{Pa}$（表）。管长：$l_{AN} = 15\text{m}$，$l_{MB} = 285\text{m}$（以上均包括所有局部阻力在内的当量长度）。管路直径均为 100mm，泵效率为 0.7。试求：

（1）当流速 $u = 2\text{m/s}$ 时，泵的压头和轴功率；

（2）现因故障，泵停止运行，管路情况不变（忽略泵的进、出阻力），B 槽上方压力

表读数 $p_3=2.85\times10^4$ Pa（表）。流量又为多少（m³/h）？此时 p_1 压力表读数为多少（kPa）？

解：（1）压力表 p_1 和压力表 p_2 列伯努利方程

$$H_e+\frac{p_1}{\rho g}+z_1+\frac{u_1^2}{2g}=\frac{p_2}{\rho g}+z_2+\frac{u_2^2}{2g}，\text{其中 }z_1=z_2=0，u_1=u_2=u$$

简化得管路方程

$$H_e=\frac{p_2-p_1}{\rho g}=\frac{(32.5-8.32)\times10^4}{9.81\times900}=27.4\text{m}$$

$$q_V=\frac{\pi}{4}d^2u=0.785\times0.1^2\times2=0.0157\text{m}^3/\text{s}$$

$$P_e=H_eq_V\rho g=27.4\times0.0157\times900\times9.81=3798\text{W}$$

$$P_a=P_e/\eta=3798/0.7=5425.7\text{W}$$

（2）泵停止运行，水槽 A 液面 1-1 和水槽 B 液面 2-2 列伯努利方程

$$\frac{p_1}{\rho g}+z_1+\frac{u_1^2}{2g}=\frac{p_2}{\rho g}+z_2+\frac{u_2^2}{2g}+H_f$$

其中 $z_1=10$m，$z_2=3$m，$u_1=u_2=0$，$p_1=p_a$，$p_3=p_a+2.85\times10^4$ Pa

化简得：$\dfrac{p_a}{\rho g}+\Delta z=\dfrac{p_a+2.85\times10^4}{\rho g}+H_f$ $H_f=7-\dfrac{2.85\times10^4}{900\times9.81}=3.77$m

管内流速未知，因此摩擦系数 λ 未定。由于流体黏度较大，可设层流

$$H_f=\frac{32\mu u'l}{\rho d^2 g}=\frac{32\times40\times10^{-3}\times u'\times(15+285)}{900\times0.1^2\times9.81}=3.77$$

解得 $u'=0.866$m/s

检验 $Re=\dfrac{du'\rho}{\mu}=\dfrac{0.1\times0.866\times900}{40\times10^{-3}}=1949<2000$，为层流流动，$\lambda=\dfrac{64}{Re}=\dfrac{64}{1949}$

流量 $q_V=\dfrac{\pi}{4}d^2u'=0.785\times0.1^2\times0.866=6.798\times10^{-3}$m³/s$=24.47$m³/h

水槽 A 液面 1-1 至压力表 p_1（N 处）列伯努利方程

$$\frac{p_1}{\rho g}+z_1+\frac{u_1^2}{2g}=\frac{p_N}{\rho g}+z_N+\frac{u_N^2}{2g}+H_f'，\text{其中 }z_1=10\text{m}，z_N=0，u_1=0，u_N=u'，p_1=p_a$$

$$\frac{p_N-p_a}{\rho g}=\Delta z-\frac{u'^2}{2g}-\lambda\frac{l_{AN}}{d}\frac{u'^2}{2g}=10-\frac{0.866^2}{2\times9.81}-\frac{64}{1949}\times\frac{15}{0.1}\times\frac{0.866^2}{2\times9.81}=9.77\text{m}$$

压力表 p_1 的读数 $(p_N-p_a)=9.77\times900\times9.81=8.63\times10^4$ Pa（表）

讨论：当管路流速未知时，不能直接判定流型。对于黏度比较大的流体，可以先假设层流，算出流速后再进行检验。

【例 2-4】 液位变化对流量的影响 图 2-26 所示输水管路，用离心泵将江水输送至高位槽，高位槽至江面垂直距离为 12m。已知吸入管直径 $\phi70\times3$mm，管长 $l_{AB}=15$m，压出管直径 $\phi60\times3$mm，管长 $l_{CD}=80$m（管长均包括局部阻力的当量长度），摩擦系数 λ 均为 0.03，真空表至江水液面垂直距离为 4m，离心泵的特性曲线为 $H_e=30-6\times10^5q_V^2$（式中，H_e：m；q_V：m³/s）。试求：

（1）管路的流量（m³/h）和扬程（m）；

（2）涨潮后江面上升2m，此时流量为多少（m³/h）？B处真空表读数为多少（kPa）？

解：（1）管路特性方程：$H = \dfrac{\Delta \mathscr{P}}{\rho g} + K q_V^2$

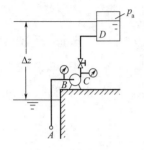

图 2-26　例 2-4 附图

$d_{AB} = 70 - 2 \times 3 = 64\text{mm}$，$d_{CD} = 60 - 2 \times 3 = 54\text{mm}$

$$H = \frac{\Delta p}{\rho g} + \Delta z + \frac{8\lambda l_{AB}}{\pi^2 d_{AB}^5 g} q_V^2 + \frac{8\lambda l_{CD}}{\pi^2 d_{CD}^5 g} q_V^2$$

$$= 0 + 12 + \frac{8 \times 0.03 \times 15}{3.14^2 \times 0.064^5 \times 9.81} q_V^2 + \frac{8 \times 0.03 \times 80}{3.14^2 \times 0.054^5 \times 9.81} q_V^2$$

$$= 12 + 4.67 \times 10^5 q_V^2$$

已知泵的特性方程 $H_e = 30 - 6 \times 10^5 q_V^2$

两方程联立求解，$12 + 4.67 \times 10^5 q_V^2 = 30 - 6 \times 10^5 q_V^2$

流量 $q_V = 4.11 \times 10^{-3}\,\text{m}^3/\text{s} = 14.8\,\text{m}^3/\text{h}$

扬程 $H = 12 + 4.67 \times 10^5 q_V^2 = 12 + 4.67 \times 10^5 \times (4.11 \times 10^{-3})^2 = 19.89\,\text{m}$

（2）江面上升2m后，$H = \dfrac{\Delta \mathscr{P}'}{\rho g} + K q_V^2$，阻力 $K q_V^2$ 不变，$\dfrac{\Delta \mathscr{P}'}{\rho g} = \Delta z' = 10\,\text{m}$

管路特性方程为 $H = 10 + 4.67 \times 10^5 q_V^2$，泵的特性方程不变

两方程联立求解，$10 + 4.67 \times 10^5 q_V^2 = 30 - 6 \times 10^5 q_V^2$

流量 $q_V = 4.33 \times 10^{-3}\,\text{m}^3/\text{s} = 15.59\,\text{m}^3/\text{h}$，扬程 $H = 10 + 4.67 \times 10^5 q_V^2 = 18.76\,\text{m}$

吸入管流速 $u = \dfrac{q_V}{0.785 d_{AB}^2} = \dfrac{4.33 \times 10^{-3}}{0.785 \times 0.064^2} = 1.35\,\text{m/s}$

江面上升2m后，设江面高度为0，从江面至真空表 B 处列伯努利方程

$\dfrac{p_1}{\rho g} + z_1 + \dfrac{u_1^2}{2g} = \dfrac{p_2}{\rho g} + z_2 + \dfrac{u_2^2}{2g} + H_f$，其中 $p_1 = p_a$，$z_1 = 0$，$u_1 = 0$，$z_2 = 2\text{m}$，$u_2 = 1.35\text{m/s}$

$$\frac{p_a - p_B}{\rho g} = z_2 + \frac{u_2^2}{2g} + \lambda \frac{l_{AB}}{d_{AB}} \frac{u_2^2}{2g} = 2 + \left(1 + 0.03 \times \frac{15}{0.064}\right) \times \frac{1.35^2}{2 \times 9.81} = 2.75\,\text{m}$$

真空表 B 读数为 $(p_a - p_B) = 2.75 \times 1000 \times 9.81 = 26.98\,\text{kPa}$

讨论：江面上升，流量增大，压头减小，压力表读数增大，真空表读数减小。

【例 2-5】离心泵的选用和调节　图 2-27 所示两槽间要安装一台离心泵，常压下输送 20℃水，流量 $q_V = 45\,\text{m}^3/\text{h}$，现有一台清水泵，在此流量下 $H_e = 32.6\text{m}$，$(\text{NPSH})_r = 3\text{m}$，已算得 $H_{f吸入} = 1\text{mH}_2\text{O}$，$H_{f压出}$（阀全开）$= 6\text{mH}_2\text{O}$。试问：

（1）这台泵是否可用？

（2）现因落潮，江水液面下降了 0.5m，此泵在落潮时能否正常工作？定性判断流量将如何变化？

（3）若该管路有足够的调节余地，现调节管的流量与落潮前相等，则出口阀门应开大还是关小？此时泵的进口真空表和出口压力表的读数较落潮前各变化了多少？压出管的阻力损失变化了多少（mH₂O）？（计算中忽略流量对吸入管阻力的影响，设流动已进入阻力平方区。）

解：（1）查得 20℃水的饱和蒸气压 $p_v = 2.338 \times 10^3\,\text{Pa}$

离心泵最大允许安装高度

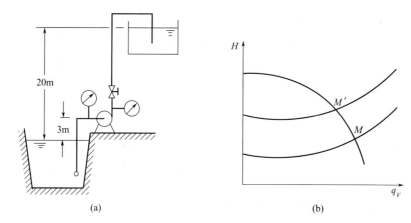

图 2-27 例 2-5 附图

$$[H_g] = \frac{p_0 - p_v}{\rho g} - \sum h_{f0-1} - [(NPSH)_r + 0.5]$$

$$= \frac{1.013 \times 10^5 - 2.338 \times 10^3}{1000 \times 9.81} - 1 - 3.5 = 5.6\,\text{m} > H_g = 3\,\text{m}$$

两槽液面之间列管路方程 $H = \Delta z + \sum H_f = 20 + 1 + 6 = 27\,\text{m} < 32.6\,\text{m}$

所以该泵可以用，在使用中用阀门调节多余的能量。

（2）落潮后，江面下降 0.5m，泵的实际安装高度为 $3 + 0.5 = 3.5\,\text{m}$。泵的允许安装高度为 5.6m，所以，此泵在落潮后仍能正常工作。

液面下降，泵的特性曲线不变，而管路特性曲线将发生变化，两液面之间列管路特性方程

$$H = \frac{\Delta p}{\rho g} + \Delta z + K q_V^2, \quad K = \sum \frac{8\left(\lambda \dfrac{l}{d} + \zeta\right)}{\pi^2 d^4 g} \quad \text{①}$$

液面下降时，K 不变，Δp 不变，Δz 变大，故管路特性曲线将上移，工作点由 M 移到 M'，如图 2-27(b) 所示，流量减小。

（3）由式①可知，液面下降，Δp 不变，Δz 变大，要使得流量 q_V 不变，K 应该变小，则 ζ 变小，即出口阀门开大。

调节阀门前，在江面与进口真空表之间列伯努利方程

$$\frac{p_a}{\rho g} = \frac{p_B}{\rho g} + z + \frac{u_2^2}{2g} + H_f$$

真空表读数为

$$\frac{p_a - p_B}{\rho g} = 3 + \frac{u_2^2}{2g} + H_f \quad \text{②}$$

江面下降，在调节后流量不变的情况下，进口真空表为

$$\frac{(p_a - p_B)'}{\rho g} = 3.5 + \frac{u_2^2}{2g} + H_f \quad \text{③}$$

所以真空表变化为③－②＝3.5－3＝0.5m

$\Delta p_{\text{真}} = (3.5 - 3) \times 10^3 \times 9.81 = 4.905 \times 10^3 \text{Pa}$（真）

所以，真空表增大了 $4.905 \times 10^3 \text{Pa}$，要使得扬程不变，出口压强应减少 $4.905 \times 10^3 \text{Pa}$，所以出口管的阻力损失变化了 $0.5\,\text{mH}_2\text{O}$。

讨论：判断离心泵是否能用，应当从安装高度和泵扬程两方面考虑。江面下降，流量减

小，要使得流量不变，出口阀门应开大。

【例 2-6】 溶液密度和高位槽压力的变化对管路的影响　用一台离心泵将一敞口储槽中的水输送至敞口高位槽，两槽的垂直距离为 13m。输送管内径 60mm，管长 30m（包括所有局部阻力的当量长度），摩擦系数 λ 为 0.03。泵的方程为 $H_e=28-7.25\times10^4 q_V^2$（$q_V$-m^3/s，$H_e$-m）。试计算：

（1）管路的实际流量（m^3/h）和泵的有效功率（kW）；

（2）如改送密度为 900kg/m^3 的溶液，管路流量（m^3/h）和扬程（m）为多少？

（3）如高位槽改为密闭容器，输送密度为 900kg/m^3 的溶液，压力读数为 48.7kPa，管路的流量为多少（m^3/h）？

解：（1）由河液面至高位槽液面列机械能衡算式

得管路方程：$H=\dfrac{\Delta p}{\rho g}+\Delta z+K q_V^2$，$\Delta p=0$，$\Delta z=13$m

$$H=\Delta z+\frac{8\lambda l}{\pi^2 d^5 g}q_V^2=13+\frac{8\times0.03\times30}{3.14^2\times0.06^5\times9.81}q_V^2=13+9.57\times10^4 q_V^2$$

泵的方程为 $H_e=28-7.25\times10^4 q_V^2$

两方程联立求解：$28-7.25\times10^4 q_V^2=13+9.57\times10^4 q_V^2$，$q_V=9.44\times10^{-3}m^3/s=34$m^3/h

$H_e=28-7.25\times10^4 q_V^2=28-7.25\times10^4\times(9.44\times10^{-3})^2=21.54$m

$P_e=\rho g q_V H_e=1000\times9.81\times9.44\times10^{-3}\times21.54=1994W=1.99$kW

（2）改送密度为 900kg/m^3 的溶液时，泵的方程为不变

管路方程 $H=\dfrac{\Delta p}{\rho' g}+\Delta z+K q_V^2$，由于 $\Delta p=0$，所以密度 ρ 的变化不影响管路方程

管路流量 $q_V=9.44\times10^{-3}$m^3/s$=34$m^3/h

扬程 $H_e=28-7.25\times10^4 q_V^2=21.54$m

（3）如高位槽改为密闭容器，压力读数为 48.7kPa

管路方程：

$$H=\frac{\Delta p}{\rho' g}+\Delta z+K q_V^2=\frac{48.7\times10^3}{900\times9.81}+13+9.57\times10^4 q_V^2=18.52+9.57\times10^4 q_V^2$$

与泵的方程为 $H_e=28-7.25\times10^4 q_V^2$，联立求得

$q_V=7.51\times10^{-3}$m^3/s$=27.04$m^3/h

讨论：当流体密度变化时，若离心泵连接两敞口容器，则密度变化对管路方程没有影响，液体密度不影响泵的压头和流量。若离心泵输送至密闭高位槽，密度减小，总势能增加，流量减小。

【例 2-7】 带泵循环回路的计算　某厂自江水中取水去冷却某物质，换热后的水仍排入江中，流程见图 2-28。离心泵的特性方程为 $H_e=48-1.3\times10^6 q_V^2$（$H_e$-m，$q_V$-m^3/s），该泵吸入管路长为 20m，压出管路长为 100m（以上管长均包括了全部局部阻力的当量长度，也包括了流体流经换热器的阻力当量长度），管路直径均为 $\phi57\times3.5$mm，摩擦系数为 0.02。试求：

（1）泵的有效功率；

（2）泵入口处真空表的读数。

解：（1）如图所示为循环回路，水池液面 1-1 和换热器管道入水池 2-2 处列伯努利方程，$\dfrac{p_1}{\rho g}+z_1+\dfrac{u_1^2}{2g}+H_e=\dfrac{p_2}{\rho g}+z_2+\dfrac{u_2^2}{2g}+H_f$

由于循环回路，所以 $p_1 = p_2 = p_a$，$z_1 = z_2 = 0$，$u_1 = u_2 = 0$

所以 $H_e = H_f = \lambda \left(\dfrac{l_{吸}}{d} + \dfrac{l_{压}}{d} \right) \dfrac{u^2}{2g}$，$d = 57 - 2 \times 3.5 = 50\text{mm}$，$u = \dfrac{q_V}{\pi/4d^2}$

$H_e = \dfrac{8\lambda(l_{吸} + l_{出})}{\pi^2 d^5 g} q_V^2 = \dfrac{8 \times 0.02 \times (20 + 100)}{3.14^2 \times 0.05^5 \times 9.81} q_V^2 = 6.35 \times 10^5 q_V^2$

联立管路特性方程和泵特性方程

$H_e = 6.35 \times 10^5 q_V^2 = 48 - 1.3 \times 10^6 q_V^2$

解得：$H_e = 15.7\text{m}$，$q_V = 4.98 \times 10^{-3}\text{m}^3/\text{s}$

泵的有效功率 $P_e = \rho g q_V H_e = 1000 \times 9.81 \times 4.98 \times 10^{-3} \times 15.7 = 767\text{W}$

（2）设泵入口流速为 u_3

$u_3 = \dfrac{q_V}{\pi/4d^2} = \dfrac{4.98 \times 10^{-3}}{0.785 \times 0.05^2} = 2.54\text{m/s}$

水池液面 1-1 至泵入口真空表 3-3 处列伯努利方程

$\dfrac{p_1}{\rho g} + z_1 + \dfrac{u_1^2}{2g} = \dfrac{p_3}{\rho g} + z_3 + \dfrac{u_3^2}{2g} + H_{f1-3}$ 其中 $p_1 = p_a$，$z_1 = 0$，$u_1 = 0$

所以 $\dfrac{p_a}{\rho g} = \dfrac{p_3}{\rho g} + z_3 + \dfrac{u_3^2}{2g} + \lambda \dfrac{l_{入}}{d} \dfrac{u_3^2}{2g}$

$(p_a - p) = \rho g z_3 + \left(\lambda \dfrac{l_{入}}{d} + 1 \right) \dfrac{\rho u_3^2}{2}$

$= 1000 \times 9.81 \times 5 + \left(0.02 \times \dfrac{20}{0.05} + 1 \right) \times \dfrac{1000 \times 2.54^2}{2} = 7.8 \times 10^4\text{Pa}$

讨论：循环回路的特点是离心泵提供的压头全部用于管路阻力的消耗。

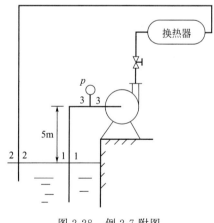

图 2-28 例 2-7 附图

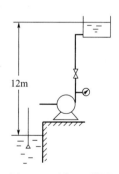

图 2-29 例 2-8 附图

【例 2-8】 **泵的转速变化对管路流量的影响** 用一台离心泵将河水输送至 12m 高的敞口高位槽（如图 2-29 所示）。输送管路尺寸如下：管内径 40mm，管长 50m（包括所有局部阻力的当量长度），摩擦系数 λ 为 0.03。离心泵在转速 1480r/min 下，泵的方程为 $H_e = 50 - 200q_V^2$（q_V：m^3/min；H_e：m）。试求：

（1）管路的流量（m^3/h）和泵的有效功率（kW）；

（2）若流量要求提高 20%，则泵的转速应该为多少（r/min）？

解：（1）由河面至高位槽列机械能衡算式：

$$H = \Delta z + \frac{8\lambda l}{\pi^2 d^5 g} q_V'^2 \quad (q_V': \text{m}^3/\text{s})$$

$$H = 12 + \frac{8 \times 0.03 \times 50}{3.14^2 \times 0.04^5 \times 9.81} \left(\frac{q_V}{60}\right)^2 = 12 + 336.6 q_V^2 \quad (q_V: \text{m}^3/\text{min})$$

$H = 12 + 336.6 q_V^2$，与泵方程：$H_e = 50 - 200 q_V^2$ 联立

解得流量 $q_V = 0.266 \text{m}^3/\text{min} = 16.0 \text{m}^3/\text{h}$

$H_e = 50 - 200 q_V^2 = 50 - 200 \times 0.266^2 = 35.85\text{m}$

$$P_e = \rho g q_V H_e = 1000 \times 9.81 \times \frac{0.266}{60} \times 35.85 = 1.56 \times 10^3 \text{W} = 1.56\text{kW}$$

（2）若流量要求提高 20%，$q_V' = 1.2 q_V = 0.319 \text{m}^3/\text{min}$

代入管路方程，$H' = 12 + 336.6 q_V'^2 = 46.25\text{m}$

设新的转速 n' 时，泵的方程：

$$H_e' = 50 \left(\frac{n'}{n}\right)^2 - 200 q_V'^2 \qquad\qquad ①$$

将 H_e' 和 q_V' 代入方程①，得到 $n' = 1.154n = 1.154 \times 1480 = 1708\text{r/min}$

讨论：当泵的转速为 n 时，泵的方程 $H_e = A - B q_V^2$，当转速变为 n' 时，泵的方程为 $H_e' = A \left(\frac{n'}{n}\right)^2 - B q_V'^2$。

【例 2-9】 真空表和压力表高度差对管路的影响 如图 2-30 所示的输水系统，用泵将水池中的水输送到敞口高位槽，管道直径均为 $\phi83 \times 3.5\text{mm}$，泵的进、出管道上分别安装有真空表和压力表，真空表安装位置离贮水池的水面高度为 4.8m，压力表安装位置离贮水池的水面高度为 5m。进水管道的全部阻力损失为 $0.2\text{mH}_2\text{O}$，出水管道的全部阻力损失为 $0.5\text{mH}_2\text{O}$，压力表的读数为 2.42atm，真空表的读数 51.48kPa。试求：

（1）泵的扬程和流量；

（2）高位槽液面至压力表的垂直距离为多少（m）？

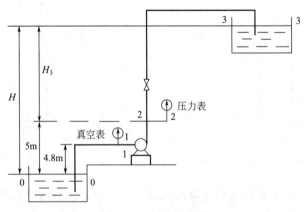

图 2-30 例 2-9 附图

解：（1）泵的真空表 1-1 和压力表 2-2 列伯努利方程：

$$\frac{p_1}{\rho g} + z_1 + \frac{u_1^2}{2g} + H_e = \frac{p_2}{\rho g} + z_2 + \frac{u_2^2}{2g}$$

其中 $z_2=5m$，$z_1=4.8m$，$u_1=u_2=u$，$p_1=p_a-51480$，$p_2=p_a+2.42\times1.013\times10^5$

所以 $H_e=\dfrac{p_2-p_1}{\rho g}+(z_2-z_1)=\dfrac{51480+2.42\times1.013\times10^5}{1000\times9.81}+0.2=30.44m$

低位槽水面 0-0 至真空表 1-1 处的列伯努利方程：

$\dfrac{p_0}{\rho g}+z_0+\dfrac{u_0^2}{2g}=\dfrac{p_1}{\rho g}+z_1+\dfrac{u_1^2}{2g}+H_{f0\text{-}1}$

$p_0=p_a$，$z_0=0$，$u_0=0$，$z_1=4.8m$，$H_{f0\text{-}1}=0.2m$

$\dfrac{p_0-p_1}{\rho}=z_1 g+\dfrac{u_1^2}{2}+H_{f0\text{-}1}g$

$\dfrac{51480}{1000}=9.81\times4.8+\dfrac{u_1^2}{2}+0.2\times9.81$，解得 $u_1=2.2m/s$，$d=83-2\times3.5=76mm$

所以流量 $q_V=\dfrac{\pi}{4}d^2u_1=0.785\times0.076^2\times2.2=0.01m^3/s=36m^3/h$

（2）低位槽 0-0 至高位槽 3-3 列伯努利方程

$\dfrac{p_0}{\rho g}+z_0+\dfrac{u_0^2}{2g}+H_e=\dfrac{p_3}{\rho g}+z_3+\dfrac{u_3^2}{2g}+H_{f0\text{-}3}$

其中 $p_0=p_3=p_a$，$z_0=0$，$z_3=H$，$u_0=u_3=0$，$H_{f0\text{-}3}=0.2+0.5=0.7m$

$H_e=H+0.7$，$H=30.44-0.7=29.74m$

所以高位槽液面至压力表的垂直距离 $H_3=H-5=29.74-5=24.74m$。

讨论： 离心泵进出口安装真空表和压力表，当真空表和压力表高度差可以忽略时，泵的扬程可以直接用真空表读数加上压力表读数求 $\left(H_e=\dfrac{p_{真}+p_{压}}{\rho g}\right)$，若真空表和压力表高度差为 h 时，则泵的扬程为 $H_e=\dfrac{p_{真}+p_{压}}{\rho g}+h$。

【例 2-10】 离心泵安装高度计算 以某离心泵输 20℃清水，当地气压为 760mmHg。泵的吸入口在敞口水池液面上方 2m 处。吸入管路长 15m（包括局部阻力），管内径 50mm，管内水流速 1.5m/s，摩擦系数为 0.03。已知允许吸上真空高度为 6m。问：上述安装高度是否合适？

解： 先求出管路阻力，再求出最大允许高度。若安装高度大于最大允许高度，则不发生汽蚀，安装高度合适。

$\sum H_{f0\text{-}1}=\lambda\dfrac{l}{d}\dfrac{u_1^2}{2g}=0.03\times\dfrac{15}{0.05}\times\dfrac{1.5^2}{2\times9.81}=1.03m$

$H_{g,max}=[H_s]-\dfrac{u_1^2}{2g}-\sum H_{f0\text{-}1}=6-\dfrac{1.5^2}{2\times9.81}-1.03=4.86m$

依题意，$H_g=2m$

因为 $H_g<H_{g,max}$，不会发生汽蚀，故安装高度合适。

【例 2-11】 容器液位下离心泵安装高度计算 生产要求以 18m³/h 流量将饱和温度的液体从低位容器 A 输至高位容器 B 内。液体密度 960kg/m³，黏度与水相近。两液位高度差 21m，压力表读数：$p_A=0.2at$，$p_B=1.2at$。排出管长 50m、吸入管长 20m（均包括局部阻力），管内径 50mm，摩擦系数 0.023。现库存一台泵，铭牌标明：扬程 44m，流量

$20\text{m}^3/\text{h}$，此泵是否能用？若此泵能用，该泵在 $18\text{m}^3/\text{h}$ 时的允许汽蚀余量为 2.3m，现拟将泵安装在容器 A 内液位以下 9m 处，问：能否正常操作？

解：先求出管路需要的压头 H_e'

$$H_e' = z_2 - z_1 + \frac{p_2 - p_1}{\rho g} + \frac{8\lambda l q_V^2}{\pi^2 g d^5}$$

$$= 21 + \frac{(1.2 - 0.2) \times 9.81 \times 10^4}{960 \times 9.81} + \frac{8 \times 0.023 \times (50 + 20) \times \left(\frac{18}{3600}\right)^2}{3.14^2 \times 9.81 \times 0.05^5}$$

$$= 42.1\text{m}$$

可见，管路要求 $q_V = 18\text{m}^3/\text{h}$，$H_e' = 42.1\text{m}$

而该泵最高效率时：$q_V = 20\text{m}^3/\text{h}$，$H_e = 44\text{m}$，管路要求的（$q_V$，$H_e'$）点在泵的流量接近最高效率的流量，故此泵适用。

另外，计算离心泵的最大安装高度 $H_{g,\max}$

$$H_{g,\max} = \frac{p_0 - p_v}{\rho g} - \sum H_{f吸} - (\text{NPSH})_c$$

$$= -2.3 - \frac{8\lambda \rho q_V^2}{\pi^2 g d^5} = -5.34\text{m}$$

$H_{g,\max} = -5.34\text{m}$，泵目前安装在容器 A 内液位以下 9m 处。故可正常工作。

Ⅱ. 复杂工程问题分析与计算

【**例 2-12**】 **带泵管路计算** 如图 2-31 所示输水管路中装有离心泵，水由下向上输送，吸水管 ABC 直径为 80mm，管长 6m，阻力系数为 $\lambda_1 = 0.02$，压出管直径为 60mm，管长 13m，阻力系数 $\lambda_2 = 0.03$，在压出管路 E 处安装有阀门，其局部阻力系数 $\zeta_E = 6.4$，管路两端水面高度差为 10m，泵进口高于水面 2m，管内流量 $0.012\text{m}^3/\text{s}$。$\zeta_A = 0.5$，$\zeta_B = \zeta_F = 0.75$，$\zeta_G = 1$，试求：

(1) 每千克流体需要从离心泵获得多少机械能？

(2) 泵进口、出口断面的压强是多少？

(3) 若高位槽内水沿同样管路向下流出，管内流量仍维持 $0.012\text{m}^3/\text{s}$，计算说明是否需要安装离心泵？

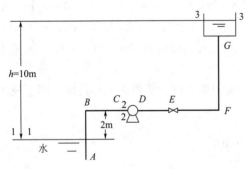

图 2-31 例 2-12 附图

解：本例将水从低位向高位输送，需要外加能量 H_e，用于提供势能（$z = 10\text{m}$）以及克服管路总阻力，求得每千克流体需要机械能。

当水从高位输送至低位时，是否要外加能量，需要具体问题具体分析。当高位槽流体具有的总能量小于管道流动中需要的总能量，则还是需要安装泵提供外加能量。本例（3）属于该情况。

(1) 从水池 1-1 面至高位槽液面 3-3 列伯努利方程

$$\frac{p_1}{\rho g} + z_1 + \frac{u_1^2}{2g} + H_e = \frac{p_3}{\rho g} + z_3 + \frac{u_3^2}{2g} + H_{f_{1-3}}$$

其中 $p_1=p_3=p_a$，$z_1=0$，$u_1=u_3=0$，所以 $H_e=z_3+H_f$

$$u_{AB}=\frac{q_V}{0.785d_1^2}=\frac{0.012}{0.785\times0.08^2}=2.39\text{m/s},\ u_{DE}=\frac{q_V}{0.785d_2^2}=\frac{0.012}{0.785\times0.06^2}=4.25\text{m/s}$$

$$H_{f1-3}=\left(\lambda_1\frac{l_1}{d_1}+\zeta_A+\zeta_B\right)\frac{u_{AB}^2}{2g}+\left(\lambda_2\frac{l_2}{d_2}+\zeta_E+\zeta_F+\zeta_G\right)\frac{u_{DE}^2}{2g}$$

$$H_{f1-3}=\left(0.02\times\frac{6}{0.08}+0.5+0.75\right)\times\frac{2.39^2}{2\times9.81}+\left(0.03\times\frac{13}{0.06}+6.4+0.75+1\right)\times\frac{4.25^2}{2\times9.81}=14.3\text{m}$$

$$H_e=z_3+H_{f1-3}=10+14.3=24.3\text{m}$$

所以每千克流体需要机械能为 $H=24.3\times9.81=238.4\text{J}$

（2）从水池 1-1 面至泵入口处 2-2 列伯努利方程

$$\frac{p_1}{\rho g}+z_1+\frac{u_1^2}{2g}=\frac{p_2}{\rho g}+z_2+\frac{u_{AB}^2}{2g}+H_{f1-2}\quad 其中\ p_1=p_a,\ z_1=0,\ u_1=0,\ z_2=2\text{m},\ u_{AB}=2.39\text{m/s}$$

$$H_{f1-2}=\left(\lambda_1\frac{l_1}{d_1}+\zeta_A+\zeta_B\right)\frac{u_{AB}^2}{2g}=\left(0.02\times\frac{6}{0.08}+0.5+0.75\right)\times\frac{2.39^2}{2\times9.81}=0.8\text{m}$$

所以 $\dfrac{p_a-p_2}{\rho g}=(z_2-z_1)+\dfrac{u_{AB}^2}{2g}+H_{f1-2}=2+\dfrac{2.39^2}{2\times9.81}+0.8=3.09\text{m}$

泵的进口压强 $p_2=(10.33-3.09)\times1000\times9.81=71024\text{Pa}$

从泵的出口处 D 至高位槽液面 3-3 列伯努利方程

$$\frac{p_D}{\rho g}+z_D+\frac{u_{DE}^2}{2g}=\frac{p_3}{\rho g}+z_3+\frac{u_3^2}{2g}+H_{fD-3}$$

其中 $p_3=p_a$，$z_D=2\text{m}$，$z_3=10\text{m}$，$u_3=0$，化简得：

$$\frac{p_D-p_a}{\rho g}=(z_3-z_2)-\frac{u_{DE}^2}{2g}+H_{fD-3},\quad H_{fD-3}=H_{f1-3}-H_{f1-2}=14.3-0.8=13.5\text{m}$$

$$\frac{p_3-p_a}{\rho g}=8-\frac{4.25^2}{2\times9.81}+13.5=20.58\text{m}$$

$$p_3=20.58\times1000\times9.81+1.013\times10^5=3.03\times10^5\text{Pa}$$

（3）高位槽中的流体具有的总能量 $\dfrac{p_a}{\rho g}+z_3+\dfrac{u_3^2}{2g}=10.33+10=20.33\text{m}$

若水从高位槽流出，保持原来的流量，即保持 u_{AB}、u_{DE} 管速不变，为克服管道内的流动阻力所需能量为 $H_f=H_{f1-3}=14.3\text{m}$

总的管道流动中需要的能量为 $\dfrac{p_a}{\rho g}+H_f=10.33+14.3=24.63\text{m}>20.33\text{m}$

所以还是需要用离心泵。

【例 2-13】 **总管路和分支管路流量计算** 贮槽内有 40℃ 的粗汽油（密度 $\rho=710\text{kg/m}^3$），维持液面恒定，用泵抽出后分成两股，一股送到分馏塔顶部，另一股送到解吸塔上部。有关位置距地面以上的高度见图 2-32。若阀门全开时，包括局部阻力当量长度的各管段长度如下：1-0 管段，$l_1=10\text{m}$，0-3 管段，$l_3=20\text{m}$，管内径均为 50mm，摩擦系数均为 $\lambda=0.03$。调节 0-2 管段中阀门开度，使送往解吸塔的流量为送往分馏塔流量的一半。此时，孔板流量计的压差 $\Delta p=513\text{mmHg}$，孔径 $d_0=25\text{mm}$，流量系数 $C_0=0.62$。试求：

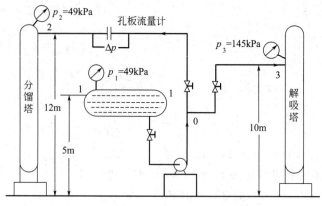

图 2-32   例 2-13 附图

（1）总管流量和管路所需的压头；

（2）若泵效率为 60%，所需泵功率。

解： 本题是总管路和分支管路的流量计算。总流量为各分支管路流量之和，同时利用孔板流量计压差 Δp，求得流量 $q_V = C_0 A_0 \sqrt{\dfrac{2\Delta p}{\rho}} = \dfrac{\pi}{4} d_0^2 C_0 \sqrt{\dfrac{2\Delta p}{\rho}}$。通过出槽面 1-1 与解吸塔入口 3-3 列伯努利方程，可求得管路所需的压头。

（1）设离心泵输送的液体流量为 q_{V1}，进入分馏塔的流量为 q_{V2}，进入解吸塔的流量为 q_{V3}。已知孔板流量计压差 $\Delta p = 513\text{mmHg}$，则

$$q_{V2} = C_0 A_0 \sqrt{\frac{2\Delta p}{\rho}} = \frac{\pi}{4} d_0^2 C_0 \sqrt{\frac{2\Delta p}{\rho}}$$

$$= 0.785 \times 0.025^2 \times 0.62 \times \sqrt{\frac{2 \times 0.513 \times 13600 \times 9.81}{710}} = 4.22 \times 10^{-3} \text{m}^3/\text{s}$$

$$q_{V3} = \frac{1}{2} q_{V2} = 2.11 \times 10^{-3} \text{m}^3/\text{s}$$

所以管路总流量 $q_{V1} = q_{V2} + q_{V3} = (4.22 + 2.11) \times 10^{-3} = 6.33 \times 10^{-3} \text{m}^3/\text{s}$

$$u_1 = \frac{q_{V1}}{0.785 d_1^2} = \frac{6.33 \times 10^{-3}}{0.785 \times 0.05^2} = 3.23 \text{m/s}$$

$$u_3 = \frac{q_{V3}}{0.785 d_3^2} = \frac{2.11 \times 10^{-3}}{0.785 \times 0.05^2} = 1.08 \text{m/s}$$

出槽面 1-1 与解吸塔入口 3-3 列伯努利方程

$$\frac{p_1}{\rho g} + z_1 + H_e = \frac{p_3}{\rho g} + z_3 + H_{f1-3}，其中 p_1 = 49\text{kPa}，z_1 = 5\text{m}，p_3 = 145\text{kPa}，z_3 = 10\text{m}$$

$$H_{f1-3} = \lambda \frac{l_1}{d_1} \frac{u_1^2}{2g} + \lambda \frac{l_3}{d_3} \frac{u_3^2}{2g} = 0.03 \times \frac{10}{0.05} \times \frac{3.23^2}{2 \times 9.81} + 0.03 \times \frac{20}{0.05} \times \frac{1.08^2}{2 \times 9.81} = 3.9\text{m}$$

$$H_e = \frac{p_3 - p_1}{\rho} + (z_3 - z_1) + H_{f1-3} = \frac{(145 - 49) \times 1000}{710 \times 9.81} + 5 + 3.9 = 22.7\text{m}$$

（2）泵的有效功率

$$P_e = \rho g q_{V1} H_e = 710 \times 9.81 \times 6.33 \times 10^{-3} \times 22.7 = 1001\text{W}$$

泵的功率 $P_a = \dfrac{P_e}{\eta} = \dfrac{1001}{0.6} = 1668\text{W}$

【**例 2-14**】　**带泵分支管路流量计算**　图 2-33 所示输水管路，用离心泵将料液（密度$\rho = 800\text{kg/m}^3$）从 A 容器送至常压容器 B 和压力容器 C。两股流量相同，$q_{V1} = q_{V2} = 4\text{L/s}$。高度 $z_B = 25\text{m}$。压力容器 C 中的压强为 9.81kPa（表压），高度 $z_C = 20\text{m}$。管段 ED 内径 $d = 75\text{mm}$，长度 $l = 100\text{m}$（包括局部阻力的当量长度），管段 DF 内径 $d_1 = 50\text{mm}$，长度 $l_1 = 50\text{m}$（包括局部阻力的当量长度），管段 DG 内径 $d_2 = 50\text{mm}$，长度 $l_2 = 50\text{m}$（包括除阀门外的所有局部阻力的当量长度），摩擦系数均为 $\lambda = 0.03$，不计分流点的阻力损失和动量交换。试求：

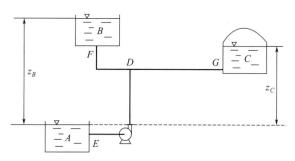

图 2-33　例 2-14 附图

（1）泵的压头和有效功率；

（2）支路 DG 中阀门的局部阻力损失，J/N；

（3）若希望长期提高流量，且 $q'_{V1} = q'_{V2} = 1.5q_{V1}$，并再提供一台同型号的水泵，离心泵的特性曲线为 $H_e = 56 - 2.81 \times 10^5 q_V^2$（式中：$H_e$-m；$q_V$-m^3/s）。问能否达到要求？（设管路阀门阻力已调整到相应值）。

解：本题为带泵分支管路流量计算，注意伯努利方程按照流线从容器 A 到容器 B 和从容器 A 到容器 C 分别列方程。另外，当要求管路流量增加时，通过所给的离心泵分别计算串联和并联时得到的扬程，与流量增加后管路所需要的扬程比较，得出相关结论。

（1）总管流量为两支管之和，$q_V = q_{V1} + q_{V2} = 2 \times 4 \times 10^{-3} = 0.008\text{m}^3/\text{s}$

总管流速 $u = \dfrac{q_V}{0.785d^2} = \dfrac{8 \times 10^{-3}}{0.785 \times 0.075^2} = 1.8\text{m/s}$

支管流速 $u_1 = u_2 = \dfrac{q_{V1}}{0.785d_2^2} = \dfrac{4 \times 10^{-3}}{0.785 \times 0.05^2} = 2.04\text{m/s}$

水槽 A 液面与高位槽 B 液面列伯努利方程

$\dfrac{p_a}{\rho g} + H_e = \dfrac{p_a}{\rho g} + z_B + H_{fEDF}$

$H_{fEDF} = \lambda \dfrac{l}{d} \dfrac{u^2}{2g} + \lambda \dfrac{l_1}{d_1} \dfrac{u_1^2}{2g} = 0.03 \times \dfrac{100}{0.075} \times \dfrac{1.8^2}{2 \times 9.81} + 0.03 \times \dfrac{50}{0.05} \times \dfrac{2.04^2}{2 \times 9.81} = 13\text{m}$

所以泵的压头 $H_e = z_B + H_{fEDF} = 25 + 13 = 38\text{m}$

泵的有效功率 $P_e = \rho g q_V H_e = 800 \times 9.81 \times 8 \times 10^{-3} \times 38 = 2386\text{W}$

（2）水槽 A 液面与高位槽 C 液面列伯努利方程

$\dfrac{p_a}{\rho g} + H_e = \dfrac{p_C}{\rho g} + z_C + H_{fEDG}$

$$H_{fEDG}=\frac{p_a-p_C}{\rho g}+H_e-z_C=-\frac{9.81\times1000}{800\times9.81}+38-20=16.75\text{m}$$

$$H_{fEDG}=\lambda\frac{l}{d}\frac{u^2}{2g}+\lambda\frac{l_2}{d_2}\frac{u_2^2}{2g}+H_{f阀}$$

$$H_{f阀}=16.75-0.03\times\frac{100}{0.075}\times\frac{1.8^2}{2\times9.81}-0.03\times\frac{50}{0.05}\times\frac{2.04^2}{2\times9.81}=3.78\text{m}$$

（3）支管流量为原来的 1.5 倍，则总流量

$$q_V'=2q_{V1}'=2\times1.5\times4\times10^{-3}=0.012\text{m}^3/\text{s}$$

水槽 A 液面与高位槽 B 液面列伯努利方程

$$\frac{p_a}{\rho g}+H_e=\frac{p_a}{\rho g}+z_B+H_{fEDF}'$$

$$H_{fEDF}'=\lambda\frac{l}{d}\frac{(1.5u)^2}{2g}+\lambda\frac{l_1}{d_1}\frac{(1.5u_1)^2}{2g}$$

$$=0.03\times\frac{100}{0.075}\times\frac{2.7^2}{2\times9.81}+0.03\times\frac{50}{0.05}\times\frac{3.06^2}{2\times9.81}=29.18\text{m}$$

管路需要扬程 $H_e'=z_B+H_{fEDF}'=25+29.18=54.2\text{m}$

离心泵方程 $H_e=56-2.81\times10^5 q_V^2$

泵串联时，扬程

$$H_e'=2\times(56-2.81\times10^5 q_V'^2)=2\times(56-2.81\times10^5\times0.012^2)=31.1\text{m}$$

泵并联时，扬程 $H_e'=56-2.81\times10^5\left(\frac{q_V'}{2}\right)^2=56-2.81\times10^5\times0.006^2=45.9\text{m}$

泵串联和并联时，泵提供的扬程均小于管路所需要的扬程，故均达不到要求。

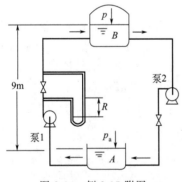

图 2-34　例 2-15 附图

【例 2-15】 带泵循环管路计算　如图 2-34 所示的输水循环管路，两台离心泵型号相同，两条管路除两个阀门开度不同外，其他条件完全相同，流向如图示。封闭容器 B 内的真空度为 $7\times10^4\text{Pa}$，两液面的高度差为 9m。两管路内的流速均为 3m/s，泵 1 出口阀两端的水银 U 形压差计读数 R 为 300mm。试求：

（1）泵 1 出口阀的局部阻力系数为多少？

（2）泵 2 出口阀的局部阻力系数为多少？

解：本题为带泵循环管路计算，容器 B 液面至 A 液面与容器 A 液面至 B 液面的所需能量相同。通过列伯努利方程可求阻力系数。

（1）U 形管两端压差：$\Delta p=Rg(\rho_i-\rho)=0.3\times9.81\times(13600-1000)=37081.8\text{Pa}$

泵 1 出口阀阻力 $h_f=\frac{\Delta p}{\rho}=\zeta_1\frac{u_1^2}{2}$，所以 $\zeta_1=\frac{2\Delta p}{\rho u_1^2}=\frac{2\times37081.8}{1000\times3^2}=8.24$

（2）容器 A 液面至 B 液面列伯努利方程

$$\frac{p_a}{\rho g}+H_{e1}=\frac{p_B}{\rho g}+z+\lambda\frac{l_{AB}}{d}\frac{u^2}{2g}+\zeta_1\frac{u^2}{2g}$$ ①

因为循环管路，容器 B 液面至 A 液面列伯努利方程

$$\frac{p_B}{\rho g}+z+H_{e2}=\frac{p_a}{\rho g}+\lambda\frac{l_{BA}}{d}\frac{u^2}{2g}+\zeta_2\frac{u^2}{2g}\qquad ②$$

ζ_2 为泵 2 出口阀局部阻力系数因为 A 至 B 与 B 至 A 中，除两个阀门开度不同外，泵和管路情况均相同，则 $H_{e2}=H_{e1}$，$\lambda\dfrac{l_{AB}}{d}\dfrac{u^2}{2g}=\lambda\dfrac{l_{BA}}{d}\dfrac{u^2}{2g}$

式②－式①，$2z-\dfrac{2(p_a-p_B)}{\rho g}=(\zeta_2-\zeta_1)\dfrac{u^2}{2g}$

$2\times9-\dfrac{2\times7\times10^4}{1000\times9.81}=(\zeta_2-8.24)\times\dfrac{3^2}{2\times9.81}$

所以 $\zeta_2=16.37$

【例 2-16】 **管路漏水状况下的流量计算** 某供水系统（如图 2-35 所示），流向 A 至 E，管径均为 $\phi106\times3mm$，AB 段、DE 段管长（均包括局部阻力当量长度）各为 20m，CD 段为埋入地下的水平直路，长度为 3000m。已知离心泵的特性曲线可用 $H_e=90-1.2\times10^5 q_V^2$（$H_e$-m，$q_V$-m^3/s）表示，摩擦系数 $\lambda=0.03$。试求：

（1）泵的扬程为多少？

（2）正常运转时 DE 段孔板流量计读数 $R=$ 200mm（孔板流量系数 C_0 为常数），现在由于 CD 段某一处漏水，此时流量计读数为 $R'=$ 160mm，流向不变。漏水量为多少？

（3）若漏水后，调节流量，使流量计读数为 R' 仍达到 200mm，此时后泵的扬程和 C 点压力表读数（kPa）为多少？

解：当管路漏水时，可通过两次孔板流量计读数 R，求得漏水量。当漏水发生后，仍要求管路达到原来流量，则总流量增加，离心泵扬程减小。

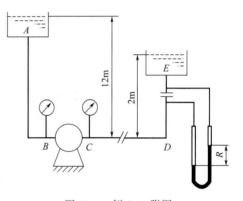

图 2-35 例 2-16 附图

（1）$d=106-2\times3=100mm=0.1m$

A 槽液面和 E 槽液面间管路方程为

$$H=\Delta z+\frac{\Delta p}{\rho g}+\lambda\frac{l_{AB}+l_{CD}+l_{DE}}{d}\frac{u^2}{2g}=\Delta z+\frac{\Delta p}{\rho g}+\frac{8\lambda(l_{AB}+l_{CD}+l_{DE})}{\pi^2 gd^5}q_V^2$$

$$H=-10+\frac{8\times0.03\times(20+3000+20)}{3.14^2\times9.81\times0.1^5}q_V^2=-10+7.54\times10^5 q_V^2$$

与泵方程 $H_e=90-1.2\times10^5 q_V^2$ 联立求流量

$$q_V=\sqrt{\frac{90+10}{(7.54+1.2)\times10^5}}=1.07\times10^{-2}\,m^3/s$$

所以泵的扬程为 $H_e=-10+7.54\times10^5\times(1.07\times10^{-2})^2=76.33m$

（2）由孔板流量计算式有

$$q_V=C_0 A_0\sqrt{\frac{2Rg(\rho_i-\rho)}{\rho}}$$

故漏水后经过 DE 段流量为：

$$q_V'=q_V\sqrt{\frac{R'}{R}}=1.07\times10^{-2}\times\sqrt{\frac{160}{200}}=9.57\times10^{-3}\text{ m}^3/\text{s}$$

故漏水量为 $\Delta q_V=q_V-q_V'=(10.7-9.57)\times10^{-3}=1.13\times10^{-3}\text{ m}^3/\text{s}$

（3）若漏水后，调节流量，使流量计读数为 R' 仍达到 200mm，说明 DE 段流量为 $1.07\times10^{-2}\text{ m}^3/\text{s}$，则经过 AC 段总流量及流速为：

$$q_V'=1.07\times10^{-2}+1.13\times10^{-3}=1.183\times10^{-2}\text{ m}^3/\text{s}$$

$$u'=\frac{4q_V}{\pi d^2}=\frac{4\times1.183\times10^{-2}}{\pi\times(0.1)^2}=1.51\text{ m/s}$$

此时离心泵扬程为

$$H_e'=90-1.2\times10^5\times(1.183\times10^{-2})^2=73.21\text{ m}$$

由 AC 段列机械能衡算方程得

$$\frac{p_a}{\rho g}+z_A+H_e'=\frac{p_C}{\rho g}+\frac{u'^2}{2g}+\lambda\frac{l_{AB}}{d}\frac{u'^2}{2g}$$

所以 C 点压力表读数为

$$p_C-p_a=\rho g\left(z_A+H_e'-\frac{u'^2}{2g}-\lambda\frac{l_{AB}}{d}\frac{u'^2}{2g}\right)$$

$$=1000\times9.81\times\left(12+73.21-\frac{1.51^2}{2\times9.81}-\frac{0.03\times20\times1.51^2}{0.1\times2\times9.81}\right)=827.93\text{ kPa}$$

【例 2-17】 带泵并联管路计算 图 2-36 所示输水管路，A、B 均为常压设备，两泵完全相同，冬季仅设备 A 用水，开单泵；夏季时，设备 A、B 均用水，开双泵。已知管子直径 d 均为 $\phi57\times3.5$mm，摩擦系数均为 $\lambda=0.03$，吸入管长 $l_{OC}=10$m，压出管长 $l_{O'A}=50$m，$l_{O'B}=70$m（以上管长均包括局部阻力的当量长度），忽略 OO' 间管子长度，离心泵的单泵特性曲线 $H_e=25-7.2\times10^5q_V^2$（式中：$H_e$-m；$q_V$-m^3/s）表示，试求：

（1）冬季时设备 A 的用水量为多少（m^3/h）？

（2）夏季时设备 A、B 的用水量各为多少（m^3/h）？

解：当冬季使用单泵时，管路方程和单泵方程联立求解得到流量。在夏季，两离心泵均开启，同时管路为并联管路。因此要使用并联后的泵的方程，和新的管路方程联立求解。

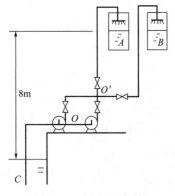

图 2-36 例 2-17 附图

（1）冬季开单泵，在水池液面 C 和高位槽 A 间列伯努利方程

$$H=\frac{\Delta p}{\rho g}+\Delta z+Kq_V^2, \Delta p=0, \Delta z=8\text{m}$$

$$H=8+\frac{8\lambda(l_1+l_2)}{g\pi^2d^5}q_V^2, l_1=10\text{m}, l_2=50\text{m}, d=57-2\times3.5=50\text{mm}$$

$$H=8+\frac{8\times0.03\times(10+50)}{3.14^2\times0.05^5\times9.81}q_V^2=8+4.76\times10^5q_V^2$$

单泵特性曲线 $H_e=25-7.2\times10^5q_V^2$

联立管路方程和泵的方程得到流量 $q_V=3.77\times10^{-3}\text{ m}^3/\text{s}=13.57\text{ m}^3/\text{h}$

（2）在水池液面 C 和高位槽 A 间列伯努利方程

$$H=\frac{\Delta p}{\rho g}+\Delta z+Kq_V^2,\quad \Delta p=0,\quad \Delta z=8\mathrm{m}$$

夏季是开双泵，管路 $O'A$ 和 $O'B$ 并联，其流量之比

$$q_{VA}:q_{VB}=\sqrt{\frac{d^5}{\lambda l_{O'A}}}:\sqrt{\frac{d^5}{\lambda l_{O'B}}}=\sqrt{\frac{1}{l_{O'A}}}:\sqrt{\frac{1}{l_{O'B}}}=\sqrt{\frac{70}{50}}=1.183$$

$$q_V=q_{VA}+q_{VB}=2.183q_{VB},\quad \text{所以}\ q_V=\frac{2.183}{1.183}q_{VA}=1.845q_{VA}$$

$$H=8+\frac{8\lambda l_{OC}}{\pi^2 d^5 g}q_V^2+\frac{8\lambda l_{O'A}}{\pi^2 d^5 g}q_{VA}^2$$

$$H=8+\frac{8\times0.03\times10}{3.14^2\times0.05^5\times9.81}q_V^2+\frac{8\times0.03\times50}{3.14^2\times0.05^5\times9.81}\times\frac{q_V^2}{3.4}=8+1.96\times10^5 q_V^2 \qquad ①$$

单泵特性方程 $H_e=25-7.2\times10^5 q_V^2$

两泵并联后方程 $H_e'=25-7.2\times10^5\left(\frac{q_V}{2}\right)^2=25-1.8\times10^5 q_V^2 \qquad ②$

方程①和②联立，得到总流量 $q_V=6.72\times10^{-3}\mathrm{m^3/s}=24.2\mathrm{m^3/h}$

解得 $q_{VA}=\dfrac{q_V}{1.845}=\dfrac{24.2}{1.845}=13.11\mathrm{m^3/h}$，$q_{VB}=24.2-13.11=11.09\mathrm{m^3/h}$

【例 2-18】 带泵管路非定态计算 图 2-37 示离心泵输水管路，将敞口低位槽中的水输送到塔设备中，泵的扬程可用 $H=20-4\times10^4 q_V^2$（式中：H-m；q_V-$\mathrm{m^3/s}$）表示，管路内径 50mm，总管长 $l+l_e=50\mathrm{m}$，摩擦系数 $\lambda=0.03$，开始时，低位槽液面高度为 $z_1=1\mathrm{m}$，塔设备入口高 $z_2=12\mathrm{m}$，塔内入口处压强 $p_2=0.3\mathrm{at}$（表），试求：

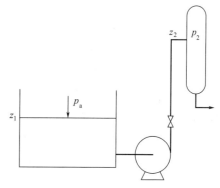

（1）开始时，管路的流量为多少（$\mathrm{m^3/s}$）？

（2）低位槽横截面积 $A_1=1.5\mathrm{m^2}$，低位槽液面下降 0.8m 所需的时间为多少？

图 2-37　例 2-18 附图

解： 本题为非定态问题，水槽液面随时间增加而下降，因此列出质量守恒微分方程。另外，通过伯努利方程求得高度 z 和流速 u 之间的关系，再利用质量微分方程求得时间。

（1）在 z_1，z_2 间列伯努利方程

$$H=\frac{\Delta p}{\rho g}+\Delta z+Kq_V^2,\quad H=\frac{p_2-p_a}{\rho g}+(z_2-z_1)+\frac{8\lambda(l+l_e)}{\pi^2 d^5 g}q_V^2$$

$$H=\frac{0.3\times9.81\times10^4}{1000\times9.81}+(12-1)+\frac{8\times0.03\times50}{3.14^2\times0.05^5\times9.81}q_V^2=14+3.97\times10^5 q_V^2$$

泵特性曲线 $H=20-4\times10^4 q_V^2$

联立管路和泵的方程，得到流量 $q_V=3.7\times10^{-3}\mathrm{m^3/s}$

$$u=\frac{4q_V}{\pi d^2}=\frac{4\times3.7\times10^{-3}}{\pi\times(0.05)^2}=1.885\mathrm{m/s}$$

（2）设某时刻 t，第一个蓄水槽液面下降为 dz_1，列质量微分方程

$$-A_1 dz_1 = q_V dt \qquad ①$$

在 z_1，z_2 之间列伯努利方程

$$\frac{p_a}{\rho g} + z_1 + H = \frac{p_2}{\rho g} + z_2 + \lambda \frac{l+l_e}{d} \frac{u^2}{2g}$$

$$z_1 + H = \frac{p_2 - p_a}{\rho g} + z_2 + \lambda \frac{l+l_e}{d} \frac{u^2}{2g} \qquad ②$$

$$H = 20 - 4 \times 10^4 q_V^2 = 20 - 0.154 u^2，代入式②$$

$$z_1 + 20 - 0.154 u^2 = \frac{0.3 \times 9.81 \times 10^4}{1000 \times 9.81} + 12 + 0.03 \times \frac{50}{0.05} \times \frac{u^2}{2 \times 9.81}$$

解得 $u = 0.77\sqrt{z_1 + 5}$

$$q_V = \frac{\pi}{4} d^2 u = 0.785 \times 0.05^2 \times 0.77\sqrt{z_1+5} = 0.0015\sqrt{z_1+5}$$

将 q_V 代入式① 得

$$t = -1.5 \int_1^{0.2} \frac{1}{0.0015\sqrt{z_1+5}} dz_1$$

解得 $t = 338s$

Ⅲ. 工程案例解析

【例 2-19】 带泵管路操作型计算 如图 2-38 所示，用离心泵将池中常温水送至一敞口高位槽中。在转速为 2900r/min 时，泵的特性曲线方程为 $H = 25.7 - 7.36 \times 10^{-4} q_V^2$（$H$ 的单位为 m，q_V 的单位为 m^3/h），管出口距池中水面高度为 13m，直管长 90m，管路上有 2 个 $\zeta_1 = 0.75$ 的 90°弯头、1 个 $\zeta_2 = 0.17$ 的全开闸阀、1 个 $\zeta_3 = 8$ 的底阀，管子采用 $\phi 114 \times 4mm$ 的钢管，摩擦系数为 0.03。

（1）闸阀全开时，求管路中实际流量（单位为 m^3/s）？

（2）为使流量达到 $60m^3/h$，采用调节离心泵转速的方法改变流量，则泵的转速应为多少？

（3）现采用调节闸阀开度方法，使流量达到 $60m^3/h$，如何调节？此时，阀闸的阻力系数、泵的有效功率为多少？并定性分析闸阀前后压力表读数 p_A、p_B 如何变化？

解： 本题属于带泵管路的操作型计算。在计算或分析带有泵的输送系统时，应首先计算或分析管路及泵的特性曲线，求出工作点，其他问题就迎刃而解了。另外，改变流量的范围在 20% 之内，可用阀门调节，也可采用泵的转速调节。当管路流量是长期改变时，可以考虑用改变离心泵转速调节。当需要经常性调节流量，建议用改变阀门开度调节流量。但要注意一点的是：用阀门调节流量很方便，但在关小阀门时，会增加阻力损失，造成泵的有效功率增加。

（1）水池液面 1-1′ 与管出口截面 2-2′ 间的管路特性方程为

$$H_e = \left(\Delta z + \frac{\Delta p}{2g}\right) + \frac{\Delta u^2}{2g} + h_{f1-2}$$

式中，$\Delta z = z_2$，$6\frac{\Delta u^2}{2g} = \frac{u_2^2}{2g}$，$h_{f1-2} = \left(\lambda \frac{l}{d} + \Sigma \zeta\right)_{1-2} \frac{u^2}{2g}$，$\Delta p = 0$，$u = \frac{4}{\pi d^2} \frac{q_V}{3600}$（$q_V$ 单

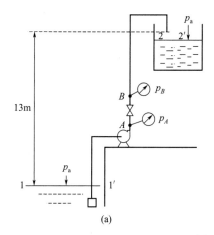
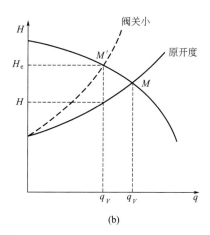

图 2-38 例 2-19 附图

位为 m^3/h）。代入上式得

$$H_e = z_2 + \left(\lambda \frac{l}{d} + \sum\zeta + 1\right)_{1\text{-}2} \frac{8}{\pi^2 d^4 g}\left(\frac{q_V}{3600}\right)^2 \qquad ①$$

将 $z_2=13\text{m}$，$\lambda=0.03$，$l=90\text{m}$，$d=0.106\text{m}$，$\sum\zeta=2\zeta_1+\zeta_2+\zeta_3=2\times0.75+0.17+$ $8=9.67$ 代入式①得

$$H_e = 13 + \left(0.03\times\frac{90}{0.106}+9.67+1\right)\times\frac{8}{\pi^2\times0.106^4\times9.81}\left(\frac{q_V}{3600}\right)^2$$
$$= 13 + 1.827\times10^{-3}q_V^2 \qquad ②$$

而泵的特性曲线方程为

$$H = 25.7 - 7.36\times10^{-4}q_V^2 \qquad ③$$

泵工作时，$H_e=H$。联立求解式②、式③得

$$q_V = 70.4\text{m}^3/\text{h}$$

$$H_e = H = 22.05\text{m}$$

（2）泵转速变化，管路方程不变，$H_e=13+1.827\times10^{-3}q_V^2$

要求流量达到 $60\text{m}^3/\text{h}$，管路需要的扬程为

$H_e=13+1.827\times10^{-3}\times60^2=19.58$，$n=2900\text{r/min}$ 时，泵的方程为 $H=25.7-$ $7.36\times10^{-4}q_V^2$

设新的转速 n' 时，泵的方程：$H_e'=25.7\left(\dfrac{n'}{n}\right)^2-7.36\times10^{-4}q_V^2$

流量为 $60\text{m}^3/\text{h}$，扬程为 19.58m，代入方程得

$$H_e' = 25.7\left(\frac{n'}{n}\right)^2 - 7.36\times10^{-4}\times60^2 = 19.58$$

解得 $n'=2697\text{r/min}$

（3）为使流量由 $q_V=70.4\text{m}^3/\text{h}$ 变为 $60\text{m}^3/\text{h}$，可以关小泵出口阀门。

阀门关小后，泵特性曲线方程式不变，由此式可以求出新的工作点。将 $q_V'=60\text{m}^3/\text{h}$ 代入式③得 $H'=25.7-7.36\times10^{-4}\times60^2=23.05\text{m}$，$q_V'=60\text{m}^3/\text{h}$，$H'=23.05\text{m}$ 就是闸阀关小后新的工作点的横、纵坐标［见图 2-38（b）中点 M'］。q_V'、H' 也满足阀门关小后的管

路特性方程，该方程仍可用式①表示。

将 $q'_V = 60 \text{m}^3/\text{h}$，$H'_e = H' = 23.05\text{m}$，$z_2 = 13\text{m}$，$\lambda = 0.03$，$l = 90\text{m}$，$d = 0.106\text{m}$，$\sum\zeta = 2 \times 0.75 + \zeta'_2 + 8 = 9.5 + \zeta'_2$代入式①：

$$23.05 = 13 + \left(0.03 \times \frac{90}{0.106} + 9.5 + \zeta'_2 + 1\right) \times \frac{8}{\pi^2 \times 0.106^4 \times 9.81} \times \left(\frac{60}{3600}\right)^2$$

解之得

$$\zeta'_2 = 19.25$$

泵的有效功率为

$$P'_e = H'\rho q'_V g = \frac{23.05 \times 1000 \times 60 \times 9.81}{3600} = 3769\text{W} \approx 3.77\text{kW}$$

闸阀前压力表读数 p_A 的变化分析如下。

利用工作点的变化来分析。当阀闸关小时，泵的特性曲线方程不变，管路特性方程（见式①）中截距不变，曲率 B 因闸阀的阻力系数增大而变大，曲线变陡，如图 2-38（b）中的虚线所示，工作点由 M 移至点 M'，故流量↓，扬程↑。

再在水面 1-1′ 与点 A 间列机械能衡算方程：

$$H_e = \left(z_A + \frac{p_A}{\rho g}\right) + \left(\lambda\frac{l}{d} + \sum\zeta + 1\right)_{1\text{-}A}\frac{8q_V^2}{\pi^2 d^4 g} \tag{④}$$

式④中，因为流量↓，扬程↑，其余变量不变，故 p_A 将变大。

闸阀后压力表读数 p_B 的变化分析如下。

在点 B 与截面 2-2′ 间列机械能守恒方程：

$$z_B + \frac{p_B}{\rho g} + \frac{u^2}{2g} = z_2 + \frac{u^2}{2g} + \left(\lambda\frac{l}{d} + \sum\zeta\right)_{B\text{-}2}\frac{u^2}{2g}$$

当闸阀关小时，上式中除 u、p_B 外，其余量均不变，而 u 变小，故 p_B 变小。

第四节　自测练习同步

Ⅰ.自测练习一

一、填空题

1.离心泵特性曲线包括 _____、_____ 和 _____ 三条曲线。它们是在一定 _____ 下，用常温 _____ 为介质，通过实验测得的。

2.离心泵安装在一定管路上，其工作点是指 _____。离心泵通常采用 _____ 调节流量；往复泵采用 _____ 调节流量。

3.若被输送的液体黏度大于常温下清水的黏度时，则离心泵的压头 _____、流量 _____、效率 _____、轴功率 _____。

4.离心泵将低位敞口水池的水送到高位敞口水槽中，若改送密度为 1300kg/m^3，而其他性质与水相同的液体，则泵的流量 _____、压头 _____、轴功率 _____。

5.管路特性曲线的形状由 _____ 和 _____ 来确定，与离心泵的性能 _____。

6.往复泵主要适用于＿＿＿＿＿＿、＿＿＿＿＿＿的场合，输送高黏度液体时效果也较＿＿＿＿＿＿泵要好，但它不宜输送＿＿＿＿＿＿液体及含有固体粒子的＿＿＿＿＿＿。

7.一定转速下，用离心泵向表压为50kPa的密闭高位槽输送20℃清水。泵全开时，管路方程为 $H=\frac{\Delta\mathscr{P}}{\rho g}+Kq_V^2$，设在阻力平方区，现分别改变条件：①开大泵的出口阀，$\frac{\Delta\mathscr{P}}{\rho g}$＿＿＿＿＿＿，$K$＿＿＿＿＿＿；②将密闭高位槽改为常压，$\frac{\Delta\mathscr{P}}{\rho g}$＿＿＿＿＿＿，$K$＿＿＿＿＿＿；③改为密度1200kg/m³的溶液，$\frac{\Delta\mathscr{P}}{\rho g}$＿＿＿＿＿＿，$K$＿＿＿＿＿＿。（增大、减小、不变、不确定）

8.用离心泵将40℃水（$\rho=992.2\text{kg/m}^3$）从水池送到某车间。流量45～60m³/h，吸入管路压头损失为1～1.8m，$(NPSH)_r=3$m。当地大气压9.81×10⁴Pa，40℃水的饱和蒸气压为7.38×10³Pa，则泵的允许安装高度＿＿＿＿＿＿m。

二、选择题

1.某离心泵管路在正常操作范围内，关小泵的出口阀，此时（   ）。
    A.泵的扬程变小；　　　　　　　　B.整个管路的阻力损失增大；
    C.泵的轴功率增大；　　　　　　　D.泵的效率不变。

2.离心泵开动以前必须充满液体是为了防止发生（   ）。
    A.气缚现象；   B.汽蚀现象；   C.汽化现象；   D.冷凝现象。

3.造成离心泵气缚现象的原因是（   ）。
    A.安装高度太高；　　　　　　　　B.泵内流体密度太小；
    C.入口管路阻力太大；　　　　　　D.泵不能抽水。

4.在某输液的管路中，并联一台同型号的离心泵，并联后工作点的输液效果为（   ）。
    A.并联的输液量将是单泵的两倍；
    B.并联输液的扬程是单泵的两倍；
    C.并联的能耗将是单泵的两倍；
    D.无论输液量、扬程或能耗都不会是原泵的两倍。

5.离心泵的调节阀开大时（   ）。
    A.吸入管路的阻力损失变小；　　　B.泵出口的压力减少；
    C.泵入口处真空度减少；　　　　　D.泵工作点的扬程升高。

6.用离心泵将河水输至水塔（液位恒定），管路情况一定，试问当河中水位升高时，管路总阻力损失（   ）。
    A.变大；   B.变小；   C.不变；   D.不确定。

7.用离心通风机将空气输入加热器中，由20℃加热至140℃。该通风机安于加热器前或加热器后，则（   ）。
    A.输送的流量不变；
    B.全风压不变；
    C.全风压不变，流量变；
    D.流量和全风压都变。

8.如图用于输水的离心泵，现改为输送密度为水的0.8倍的溶液，其他物性与水相同，若管路布局与泵的

选择题8附图

前后两个开口容器液面间的垂直距离不变，则（　　）。

　　A. 流量不变；　　　　　　　　　　　　B. 压头增大；

　　C. 泵的轴功率不变；　　　　　　　　　D. 泵出口处的压力表读数不变。

三、计算题

　　1. 图示输水管路，用离心泵将江水输送至常压高位槽。已知吸入管直径 $\phi70\times3$mm，管长 $l_{AB}=15$m（管长均包括局部阻力的当量长度，下同），压出管直径 $\phi60\times3$mm，管长 $l_{CD}=80$m，摩擦系数 λ 均为 0.03，$\Delta z=12$m，离心泵特性曲线为 $H_e=30-6\times10^5 q_V^2$，式中 H_e：m；q_V：m^3/s。试求：

　　（1）管路流量为多少（m^3/h）；

　　（2）旱季江面下降 2m，此时的流量为多少（m^3/h）；

　　（3）江面下降后，B 处的真空表和 C 处的压力表读数各有什么变化（定性分析）？

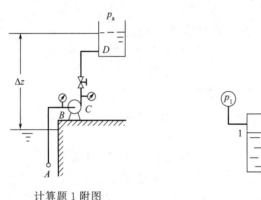

计算题 1 附图

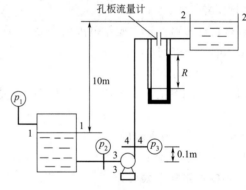

计算题 2 附图

　　2. 如图用离心泵将密闭储槽中 20℃的水通过内径为 100mm 的管道送往敞口高位槽。两储槽液面高度差为 10m，密闭槽液面上有一真空表 p_1 读数为 600mmHg（真），泵进口处真空表 p_2 读数为 294mmHg（真）。出口管路上装有一孔板流量计，其孔口直径 $d_0=70$mm，流量系数 $C_0=0.7$，U 形水银压差计读数 $R=170$mm。已知管路总能量损失为 44J/kg，试求：

　　（1）出口管路中水的流速；

　　（2）泵出口处压力表 p_3（与图对应）的指示值为多少？（已知 p_2 与 p_3 相距 0.1m）

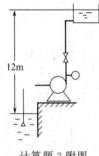

计算题 3 附图

　　3. 用一台离心泵将河水输送至 12m 高的敞口高位槽（如图所示）。输送管路尺寸如下：管内径 40mm，管长 50m（包括所有局部阻力的当量长度），摩擦系数 λ 为 0.03。离心泵在转速 1480r/min 下，泵的方程为 $H_e=50-200 q_V^2$（q_V-m^3/min，H_e-m）。试计算：

　　（1）管路的流量（m^3/h）和泵的有效功率（kW）；

　　（2）泵的转速为 1700r/min 时的输液量（m^3/h）？

Ⅱ. 自测练习二

一、填空题

　　1. 离心泵的工作点是＿＿＿＿＿＿＿＿曲线与＿＿＿＿＿＿＿＿＿＿曲线的交点。列举三种改变工作点的方法_____，_____，_____。

2. 离心泵从江面向敞口高位槽送水，现江面下降，则管路流量_____，泵的扬程_____，管路总阻力_____，泵的轴功率_____，泵的效率_____。（增大、减小、不变、不确定）

3. 造成离心泵汽蚀的原因是_____，增加离心泵最大允许安装高度 $[H_g]$ 的措施有_____和_____。

4. 操作中离心泵将水由水池送往敞口高位槽。现泵的转速降低，管路情况不变，管路流量_____，泵的扬程_____，管路总阻力_____，泵的轴功率_____，泵的效率_____。（增大、减小、不变、不确定）

5. 往复泵在一定工况下，输送水溶液（$\rho = 1200 \text{kg/m}^3$）时，所能提供的最大压头为 60m；若改送 $\rho' = 1860 \text{kg/m}^3$ 的液体时，则泵能提供的最大压头为_____m。

6. 离心泵的转速提高 10%，则其输送流量、压头和轴功率依次提高_____、_____、_____。

7. 用 30℃ 清水（$\rho = 995.7 \text{kg/m}^3$，$p_v = 4.27 \text{kPa}$），在常压测离心泵汽蚀余量。泵入口真空表读数为 66kPa，吸入管流速为 1m/s，则 NPSH 为_____m。

8. 离心泵在流量 18.84 m^3/h 下测得：真空表 p_1 读数 70kPa，压力表 p_2 读数 226kPa，两测压点间垂直距离 0.4m，则泵的压头_____m，有效功率_____W。

9. 简述离心通风机的选择步骤：_____、_____、_____。

10. 在启动离心泵前，必须先关闭出口阀，原因_____；在停止离心泵前，必须先关闭出口阀，原因_____。

二、选择题

1. 离心泵铭牌上标明的流量是指（　　）。
  A. 泵的最大流量；　　　　　　　　　　B. 效率最高时的流量；
  C. 扬程最大时的流量；　　　　　　　　D. 最小扬程时的流量。

2. 离心泵的特性曲线表示在一定（　　）下，输送某种特定的液体时泵的性能。
  A. 流量；　　　　B. 转速；　　　　C. 效率；　　　　D. 功率。

3. 用一往复泵输送某流体，其提供的压头取决于（　　）。
  A. 泵的特性；　　　　B. 管路特性；　　　　C. 管路及泵的特性。

4. 有两种说法：（1）往复泵启动不需要灌水；（2）往复泵的流量随扬程增大而减小，则（　　）。
  A. 两种说法都对；　　　　　　　　　　B. 两种说法都不对；
  C. 说法（1）对，说法（2）不对；　　　D. 说法（2）对，说法（1）不对。

5. 离心泵的扬程是指（　　）。
  A. 实际的升扬高度；　　　　　　　　　B. 泵的吸上高度；
  C. 泵对单位重量液体提供的有效能量；　D. 泵的允许安装高度。

6. 当液体的密度改变时，离心泵的压头 H 和轴功率 P_a（　　）。
  A. H、P_a 均不变；　　　　　　　　B. H 不变，P_a 改变；
  C. H 改变，P_a 不变；　　　　　　　D. H、P_a 均改变。

7. 下列（　　）两设备，均须安装旁路调节流量装置。
  A. 离心泵与往复泵；　　　　　　　　　B. 往复泵与齿轮泵；

C. 离心泵与旋涡泵；　　　　　　　　　D. 离心泵与齿轮泵。

8. 离心泵的轴功率是（　　　）。

　　A. 在流量为零时最大；　　　　　　　B. 在压头最大时最大；

　　C. 在流量为零时最小；　　　　　　　D. 在工作点处最小。

三、计算题

1. 如图所示输水系统。已知：管路总长度（包括所有局部阻力当量长度）为 100m，压出管路总长 80m，管路摩擦系数 $\lambda=0.025$，管子内径为 0.05m，水的密度 $\rho=1000\text{kg/m}^3$，泵的效率为 0.8，输水量为 $10\text{m}^3/\text{h}$，求：

（1）泵轴功率 $P_e=?$

（2）压力表的读数为多少（MPa）？

（3）若改成输送密度 $\rho=1100\text{kg/m}^3$ 的液体，泵需要提供的压头 $H_e=?$

2. 在管路系统中装有离心泵，如图。管路的管径均为 60mm，吸入管直管长度为 6m，压出管直管长度为 13m，两段管路的摩擦系数均为 $\lambda=0.03$，压出管装有阀门，其阻力系数为 $\zeta=6.4$，管路两端水面高度差为 10m，泵进口高于水面 2m，管内流量为 $0.012\text{m}^3/\text{s}$，试求：

（1）泵的扬程（m）？

（2）泵进口处真空表读数为多少（Pa）？

（3）如果是高位槽中的水沿同样管路流回，不计泵内阻力，流量为多少（m^3/s）？

已知，标准弯头的局部阻力系数 $\zeta=0.75$，当地大气压强为 760mmHg，高位槽水面维持不变。

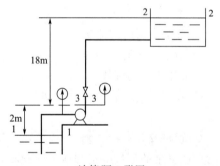

计算题 1 附图

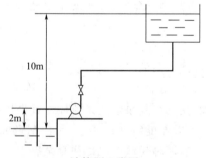

计算题 2 附图

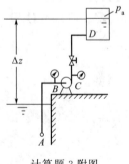

计算题 3 附图

3. 如图，用泵向某敞口容器供水，因冬季和夏季用水量不同，故冬季用单泵供水，夏季用两台相同的泵并联供水。已知 $\Delta z=8\text{m}$，泵的入口管和压出管直径均为 50mm，$\lambda=0.03$，吸入管 $L_1=10\text{m}$，压出管 $L_2=80\text{m}$（均包括局部阻力），泵的特性曲线方程为 $H_e=22-7.2\times10^5 q_V^2$（式中：$H_e$-m；$q_V$-$\text{m}^3/\text{s}$）。试求：

（1）冬季用水量为多少（m^3/h）？

（2）单个离心泵的有效功率为多少（W）？

（3）夏季用水量为多少（m^3/h）？

本章符号说明

符号	意义	单位
d	管径	m
D	叶轮直径	m
H	压头	m
H_e	有效压头	m
H_g	安装高度	m
$H_{g,max}$	最大安装高度	m
H_f	阻力损失	m
K	管路特性常数	
NPSH	汽蚀余量	m
n	转速或活塞往复频率	s^{-1}
P_a	轴功率	W
P_e	有效功率	W
p_v	液体的饱和蒸气压	Pa
p_T	全风压	Pa
p_S	静风压	Pa
p_K	动风压	Pa
T	热力学温度	K
u	平均速度	m/s
q_V	体积流量	m^3/s
η	效率	
μ	黏度	Pa·s
ν	运动黏度	m^2/s

第三章

搅　拌

第一节　知识导图和知识要点

1. 搅拌知识导图

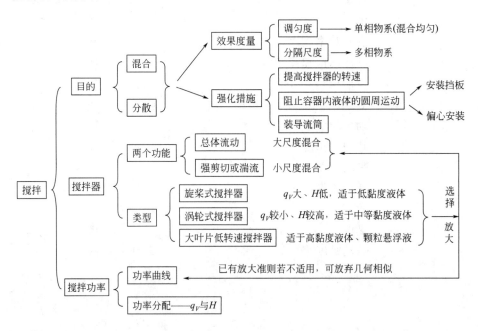

2. 搅拌器的类型

搅拌器按工作原理可分为两大类。一类以旋桨式为代表，其工作原理与轴流泵叶轮相同，具有流量大、压头低的特点，有旋桨式、螺带式、锚式、框式；另一类以涡轮式为代表，其工作原理与离心泵叶轮相似，具有流量较小、压头较高的特点。

3. 混合效果的度量

搅拌操作根据工艺过程的目的不同而采用不同的方法来评价混合效果。若以加强传热或传质为目的，可用传热系数或传质系数的大小来评价；若以促进化学反应为目的，可用反应转化率等指标来评价。若仅仅以物料的混合为目的，对均相物系，常用调匀度来评价；对非均相物系，则用分隔尺度来评价。

4.搅拌器的两个功能

搅拌器应具备以下两个功能，才能达到均匀混合。一个是搅拌使流体在釜内形成总体流动，达到大尺度的混合；另一个是在桨叶边上形成强剪切或高度湍动，使釜内液体达到小尺度的混合。

5.搅拌器类型的选择

旋桨式搅拌器具有流量大、压头低的特点，适于低黏度液体，主要用于大尺度的调匀。涡轮式搅拌器具有流量较小、压头较高的特点，适于中等黏度液体，对要求小尺度均匀的搅拌过程更为适用。大叶片低转速搅拌器则适于高黏度液体、颗粒悬浮液，能防止器壁沉积现象。

6.强化搅拌过程的工程措施

为改善搅拌效果，可采取以下强化措施：

Ⅰ.提高搅拌器的转速，以提高流量和压头；

Ⅱ.阻止容器内液体的圆周运动：釜内安装挡板，以消除打旋，增加阻力；偏心安装搅拌器，可破坏循环回路的对称性；

Ⅲ.装导流筒，消除短路和死区。

7.搅拌功率及功率曲线

搅拌器的搅拌功率为 $P = \rho g q_V H$。在同样的功率消耗条件下，通过调节流量 q_V 和压头 H 的相对大小，功率可作不同的分配。由 $\dfrac{d}{n} = \dfrac{q_V}{H}$ 可知，搅拌器直径越大，流量越大；转速越高，压头越高；在选择搅拌器类型时，必须根据混合要求，正确选择搅拌器的类型、直径和转速。功率曲线是搅拌装置尺寸在几何相似的前提下，通过实验测得功率数 $K \left(= \dfrac{P}{\rho n^3 d^5} \right)$ 与搅拌雷诺数 $Re_M \left(= \dfrac{\rho n d^2}{\mu} \right)$ 的关系。

8.搅拌器的放大准则

对搅拌器进行放大时，在保证混合效果保持不变的条件下，有以下放大准则可供选择：

(1) 保持搅拌雷诺数 Re_M 不变，即 $n_1 d_1^2 = n_2 d_2^2$；

(2) 保持单位体积能耗 P/V_0 不变，即 $n_1^3 d_1^2 = n_2^3 d_2^2$；

(3) 保持叶片端部切向速度 $\pi n d$ 不变，即 $n_1 d_1 = n_2 d_2$；

(4) 经验式 $n_1 d_1^b = n_2 d_2^b$，式中 b 在 $0.67 \sim 2$ 之间。

第二节　　工程知识与问题分析

Ⅰ.基础知识解析

1.搅拌的目的是什么？

答：搅拌的目的大致可分为：①对于均相液体，加快液体的互溶；②对于非均相液体，使液滴或气泡或固体颗粒均匀分散在液体；③对于传热、传质及化学反应过程，强化液体之间的传热、传质及化学反应。

2.为什么要提出混合尺度的概念？

答：因调匀度与取样尺度有关，适用均相物系；而对非均相物系，引入混合尺度来评价更为全面。

3.简述搅拌釜中加挡板或导流筒的主要作用分别是什么？

答：搅拌釜中加挡板的主要作用是阻止容器内液体的圆周运动、破坏对称性；导流筒的主要作用是消除短路、消除死区。

4.选择搅拌器放大准则时的基本要求是什么？

答：对搅拌器进行放大时，选择搅拌器放大准则的基本要求是保证混合效果与小试相符。

5.旋桨式、涡轮式、大叶片低转速搅拌器，各有什么特长和缺陷？

答：旋桨式搅拌器具有流量大、压头低的特点，适用于大尺度的调匀，而不适用于颗粒悬浮液。涡轮式搅拌器具有流量较小、压头较高的特点，适用于小尺度调匀，而不适用于颗粒悬浮液。大叶片低转速搅拌器则适用于高黏度液体或颗粒悬浮液，而不适用于低黏度液体。

6.要提高液流的湍动程度，可采取哪些措施？

答：提高液流湍动程度的措施有：Ⅰ.提高搅拌器的转速；Ⅱ.阻止容器内液体的圆周运动，加挡板，偏心安装搅拌器，破坏循环回路的对称性；Ⅲ.装导流筒，消除短路和死区。

Ⅱ.工程知识应用

1.现用直径为0.16m的搅拌器，对密度为980kg/m³、黏度为0.05Pa·s的液体搅拌，若搅拌器转速为10r/s，则搅拌雷诺数是____。

分析：$Re_M = du\rho/\mu = dnd\rho/\mu = \rho nd^2/\mu = 980 \times 10 \times 0.16^2/0.05 = 5017.6$

2.大小不一的搅拌器能否使用同一条功率曲线？为什么？

分析：如果搅拌器的尺寸比例符合几何相似，大小不一的搅拌器可使用同一条功率曲线。否则，不可使用同一条功率曲线。因为在分析搅拌功率的影响因素时，无量纲化之后，使用了几何相似这一条件，才有搅拌功率数K只与搅拌雷诺数Re_M有关。

Ⅲ.工程问题分析

3.某合成反应在实验室的反应釜中进行，反应釜直径225mm，用直径为75.2mm的标准构型搅拌器进行搅拌，搅拌器转速为599r/min，转化率达到70.1%；在中试1时采用几何相似原则进行放大，反应釜直径450mm，用直径为149.5mm的搅拌器进行搅拌，搅拌器转速为300r/min，转化率达到70.0%；在中试2，反应釜直径600mm，用直径为200.3mm的搅拌器进行搅拌，搅拌器转速为226r/min，转化率达到70.1%；若在直径为1800mm大型反应釜中，欲使转化率达到70%，搅拌器直径为____mm，采用哪一放大准则，搅拌器转速为____ r/min。

分析：三个实验的反应转化率都达到 70% 左右，按几何相似原则进行放大，大型反应釜中搅拌器直径为 d ，则 $225/75.2 = 1800/d$ ，$d = 601.6$mm。

根据三种放大准则进行计算，结果见表 3-1。

表 3-1　分析题 3 附表

项目	反应釜直径 D/mm	搅拌器直径 d/mm	转速 n/(r/min)	搅拌雷诺数不变/nd^2	单位体积能耗不变/n^3d^2	叶片端部切向速度不变/nd
实验室	225	75.2	599	3.39×10^6	1.22×10^{12}	4.50×10^4
中试 1	450	149.7	300	6.72×10^6	6.05×10^{11}	4.49×10^4
中试 2	600	200.3	226	9.07×10^6	4.63×10^{11}	4.53×10^4

由表 3-1 数据可以看出：应采用叶片端部切向速度不变为放大准则。

则 $601.6n = 4.50 \times 10^4$ ，得 $n = 75$r/min。

需要注意的是，当已知几个放大准则都不适用时，可根据实际情况另定放大准则，甚至放弃几何相似的原则。

本章符号说明

符号	意义	单位
d	搅拌器直径	m
H	压头	J/N
K	功率数	
n	搅拌器转速	r/s
P	搅拌器的功率	W
q_V	流量	m^3/s
Re_M	搅拌雷诺数	
ρ	密度	kg/m^3
μ	黏度	$N \cdot s/m$

第四章

流体通过颗粒层的流动

第一节 知识导图和知识要点

1. 颗粒床层知识导图

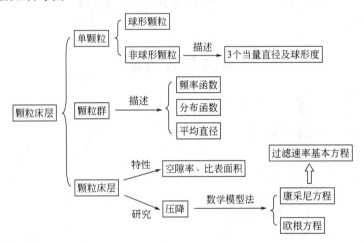

2. 球形颗粒的特性

球形颗粒的各种特性只需要一个参数——直径 d_p 即可全面描述：

体积 $V = (\pi/6)d_p^3$。

表面积 $S = \pi d_p^2$。

比表面积 $a = S/V = 6/d_p$，即单位体积固体颗粒所具有的表面积。

3. 非球形颗粒的特性

非球形颗粒可用各种当量直径和球形度描述颗粒特性：

体积当量直径 d_{eV} $V = (\pi/6) d_{eV}^3$。球形颗粒的体积与实际非球形颗粒的体积相等时，该球形颗粒的直径为非球形颗粒的体积当量直径。

面积当量直径 d_{eS} $S = \pi d_{eS}^2$。球形颗粒的面积与实际非球形颗粒的面积相等时，该球形颗粒的直径为非球形颗粒的面积当量直径。

比表面当量直径 d_{ea} $a = S/V = 6/d_{ea}$。球形颗粒的比表面积与实际非球形颗粒的比表面积相等时，该球形颗粒的直径为非球形颗粒的比表面积当量直径。

$$\psi = \frac{d_{eV}^2}{d_{eS}^2} = \frac{与非球形颗粒体积相等的球形颗粒表面积}{非球形颗粒的表面积}$$

球形度（形状系数）：球形度反映非球形颗粒接近球形的程度，球形度越接近于 1，颗粒越接近球形。

值得注意的是非球形颗粒的特性参数中，只有两个量是独立的。另外，所有当量直径只是在某一方面等效，比如体积当量直径只在计算体积时等效，用它来计算面积就不等效了。

4. 颗粒群的平均直径

颗粒群中各个单个颗粒的尺寸不可能完全一样，因而有一定的粒径分布。为简便起见，希望用颗粒群的平均值来代替，即颗粒群的平均直径。

5. 固定床的特性

固定床的空隙率：单位床层体积所具有的空隙体积。

$$\varepsilon = \frac{V_{空}}{V_{床}} = \frac{V_{床} - V_p}{V_{床}}$$

固定床的比表面积：单位床层体积所具有的颗粒表面积。

$$a_B = \frac{S}{V_{床}} = \frac{S(1-\varepsilon)}{V_p} = a(1-\varepsilon)$$

6. 数学模型法

主要步骤：

（1）原型 $\xrightarrow[\text{合理简化}]{\text{抓住特征}}$ 简化的物理模型；

（2）物理模型 $\xrightarrow[\text{解析解}]{\text{数学描述}}$ 建立数学模型；

（3）实验——检验模型，测定模型参数。

数学模型法立足于对所研究过程的深刻理解后进行合理简化，决定成败的关键在于对复杂过程的简化是否合理，即得到一个足够简单又不失真的物理模型，使物理模型与真实过程在某一侧面是等效的。

7. 固定床的压降

康采尼方程：$\dfrac{\Delta \mathscr{P}}{L} = 5 \dfrac{a^2(1-\varepsilon)^2}{\varepsilon^3} \mu u$

床层雷诺数：$Re' = \dfrac{d_e u_1 \rho}{4\mu} = \dfrac{\rho u}{a(1-\varepsilon)\mu}$

适用范围：$Re' < 2$

欧根方程：$\dfrac{\Delta \mathscr{P}}{L} = 150 \dfrac{(1-\varepsilon)^2}{\varepsilon^3 (\psi d_{eV})^2} \mu u + 1.75 \dfrac{(1-\varepsilon)}{\varepsilon^3 \psi d_{eV}} \rho u^2$

黏性项　　　　　　　惯性项

$Re' < 3$ 时，可忽略惯性项；

$Re' > 100$ 时，可忽略黏性项。

压降影响因素：操作变量 u、流体物性 μ 和 ρ 以及床层特性 ε 和 a，所有影响因素中，

空隙率 ε 是影响最大的。

8. 过滤过程知识导图

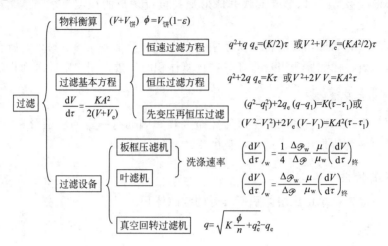

9. 物料衡算

$$\begin{array}{c}悬浮液\\V_{悬}m^3\end{array}\left\{\begin{array}{l}固体\\\phi V_{悬}m^3\\[2mm]清液\\(1-\phi)V_{悬}m^3\end{array}\right\}\begin{array}{l}滤饼\\LAm^3\\[6mm]滤液\\Vm^3\end{array}\left\{\begin{array}{l}固体\\(1-\varepsilon)LAm^3\\[4mm]液体\\\varepsilon LAm^3\end{array}\right.$$

$(V+V_{饼})\phi = V_{饼}\ (1-\varepsilon)$

取 1kg 悬浮液为基准 $\quad \phi = \dfrac{w/\rho_p}{w/\rho_p + (1-w)/\rho}$

取 $1m^3$ 悬浮液为基准 $\quad w = \dfrac{\phi\rho_p}{\phi\rho_p + (1-\phi)\rho}$

取 1kg 滤饼为基准 $\quad \varepsilon = \dfrac{a/\rho}{a/\rho + (1-a)/\rho_p}$

取 $1m^3$ 滤饼为基准 $\quad a = \dfrac{\varepsilon\rho}{\varepsilon\rho + (1-\varepsilon)\rho_p}$

10. 过滤速率基本方程

$$\dfrac{dq}{d\tau} = \dfrac{K}{2\,(q+q_e)} \quad 或 \quad \dfrac{dV}{d\tau} = \dfrac{KA^2}{2(V+V_e)}$$

q_e 为过滤介质当量滤液量，即过滤介质阻力相当于过滤了 q_e 的滤液量而产生的滤饼阻力。与过滤介质性质、悬浮液性质有关。过滤介质阻力不计时，$q_e = 0$。

$$K = \dfrac{2\Delta\mathscr{P}}{r\phi\mu} = \dfrac{2\Delta\mathscr{P}^{1-s}}{r_0\phi\mu}$$

过滤常数 K 与压差、悬浮液浓度、滤液黏度及滤饼比阻有关。

滤饼比阻：不可压缩滤饼，$s=0$，$r=r_0=$常数，$K \propto \Delta\mathscr{P}$；

可压缩滤饼，$r = r_0\Delta\mathscr{P}^s$，$K \propto \Delta\mathscr{P}^{1-s}$，$s = 0.2 \sim 0.8$。

11. 恒速过滤方程

$q^2 + qq_e = (K/2)\tau$ 或 $V^2 + VV_e = (KA^2/2)\tau$

12. 恒压过滤方程

$q^2 + 2qq_e = K\tau$ 或 $V^2 + 2VV_e = KA^2\tau$

13. 先变压再恒压方程

$(q^2 - q_1^2) + 2q_e(q - q_1) = K(\tau - \tau_1)$

$(V^2 - V_1^2) + 2V_e(V - V_1) = KA^2(\tau - \tau_1)$

恒压操作时间为 $\tau - \tau_1$，恒压时得到滤液量为 $(q - q_1)$ 或者 $(V - V_1)$。

14. 板框压滤机 （图 4-1）

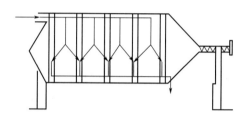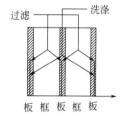

图 4-1　板框压滤机

板框每边长 a，厚 b，n 个框；

充满框时，滤饼体积＝框的容积＝na^2b；

过滤面积 $A = 2na^2$；

洗涤面积 $A_w = na^2$。

15. 叶滤机的洗涤

洗涤时滤饼厚度不再增加，洗涤速率恒定。洗涤面积与过滤面积相同、滤饼厚度不变，则洗涤速率与过滤终了时速率相同：

$$\left(\frac{dq}{d\tau}\right)_w = \frac{\Delta\mathscr{P}_w}{r\mu_w\phi(q+q_e)} = \frac{\Delta\mathscr{P}_w}{\Delta\mathscr{P}}\frac{\mu}{\mu_w}\frac{\Delta\mathscr{P}}{r\mu\phi(q+q_e)} = \frac{\Delta\mathscr{P}_w}{\Delta\mathscr{P}}\frac{\mu}{\mu_w}\left(\frac{dq}{d\tau}\right)_{\text{终}}$$

$$\text{或}\left(\frac{dV}{d\tau}\right)_w = \frac{\Delta\mathscr{P}_w}{\Delta\mathscr{P}}\frac{\mu}{\mu_w}\left(\frac{dV}{d\tau}\right)_{\text{终}}$$

洗涤时间　　$\tau_w = \dfrac{V_w}{\left(\dfrac{dV}{d\tau}\right)_w} = \dfrac{\Delta\mathscr{P}}{\Delta\mathscr{P}_w}\dfrac{\mu_w}{\mu}\dfrac{2(V+V_e)}{V^2+2VV_e}V_w\tau = \dfrac{\Delta\mathscr{P}}{\Delta\mathscr{P}_w}\dfrac{\mu_w}{\mu}\dfrac{2(V+V_e)}{KA^2}V_w$

当 $V_e = 0$ 时　$\tau_w = \dfrac{\Delta\mathscr{P}}{\Delta\mathscr{P}_w}\dfrac{\mu_w}{\mu}\dfrac{2V_w}{V}\tau$

16. 板框压滤机的洗涤

洗涤面积是过滤面积的一半、洗涤液流过滤饼的厚度加倍，洗涤速率为：

$$\left(\frac{dV}{d\tau}\right)_w = \frac{1}{4}\frac{\Delta\mathscr{P}_w}{\Delta\mathscr{P}}\frac{\mu}{\mu_w}\left(\frac{dV}{d\tau}\right)_{\text{终}}$$

$$\tau_w = \frac{V_w}{\left(\dfrac{dV}{d\tau}\right)_w} = \frac{\Delta \mathscr{P}}{\Delta \mathscr{P}_w}\frac{\mu_w}{\mu}\frac{8(V+V_e)}{V^2+2VV_e}V_w\tau = \frac{\Delta \mathscr{P}}{\Delta \mathscr{P}_w}\frac{\mu_w}{\mu}\frac{8(V+V_e)}{KA^2}V_w$$

洗涤时间

当 $V_e = 0$ 时 $\tau_w = \dfrac{\Delta \mathscr{P}}{\Delta \mathscr{P}_w}\dfrac{\mu_w}{\mu}\dfrac{8V_w}{V}\tau$

17. 真空回转过滤机

过滤、洗涤、吹松、卸渣连续完成，为连续操作，转鼓的转速为 $n(s^{-1})$，操作周期为 $\dfrac{1}{n} = \sum \tau$，每转一周过滤时间 $\tau = \dfrac{\phi}{n}$，滤液量 $q = \sqrt{K\dfrac{\phi}{n}+q_e^2}-q_e$。

18. 生产能力

是指单位时间获得的滤液量 $Q = \dfrac{V}{\sum \tau}$，其中 $\sum \tau = \tau + \tau_w + \tau_D$，是过滤、洗涤和辅助时间的总和。

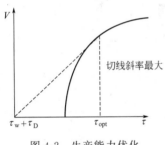

图4-2　生产能力优化

对于连续操作（如真空回转过滤机）

$$Q = \frac{V}{\sum \tau} = nqA = nA\left(\sqrt{K\frac{\phi}{n}+q_e^2}-q_e\right)$$
$$= \sqrt{KA^2\phi n + n^2 V_e^2}-nV_e$$

对于间歇操作（如叶滤机、板框压滤机）

$$Q = \frac{V}{\tau+\tau_w+\tau_D}$$

间歇过滤机恒压操作有生产能力最大化即优化问题。

第二节　工程知识与问题分析

Ⅰ.基础知识解析

1.在考虑流体流过固定床的压降中，颗粒群的平均直径以何为基准？为什么？

答：颗粒群的平均直径以比表面积相等为基准；因为颗粒层内流体为爬流流动，流动阻力主要与颗粒表面积的大小有关。

2.过滤速率与哪些因素有关?

答：过滤速率与操作压差、悬浮液浓度、滤液黏度、滤饼比阻 r、过滤介质均有关。

3.过滤常数有哪两个？各与哪些因素有关？

答：K、q_e 为过滤常数；K 与操作压差、悬浮液浓度、滤液黏度、滤饼比阻有关，q_e 与过滤介质阻力、悬浮液性质有关。

4.数学模型法的主要步骤有哪些？

答：数学模型法的主要步骤有：①简化为物理模型；②建立数学模型；③模型检验，实验确定模型参数。

5.最优过滤时间 τ_{opt} 对什么而言?

答：τ_{opt} 对于恒压过滤机间歇操作的生产能力（$Q=V/\sum\tau$）最大而言。如图 4-2 所示，在 V-τ 图中切线处可获得最大斜率，对应时间即 τ_{opt}。

6.真空回转过滤机的生产能力计算时，过滤面积为什么用 A 而不用 $A\phi$？其滤饼厚度是否与生产能力成正比？

答：真空回转过滤机采用拉格朗日法进行考察，认为过滤面积为 A，而 ϕ 体现在过滤时间里；滤饼厚度与生产能力不成正比，当转速越快，生产能力越大，而滤饼越薄。

7.强化过滤速率的措施有哪些？

答：强化过滤速率的措施有：①改变滤饼结构；②改变颗粒聚集状态；③动态过滤。

8.叶滤机中如滤饼不可压缩，当过滤压差增加一倍，黏度变为原来的一半，过滤速率是原来的多少倍？

答：4 倍。

9.简述叶滤机和板框压滤机的结构及特点。

答：叶滤机的主要构件是矩形或圆形滤叶，滤叶是由金属丝网组成的框架其上覆以滤布所构成，多块平行排列的滤叶组装成一体并插入盛有悬浮液的滤槽中。其操作密封，过滤面积较大（一般为 $20\sim100\text{m}^2$），劳动条件较好。过滤面积与洗涤面积相同。在需要洗涤时，洗涤液与滤液通过的途径相同，洗涤比较均匀。滤布不用装卸，一旦破损，更换较困难。密闭加压的叶滤机，结构比较复杂，造价较高。

板框压滤机由多块带棱槽面的滤板和滤框交替排列组装于机架所构成。滤板和滤框的个数在机座长度范围内可自行调节，一般为 $10\sim60$ 块不等，过滤面积约为 $2\sim80\text{m}^2$。优点是结构紧凑，过滤面积大，主要用于过滤含固量多的悬浮液，缺点是装卸、清洗大部分藉手工操作，劳动强度较大。洗涤面积为过滤面积的一半。

Ⅱ．工程知识应用

1.恒压过滤悬浮液，操作压差 46kPa 下测得过滤常数 K 为 $4\times10^{-5}\text{m}^2/\text{s}$，当压差为 100kPa 时，过滤常数 K 为（　　）m^2/s（滤饼不可压缩）。

  A.0.8×10^{-5}；   B.1.8×10^{-5}；

  C.8.7×10^{-5}；   D.1.9×10^{-5}。

分析：$K=\dfrac{2\Delta\mathscr{P}}{r\phi\mu}$，$4\times10^{-5}=\dfrac{2\times46}{r\phi\mu}$，所以 $r\phi\mu=2.3\times10^6$

当压差为 100kPa 时，$K=\dfrac{2\times100}{2.3\times10^6}=8.7\times10^{-5}$，所以选 C。

2.滤液量 q 与时间 τ 的关系 在图 4-3 中表示出恒速过滤和恒压过滤过程中滤液量与时间的关系。

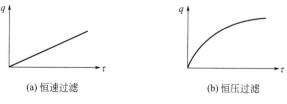

(a) 恒速过滤   (b) 恒压过滤

图 4-3 分析题 2 附图

分析：恒速过滤 $q=u\tau$，其中 u 不随时间改变，为常数，则 q-τ 是斜率为 u 的直线，且经过原点。

恒压过滤 $q=\sqrt{K\tau+q_e^2}-q_e$，K 为常数，随着 τ 增加，q 增大；又因 τ 幂指数小于 1，所以曲线向下弯。

3. 过滤常数 K 与时间的关系　在图 4-4 中表示出恒速过滤和恒压过滤过程中过滤常数与时间的关系。

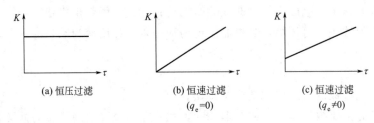

(a) 恒压过滤　　　　(b) 恒速过滤　　　　(c) 恒速过滤
　　　　　　　　　　　($q_e=0$)　　　　　($q_e\neq0$)

图 4-4　分析题 3 附图

分析：恒压过滤，压力为常数，K 不随时间改变，为常数；

恒速过滤 $K=\dfrac{2q^2+2qq_e}{\tau}=2\dfrac{u^2\tau^2+q_e u\tau}{\tau}=2u^2\tau+2q_e u=C_1\tau+C_2$

C_1、C_2 不随时间改变，为常数，则 K 与时间呈线性关系，斜率为常数 $C_1(=2u^2)$，截距为常数 C_2（$=2q_e u$）；

当 $q_e=0$ 时，$K=2u^2\tau=C_1\tau$，则 K 与时间呈线性关系，斜率为常数 $C_1(=2u^2)$，截距为 0。

4. 操作压差 $\Delta\mathscr{P}$ 与时间的关系　在图 4-5 中表示出恒速过滤和恒压过滤过程中操作压差与时间的关系。

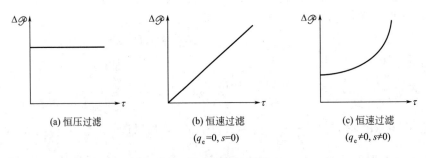

(a) 恒压过滤　　　　(b) 恒速过滤　　　　(c) 恒速过滤
　　　　　　　　　($q_e=0, s=0$)　　　　($q_e\neq0, s\neq0$)

图 4-5　分析题 4 附图

分析：恒压过滤，操作压差恒定，不随时间改变；

恒速过滤，由 $K=\dfrac{2\Delta\mathscr{P}^{1-s}}{r_0\phi\mu}$

得 $\Delta\mathscr{P}=(Kr_0\phi\mu/2)^{\frac{1}{1-s}}=\left[(u^2\tau+uq_e)r_0\phi\mu\right]^{\frac{1}{1-s}}=C_1(C_2\tau+C_3)^{\frac{1}{1-s}}$

当 $q_e=0$，$s=0$ 时，$\Delta\mathscr{P}=C\tau$，$\Delta\mathscr{P}$ 与 τ 呈线性关系，斜率为常数 $C(=u^2r_0\phi\mu)$，截距为 0；

当 $q_e\neq0$，$s\neq0$ 时，$\Delta\mathscr{P}$ 随着 τ 增加而增大，截距为 $[uq_e r_0\phi\mu]^{\frac{1}{1-s}}$，又因 $0<s<1$，所以

$\dfrac{1}{1-s}>1$，曲线向上弯。

Ⅲ. 工程问题分析

5. 用叶滤机过滤某种悬浮液，测得操作压差 0.2MPa 时过滤方程为 $q^2+0.6q=0.003\tau$（τ 的单位为 s）。若滤饼不可压缩，则操作压差为 0.6MPa 时，过滤方程为 _____。

分析： 由恒压过滤方程得 $K=0.003$；$q_e=0.3$。

操作压差变为原来 3 倍，$K'/K=\Delta\mathscr{P}'/\Delta\mathscr{P}=3$，$K'=3\times0.003=0.009$

则过滤方程为 $q^2+0.6q=0.009\tau$。

6. 板框恒压过滤，已知过滤终了时过滤速率为 $0.04\text{m}^3/\text{s}$，洗涤液的黏度与滤液相同，在同样压力下对滤饼进行洗涤，则洗涤速率为（　　　）m^3/s。

  A. 0.08；   B. 0.02；   C. 0.01；   D. 0.04。

分析： $\left(\dfrac{\text{d}V}{\text{d}\tau}\right)_w=\dfrac{1}{4}\left(\dfrac{\text{d}V}{\text{d}\tau}\right)=\dfrac{0.04}{4}=0.01\text{m}^3/\text{s}$，所以选 C。

7. 某板框压滤机，进行恒压过滤 1h 得 11m^3 滤液后即停止过滤，然后用 3m^3 清水（其黏度与滤液相同）在同样压力下对滤饼进行洗涤，求洗涤时间。滤布阻力可以忽略。

分析： 因为 $V^2=KA^2\tau$，$11^2=KA^2\times1$，$KA^2=121\text{m}^6/\text{h}$

过滤速率 $(\text{d}V/\text{d}\tau)=KA^2/(2V)=121/(2\times11)=5.5\text{m}^3/\text{h}$

洗涤速率 $(\text{d}V/\text{d}\tau)_w=1/4(\text{d}V/\text{d}\tau)=5.5/4=1.375\text{m}^3/\text{h}$

洗涤时间 $\tau_w=V_w/(\text{d}V/\text{d}\tau)_w=3/1.375=2.18\text{h}$

8. 某叶滤机，进行恒压过滤 1h 得 11m^3 滤液后即停止过滤，然后用 3m^3 清水（其黏度与滤液相同）在同样压力下对滤饼进行洗涤，求洗涤时间。滤布阻力可以忽略。

分析： 因为 $V^2=KA^2\tau$，$11^2=KA^2\times1$，$KA^2=121\text{m}^6/\text{h}$

过滤速率 $(\text{d}V/\text{d}\tau)=KA^2/(2V)=121/(2\times11)=5.5\text{m}^3/\text{h}$

洗涤速率 $(\text{d}V/\text{d}\tau)_w=\text{d}V/\text{d}\tau=5.5\text{m}^3/\text{h}$

洗涤时间 $\tau_w=V_w/(\text{d}V/\text{d}\tau)_w=3/5.5=0.545\text{h}$

9. 某叶滤机恒压过滤操作，过滤介质阻力可忽略，过滤终了 $V=0.5\text{m}^3$，$\tau=1\text{h}$，滤液黏度是水的四倍。现用水洗涤，洗涤液量 $V_w=0.05\text{m}^3$，则 $\tau_w=$ _____。

分析： $\tau_w=\dfrac{\mu_w}{\mu}\dfrac{2V_w}{V}\tau=\dfrac{1}{4}\times\dfrac{2\times0.05}{0.5}\times60=3\text{min}$

10. 真空回转过滤机转速 n 越大，则每转一周所得滤液量 _____，滤饼厚度 $\delta_{\text{饼}}$ _____，该过滤机的生产能力 Q _____。（增大，减小，不变，不确定）

分析： 真空回转过滤机采用拉格朗日法进行考察，认为每转一周的过滤面积为 A，而过滤时间为 ϕ/n；若 n 增加，由 $q=\sqrt{K\dfrac{\phi}{n}+q_e^2}-q_e$ 可知，每转一周所得滤液量 q 减少；根据物料衡算，对应的滤饼体积减小，滤饼厚度降低；而生产能力 $Q=\sqrt{KA^2\phi n+n^2V_e^2}-nV_e$ 随转速增大而增加。因此，真空回转过滤机转速提高后，虽然每转一周的滤液量减少了，但由于单位时间转的圈数增加，得到的总滤液量即生产能力还是增加的。

第三节　工程问题与解决方案

Ⅰ．一般工程问题计算

【例 4-1】　恒速过滤计算　某过滤机恒速操作，10min 得到滤液量 4L，试求：

(1) 第 2 个和第 3 个 10min，分别得到多少滤液量？

(2) 过滤了 30min 后，用 $0.2V_总$ 的洗涤液量洗涤，速率不变，则洗涤时间为多少？

(3) 每次过滤洗涤后，所需装卸时间 τ_D 为 20min，生产能力为多少？

解：(1) 由于恒速操作，过滤速度恒定，$V \propto \tau$，10min 得到滤液量 4L

第 2 个和第 3 个 10min 也分别得到滤液量 4L。

(2) 过滤了 30min 后，共得滤液量 12L，$V_w = 0.2V$

$$\frac{V}{\tau} = \frac{V_w}{\tau_w} = \frac{0.2V}{\tau_w}，\text{ 所以 } \tau_w = 0.2\tau = 0.2 \times 30 = 6\text{min}$$

(3) $Q = \dfrac{V}{\tau + \tau_w + \tau_D} = \dfrac{12}{30 + 6 + 20} = 0.21\text{L/min}$

【例 4-2】　恒压过滤计算　某叶滤机恒压操作，前 10min 获得滤液 4L，第 2 个 10min 获得滤液 2 L，试求：

(1) 第 3 个 10min 获得滤液为多少（L）？

(2) 共过滤了 30min 后，用 $0.2V_总$ 的洗涤液量洗涤，洗涤液的黏度与滤液相同，在同样压力下对滤饼进行洗涤，则洗涤时间为多少？

(3) 每次过滤洗涤后，所需装卸时间 τ_D 为 20min，生产能力为多少？

解：(1) 由恒压方程　$V^2 + 2VV_e = KA^2\tau$

$$4^2 + 2 \times 4V_e = KA^2 \times 10$$

$$6^2 + 2 \times 6V_e = KA^2 \times 20$$

得 $KA^2 = 2.4\text{L}^2/\text{min}$ 和 $V_e = 1\text{L}$

$$V = (KA^2\tau + V_e^2)^{0.5} - V_e = (2.4 \times 30 + 1)^{0.5} - 1 = 7.54\text{L}$$

则 $7.54 - 4 - 2 = 1.54\text{L}$

(2) 洗涤过程定态，恒压即恒速，饼厚就是过滤终了时叶滤机的饼厚。当

$\Delta \mathscr{P}_{洗液} = \Delta \mathscr{P}_{滤液}$，$\mu_{洗液} = \mu_{滤液}$ 时

$$\left(\frac{dV}{d\tau}\right)_w = \left(\frac{dV}{d\tau}\right)_终 = \frac{KA^2}{2(V_终 + V_e)} = \frac{2.4}{2 \times (7.54 + 1)} = 0.141\text{L/min}$$

$$\tau_w = \frac{V_w}{\left(\dfrac{dV}{d\tau}\right)_w} = \frac{0.2 \times 7.54}{0.141} = 10.7\text{min}$$

(3) $Q = \dfrac{V}{\tau + \tau_w + \tau_D} = \dfrac{7.54}{30 + 10.7 + 20} = 0.124\text{L/min}$

讨论：同样过滤时间，恒速操作，滤液量与过滤时间成正比；恒压操作，滤液增量逐渐减少。

【例 4-3】　板框压滤机操作型计算——滤饼体积　一板框压滤机在恒压下进行过滤，水

悬浮液含固量 0.1kg 固体/kg 悬浮液，滤饼空隙率 $\varepsilon=0.4$，$\rho_p=5000kg/m^3$，$q_e=0$，若过滤 10min，测得滤液 $1.2m^3$。试问：过滤 1h 后的滤饼体积？

解： 恒压过滤 $V^2=KA^2\tau$

$$KA^2=\frac{V^2}{\tau}=\frac{1.2^2}{10}=0.144m^6/min$$

$$V'=\sqrt{KA^2\tau'}=\sqrt{0.144\times60}=2.94m^3$$

$$\phi=\frac{w/\rho_p}{w/\rho_p+(1-w)/\rho}=\frac{0.1/5000}{0.1/5000+(1-0.1)/1000}=0.0217$$

$$(V_饼+V)\phi=V_饼(1-\varepsilon)$$

$$V_饼=\frac{V\phi}{1-\varepsilon-\phi}=\frac{2.94\times0.0217}{1-0.4-0.0217}=0.11m^3$$

【例 4-4】 板框压滤机操作型计算——滤液量 某板框压滤机共有 25 只滤框，框的尺寸为 $0.65m\times0.65m\times0.025m$，用以过滤某种水悬浮液。每立方米悬浮液中带有固体 $0.022m^3$，滤饼中含水 50%（质量分数）。试求滤框被滤饼完全充满时，过滤所得的滤液量（m^3）。

已知固体颗粒的密度 $\rho_p=1500kg/m^3$，$\rho_水=1000kg/m^3$。

解： $V_饼=25\times0.65\times0.65\times0.025=0.264m^3$

$$\varepsilon=\frac{50/\rho}{50/\rho_p+50/\rho}=\frac{50/1000}{50/1500+50/1000}=0.6$$

$$(V_饼+V)\phi=V_饼(1-\varepsilon)$$

所以 $$V=\frac{(1-\phi-\varepsilon)V_饼}{\phi}=\frac{(1-0.022-0.6)\times0.264}{0.022}=4.536m^3$$

讨论： 由例 4-3 和例 4-4 可看出，若已知悬浮液及滤饼的性质，可根据物料衡算由滤液体积计算滤饼体积或由滤饼体积计算滤液的体积。

【例 4-5】 板框压滤机的过滤时间与洗涤时间 某板框压滤机有 20 个滤框，框的尺寸为 $400mm\times400mm\times25mm$。料浆为 13.9%（质量分数）的 $CaCO_3$ 悬浮液，滤饼含水 50%（质量分数），纯 $CaCO_3$ 固体的密度为 $2710kg/m^3$。操作压差为 0.3MPa 时过滤常数 $K=1.63\times10^{-5}\ m^2/s$，$q_e=0.00476\ m^3/m^2$。该板框压滤机每次在 0.3MPa 压差下过滤至滤饼充满滤框，再在 0.6MPa 压差下用清水洗涤滤饼，洗涤水用量为滤液量的 1/10。求：

（1）每周期的过滤时间；

（2）洗涤时间。

解： （1）$A=20\times2\times0.4^2=6.4m^2$

$$V_e=q_eA=0.00476\times6.4=0.0305m^3$$

恒压过滤：$V^2+2VV_e=KA^2\tau$

根据物料衡算：

$$V_饼=0.4^2\times0.025\times20=0.08m^3$$

$$\varepsilon=\frac{50/\rho}{50/\rho_p+50/\rho}=\frac{50/1000}{50/2710+50/1000}=0.7305$$

$$\phi=\frac{13.9/\rho_p}{13.9/\rho_p+(100-13.9)/\rho}=\frac{13.9/2710}{13.9/2710+(100-13.9)/1000}=0.05622$$

$(V+V_{饼})\phi=V_{饼}(1-\varepsilon)$

所以 $V=\dfrac{(1-\phi-\varepsilon)V_{饼}}{\phi}=\dfrac{(1-0.7305-0.05622)\times0.08}{0.05622}=0.3035m^3$

代入恒压过滤方程：

$0.3035^2+2\times0.3035\times0.0305=1.63\times10^{-5}\times6.4^2\tau$

所以 $\tau=166s$

(2) 洗涤过程

$$\tau_{w}=\dfrac{V_{w}}{\left(\dfrac{dV}{d\tau}\right)_{w}}=\dfrac{\Delta\mathscr{P}}{\Delta\mathscr{P}_{w}}\dfrac{\mu_{w}}{\mu}\dfrac{8(V+V_{e})}{KA^2}V$$

$$\tau_{w}=\dfrac{0.3}{0.6}\times\dfrac{8\times(0.3035+0.0305)\times\dfrac{1}{10}\times0.3035}{1.63\times10^{-5}\times6.4^2}=61s$$

讨论：对于板框压滤机，因洗涤液的路径与过滤路径不同，洗涤速率是过滤终了速率的四分之一，洗涤时间较长。

【例 4-6】 叶滤机的操作型计算 某叶滤机恒压下过滤某悬浮液，4h 后获得滤液 $80m^3$，忽略过滤介质阻力，试计算：

(1) 同样操作条件下过滤 2h 可获得多少滤液（m^3）?

(2) 同样操作条件下仅将过滤面积增大 1 倍，过滤 4h 后可得多少滤液（m^3）?

解：(1) 由恒压过滤 $V^2=KA^2\tau$，KA^2 不变

得 $V'/V=(\tau'/\tau)^{0.5}$

$V'=(2/4)^{0.5}\times80=56.6m^3$

(2) $V^2=KA^2\tau$

$V'=\sqrt{KA^2\tau}=A'\sqrt{K\tau}$

$K\tau$ 不变，$V'/V=A'/A$

$V'=2\times80=160m^3$

讨论：过滤时间越长，获得的滤液量越多；过滤面积增大一倍，获得滤液量也随之增加一倍。

【例 4-7】 板框压滤机的生产能力 某板框压滤机有 10 个滤框，框的尺寸为 635mm×635mm×25mm。料浆为 13.9%（质量分数）的 $CaCO_3$ 悬浮液，滤饼含水 50%（质量分数），纯 $CaCO_3$ 固体的密度为 $2710kg/m^3$。操作在 20℃、恒压条件下进行，此时过滤常数 $K=1.57\times10^{-5}$ m^2/s，$q_e=0.00378$ m^3/m^2。该板框压滤机每次过滤至滤饼充满滤框，再在操作压差加倍的条件下用清水洗涤滤饼，洗涤水用量为滤液量的 1/10。求：

(1) 每周期的过滤时间；

(2) 洗涤时间；

(3) 生产能力（若每周期其他辅助时间为 10min）。

解：(1) $A=10\times2\times0.635^2=8.06m^2$

$V_e=q_eA=0.00378\times8.06=0.0305m^3$

恒压过滤：$V^2+2VV_e=KA^2\tau$

$V_{饼}=0.635^2\times0.025\times10=0.1008m^3$

$$\varepsilon = \frac{50/\rho}{50/\rho_p + 50/\rho} = \frac{50/1000}{50/2710 + 50/1000} = 0.7305$$

$$\phi = \frac{13.9/\rho_p}{13.9/\rho_p + (100-13.9)/\rho} = \frac{13.9/2710}{13.9/2710 + (100-13.9)/1000} = 0.05622$$

根据物料衡算：

$$(V + V_饼)\phi = V_饼(1-\varepsilon)$$

所以 $V = \dfrac{(1-\phi-\varepsilon)V_饼}{\phi} = \dfrac{(1-0.05622-0.7305)\times0.1008}{0.05622} = 0.3825\text{m}^3$

代入恒压过滤方程：

$$0.3825^2 + 2\times0.3825\times0.0305 = 1.57\times10^{-5}\times8.06^2\tau$$

所以 $\tau = 166\text{s}$

（2）板框压滤机

$$\tau_w = \frac{V_w}{\left(\dfrac{dV}{d\tau}\right)_w} = \frac{\Delta\mathscr{P}}{\Delta\mathscr{P}_w}\frac{\mu_w}{\mu}\frac{8(V+V_e)}{V^2+2VV_e}V_w\tau$$

$$= \frac{1}{2}\times\frac{8\times(0.3825+0.0305)\times\dfrac{1}{10}\times0.3825}{0.3825^2+2\times0.3825\times0.0305}\times166 = 62\text{s}$$

（3）生产能力

$$Q = \frac{V}{\sum\tau} = \frac{0.3825}{166+62+600} = 4.62\times10^{-4}\text{m}^3/\text{s}$$

【例4-8】　**过滤的设计型计算**　某工厂每年欲得滤液5800m³，年工作时间5000h，采用间歇式过滤机，在恒压下每一操作周期为2.8h，其中过滤时间为1.5h，将悬浮液在同样操作条件下测得过滤常数为 $K=4\times10^{-6}\text{m}^2/\text{s}$；$q_e = 2.5\times10^{-2}\text{m}$。试求：

（1）所需过滤面积，m²；

（2）现有一板框压滤机，框的尺寸为0.6m×0.6m×0.02m，则至少需要多少框？

解：（1）每一周期滤液量 $V = \dfrac{5800}{5000/2.8} = 3.25\text{m}^3$

恒压过程

$$q^2 + 2qq_e = K\tau$$

$$q = \sqrt{K\tau + q_e^2} - q_e$$

$$= \sqrt{4\times10^{-6}\times1.5\times3600 + (2.5\times10^{-2})^2} - 2.5\times10^{-2} = 0.124\text{m}^3/\text{m}^2$$

$$V = qA$$

$$A = \frac{V}{q} = \frac{3.25}{0.124} = 26.2\text{m}^2$$

（2）$A_单 = 2\times0.6\times0.6 = 0.72\text{m}^2$，$\dfrac{A}{A_单} = \dfrac{26.2}{0.72} = 36.4$

所以 $n = 37$

【例4-9】　**过滤的综合型计算**　某厂要求每小时获得12m³滤液，预计每周期的过滤时间为 30min，洗涤、装卸时间为 20min。拟用板框压滤机在恒压下过滤，已知过滤常数 $K=7.5\times10^{-5}\,\mathrm{m^2/s}$，过滤介质阻力可忽略不计。悬浮液含固量 $\phi=0.015\mathrm{m^3}$ 固体/$\mathrm{m^3}$ 悬浮液，滤饼空隙率 $\varepsilon=0.5$。试求：

(1) 需要多大的过滤面积？

(2) 现有板框压滤机，框的尺寸为 600mm×600mm×20mm，需要多少框？

(3) 安装所需板框数量后，每周期获得相同的滤液量下，实际过滤时间和生产能力为多少？

解：(1) 根据生产任务要求及 $Q=V/\sum\tau$，可知每周期应获得滤液：

$$V=Q\sum\tau=12/60\times(30+20)=10\mathrm{m^3}$$

$$q=\sqrt{K\tau}=\sqrt{7.5\times10^{-5}\times1800}=0.367\mathrm{m^3/m^2}$$

$$A=\frac{V}{q}=\frac{10}{0.367}=27.2\mathrm{m^2}$$

(2) **按过滤面积需要框** $n=\dfrac{A}{2a^2}=\dfrac{27.2}{2\times0.6^2}=38$ 个

$$V_{饼}=\frac{V\phi}{1-\varepsilon-\phi}=\frac{10\times0.015}{1-0.5-0.015}=0.309\mathrm{m^3}$$

按滤饼体积需要框 $n=\dfrac{V_{饼}}{ba^2}=\dfrac{0.309}{0.02\times0.6^2}=43$ 个

取 43 个

(3) 安装 43 个框。$A=43\times2\times0.6^2=30.96\mathrm{m^2}$

$$q=10/30.96=0.323\mathrm{m^3/m^2}$$

$$\tau=\frac{q^2}{K}=\frac{0.323^2}{7.5\times10^{-5}}=1391\mathrm{s}=0.39\mathrm{h}=23.2\mathrm{min}$$

$$Q=\frac{V}{\sum\tau}=10/(23.2+20)=0.231\mathrm{m^3/min}=13.9\mathrm{m^3/h}$$

讨论：板框压滤机选取多少个框时，不仅要考虑过滤面积是否足够，还要考虑框是否能装得下滤饼，最后取两者最大的。根据选好的框个数，安装以后实际过滤时间可能比原要求时间少，生产能力比原要求大。

【例 4-10】 回转真空过滤机的计算 有一回转真空过滤机每分钟转 3 圈，可得滤液量 $0.1\mathrm{m^3}$。若过滤介质的阻力可忽略不计，问每小时欲获得 $8\mathrm{m^3}$ 滤液，转鼓每分钟应转几周？此时转鼓表面滤饼的厚度为原来的多少倍？操作中所用的真空度维持不变。

解：回转真空过滤是连续过滤，滤液量与过滤时间呈正比。

每小时获得滤液 $0.1\times60=6\mathrm{m^3}$

恒压时：$q=\sqrt{K\tau+q_e^2}-q_e$

$$Q=nqA=nA\left(\sqrt{K\tau+q_e^2}-q_e\right)=nA\left(\sqrt{K\frac{\phi}{n}+q_e^2}-q_e\right)$$

$q_e=0$，所以 $Q=A\sqrt{Kn\phi}$

所以 $\dfrac{n'}{n}=\left(\dfrac{Q'}{Q}\right)^2$，$n'=\left(\dfrac{Q'}{Q}\right)^2 n=\left(\dfrac{8}{6}\right)^2\times3=5.33\mathrm{r/min}$

$L\propto q$

$$q=\sqrt{K\frac{\phi}{n}}$$

所以 $L\propto\sqrt{\frac{1}{n}}$

即 $\dfrac{L'}{L}=\sqrt{\dfrac{n}{n'}}=\sqrt{\dfrac{3}{5.33}}=0.75$

即滤饼的厚度为原来的 0.75 倍。

Ⅱ. 复杂工程问题分析与计算

【例 4-11】 板框压滤机的综合型计算 拟用一板框压滤机在 0.3MPa 的压差下恒压过滤某悬浮液，已知过滤常数 $K=7\times10^{-5}\,\mathrm{m^2/s}$，$q_e=0.015\mathrm{m^3/m^2}$。现要求每一操作周期得到 $10\mathrm{m^3}$ 滤液，过滤时间为 0.5h，设滤饼不可压缩，悬浮液含固量 $\phi=0.015\mathrm{m^3}$ 固体/$\mathrm{m^3}$ 悬浮液，滤饼空隙率 $\varepsilon=0.5$，试问：

(1) 现有一台板框压滤机，尺寸为 $0.635\mathrm{m}\times0.635\mathrm{m}\times0.025\mathrm{m}$，则至少需要多少个框？

(2) 如操作压差提高到 0.8MPa 恒压操作，板框压滤机尺寸不变，若要求每个过滤周期得到的滤液量仍为 $10\mathrm{m^3}$，过滤时间不得超过 0.5h，则至少需要多少个框？

(3) 在上述 (1) 和 (2) 情况下，获得滤液量为 $10\mathrm{m^3}$ 的实际过滤时间分别为多少（min）?

解： 若采用板框压滤机过滤，在求取滤框的数量时，不仅要考虑过滤面积是否足够，还要考虑滤框是否能装得下滤饼。每一操作周期得到滤液相同的前提下，若操作压差改变，过滤常数 K 随着改变，从而改变需要的过滤面积。

(1) $q=\sqrt{K\tau+q_e^2}-q_e$

$\quad\quad =\sqrt{7\times10^{-5}\times1800+0.015^2}-0.015=0.34\mathrm{m^3/m^2}$

$A=\dfrac{V}{q}=\dfrac{10}{0.34}=29.4\mathrm{m^2}$

$n=\dfrac{A}{2a^2}=\dfrac{29.4}{2\times0.635^2}=37$ 个

$V_{饼}=\dfrac{V\phi}{1-\varepsilon-\phi}=\dfrac{10\times0.015}{1-0.5-0.015}=0.309\mathrm{m^3}$

$n=\dfrac{V_{饼}}{ba^2}=\dfrac{0.309}{0.025\times0.635^2}=31$ 个

取 37 个

(2) $s=0$

$K'=\dfrac{\Delta\mathscr{P}'}{\Delta\mathscr{P}}K=\dfrac{0.8}{0.3}\times7\times10^{-5}=1.87\times10^{-4}\,\mathrm{m^2/s}$

$q=\sqrt{K'\tau+q_e^2}-q_e$

$\quad\quad =\sqrt{1.87\times10^{-4}\times1800+0.015^2}-0.015=0.565\mathrm{m^3/m^2}$

$A=\dfrac{V}{q}=\dfrac{10}{0.565}=17.7\mathrm{m^2}$

$$n=\frac{A}{2a^2}=\frac{17.7}{2\times0.635^2}=22\text{ 个}$$

$$(V+V_\text{饼})\phi=V_\text{饼}(1-\varepsilon)$$

$$V_\text{饼}=\frac{V\phi}{1-\varepsilon-\phi}=\frac{10\times0.015}{1-0.5-0.015}=0.309\text{m}^3$$

$$n=\frac{V_\text{饼}}{ba^2}=\frac{0.309}{0.025\times0.635^2}=31\text{ 个}$$

取 31 个

（3）操作压差在 0.3MPa 下

安装 37 个框。$A=37\times2\times0.635^2=29.84\text{m}^2$

$$V^2+2VV_\text{e}=KA^2\tau$$

$$V_\text{e}=q_\text{e}A=0.015\times29.84=0.4476\text{m}^3$$

$$\tau=\frac{V^2+2VV_\text{e}}{KA^2}=\frac{10^2+2\times10\times0.4476}{7\times10^{-5}\times29.84^2}=1748\text{s}=0.486\text{h}=29.1\text{min}$$

操作压差在 0.8MPa 下，$K'=1.87\times10^{-4}\text{m}^2/\text{s}$

安装 31 个框。$A=31\times2\times0.635^2=25.0\text{m}^2$

$$V^2+2VV_\text{e}=K'A^2\tau$$

$$V_\text{e}=q_\text{e}A=0.015\times25.0=0.375\text{m}^3$$

$$\tau'=\frac{V^2+2VV_\text{e}}{K'A^2}=\frac{10^2+2\times10\times0.375}{1.87\times10^{-4}\times25.0^2}=920\text{s}=0.255\text{h}=15.3\text{min}$$

讨论：过滤时，若采用较低操作压差，过滤时间较长；若提高操作压差，过滤速率增加，过滤时间可缩短。

【例 4-12】 叶滤机的综合型计算 用叶滤机过滤某固体粉末水悬浮物，该悬浮物含固量的质量分数为 4%，固体的密度为 2500kg/m³，操作温度为 20℃，滤饼不可压缩，滤饼含水量为 30%（质量分数）。目前每次过滤时间为 30min，获得滤饼的量为 0.4m³，操作压差为 0.15MPa，过滤常数 $K=7.5\times10^{-5}\text{m}^2/\text{s}$，$q_\text{e}=3.226\times10^{-4}\text{m}^3/\text{m}^2$。试求：

（1）获得的滤液量为多少（m³）？

（2）该叶滤机的过滤面积为多少（m²）？

（3）操作一段时间后叶滤机部分堵塞，过滤面积减少 19.3%，要想 30min 获得相同的滤液量，操作压差应维持在多少（MPa）？

解：叶滤机因堵塞，导致过滤面积减少，生产能力下降。若要维持原有的生产能力（相同时间获得相同的滤液量），可考虑提高操作压差，即提高过滤常数 K，而操作压差应提高至多少则需详细计算。

（1）$\phi=\dfrac{w/\rho_\text{p}}{w/\rho_\text{p}+(1-w)/\rho}=\dfrac{0.04/2500}{0.04/2500+(1-0.04)/1000}=0.0164$

$$\varepsilon=\frac{0.3/1000}{0.7/2500+0.3/1000}=0.517$$

$$(V_\text{饼}+V)\phi=V_\text{饼}(1-\varepsilon)$$

$$V=\frac{V_\text{饼}(1-\varepsilon-\phi)}{\phi}=\frac{0.4\times(1-0.517-0.0164)}{0.0164}=11.4\text{m}^3$$

（2）由 $q^2+2qq_e=K\tau$ 得

$q=\sqrt{K\tau+q_e^2}-q_e=\sqrt{7.5\times10^{-5}\times30\times60+0.0003226^2}-0.0003226=0.3671\mathrm{m^3/m^2}$

$A=V/q=11.4/0.3671=31.1\mathrm{m^2}$

（3）$A'=31.1\times(1-0.193)=25.1\mathrm{m^2}$

$q'=V/A'=11.4/25.1=0.454$

由 $q'^2+2q'q_e=K'\tau$ 得

$K'=(q^2+2qq_e)/\tau=(0.454^2+2\times0.454\times0.0003226)/1800=1.15\times10^{-4}\mathrm{m^2/s}$

$\Delta\mathscr{P}'=\dfrac{K'}{K}\Delta\mathscr{P}=\dfrac{1.15\times10^{-4}}{7.5\times10^{-5}}\times0.15=0.23\mathrm{MPa}$

Ⅲ. 工程案例解析

【例 4-13】　回转真空过滤机替代板框压滤机　某板框压滤机有 5 个滤框，框的尺寸为 $635\mathrm{mm}\times635\mathrm{mm}\times25\mathrm{mm}$。过滤操作在 $20\,℃$、恒定压差下进行，过滤常数 $K=4.24\times10^{-5}\mathrm{m^2/s}$，$q_e=0.0201\mathrm{m^3/m^2}$，滤饼体积与滤液体积之比为 $0.08\,\mathrm{m^3/m^3}$，滤饼洗涤时间为 $10\mathrm{min}$，卸渣、重整等辅助时间为 $18\mathrm{min}$。试求框全充满所需时间及生产能力。

现改用一台回转真空过滤机过滤滤浆，所用滤布与前相同，过滤压差也相同。转筒直径为 $1\mathrm{m}$，长度为 $0.5\mathrm{m}$，浸入角度为 $120°$。问转鼓每分钟多少转才能维持与板框过滤机同样的生产能力？假设滤饼不可压缩。

解：由于回转真空过滤机是连续式过滤机，工业上应用广泛。用回转真空过滤机代替板框压滤机过滤时，要维持生产能力不变，可通过调节转鼓的转速来实现。

滤框全充满时滤饼的体积为：

$V_饼=5\times0.635\times0.635\times0.025=0.0504\mathrm{m^3}$

滤液量 $V=V_饼/0.08=0.63\mathrm{m^3}$

过滤面积 $A=5\times2\times0.635\times0.635=4.032\mathrm{m^2}$

所以 $q=V/A=0.63/4.032=0.156\mathrm{m^3/m^2}$

$q^2+2qq_e=K\tau$

求得 $\tau=\dfrac{q^2+2qq_e}{K}=\dfrac{0.156^2+2\times0.156\times0.0201}{4.24\times10^{-5}}=721.6\mathrm{s}=12\mathrm{min}$

$Q=\dfrac{V}{\sum\tau}=0.63/(12+10+18)=0.0158\mathrm{m^3/min}$

若用回转真空过滤机，压差不变，K 不变，滤布不变，q_e 不变

$K=4.24\times10^{-5}\mathrm{m^2/s}=0.002544\mathrm{m^2/min}$，$q_e=0.0201\mathrm{m^3/m^2}$

过滤面积 $A=\pi DL=3.14\times1\times0.5=1.57\mathrm{m^2}$

$V_e=q_eA=0.0201\times1.57=0.032\mathrm{m^3}$

$\phi=120°/360°=0.333$

$V^2+2VV_e=KA^2\dfrac{\phi}{n}$，则：

$V^2+2V\times0.032=0.002544\times1.57^2\times0.333/n$ ①

设转筒每分钟转 n 转，回转真空过滤机的生产能力：$Q=nV$

即 $0.0158 = nV$ ②

式①、式②联立求解，得 $V = 0.068\text{m}^3$，$n = 0.23\text{r/min}$

第四节　自测练习同步

I.自测练习一

一、填空题

1.叶滤机中，滤饼不可压缩，过滤压差增加两倍时，过滤速率是原来的_____倍。黏度增加一倍时，过滤速率是原来的_____倍。

2.加快过滤速率的途径有_____、_____、_____。

3.流体通过固定床的压降可用_____方程和_____方程描述。

4.描述单个非球形颗粒的形状参数为_____。

5.请写出三种常用过滤设备：_____、_____和_____。

6.对于回转真空过滤机，随着过滤时间的增加，滤液量_____，过滤速率_____。（增大、减小、不变、不确定）

7.对恒压过滤，当过滤面积增大一倍时，则过滤速率 $\mathrm{d}V/\mathrm{d}\tau$ 增大为原来的_____倍（过滤介质阻力可忽略）。

8.板框压滤机的洗涤速率与最终过滤速率 $\mathrm{d}V/\mathrm{d}\tau$ 之比为_____，叶滤机的洗涤速率与最终过滤速率之比为_____。

9.用板框压滤机恒压过滤某种悬浮液，其过滤方程式为 $q^2 + 0.5q = 0.0003\tau$，式中，τ 的单位为 s，则过滤常数值为：$K = $_____，$q_e = $_____。

若该过滤机由 $400\text{mm} \times 400\text{mm} \times 20\text{mm}$ 的 10 个框组成，则其过滤面积 $A = $_____ m^2，过滤介质阻力的当量滤液量 $V_e = $_____ m^3。

二、选择题

1.用板框压滤机恒压过滤某悬浮液（滤饼不可压缩，过滤介质阻力可忽略），若过滤时间相同，要使其得到的滤液量增加一倍的方法有（　　）。

　　A.将滤浆温度高一倍；　　　　　　　　B.将过滤压差增加一倍；

　　C.将过滤面积增加一倍。

2.助滤剂应具有_____的性质。

　　A.颗粒大小均匀、柔软、可压缩；

　　B.颗粒大小均匀、坚硬、不可压缩；

　　C.颗粒大小分布宽、坚硬、不可压缩；

　　D.颗粒大小分布宽、柔软、可压缩。

3.恒速过滤时，随着过滤时间的增加，过滤常数 K _____。

　　A.增大；　　　　　　B.减少；　　　　　　C.不确定；　　　　　　D.不变。

4.在滤饼过滤中，真正发挥拦截颗粒作用的主要是_____。

　　A.滤饼；　　　　　　　　　　　　　　　B.过滤介质；

C. 不确定；　　　　　　　　　　　　　　D. 滤饼和过滤介质。

5. 叶滤机恒压过滤，若介质阻力不计，滤饼不可压缩，过滤压差降为原来一半时，获得相同滤液量所需时间为原来的_____。

A. 2 倍；　　　　　　B. 1/2 倍；　　　　　　C. $1/\sqrt{2}$ 倍；　　　　　　D. $\sqrt{2}$ 倍。

三、作图题

画出先恒速过滤再恒压过滤操作的 q-τ 关系。

作图题三附图

四、计算题

1. 某压滤机先在恒速下过滤 10min，得滤液 5L。此后即维持此最高压强不变，作恒压过滤。恒压过滤时间为 60min，又可得滤液多少升？设过滤介质阻力 V_e＝0.5L。

2. 用板框过滤机恒压差过滤钛白（TiO$_2$）水悬浮液。框的尺寸为 700mm×700mm×42mm，共 10 个框。现已测得：过滤 20min 得滤液 0.98m^3，再过滤 20min 共得滤液 1.423m^3。已知滤饼体积和滤液体积之比 ν＝0.1，试计算：

（1）将滤框完全充满滤饼所需的过滤时间；

（2）若洗涤时间和辅助时间共 30min，求该装置的生产能力（以每小时获得的滤饼体积计）。

Ⅱ. 自测练习二

一、填空题

1. 对于回转真空过滤机，转速降低，则 q _____，$\delta_{饼}$ _____，Q _____。（↑、↓、不变、不确定）

2. 某过滤机恒压操作，前 10min 获得滤液 4L，第二个 10min 获得滤液 2L，则第三个 10min 获得滤液_____L，前 30min 共获得滤液_____L。

3. 工业上康采尼方程常用来_____。

4. 过滤常数包括_____和_____。

5. 转鼓真空过滤机，转鼓每旋转一周，过滤面积的任一部分都顺次经历_____等五个阶段。

6. 用板框式过滤机进行恒压过滤操作，随着过滤时间的增加，滤液量_____，过滤速率_____。（增大、减小、不变、不确定）

7. 用叶滤机过滤某种悬浮液，测得操作压差 0.2MPa 时过滤方程为 $q^2＋0.5q＝0.0004\tau$（τ 的单位为 s），则 K 为_____m^2/s，q_e 为_____m^3/m^2。若滤饼可压缩指数 $s＝0.5$，则操作压差为 0.8MPa 时过滤方程为_____。

8. 恒压过滤某种悬浮液（介质阻力可忽略，滤饼不可压缩），由实验知 10min 得滤液 0.1m^3/m^2。现要求 40min 得滤液 2m^3，则所需过滤面积为_____m^2。

9. 用板框压滤机过滤某种悬浮液，过滤面积为 10m^2，介质阻力可忽略，滤饼不可压缩，$K＝2.5×10^{-4}$ m^2/s。若要求过滤终了时，滤液体积为 $V＝5$m^3，随后用 0.5m^3 清水洗涤（Δp、μ 与过滤终了相同），则所需过滤时间 $\tau＝$_____s，过滤终了速率（dV/dτ）_____ m^3/s，洗涤速率（dV/dτ）$_w$ _____ m^3/s，洗涤时间 $\tau_w＝$_____s。

二、选择题

1. 过滤基本方程是基于（　　）推导出来的。

A. 滤液在滤饼中的湍流流动；   B. 滤饼的可压缩性；

C. 滤液在滤饼中的层流流动；   D. 滤饼的比阻。

2. (　　) 说法是正确的。

A. 过滤速率 ($dV/d\tau$) 与 A (过滤面积) 成正比；

B. 过滤速率 ($dV/d\tau$) 与 A^2 成正比；

C. 过滤速率 ($dV/d\tau$) 与滤液体积成正比；

D. 过滤速率 ($dV/d\tau$) 与过滤介质阻力成反比。

3. 恒压过滤时，随着过滤时间的增加，过滤速率 (　　)。

  A. 增大；   B. 减少；   C. 不确定；   D. 不变。

4. 恒压过滤时，如介质阻力可忽略，当过滤面积增加 1 倍，则获得相同滤液量所需时间为原来的 (　　)。

  A. 2 倍；   B. 1/2 倍；   C. 1/2 倍；   D. 1/4 倍。

5. 板框压滤机恒压过滤，当操作压差增大 1 倍时，则在同样的时间里所得滤液量是原来的 (　　)(忽略介质阻力，滤饼不可压缩)。

  A. $\sqrt{2}$ 倍；   B. 2 倍；   C. 1/2 倍；   D. 4 倍。

三、作图题

画出先恒速过滤再恒压过滤操作的 K-τ 关系 ($q_e = 0$)。

四、计算题

1. 某板框压滤机恒压下操作，经 1h 过滤，得滤液 $2m^3$。过滤介质阻力可略。试问：

(1) 若操作条件不变，再过滤 1h，再得多少滤液？

(2) 在原条件下过滤 1h 后即把压差提高一倍，再过滤 1h，已知滤饼压缩性指数 $s = 0.2$，再得多少滤液？

作图题三附图

2. 一板框压滤机在恒压下进行过滤，水悬浮液含固量 0.1kg 固体/kg 悬浮液，滤饼空隙率 $\varepsilon = 0.4$，$\rho_p = 5000kg/m^3$，$q_e = 0$，若过滤 10min，测得滤液 $1.2m^3$。试问：

(1) 当 $\tau = 1h$，$V = ?$

(2) 过滤 1h 后的滤饼体积是多少？

(3) 过滤 1h 后，用 $0.1V$ 的水洗涤，$\tau_w = ?$(操作压强不变)

本章符号说明

符号	意义	单位
a	颗粒的比表面	m^2/m^3
	单位质量滤饼中所含液体的质量	kg/kg
a_B	床层比表面	m^2/m^3
d_e	当量直径	m
d_{ea}	比表面积当量直径	m
d_{eS}	面积当量直径	m
d_{eV}	体积当量直径	m

d_p	颗粒直径	m
K	过滤常数	m^2/s
K'	康采尼常数	
L	颗粒床层高度；滤饼层厚度	m
n	转鼓转速	r/s
$\Delta \mathscr{P}$	床层压降；过滤操作总压降	N/m^2
$\Delta \mathscr{P}_w$	洗涤时的压降	N/m^2
Q	过滤机生产能力	m^3/s
q	单位过滤面积的累计滤液量	m^3/m^2
q_e	形成与过滤介质等阻力的滤饼层时	
	单位面积的滤液量	m^3/m^2
r	滤饼热阻	m^{-2}
Re'	床层雷诺数 $Re_p/[6(1-\varepsilon)]$	
S	滤饼的压缩性指数	
	颗粒表面积	m^2
u	流体通过床层的表观流速	m/s
V	累计滤液量；颗粒体积	m^3
$V_悬$	悬浮液体积	m^3
$V_饼$	滤饼体积	m^3
$V_空$	颗粒床层孔隙率的体积	m^3
V_p	颗粒床层中颗粒的体积	m^3
$V_床$	颗粒床层的体积	m^3
V_e	形成与过滤介质等阻力的滤饼层时的滤液量	m^3
V_w	洗涤液用量	m^3
w	单位质量悬浮液中所含固体的质量	kg/kg
ε	颗粒床层的空隙率	
μ	流体的黏度	Ns/m^2
μ_w	洗涤液的黏度	Ns/m^2
ρ	流体的密度	kg/m^3
ρ_p	颗粒密度	kg/m^3
τ	过滤时间	s
τ_D	辅助时间	s
τ_w	洗涤时间	s
ϕ	单位体积悬浮液中所含固体体积	m^3/m^3
ψ	球形度	
φ	回转转鼓的浸没角	(°)

第五章

颗粒的沉降和流态化

第一节　知识导图和知识要点

1. 颗粒运动受力知识导图

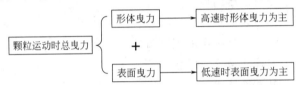

2. 曳力

颗粒运动时受到流体施加的力称为曳力。

总曳力 F_D＝表面曳力＋形体曳力

剪应力在流动方向上的分力沿整个颗粒表面积分，得该颗粒所受剪应力在流动方向上的总和称为表面曳力；压力在流动方向上的分力沿整个颗粒表面积分，得该颗粒所受压力在流动方向上的总和称为形体曳力。

影响 F_D 的因素：ρ，μ，u_t，F_D 还与颗粒形状与定向有关；

低速时表面曳力为主；高速时形体曳力为主；

当流体与颗粒无相对运动，$F_D＝0$，但仍有浮力。

3. 颗粒沉降知识导图

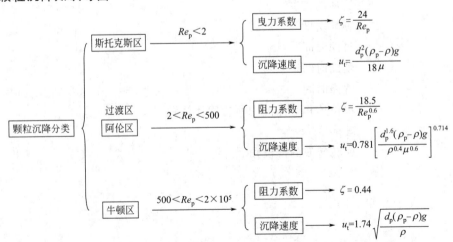

4. 曳力系数 ζ

$F_D = \zeta A_p \dfrac{\rho u_t^2}{2}$，$A_p$ 为颗粒向下的最大投影面积，u_t 为颗粒沉降速度。

颗粒沉降雷诺数 $Re_p = \dfrac{d_p u_t \rho}{\mu}$，其中 d_p 为颗粒直径，ρ、μ 分别为流体的密度和黏度。如图 5-1 可用三段曲线来表示 ζ 与 Re_p 关系。

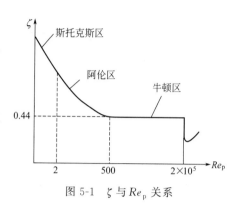

图 5-1　ζ 与 Re_p 关系

$Re_p < 2$，斯托克斯区，$\zeta = \dfrac{24}{Re_p}$；

$Re_p = 2 \sim 500$，阿伦区，$\zeta = \dfrac{18.5}{Re_p^{0.6}}$；

$Re_p = 500 \sim 2 \times 10^5$，牛顿区，$\zeta = 0.44$。

5. 颗粒沉降速度 u_t

静止流体中颗粒向下运动，小颗粒的加速时间短，走过距离短，因此加速段可忽略。颗粒沉降过程可视为恒速沉降过程，此终端速度称为沉降速度 u_t。

6. 斯托克斯定律

$Re_p < 2$ 为斯托克斯区，表面曳力为主，形体曳力为次，颗粒沉降速度 $u_t = \dfrac{d_p^2 (\rho_p - \rho) g}{18\mu}$。

7. 牛顿区

$500 < Re_p < 2 \times 10^5$，形体曳力为主，表面曳力为次。曳力系数为常数 $\zeta = 0.44$，颗粒沉降速度 $u_t = 1.74 \sqrt{\dfrac{d_p (\rho_p - \rho)}{\rho}}$。

8. 沉降分离方法知识导图

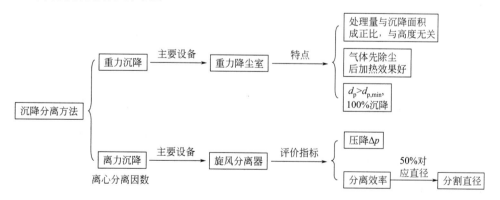

9. 重力降尘室

如图 5-2，设有流量为 $q_V(\mathrm{m^3/s})$ 的气体进入降尘室，降尘室底面积为 A，高度为 H，长为 L，宽为 b。

颗粒由于加速阶段很短，其轨迹可认为直线。

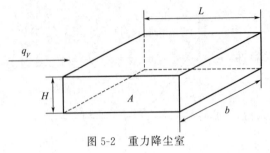

图 5-2　重力降尘室

气体在降尘室中停留时间 $\tau_r = \dfrac{L}{u} = \dfrac{LbH}{q_V}$，颗粒沉降时间 $\tau_t = \dfrac{H}{u_t}$，u_t 为沉降速度。

降尘室目的：除去颗粒，因此要求 $\tau_r \geqslant \tau_t$，至少 $\tau_r = \tau_t$。

10. 重力降尘室生产能力

$q_V = A_底 u_t$，在斯托克斯区 $u_t = \dfrac{d_{\min}^2 (\rho_p - \rho) g}{18\mu}$，表明以 u_t 速度沉降的小球（$d_{\min}$）刚好完全沉降。

若 $d_p > d_{\min}$，该颗粒可 100% 除去，$\eta_i = 100\%$。

若 $d_p < d_{\min}$，若在斯托克斯区沉降（图 5-3）。

该颗粒 $\eta_i = \dfrac{u_t}{u_{t\min}} = \left(\dfrac{d_p}{d_{\min}}\right)^2$

生产能力 q_V 与沉降面积成正比，与高度 H 无关，降尘室做成扁平，中间可均放 n 块板。

重力降尘室若加隔板，如图 5-4 所示。

$q_V = (n+1)A_底 u_{t\min}$，理论上生产能力增加至 $n+1$ 倍。

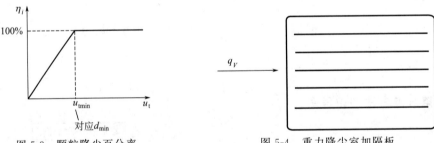

图 5-3　颗粒降尘百分率　　　　　图 5-4　重力降尘室加隔板

11. 离心分离因数

$\alpha = \dfrac{\omega^2 r}{g} = \dfrac{u^2}{gr}$，表明同一颗粒所受离心力与重力之比，反映离心分离设备性能的重要指标。$\alpha = 1000$ 说明同一颗粒在离心力场中受到的离心力是在重力场中受到的重力的 1000 倍，沉降分离过程大大加快。

12. 旋风分离器主要评价指标

旋风分离器主要评价指标为分离效率 η 和压降 Δp。

（1）除尘总效率 $\eta_0 = \dfrac{C_进 - C_出}{C_进}$，由于各种颗粒大小不一，除去的比例也不相同，因此总效率不能准确代表旋风分离器的分离性能，因此引入粒级效率。

粒级效率 $\eta_i = \dfrac{C_{i进} - C_{i出}}{C_{i进}}$，$\eta_0 = \sum \eta_i x_i$。

（2）压降 $\Delta p = \zeta \dfrac{\rho u^2}{2}$，气体通过旋风分离器压降越大，阻力越大。

缩小旋风分离器直径、采用较大的进口气速、延长锥体部分高度，均可提高效率。

13. 分割直径 d_{pc}

通常将经过旋风分离器后能被除下 50% 的颗粒直径称为分割直径 d_{pc}，某些高效旋风分离器的分割直径可小至 $3 \sim 10 \mu m$。

14. 流化床知识导图

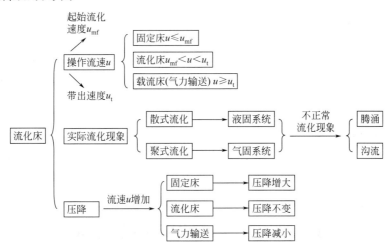

15. 流化床的特点

流化床的特点：液体样特性；固体混合均匀，适用于强放热催化反应；压降恒定；但是气体分布不均匀和气固不均匀地接触，可能导致腾涌或沟流。

16. 实际流化床两种流化现象

（1）散式流化，常见于液固系统。床层膨胀，颗粒随机运动，充分混合，界面较清晰平稳。

（2）聚式流化，常见于气固系统。聚式流化床内出现空穴，气体穿过空穴，空穴破裂，床层界面起伏波动，界面以上也有部分颗粒。流化床界面以下称为浓相区，界面以上称为稀相区。

17. 起始流化速度和带出速度

起始流化速度 u_{mf} 为固定床向流化床转变点气速；

带出速度 u 为床内颗粒被吹走的速度：$u = u_t$；

流化床的操作范围：$u_{mf} < u < u_t$。

$\dfrac{u_t}{u_{mf}}$ 表示流化床可操作范围大小，大颗粒 $\dfrac{u_t}{u_{mf}} = 8.61$，小颗粒 $\dfrac{u_t}{u_{mf}} = 91.6$。

流化数 $\dfrac{u}{u_{mf}}$ 反映实际操作状态。

18. 流化床压降

$$\Delta p = \frac{m}{A\rho_p}(\rho_p - \rho)g, \quad m = LA(1-\varepsilon)$$

ρ_p，所以 $\Delta p = L(1-\varepsilon)(\rho_p - \rho)g$。

图 5-5 反映了压降 Δp 与气体表观流速 u 的关系：

固定床阶段，$u \leqslant u_{mf}$，压降 Δp 与流速 u 成正比；

流化床阶段，$u_{mf} < u < u_t$，压降 Δp 为常数，与流速 u 无关；

气力输送（颗粒带出）阶段，$u \geqslant u_t$，随着 u 增加，部分颗粒陆续被带走。

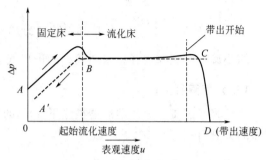

图 5-5　压降与表观气速的关系

测取压降 Δp 可以监控操作情况，Δp 低于计算值，表明颗粒少了，可及时添加。

利用压降 Δp 可以判断床层均匀性。若存在局部未流化，所测得的压降偏低，可能出现沟流；若压降变化幅度很大，空穴恶性循环，可能出现腾涌。

19. 气力输送特点

气力输送特点：①密闭；②不受地形的限制；③连续化操作；④一般结合其他操作如干燥、粉碎、冷却等进行。

第二节　工程知识与问题分析

Ⅰ. 基础知识解析

1. 曳力系数是如何定义的？它与哪些因素有关？

答：曳力系数定义为 $\zeta = F_D/(A_p \rho u_t^2/2)$。它与 $Re_p(=d_p u_t \rho/\mu)$、ψ 有关。

2. 影响颗粒沉降速度的因素都有哪些？

答：影响颗粒沉降速度的因素包括如下几个方面：

颗粒的因素：尺寸、形状、密度、是否变形等；介质的因素：流体的状态（气体还是液体）、密度、黏度等；环境因素：温度（影响 ρ、μ）、压力、颗粒的浓度（浓度大到一定程度时发生干扰沉降）等；设备因素：体现为壁效应。

3. 斯托克斯区沉降速度与什么有关？应用前提是什么？颗粒的加速度在什么条件下可以忽略？

答：斯托克斯区沉降 $u_t = \frac{d_p^2(\rho_p - \rho)g}{18\mu}$，所以沉降速度与颗粒直径和密度、流体的密度和黏度有关。斯托克斯区沉降速度 u_t 应用前提是 $Re_p < 2$。当颗粒 d_p 很小、u_t 很小时，颗粒的加速度可以忽略。

4. 重力降尘室的气体处理量与哪些因素有关？降尘室的高度是否影响气体处理量？

答：重力降尘室的气体处理量与沉降室底面积和沉降速度有关。降尘室的高度不影响气体处理量，高度小会使停留时间短，但沉降距离也短了。

5.若进入降尘室的含尘气体温度升高，气体质量及含尘情况不变，降尘室出口气体的含尘量将有何变化？原因何在？

答：处于斯托克斯区时，含尘量升高；处于牛顿区时，含尘量降低。处于斯托克斯区时，温度改变主要通过黏度的变化而影响沉降速度。因为气体黏度随温度升高而增加，所以温度升高时沉降速度减小；处于牛顿区时，沉降速度与黏度无关，与 ρ 有一定关系，温度升高，气体 ρ 降低，沉降速度增大。

6.评价旋风分离器性能的主要指标有哪两个？

答：评价旋风分离器性能的主要指标是分离效率和压降。

7.为什么旋风分离器处于低气压负荷下操作是不合适的？锥底为何要有良好的密封？

答：旋风分离器在低负荷操作时，没有足够的离心力，所以不合适。锥底往往负压，若不密封，会漏入气体且将颗粒带起。

8.狭义流化床和广义流化床的各自含义是什么？

答：狭义流化床指操作气速 u 小于 u_t 的流化床，广义流化床则包括流化床、载流床和气力输送。

9.何谓内生不稳定性？如何抑制内生不稳定性、提高流化的质量？

答：内生不稳定性指空穴的恶性循环。提高流化质量的常用措施有增加分布板阻力，加内部构件，用小直径宽分布颗粒，细颗粒高气速操作。

10.气力输送有哪些优点？

答：气力输送的优点为：①系统可密闭；②输送管线设置比铺设道路更方便；③设备紧凑，易连续化、自动化；④同时可进行其他单元操作。

11.流化床的压降与哪些因素有关？

答：流化床压降 $\Delta p=\dfrac{m}{A\rho_p}(\rho_p-\rho)g$，流化床的压降等于单位截面床内固体的表观重量（即重量－浮力），它与气速无关而始终保持定值。

12.实际流化现象有哪两种？通常两种流化现象各自发生于什么系统？

答：散式流化，发生于液固系统；聚式流化，发生于气固系统。

Ⅱ.工程知识应用

1.在斯托克斯区，颗粒的沉降速度与颗粒直径的（　　）次方成正比。

A.1；　　　　　B.2；　　　　　C.0.5；　　　　　D.0.25。

分析：斯托克斯沉降 $u_t=\dfrac{d_p^2(\rho_p-\rho)g}{18\mu}$，所以选 B。

2.颗粒在静止流体中沉降时，在相同 Re 下，颗粒的球形度越大，阻力系数越（　　）。

A.大；　　　　　B.小；　　　　　C.不确定。

分析：对于非球形，实际速度偏小，阻力系数比球形大。球形度 $\psi\leqslant1$，ψ 越大，说明越接近球形，所以阻力系数越小。所以选 B。

3.密度为 2650kg/m³、直径为 50μm 的球形颗粒，在 20℃($\rho=1.205\text{g/cm}^3$，$\mu=1.81\times10^{-5}$Pa·s)的空气中自由沉降速度为（　　）m/s。

A.0.252；　　　　　B.0.199；　　　　　C.1.181；　　　　　D.1.806。

分析：$u_t = \dfrac{d_p^2(\rho_p - \rho)g}{18\mu} = \dfrac{9.81 \times (50 \times 10^{-6})^2 \times (2650 - 1.205)}{18 \times 1.81 \times 10^{-5}} = 0.199\text{m/s}$，所以选 B。

4. 含尘气体通过 4m×2.5m×1.5m 的降尘室，若颗粒的沉降速度为 0.6m/s，则降尘室生产能力（　　）。

　　A. 3m³/s；　　　　　　B. 2m³/s；　　　　　　C. 6m³/s；　　　　　　D. 8m³/s。

分析：$q_V = A_底 u_t = 4 \times 2.5 \times 0.6 = 6\text{m}^3/\text{s}$，所以选 C。

5. 含细小颗粒的气流在降尘室内除去小颗粒（斯托克斯区），100% 可除去的最小颗粒为 50μm 的粒子，现在气体流量 q_V 增大一倍，则此时能 100% 除去的最小粒径为（　　）。

　　A. 75μm；　　　　　　B. 100μm；　　　　　　C. 70.7μm；　　　　　　D. 82μm。

分析：$q_V = A_底 u_t$，$u_t = \dfrac{d_p^2(\rho_p - \rho)g}{18\mu}$，流量增大一倍，降尘室面积不变，$2q_V = A_底 \times 2u_t$，$\dfrac{u_t}{2u_t} = \dfrac{d_p^2}{d_p'^2}$，$\dfrac{1}{2} = \dfrac{50^2}{d_p'^2}$，解得 $d_p' = 70.7\mu\text{m}$，所以选 C。

6. 某重力降尘室气体均布（斯托克斯区）。已知理论上能 100% 除下粒径为 50μm，则 75% 能除去粒径为（　　）μm。

　　A. 53.2；　　　　　　B. 43.3；　　　　　　C. 38.7；　　　　　　D. 75.6。

分析：$u_t = \dfrac{d_p^2(\rho_p - \rho)g}{18\mu}$，$\dfrac{\eta'}{\eta} = \dfrac{u_t'}{u_t} = \dfrac{d_p'^2}{d_p^2}$，$\dfrac{0.75}{1} = \dfrac{d_p'^2}{50^2}$，$d_p' = 43.3\mu\text{m}$，所以选 B。

7. 颗粒沉降分_____阶段和_____阶段。一球形小颗粒在水中按斯托克斯定律沉降。若水温由 20℃ 上升至 50℃，则 u_t _____。（增大、减小、不变）

分析：颗粒沉降分加速阶段和等速阶段。小颗粒在水中斯托克斯沉降，对于液体，温度对 u_t 影响，主要反映在黏度。温度上升，水的黏度下降，u_t 增大。

8. 要使微小颗粒从气流中除去的条件：必须使颗粒在降尘室内的停留时间 τ_r（　　）颗粒的沉降时间 τ_t。

　　A. ≥；　　　　　　B. ≤；　　　　　　C. <；　　　　　　D. >。

分析：降尘室目的是除去颗粒，所以颗粒在降尘室内的停留时间 τ_r 必须 ≥ 颗粒的沉降时间 τ_t，颗粒才能沉降在降尘室里。所以选 A。

9. 颗粒的重力沉降在斯托克斯区域时，含尘气体质量流量不变，除尘效果以（　　）为好。

　　A. 冷却后进行；　　　　　　　　　　B. 加热后进行；

　　C. 不必换热，马上进行分离；　　　　D. 加热、冷却均可。

分析：含尘气体质量流量不变，在斯托克斯区域沉降，温度低时，同样条件下除去的 d_{min} 小，所以先除尘后预热效果好。所以选 A。

10. 颗粒在离心力场内作圆周运动时，其旋转半径为 0.2m 时，切线速度为 10m/s，其分离因数为（　　）。

　　A. 10；　　　　　　B. 204；　　　　　　C. 51；　　　　　　D. 41。

分析：离心分离因数 $\alpha = \dfrac{离心力}{重力} = \dfrac{r\omega^2}{g} = \dfrac{u^2}{rg} = \dfrac{10^2}{9.81 \times 0.2} = 50.97$，所以选 C。

Ⅲ. 工程问题分析

11. 在内径为 1.2m 的丙烯腈流化床反应器中，堆放了 3.62t 催化剂，流化后床层高度为 10m，流化床的压降_____kPa；若床层空隙率不变，当流化床的压降为 40.5kPa 时，流化床层高度为_____m。

分析：$\Delta\mathscr{P}=\dfrac{m}{A\rho_p}(\rho_p-\rho)g$　由于 $\rho_p\gg\rho$，所以 $\rho_p-\rho=\rho_p$，$\Delta\mathscr{P}=\dfrac{mg}{A}$

所以 $\Delta\mathscr{P}=\dfrac{3.62\times10^3}{0.785\times1.2^2}\times9.81=3.14\times10^4\text{Pa}=31.4\text{kPa}$

$\Delta\mathscr{P}=\dfrac{m}{A\rho_p}(\rho_p-\rho)g=L(1-\varepsilon)(\rho_p-\rho)g$

$\dfrac{\Delta\mathscr{P}}{\Delta\mathscr{P}'}=\dfrac{L}{L'}$，所以 $L'=L\dfrac{\Delta\mathscr{P}'}{\Delta\mathscr{P}}=10\times\dfrac{40.5}{31.4}=12.9\text{m}$。

12. 某降尘室底面积 A，高度 H，对流量为 q_V 的气体理论上能 100% 除去的最小颗粒直径为 $60\mu\text{m}$，现在降尘室内加入 3 块隔板，将降尘室等距离分隔。则若要求理论上 100% 除去的最小颗粒直径仍为 $60\mu\text{m}$，则此时处理量 q_V 可为原来的_____倍；若气体流量 q_V 不变，则理论上 100% 除去的最小颗粒直径是_____（假定在斯托克斯区沉降）。

分析：在斯托克斯区沉降，① $q_V=A_底u_t$，$A'=A(n+1)=4A$，100% 除去的最小颗粒直径仍为 $60\mu\text{m}$，则沉降速度 u_t 不变，所以 $q_V'=4q_V$。

② 若气体流量 q_V 不变，面积 A 为原来的 4 倍，则沉降速度 $u_t'=\dfrac{1}{4}u_t$

$\dfrac{u_t}{u_t'}=\dfrac{d_p^2}{d_p'^2}=4$，$\dfrac{60^2}{d_p'^2}=4$，所以 $d_p'=30\mu\text{m}$。

13. 已知颗粒在液体中沉降速度为 0.2m/s，若液体以 0.2m/s 的速度向上流动，则颗粒的绝对速度为（　　）。

　　A. 0.3m/s；　　　　　　B. 0.2m/s；　　　　　　C. 0.1m/s；　　　　　　D. 0 m/s。

分析：颗粒的绝对速度 $u_p=u_t-u=0.2-0.2=0$m/s，所以选 D。

14. 流化床操作中，随气体流量的增大，床层孔隙率 ε _____，压降_____。

分析：随气体流量的增大，颗粒浮动加剧，床层孔隙率 ε 增大，流化阶段床层的压降 $\Delta\mathscr{P}=\dfrac{m}{A\rho_p}(\rho_p-\rho)g$，与流速无关，所以压降不变。

当压降减小时，说明已进入气力输送阶段。

第三节　工程问题与解决方案

Ⅰ. 一般工程问题计算

【例 5-1】 加隔板的降尘室计算　欲用降尘室净化含尘空气，要求净化后的空气不含有直径大于 0.01mm 的尘粒，空气温度为 20℃，流量为 1500kg/h，尘粒密度为 1800kg/m³，试求：

（1）所需沉降面积为多大？

(2) 若降尘室长 5m，宽 4m，高 3m，室内需加几块隔板。

已知：20℃常压空气密度为 $1.2kg/m^3$，黏度为 $2\times10^{-5}Pa\cdot s$

解：（1）设处于 Stocks 区

$$u_t=\frac{d_p^2(\rho_p-\rho)g}{18\mu}=\frac{(0.01\times10^{-3})^2\times(1800-1.2)\times9.81}{18\times2\times10^{-5}}=4.90\times10^{-3}m/s$$

检验：$Re_p=\frac{d_pu_t\rho}{\mu}=\frac{0.01\times10^{-3}\times4.90\times10^{-3}\times1.2}{2\times10^{-5}}=2.94\times10^{-3}<2$，计算有效

$$q_V=\frac{q_m}{\rho}=\frac{1500}{3600\times1.2}=0.347m^3/s$$

$$A=\frac{q_V}{u_t}=\frac{0.347}{4.90\times10^{-3}}=70.8m^2$$

（2）$A_1=5\times4=20m^2$

$A=A_1(n+1)$，$70.8=20\times(n+1)$，解得 $n=2.54$，所以需加 3 块隔板。

讨论：生产能力 q_V 与沉降面积成正比，与高度 H 无关，当底面积较小时，降尘室中间可放 n 块板，增加沉降面积。所加板数为 $n=\frac{A}{A_{底}}-1$。

【例 5-2】 预热和除尘的顺序影响 20℃质量流量为 2.5kg/s 的空气进行除尘，$\rho_p=1800kg/m^3$，$A=130m^2$，并使除尘后的空气温度达到 150℃。已知 $t_1=20℃$，$\rho=1.2kg/m^3$，$\mu=1.81\times10^{-5}Pa\cdot s$，$t_2=150℃$，$\rho=0.836kg/m^3$，$\mu=2.41\times10^{-5}Pa\cdot s$。通过计算说明先除尘后预热还是先预热后除尘好。

解： $t_1=20℃$，$\rho=1.2kg/m^3$

$\mu=1.81\times10^{-5}Pa\cdot s$，$q_V=2.50/1.2=2.08m^3/s$，$u_t=q_V/A=0.016m/s$

设在斯托克斯区

$$d_{pmin}=\left[\frac{18\mu u_t}{g(\rho_p-\rho)}\right]^{0.5}=\left[\frac{18\times1.81\times10^{-5}\times0.016}{9.81\times(1800-1.2)}\right]^{0.5}=1.72\times10^{-5}m$$

校验 $Re_p=\frac{d_{pmin}u_t\rho}{\mu}=\frac{1.72\times10^{-5}\times0.016\times1.2}{1.81\times10^{-5}}=0.018<2$，有效

$t_2=150℃$，$\rho=0.836kg/m^3$，$\mu=2.41\times10^{-5}Pa\cdot s$

所以 $q_V=2.50/0.836=2.99m^3/s$，$u_t=q_V/A=2.99/130=0.023m/s$

设在斯托克斯区

$$d_{pmin}=\left[\frac{18\mu u_t}{g(\rho_p-\rho)}\right]^{0.5}=\left[\frac{18\times2.41\times10^{-5}\times0.023}{9.81\times(1800-0.836)}\right]^{0.5}=2.38\times10^{-5}m$$

校验 $Re_p=\frac{d_{pmin}u_t\rho}{\mu}=\frac{2.38\times10^{-5}\times0.023\times0.836}{2.41\times10^{-5}}=0.019<2$，有效

讨论：温度低时，同样条件下除去的 $d_{p,min}$ 小，所以先除尘后预热效果好。

【例 5-3】 降尘室颗粒除尘百分率计算 用降尘室除去含尘气体中的尘粒，尘粒密度 $\rho_p=3500kg/m^3$，降尘室长 5m、宽 11m、高 1m，含尘气体 $\mu=2.82\times10^{-5}Pa\cdot s$，密度 $\rho=0.617kg/m^3$，体积流量为 $1.2\times10^4m^3/h$。试求：

（1）理论上能 100% 除下的颗粒最小直径为多少？

（2）直径为 $15\mu m$ 的颗粒能除去百分之多少？

（3）直径为 $45\mu m$ 的颗粒能除去百分之多少？

解：（1）$q_V=Au_t$，$\dfrac{12000}{3600}=5\times11u_t$，解得 $u_t=0.0606\mathrm{m/s}$

假定在斯区

$$d_{\min}=\sqrt{\frac{18\mu u_t}{g(\rho_p-\rho)}}=\sqrt{\frac{18\times2.82\times10^{-5}\times0.0606}{9.81\times(3500-0.617)}}=2.99\times10^{-5}\mathrm{m}=29.9\mu m$$

验证 $Re_p=\dfrac{d_{\min}u_t\rho}{\mu}=\dfrac{2.99\times10^{-5}\times0.0606\times0.617}{2.82\times10^{-5}}=0.0396<2$，假定成立

（2）$\eta=\left(\dfrac{d_p}{d_{\min}}\right)^2=\left(\dfrac{15}{29.9}\right)^2\times100\%=25.2\%$

（3）由于 100% 除去的颗粒最小直径为 $29.9\mu m$，所以直径为 $45\mu m$ 的颗粒能全部除去。

讨论：$q_V=u_tA$，在斯托克斯区 $u_t=\dfrac{d_{\min}^2(\rho_p-\rho)g}{18\mu}$，表明以 u_t 速度沉降的小球（$d_{\min}$）刚好完全沉降。若 $d_p>d_{\min}$，该颗粒可 100% 除去，若 $d_p<d_{\min}$，且在斯托克斯区沉降该颗粒能除去百分数为 $\eta_i=\dfrac{u_t'}{u_t}=\left(\dfrac{d_p}{d_{\min}}\right)^2$。

Ⅱ.复杂工程问题分析与计算

【例 5-4】 降尘室中颗粒除尘综合计算 　某降尘室高 2m，长 2m，宽 3m，用于除去含尘气体中的尘粒。在操作条件下，球形尘粒的密度为 $2000\mathrm{kg/m^3}$，含尘气体的密度为 $1.8\mathrm{kg/m^3}$，黏度为 $0.025\mathrm{mPa\cdot s}$。求：

（1）若要求将大于 $25\mu m$ 的尘粒全部除去，该降尘室含尘气体处理能力为多少（$\mathrm{m^3/h}$）？

（2）若在该降尘室中设置 2 层隔板，要求处理量为原来的 2 倍，被除去的最小颗粒直径为多少（μm）？颗粒直径为 $25\mu m$ 的颗粒被除去的百分率？

解：（1）设颗粒沉降处于 Stocks 区

$$u_t=\frac{d_p^2(\rho_p-\rho)g}{18\mu}$$

$$u_t=\frac{(25\times10^{-6})^2\times(2000-1.8)\times9.81}{18\times0.025\times10^{-3}}=0.0272\mathrm{m/s}$$

验证：

$$Re_p=\frac{d_pu_t\rho}{\mu}=\frac{2.5\times10^{-5}\times0.0272\times1.8}{2.5\times10^{-5}}=0.049<2$$

$$q_V=u_tA$$

$$q_V=0.0272\times6=0.1632\mathrm{m^3/s}=587.5\mathrm{m^3/h}$$

（2）$A'=(n+1)A_{\text{底}}=(2+1)\times6=18\mathrm{m^2}$

$$q_V'=2\times0.1632=0.3264\mathrm{m^3/s}$$

$$q_V'=u_t'A'，\quad u_t'=\frac{q_V'}{A'}=\frac{0.3264}{18}=0.0181\mathrm{m/s}$$

$$d'_p = \sqrt{\frac{18\mu u'_t}{(\rho_p - \rho)g}}$$

$$d'_p = \sqrt{\frac{18 \times 0.025 \times 10^{-3} \times 0.0181}{(2000 - 1.8) \times 9.81}} = 2.04 \times 10^{-5}\,\text{m}$$

$$d'_p = 20.4\mu\text{m}$$

$$Re_p = \frac{d'_p u_t \rho}{\mu} = \frac{2.04 \times 10^{-5} \times 0.0181 \times 1.8}{2.5 \times 10^{-5}} = 0.0266 < 2$$

由于 100% 除去的颗粒最小直径为 $20.4\mu\text{m}$，所以直径为 $25\mu\text{m}$ 的颗粒能全部除去。

【例 5-5】 降尘室中颗粒粒径除尘计算 某降尘室每层底面积 10m^2，内均匀设置 5 层隔板，现用该降尘室净化质量流量为 6000kg/h 的含尘空气，$\rho_p = 2500\text{kg/m}^3$。进入降尘室的空气温度为 150℃。已知 150℃ 时，空气的密度为 0.836kg/m^3，黏度为 $\mu = 2.41 \times 10^{-5}\text{Pa·s}$。问：

(1) 100% 除去的最小颗粒直径为多少？80% 除去的颗粒直径为多少？

(2) 为保证 100% 除去最小颗粒直径达 $45.6\mu\text{m}$，空气的质量流量为多少（kg/h）？

解： (1) 含尘颗粒的空气流量为

$$q_V = \frac{q_m}{\rho} = \frac{6000}{0.836 \times 3600} = 1.99\text{m}^3/\text{s}$$

降尘室的总面积为 $\quad A = (n+1)A_0 = (5+1) \times 10 = 60\text{m}^2$

可 100% 除去的颗粒的沉降速度

$$u_t = \frac{q_V}{A} = \frac{1.99}{60} = 0.0332\text{m/s}$$

设颗粒沉降处于 Stocks 区

$$d_{\min} = \sqrt{\frac{18\mu u_t}{(\rho_p - \rho)g}} = \sqrt{\frac{18 \times 2.41 \times 10^{-5} \times 0.0332}{(2500 - 0.836) \times 9.81}} = 2.42 \times 10^{-5}\,\text{m} = 24.2\mu\text{m}$$

验证：$Re_p = \dfrac{d_{\min} u_t \rho}{\mu} = \dfrac{2.42 \times 10^{-5} \times 0.0322 \times 0.836}{2.41 \times 10^{-5}} = 2.71 \times 10^{-2} < 2$

$$\eta = \frac{u'_t}{u_t} = \frac{d'^2_p}{d^2_{\min}}$$

$$d'_p = d_{\min}\sqrt{\eta} = 2.42 \times 10^{-5} \times \sqrt{0.8} = 2.16 \times 10^{-5}\,\text{m} = 21.6\mu\text{m}$$

$$u'_t = \eta u_t = 0.8 \times 0.0332 = 0.02656\text{m/s}$$

验证：$Re'_p = \dfrac{d'_p u'_t \rho}{\mu} = \dfrac{2.16 \times 10^{-5} \times 0.02656 \times 0.836}{2.41 \times 10^{-5}} = 0.0199 < 2$

计算有效

(2) 为保证 100% 除去的最小颗粒直径达 $d_{\min} = 45.6\mu\text{m} = 4.56 \times 10^{-5}\,\text{m}$

则沉降速度为

$$u_t = \frac{d^2_{\min}(\rho_p - \rho)g}{18\mu} = \frac{(4.56 \times 10^{-5})^2 \times (2500 - 0.836) \times 9.81}{18 \times 2.41 \times 10^{-5}} = 0.118\text{m/s}$$

处理量为 $\quad q_V = u_t A = 0.118 \times 60 = 7.08\text{m}^3/\text{s}$

$$q_m = q_V \rho = 7.08 \times 0.836 = 5.92\text{kg/s} = 21300\text{kg/h}$$

$$Re_p = \frac{d_{min}u_t\rho}{\mu} = \frac{4.56 \times 10^{-5} \times 0.118 \times 0.836}{2.41 \times 10^{-5}} = 0.1867 < 2，计算有效$$

【例 5-6】　最大气流处理量与层高的关系　有一长 L、宽 B、高 H 的降尘室，已知球形尘粒的粒径与密度为 d_p、ρ_p，气体的密度、黏度为 ρ、μ，颗粒沉降满足 $Re_p < 2$ 条件。试推导用增加水平隔板方法在保证气流 $Re \leqslant 1600$ 条件下最大气流处理量的每层高 H' 的计算式。

解： 设降尘室分隔成 n 个降尘室，每层高 H'，每层最大气流量为 q_V

因为 $d_e = \dfrac{4A}{\Pi} = \dfrac{4BH'}{2(B+H')}$

所以 $Re = \dfrac{d_e u\rho}{\mu} = \dfrac{2q_V\rho}{2(B+H')\mu} = 1600$

则 $q_{V总} = q_V\dfrac{H}{H'} = u_t BL\dfrac{800\mu H}{\rho u_t BL - 800\mu B} = \dfrac{800u_t\mu LH}{\rho u_t L - 800\mu}$

所以 $q_V = 800(B+H')\mu/\rho$

又因为 $q_V = u_t BL$

所以 $800(B+H')\mu/\rho = u_t BL$

所以 $H' = \dfrac{\rho u_t BL}{800\mu} - B$

【例 5-7】　非定态沉降计算　直径为 0.12mm、密度为 2300kg/m^3 的球形颗粒在 $20\,^{\circ}\!\text{C}$ 水中自由沉降，试计算颗粒由静止状态开始至速度达到 99% 沉降速度所需的时间和沉降的距离。

解： 根据牛顿第二定律有

$$F - F_b - F_D = m\frac{du}{d\tau} \qquad ①$$

$F = mg$，$F_b = \dfrac{m}{\rho_p}\rho g$，设处于斯托克斯区 $F_D = 3\pi d_p\mu u$，代入式①

得到

$$\frac{du}{d\tau} = \frac{\rho_p - \rho}{\rho_p}g - \frac{18\mu}{d_p^2\rho_p}u \qquad ②$$

对式②积分得

$$\tau = -\frac{d_p^2\rho_p}{18\mu}\ln\left[1 - \frac{18\mu}{d_p^2(\rho_p-\rho)g}u\right] = -\frac{d_p^2\rho_p}{18\mu}\ln\left(1 - \frac{u}{u_t}\right) \qquad ③$$

查 $20\,^{\circ}\!\text{C}$ 水　$\rho = 998.2\text{kg/m}^3$，$\mu = 1.005 \times 10^{-3}\text{Pa·s}$。

设处于斯托克斯区，则

$$u_t = \frac{d_p^2(\rho_p-\rho)g}{18\mu} = \frac{(0.12 \times 10^{-3})^2 \times (2300 - 998.2) \times 9.81}{18 \times 1.005 \times 10^{-3}} = 0.0102\text{m/s}$$

验证 $Re_p = \dfrac{d_p u_t\rho}{\mu} = \dfrac{0.12 \times 10^{-3} \times 0.0102 \times 998.2}{1.005 \times 10^{-3}} = 1.22 < 2$

代入式③得 $\tau = -\dfrac{(0.12 \times 10^{-3})^2 \times 2300}{18 \times 1.005 \times 10^{-3}} \times \ln(1 - 0.99) = 8.43 \times 10^{-3}\text{s}$

由式③可得：$u = u_t\left(1 - e^{-\frac{18\mu}{d_p^2\rho_p}\tau}\right)$，因为 $u = \dfrac{ds}{d\tau}$

所以 $s = \int_0^\tau u \mathrm{d}\tau = u_t \int_0^\tau (1 - e^{-\frac{18\mu}{d_p^2 \rho_p}\tau}) \mathrm{d}\tau = u_t \left[\tau + \frac{d_p^2 \rho_p}{18\mu} (e^{-\frac{18\mu}{d_p^2 \rho_p}\tau} - 1) \right]$

【例 5-8】 物质黏度的计算 一直径 $30\mu\mathrm{m}$ 的光滑球形固体颗粒在 $\rho = 1.2\mathrm{kg/m^3}$ 的空气中的有效重量（指重力减浮力）为其在 20℃ 水中有效重量的 1.6 倍。现测得该颗粒在上述水中的沉降速度为其在某密度为 $880\mathrm{kg/m^3}$ 的矿物油中沉降速度的 4.3 倍，试求该矿物油的黏度。已知 20℃ 水的黏度为 $1\mathrm{mPa \cdot s}$。

解： 现以下标 1，2，3 分别表示在空气、水、油中的沉降

假设该颗粒在水、油中沉降均属 Stokes 区。

因为 $\dfrac{\rho_p - \rho_1}{\rho_p - \rho_2} = \dfrac{\rho_p - 1.2}{\rho_p - 1000} = 1.6$，所以 $\rho_p = 2667\mathrm{kg/m^3}$

又 $u_t = \dfrac{g d_p^2 (\rho_p - \rho)}{18\mu}$

所以 $\dfrac{u_{t,2}}{u_{t,3}} = \dfrac{\rho_p - \rho_2}{\rho_p - \rho_3} \dfrac{\mu_3}{\mu_2} = \dfrac{2667 - 1000}{2667 - 880} \times \dfrac{\mu_3}{10^{-3}} = 4.3$

所以 $\mu_3 = 4.61 \times 10^{-3} \mathrm{Pa \cdot s}$

校核 $u_{t,2} = \dfrac{g d_p^2 (\rho_p - \rho_2)}{18\mu_2} = \dfrac{9.81 \times (30 \times 10^{-6})^2 \times (2667 - 1000)}{18 \times 10^{-3}} = 8.18 \times 10^{-4} \mathrm{m/s}$

$Re_{p,2} = d_p u_{t,2} \rho_2 / \mu_2 = \dfrac{30 \times 10^{-6} \times 8.18 \times 10^{-4} \times 1000}{10^{-3}} = 0.0245$

$u_{t,3} = u_{t,2} / 4.3 = 8.18 \times 10^{-4} / 4.3 = 1.90 \times 10^{-4} \mathrm{m/s}$

$Re_{p,3} = 30 \times 10^{-6} \times 1.90 \times 10^{-4} \times 880 / 4.61 \times 10^{-3} = 1.09 \times 10^{-3}$

$Re_{p,2} < 2$

$Re_{p,3} < 2$，原假设正确。

【例 5-9】 固定床压降的计算 拟估计 20℃、1.0MPa（绝）的 CO 通过固定床脱硫器的压降，先用 20℃、101.3kPa（绝）的空气进行实测。当空气的空塔气速为 0.4m/s，测得床层压降 470Pa/m；空塔气速 0.9m/s，测得床层压降 2300Pa/m。现测得 CO 的空塔气速为 0.5m/s，则床层压降为多少？

已知：20℃，1.0MPa（绝）的一氧化碳 $\mu = 2.4 \times 10^{-5} \mathrm{Pa \cdot s}$，$\rho = 11.4\mathrm{kg/m^3}$。

解： 20℃，常压空气 $\rho = 1.2\mathrm{kg/m^3}$，$\mu = 1.81 \times 10^{-5} \mathrm{Pa \cdot s}$

根据欧根方程，取 $\dfrac{\Delta \mathscr{P}}{L} = C_1 \mu u + C_2 \rho u^2$

代入空气数据

$470 = C_1 \times 1.81 \times 10^{-5} \times 0.4 + C_2 \times 1.2 \times 0.4^2$

$2300 = C_1 \times 1.81 \times 10^{-5} \times 0.9 + C_2 \times 1.2 \times 0.9^2$

解得 $C_1 = 3.9 \times 10^6$，$C_2 = 2301$

所以，一氧化碳压降 $\dfrac{\Delta \mathscr{P}}{L} = C_1 \mu u + C_2 \rho u^2$

$= 3.9 \times 10^6 \times 2.4 \times 10^{-5} \times 0.5 + 2301 \times 11.4 \times 0.5^2 = 6604\mathrm{Pa/m}$

第四节　自测练习同步

Ⅰ.自测练习一

一、填空题

1.颗粒自由沉降是_____。当微粒在介质中作自由沉降时，若粒子沉降的 Re_p 相同时，球形度越大的微粒，介质阻力系数越_____。球形粒子的球形度为_____。

2.重力降尘室的生产能力与降尘室的_____有关，与_____无关。在除去某粒径的颗粒时，若降尘室高度 H 增加一倍，则沉降时间增加_____，生产能力_____。

3.流化床的压降随气速变化的规律是_____。流化床中出现的不正常现象有_____、_____。

4.离心分离因数 α 的物理含义是_____。评价旋风分离器的主要指标是_____和_____。通常将经过旋风分离器后能被除下 50% 的颗粒直径称为_____。细长型的旋风分离器的分离效率_____粗短型的旋风分离器。（大于，小于，等于）

5.聚式流化一般发生于_____系统中。（气固，液固）流化床操作中，随空床气速的增加，床层的空隙率_____，床层的压降_____。（减小，增大，不变）发生沟流时的压降_____正常流化时的压降。（大于，小于，等于）

6.流化床的操作范围在_____和_____之间。流化床操作中，流体在床层中的真实速率为 u_1，颗粒沉降速度为 u_t，流体通过床层的表观速度为 u，三者数值大小关系为_____。

二、选择题

1.重力场中，微小颗粒的沉降速度与（　　）因素无关。
　　A.颗粒几何形状；　　　　　　　　　　B.流体流速；
　　C.颗粒密度；　　　　　　　　　　　　D.流体密度。

2.有一高温含尘气流，尘粒的平均直径在 $2\sim3\mu m$，现要达到较好的除尘效果，可采用（　　）的除尘设备。
　　A.降尘室；　　　　B.旋风分离器；　　　C.湿法除尘；　　　　D.袋滤器。

3.当固体微粒在大气中沉降是斯托克区域时，以（　　）的大小对沉降速度的影响最为显著。
　　A.颗粒密度；　　　B.空气黏度；　　　C.颗粒直径；　　　　D.空气密度。

4.离心机的分离因数 α 愈大，表明它的分离能力愈（　　）。
　　A.差；　　　　　　B.强；　　　　　　C.低；　　　　　　D.无关。

5.为提高旋风分离器的效率，当气体处理量较大时，应采用（　　）。
　　A.几个小直径的分离器并联；　　　　　B.几个大直径的分离器并联；
　　C.几个小直径的分离器串联；　　　　　D.几个大直径的分离器串联。

6.在长为 $L(m)$，高为 $H(m)$ 的降尘室中，颗粒的沉降速度为 $u_t(m/s)$，气体通过降尘室的水平流速为 $u(m/s)$，则颗粒能在降尘室内分离的条件是（　　）。
　　A.$L/u<H/u_t$；　　　　　　　　　　B.$L/u_t<H/u$；

$C. L/u_t \geqslant H/u$ ； $D. L/u \geqslant H/u_t$ 。

三、计算题

1.有一降尘室，用以除去含尘气中的颗粒，需处理的气量为 2700m^3/h，尘粒为球形，尘粒的密度为 2400kg/m^3。降尘室长 2m，宽 1.5m，高 1m，常压下操作，室中温度为 100℃，在此温度下，气体的黏度为 2.19×10^{-5}Pa·s，气体的密度为 0.95kg/m^3。试求：

(1) 能 100％除去的最小颗粒直径？

(2) 直径为 0.055mm 的颗粒能被除去的百分率？

2.欲用降尘室净化 20℃、流量为 2500m^3/h 的常压空气，要求净化后不含有直径大于 10μm 颗粒，求所需沉降面积？若降尘室底部 2m×5m，如何处理？

Ⅱ. 自测练习二

一、填空题

1.悬浮在静止流体中的固体微粒在重力作用下，沿重力方向作自由沉降时，会受到_____三个力的作用。当此三个力的_____时，微粒即作匀速沉降运动。此时微粒相对于流体的运动速度，称为_____。

2.球形粒子在介质中自由沉降时，匀速沉降的条件是_____。斯托克斯区沉降时，其阻力系数＝_____。

3.降尘室做成多层的目的是_____。旋风分离器属_____。

4.离心分离因数是指_____。为了提高离心机的分离效率，通常使离心机的_____增高，而将它的_____减少。

5.离心机的分离因数越大，则分离效果越_____；要提高离心机的分离效果，一般采用_____的离心机。

6.流化床中，当气流速度等于_____时，这个气流速度称为带出速度。流化床的实际流化现象有_____、_____。

二、选择题

1.欲提高降尘室的生产能力，主要的措施是（   ）。

　A.提高降尘室的高度；   B.延长沉降时间；

　C.增大沉降面积；   D.缩短停留时间。

2.为使离心机有较大的分离因数和保证转鼓有关足够的机械强度，应采用（   ）的转鼓。

　A.高转速、大直径；   B.高转速、小直径；

　C.低转速、大直径；   D.低转速、小直径。

3.降尘室的生产能力与降尘室的（   ）无关。

　A.长度；   B.宽度；   C.高度；   D.底面积。

4.颗粒的球形度越接近（   ），说明越接近球形。

　A.0；   B.1；   C.大；   D.小。

5.当微粒与流体的相对运动处于斯托克斯区时，旋转半径为 1m，切线速度为 20m/s 时，同一微粒在上述条件下的离心沉降速度等于重力沉降速度的（   ）。

　A.2倍；   B.10倍；   C.40.8倍；   D.60倍。

6. 在讨论旋风分离器分离性能时，分割直径是指（　　　）。

　　A. 旋风分离器允许的最小直径；

　　B. 旋风分离器能够 50％ 分离出来的颗粒直径；

　　C. 旋风分离器能够 100％ 分离出来的最小颗粒直径；

　　D. 旋风分离器能够分离出来的最大颗粒直径。

三、计算题

1. 用降尘室除去含尘气体中的球形尘粒，尘粒密度 $\rho_p = 4000 \text{kg/m}^3$，降尘室长 3m，宽 2m，高 1m。含尘气体 $\mu = 2 \times 10^{-5} \text{Pa·s}$，密度 $\rho = 1.2 \text{kg/m}^3$，流量为 $3000 \text{m}^3/\text{h}$。试求：

（1）可被 100％ 除下的最小粒径；

（2）可被 50％ 除下的粒径。

2. 有一重力降尘室长 2m，宽 2m，高 1m，用以处理 $3000 \text{m}^3/\text{h}$ 的含尘气体。已知尘粒密度为 3000kg/m^3，气体密度为 1.5kg/m^3，气体黏度 $\mu = 2 \times 10^{-5} \text{Pa·s}$。尘粒可视作球形，在气体中均匀分布。试求：

（1）理论上能 100％ 除去的最小粒径为多少？

（2）若在降尘室中设置 4 块水平隔板，将降尘室均匀分成 5 层，每层高 200mm，则理论上能 100％ 除去的最小粒径又为多少？

本章符号说明

符号	意义	单位
A	沉降面积	m^2
A_p	颗粒向下的最大投影面积	m^2
d_p	小球或颗粒直径	m
F_b	浮力	N
F_C	离心力	N
F_D	总曳力	N
F_g	重力	N
H	沉降器高度	m
L	流化床高度	m
L_{mf}	起始流化时床高	m
m	流化床中固体质量	kg
q_V	流量	m^3/s
r	半径	m
Re_p	颗粒雷诺数	
u	速度	m/s
u_{mf}	流化床起始速度	m/s
u_t	沉降速度	m/s
α	离心分离因数	
ε_{mf}	流化床起始流化空隙率	m^3/m^3

ζ	曳力系数	
η_0	分离总效率	
η_t	粒级效率	
μ	流体黏度	Pa·s
ρ	流体密度	kg/m^3
ρ_p	流体密度	kg/m^3
τ_r	停留时间	s
τ_t	沉降时间	s
ψ	球形度	

第六章

传　　热

第一节　知识导图和知识要点

1. 传热过程基础知识导图

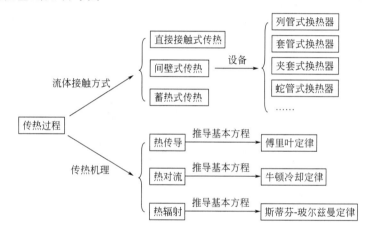

2. 冷热流体的三种接触方式

冷热流体的接触方式有：①直接混合式；②间壁式（分传导-对流-传导三步完成）；③蓄热式。其中直接混合式因冷热流体直接接触，必伴有传质过程同时发生；蓄热式也会存在微量掺混；而间壁式因冷热流体之间只有热量传递，没有质量传递，在工业上应用最多。

3. 传热的三种基本方式

任何热量传递只能通过传导、对流、辐射三种方式进行。

（1）热传导：物体质点无宏观机械运动，传热靠分子的微观运动完成。

（2）对流传热：流体在宏观机械运动的情况下，完成传热过程。

（3）辐射传热：靠电磁波的辐射将热能转移的传热方式。

4. 热流量 Q 和热流密度 q

热流量 Q，单位时间热流体通过整个传热面传递给冷流体的热量，单位：W。

热流密度 q，单位时间、单位面积所传递的热量，与传热面积大小无关。单位：W/m^2。

两者关系：$Q = \int q \, dA$

5. 间壁式换热器的类型

间壁式换热器的类型有：①夹套式；②蛇管式；③套管式；④列管式（又称管壳式）；⑤平板式；⑥翅片式；⑦螺旋板式。

其中管壳式换热器在工业上的应用有着悠久的历史，至今仍占据主导地位；而板式换热器都具有结构紧凑、材料消耗低、传热系数大的优点，显示出更大的优越性。

6. 管壳式换热器中流体通道选择

管壳式换热器设计和选用时冷热流体的通道选择可根据以下原则进行：

(1) 不洁净和易结垢的液体宜走管程（管内清洗方便）；

(2) 腐蚀性流体宜走管程（以免管束和壳体同时受到腐蚀）；

(3) 压强高的流体宜走管内（管子直径小，比壳体更耐压）；

(4) 饱和蒸汽宜走壳程（洁净，与流速无关，冷凝液易排出）；

(5) 被冷却的流体宜走壳程（便于散热）；

(6) 若两流体温差较大，宜将温度高的流体走壳程（以减小热应力）；

(7) 流量小、黏度大的流体宜走壳程（$Re > 100$ 即可达湍流，也可走管程，采用多管程）。

7. 热传导知识导图

平壁的定态导热 $A_m = A$

圆筒壁的定态导热 $A_m = \dfrac{A_2 - A_1}{\ln(A_2/A_1)}$

球壁的定态导热 $A_m = \sqrt{A_1 A_2}$

单层壁的定态导热 $Q = \dfrac{\Delta t}{\delta/(\lambda A_m)}$

热传导（傅里叶定律）

多层壁的定态导热 $Q = \dfrac{\Delta t_1}{R_1} = \dfrac{\Delta t_2}{R_2} = \dfrac{\Delta t_1 + \Delta t_2}{R_1 + R_2}$

前提：无接触热阻

8. 傅里叶定律

傅里叶定律：$q = -\lambda \dfrac{\partial t}{\partial n}$

是热传导的宏观规律，它揭示了导热速率与温度梯度之间的关系。

傅里叶定律的物理意义：导热速率与法向温度梯度成正比，负号表示传热方向和温度梯度的方向相反，即热量从高温传至低温。

热导率 λ 是表征材料导热性能的一个参数，λ 越大，导热性能越好，是分子微观运动的一种宏观表现。

热导率 λ 的主要影响因素是温度。

液体：$t\uparrow$，$\lambda\downarrow$（水、无水甘油例外，$t\uparrow$，$\lambda\uparrow$）；

气体：$t\uparrow$，$\lambda\uparrow$。

$\lambda_{金属} > \lambda_{液体} > \lambda_{气体}$

9. 多层壁定态一维导热

工程处理方法：过程速率 $= \dfrac{\text{推动力}}{\text{阻力}}$

多层壁导热：$Q = \dfrac{\Delta t_1}{R_1} = \dfrac{\Delta t_2}{R_2} = \dfrac{\Delta t_1 + \Delta t_2}{R_1 + R_2}$

$Q = \dfrac{\Delta t}{\delta / (\lambda A_m)}$

平壁 $A = A_m$

圆筒壁 $A_m = \dfrac{A_2 - A_1}{\ln(A_2 / A_1)}$

球壁 $A_m = 4\pi r_1 r_2 = \sqrt{A_1 A_2}$

推动力（温差）与热阻的关系：$\Delta t_1 : \Delta t_2 : \Delta t_3 = R_1 : R_2 : R_3$，表明热阻越大，温差越大。

10. 对流给热知识导图

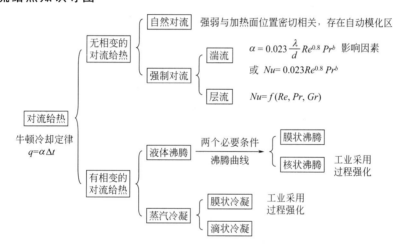

11. 对流给热

对流给热是指流体在流过固体表面时与该表面所发生的热量交换，是流体流动载热与热传导联合作用的结果。

对流给热过程的分类：

$$\text{流体是否有相变化} \begin{cases} \text{无相变的给热过程} \begin{cases} \text{强制对流} \begin{cases} \text{湍流} \\ \text{层流} \end{cases} \\ \text{自然对流} \end{cases} \\ \text{有相变的给热过程} \begin{cases} \text{蒸汽冷凝} \\ \text{液体沸腾} \end{cases} \end{cases}$$

流体流动对传热的贡献是因流动流体的载热增加了近壁面处的温度梯度。

12. 牛顿冷却定律

工程上将对流给热的热流密度写成如下形式：

$q = \alpha_h (T - T_w)$　流体被冷却

$q=\alpha_c(t_w-t)$ 　流体被加热

需要指出的是这并非理论推导结果，只是一种表达方式，假定热流密度与温度差成正比。实际情况给热系数可能不为常数而与温差有关，则热流密度并不与温差成正比。

13. 给热系数 α 的计算

$Nu=f(Re,Pr,Gr)$

雷诺数 $Re=\dfrac{du\rho}{\mu}$，惯性力与黏性力之比，反映强制对流对传热速率的影响；

努塞尔数 $Nu=\dfrac{\alpha l}{\lambda}$，反映了对流给热速率与导热速率之比；

普朗特数 $Pr=\dfrac{c_p\mu}{\lambda}$，为物性特征数，反映物性对给热速率的影响；

格拉斯霍夫数 $Gr=\dfrac{\beta g\Delta tl^3\rho^2}{\mu^2}=(Re_n)^2$，反映自然对流对给热的影响。

14. 自然对流

自然对流是因流体存在温度差，引起密度不同而导致的宏观流动。

大容积自然对流的给热系数

$$\alpha=A\frac{\lambda}{l}\left(\frac{\beta g\Delta tl^3\rho^2}{\mu^2}\frac{c_p\mu}{\lambda}\right)^b$$

当（$Pr\cdot Gr$）$>2\times10^7$，$b=1/3$，即给热系数与特征尺寸无关，称为自动模化区。

必须注意：在需要依靠自然对流进行传热时，冷源应放在上方、热源应放在下方，以提供充分的流动空间而有利于传热。

15. 圆管强制湍流

$Nu=0.023Re^{0.8}Pr^b$，或者 $\alpha=0.023\dfrac{\lambda}{d}Re^{0.8}Pr^b$

流体被加热，$b=0.4$；流体被冷却，$b=0.3$。

当流体被加热时，$\alpha=0.023\dfrac{\rho^{0.8}\lambda^{0.6}c_p^{0.4}}{\mu^{0.4}}\dfrac{u^{0.8}}{d^{0.2}}$

给热系数 α 的影响因素有：

(1) 流速 u：$\alpha\propto u^{0.8}$，u 增大一倍，d 不变，α 增大为 $2^{0.8}=1.74$ 倍。

增大管内 u 是提高 α 的有效途径，但压降也增加。

(2) 特征尺寸 d：u 一定，$\alpha\propto d^{-0.2}$；

$\qquad\qquad\qquad q_V$ 一定，$\alpha\propto d^{-1.8}$。

d 对 α 的影响很大，d 减小，α 增加，但相应压降也增加。

(3) 管子数 n 和管程数 N 的影响

$\alpha\propto\dfrac{u^{0.8}}{d^{0.2}}$，$u=\dfrac{4q_VN}{\pi d^2n}$，则 $\alpha\propto\dfrac{N^{0.8}}{n^{0.8}}$。

16. 大容积饱和沸腾

液体沸腾的主要特征：液体内部有气泡产生。

温度对 α 以及热流密度 q 的影响：$\alpha = A\Delta t^{2.5}B^{t_s}$，$q \propto \Delta t^{3.5}$。

液体沸腾的必要条件：① 过热度；② 汽化核心。

大容积饱和沸腾曲线如图 6-1 所示。

大容积饱和沸腾分为核状沸腾和膜状沸腾。

Δt_c 临界点：从核状沸腾变为膜状沸腾的转折点。

工业控制在核状沸腾阶段。优点：壁温低，α 大。

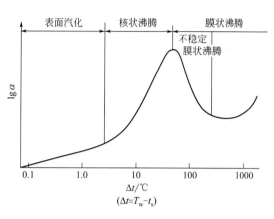

图 6-1　大容积饱和沸腾曲线

沸腾给热过程的强化：

(1) 改善加热表面（如粗糙表面），提供更多的汽化核心；

(2) 加添加剂，降低气液界面张力。

17. 蒸汽冷凝给热

冷凝给热分膜状冷凝和滴状冷凝。

冷凝给热的热阻几乎集中在冷凝液膜中。滴状冷凝无稳定的液膜，故热阻更小，$\alpha_滴$ 很大，$\alpha_滴 / \alpha_膜 = 5 \sim 10$ 倍；但滴状冷凝难以长久维持，故工业冷凝器设计时按膜状冷凝考虑。

垂直管外冷凝给热系数 $\alpha = 1.13 \left(\dfrac{\rho^2 g r \lambda^3}{\mu L \Delta t} \right)^{\frac{1}{4}}$

水平管外冷凝传热系数 $\alpha = 0.725 \left(\dfrac{\rho^2 g r \lambda^3}{\mu d \Delta t} \right)^{\frac{1}{4}}$

$\dfrac{\alpha_{水平}}{\alpha_{垂直}} = 0.64 \left(\dfrac{L}{d} \right)^{\frac{1}{4}}$，当 $L/d > 5.9$ 时，$\alpha_{水平} > \alpha_{垂直}$。

温度对 α 以及热流密度 q 的影响：$\alpha \propto \Delta t^{-0.25}$，$q \propto \Delta t^{\frac{3}{4}}$。

冷凝给热系数影响因素：

(1) 不凝性气体的存在；

(2) 蒸汽的过热；

(3) 蒸汽流向与液膜流向。

强化措施：① 降低液膜厚度；② 获得滴状冷凝。

18. 对流给热过程 α 的比较

自然对流 $\alpha_气$ $5 \sim 10\,\mathrm{W/(m^2 \cdot ℃)}$；

强制对流 $\alpha_气$ $10 \sim 100\,\mathrm{W/(m^2 \cdot ℃)}$；

自然对流 $\alpha_液$ $50 \sim 1000\,\mathrm{W/(m^2 \cdot ℃)}$；

强制对流 $\alpha_液$ $500 \sim 10^4\,\mathrm{W/(m^2 \cdot ℃)}$；

蒸汽冷凝 $\alpha\,10^3 \sim 3 \times 10^4\,\mathrm{W/(m^2 \cdot ℃)}$；

液体沸腾 $\alpha\,10^3 \sim 6 \times 10^4\,\mathrm{W/(m^2 \cdot ℃)}$。

通过比较知道，$\alpha_气 < \alpha_液$，$\alpha_{无相变} < \alpha_{有相变}$，$\alpha_{自然对流} < \alpha_{强制对流}$。

19. 热辐射知识导图

20. 热辐射

任何物体都能以电磁波的形式发射和吸收辐射能，能转化为热能的电磁波辐射称为热辐射。

过程特点：

① $T > 0K$ 的物体都会产生辐射，温度越高辐射越重要；

② 可以在真空中传播，无须传递介质。

$a + r + d = 1$，a 为吸收率，r 为反射率，d 为透过率。

对固体：$d = 0$，$r + a = 1$；

对气体：$r = 0$，$a + d = 1$。

（1）黑体：能全部吸收辐射热（吸收率 $a = 1$）的物体。

黑体的辐射能力 $E_b = \sigma_0 T^4 = C_0 \left(\dfrac{T}{100}\right)^4$ 斯蒂芬-波尔兹曼定律

黑体的辐射能力与热力学温度的四次方成正比。随着温度的升高，辐射能力急剧增大，因而在高温下辐射传热成为主要的传热方式。

（2）灰体：对各波长具有相同吸收率的理想物体。

工业上大多 $\lambda = 0.76 \sim 20\mu m$，工程材料在此区间 a 变化不大。

灰体的辐射能力 $E = \varepsilon E_b = \varepsilon C_0 \left(\dfrac{T}{100}\right)^4$

灰体满足基尔霍夫定律（Kirchhoff）：$a = \varepsilon$。

即同温度下，灰体的吸收率等于黑度；善辐射者善吸收。

（3）实际物体：吸收率 a 与波长 λ 有关。

实际物体的辐射能力：$E = \varepsilon E_b = \varepsilon C_0 \left(\dfrac{T}{100}\right)^4$

黑度 $\varepsilon = \dfrac{\text{实际物体的辐射能力}}{\text{黑体辐射能力}} = \dfrac{E}{E_b}$

ε 影响因素：表面温度，物体种类，表面状况。

ε 与辐射物体本身情况有关，是物体的一种性质，而与外界无关。

非金属材料的黑度值很高，一般在 $0.85 \sim 0.95$ 间。

21. 两物体间的辐射传热

两黑体间的辐射传热 $Q = \varphi_{12} A_{12} C_0 \left[\left(\dfrac{T_1}{100} \right)^4 - \left(\dfrac{T_2}{100} \right)^4 \right]$

两灰体间的辐射传热 $Q = \varepsilon_s \varphi_{12} A_{12} C_0 \left[\left(\dfrac{T_1}{100} \right)^4 - \left(\dfrac{T_2}{100} \right)^4 \right]$

对两相离很近而面积足够大的平行板，$Q_{12} = \dfrac{(E_{b1} - E_{b2}) A_1}{\dfrac{1}{\varepsilon_1} + \dfrac{1}{\varepsilon_2} - 1}$

当 A_2 包 A_1 且 $A_2 \gg A_1$ 时，$Q_{12} = \varepsilon_1 A_1 C_0 \left[\left(\dfrac{T_1}{100} \right)^4 - \left(\dfrac{T_2}{100} \right)^4 \right]$

该式可用于气体管道内热电偶测温的辐射误差计算。

一般热电偶指示温度低于气体温度，原因是管道内表面温度低，热电偶对管道表面产生辐射传热所引起的。可采取在热电偶上加罩子，阻挡热电偶向管道内表面的热辐射来减小误差。

22. 传热计算知识导图

23. 对数平均推动力

$\Delta t_m = \dfrac{\Delta t_1 - \Delta t_2}{\ln \dfrac{\Delta t_1}{\Delta t_2}}$

逆流 $\Delta t_m = \dfrac{(T_1 - t_2) - (T_2 - t_1)}{\ln \dfrac{T_1 - t_2}{T_2 - t_1}}$

并流 $\Delta t_m = \dfrac{(T_1 - t_1) - (T_2 - t_2)}{\ln \dfrac{T_1 - t_1}{T_2 - t_2}}$

若一侧有相变，则对数平均推动力与流体流向无关。

蒸汽冷凝 $\Delta t_m = \dfrac{(T - t_1) - (T - t_2)}{\ln \dfrac{T - t_1}{T - t_2}} = \dfrac{t_2 - t_1}{\ln \dfrac{T - t_1}{T - t_2}}$

液体沸腾 $\Delta t_m = \dfrac{(T_1-t)-(T_2-t)}{\ln\dfrac{T_1-t}{T_2-t}} = \dfrac{T_1-T_2}{\ln\dfrac{T_1-t}{T_2-t}}$

24. 传热过程

（1）操作线方程

逆流 $T = \dfrac{q_{m2}c_{p2}}{q_{m1}c_{p1}}t + \left(T_2 - \dfrac{q_{m2}c_{p2}}{q_{m1}c_{p1}}t_1\right)$

并流 $T = -\dfrac{q_{m2}c_{p2}}{q_{m1}c_{p1}}t + \left(T_1 + \dfrac{q_{m2}c_{p2}}{q_{m1}c_{p1}}t_1\right)$

（2）总热量衡算式

无相变化 $Q_1 = q_{m1}c_{p1}(T_1-T_2) = q_{m2}c_{p2}(t_2-t_1)$

有相变化 $Q = q_m r$，q_m 为蒸汽冷凝量，r 为汽化热

（3）传热基本方程

$Q = KA\Delta t_m$

$Q = KA\Delta t_m = KA\dfrac{\Delta t_1 - \Delta t_2}{\ln\dfrac{\Delta t_1}{\Delta t_2}}$

串联过程存在着一控制步骤，即阻力最大的为控制步骤，欲提高过程速率，必须降低控制步骤的阻力或提高过程推动力。

显然，一个能满足工艺要求的换热器应满足 $Q = KA\Delta t_m = Q_1$。

（4）传热过程计算

逆流 $\ln\dfrac{T_1-t_2}{T_2-t_1} = \dfrac{KA}{q_{m1}c_{p1}}\left(1 - \dfrac{q_{m1}c_{p1}}{q_{m2}c_{p2}}\right)$，$q_{m1}c_{p1}(T_1-T_2) = q_{m2}c_{p2}(t_2-t_1)$

当 $\dfrac{q_{m2}c_{p2}}{q_{m1}c_{p1}} = 1$ 时，$(T_1-T_2) = (t_2-t_1)$，$\Delta t_m = \Delta t_1 = \Delta t_2 = T_1-t_2 = T_2-t_1$

并流 $\ln\dfrac{T_1-t_1}{T_2-t_2} = \dfrac{KA}{q_{m1}c_{p1}}\left(1 + \dfrac{q_{m1}c_{p1}}{q_{m2}c_{p2}}\right)$，$q_{m1}c_{p1}(T_1-T_2) = q_{m2}c_{p2}(t_2-t_1)$

有相变 $\quad\quad \ln\dfrac{T-t_1}{T-t_2} = \dfrac{KA}{q_{m2}c_{p2}}$，$q_{m2}c_{p2}(t_2-t_1) = q_m r$

25. 总传热系数 K

以外表面积为基准 $\quad\dfrac{1}{K_2} = \dfrac{d_2}{\alpha_1 d_1} + R_1\dfrac{d_2}{d_1} + \dfrac{\delta}{\lambda}\dfrac{d_2}{d_m} + R_2 + \dfrac{1}{\alpha_2}$

以内表面积为基准 $\quad\dfrac{1}{K_1} = \dfrac{1}{\alpha_1} + R_1 + \dfrac{\delta}{\lambda}\dfrac{d_1}{d_m} + R_2\dfrac{d_1}{d_2} + \dfrac{1}{\alpha_2}\dfrac{d_1}{d_2}$

新管子或者清洗除垢 $R_1 = R_2 = 0$，忽略内外表面变化，$\dfrac{1}{K} = \dfrac{1}{\alpha_1} + \dfrac{\delta}{\lambda} + \dfrac{1}{\alpha_2}$

一般金属 λ 大，壁薄，δ/λ 较小，可忽略，$\dfrac{1}{K} = \dfrac{1}{\alpha_1} + \dfrac{1}{\alpha_2}$

K 比 α_1、α_2 中较小的一个 α 还小，强化传热须从 α 小的一侧入手，当 $\alpha_1 \gg \alpha_2$，则 $K \approx \alpha_2$。

26.壁温与热阻的关系

对一般换热器，δ 很小，$A_1 \approx A_2$，$T_w \approx t_w$

所以 $\dfrac{\alpha_2}{\alpha_1} = \dfrac{T - T_w}{T_w - t}$

壁面温度总是接近 α 大（即热阻小）一侧的流体的温度。

27.非定态传热过程

非定态传热过程仍可联立传热基本方程和热量衡算式获得解决。不过，对于非定态传热，该流体的热量衡算应以微元时段 $d\tau$ 作为基准，采用带有温变速率的热量衡算式。

对于如图 6-2 所示的非定态传热，热流体有相变（温度不变），而冷流体进、出口温度随时间改变。在微元时段 $d\tau$ 内，可认为储槽内油品温度均匀，换热器中的油品进口温度为 t，采用拟定态方法处理，有如下计算式（假定管道及换热器的滞留油量可忽略不计，槽内油品温度均匀）

$$Q = G c_p \frac{dt}{d\tau} = q_m c_p (t_2 - t) = KA \frac{t_2 - t}{\ln \dfrac{T - t}{T - t_2}}$$

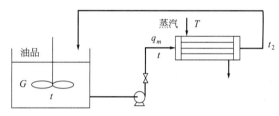

图 6-2　非定态传热过程

第二节　工程知识与问题分析

Ⅰ.基础知识解析

1.物体的热导率与哪些主要因素有关？

答：物体热导率的主要影响因素除物质本身外，还与物态、温度有关。

2.流动对传热的贡献主要表现在哪儿？

答：流动对传热的贡献主要表现在流体流动的载热增加了近壁面处的温度梯度。

3.为什么低温时热辐射往往可以忽略，而高温时热辐射则往往成为主要的传热方式？

答：因热辐射的传热量与热力学温度的四次方成正比，它对温度很敏感。

4.影响辐射传热的主要因素有哪些？

答：影响辐射传热的主要因素有温度、黑度、角系数（几何位置）、面积大小、中间介质。

5.若串联传热过程中存在某个控制步骤，其含义是什么？

答：若串联传热过程中存在某个控制步骤，意味着该步骤的阻力远大于其他各步骤阻力之和，传热速率由该步骤所决定。

6. 为什么一般情况下，逆流总是优于并流？并流适用于哪些情况？

答：在冷热流体进、出口温度相同情况下，逆流对数平均温差大，传热推动力大，载热体用量少。并流壁温较均匀，出口温度 t_2 不会过高，适合于热敏性物料、高黏性液体。

7. 传热基本方程中，推导得出对数平均推动力的前提条件有哪些？

答：管程、壳程均为单程，总传热系数 K、冷热流体的热容流率 $q_m c_p$ 沿程不变。

8. 解决非定态换热器问题的基本方程是哪几个？

答：解决非定态换热器问题的基本方程有传热基本方程、热量衡算式、带有温变速率的热量衡算式。

9. 自然对流中的加热面与冷却面的位置应如何放才有利于充分传热？

答：加热面在空间下部，制冷面在空间上部，流体才能充分流动起来，有利于传热。

10. 蒸汽冷凝时为什么要定期排放不凝性气体？

答：蒸汽冷凝时定期排放不凝性气体是为了避免不凝性气体在固体壁面附近累积导致 α 降低。

11. 有两把外形相同的茶壶，一把为陶瓷的，一把为银制的。将刚烧开的水同时充满两壶。实测发现，陶壶内的水温下降比银壶中的快，这是为什么？

答：陶瓷壶的黑度大，辐射散热快；银壶的黑度小，辐射散热慢，所以陶壶内的水温下降比银壶中的快。

12. 沸腾给热的强化可以从哪两个方面着手？

答：沸腾给热中，改善加热表面，以提供更多的汽化核心；向沸腾液体加添加剂，以降低表面张力，均可提高沸腾给热系数，达到强化传热的目的。

13. 为什么用饱和蒸汽加热空气时，总传热系数 K 近似等于空气侧的给热系数？

答：饱和蒸汽作为加热介质时，属于有相变过程，而有相变时对流给热系数远远大于气体无相变时的对流给热系数，所以饱和蒸汽侧的对流给热系数远远大于空气侧的对流给热系数，总传热系数 K 近似等于空气侧的给热系数。

14. 在换热器设计计算时，为什么要限制 φ 大于 0.8？

答：$\varphi \leqslant 0.8$ 时，温差推动力损失太大，Δt_m 小，所需传热面积大，设备费用高。

Ⅱ. 工程知识应用

1. 在沿球壁的一维定态传热过程中，热流量 Q 沿半径增大方向_____，热流密度 q 沿该方向_____。（增大，减少，不变）

分析：定态下，Q 不变。

$Q = 4\pi r^2 q_r = 4\pi(r+\Delta r)^2 q_{r+\Delta r} = $ 常数，所以 r 增大，q 减小。

2. 列管式换热器，内有 180 根 $\phi 19 \times 1.5$mm 的管子，每根长 3m，管内走流量为 2kg/s 的水，进口温度为 30℃，与热流体单程换热，试求：换热器面积以及管内流速？若采用双管程列管式换热器，其他不变，问管内流速多少？

分析：$d = 19 - 1.5 \times 2 = 16$mm $= 0.016$m

单管程，$A = n\pi dl = 180 \times 3.14 \times 0.016 \times 3 = 37.13$m^2

$$u = \frac{q_m}{n \frac{\pi}{4} d^2 \rho} = \frac{2}{180 \times 0.785 \times 0.016^2 \times 1000} = 0.055 \text{m/s}$$

双管程，面积不变，$A = 37.13\mathrm{m}^2$，$u' = \dfrac{q_m}{\dfrac{n}{2}\dfrac{\pi}{4}d^2\rho} = 2u = 0.11\mathrm{m/s}$，流速加倍。

3. 在蒸汽管道外包两层同样厚度的保温材料，$\lambda_1 < \lambda_2$，应将哪层包在里面？

分析：λ_1 包在里面的散热量：$Q_1 = \dfrac{2\pi l \Delta t}{\dfrac{1}{\lambda_1}\ln\dfrac{r_2}{r_1} + \dfrac{1}{\lambda_2}\ln\dfrac{r_3}{r_2}}$

$\qquad\qquad\ \lambda_2$ 包在里面的散热量：$Q_2 = \dfrac{2\pi l \Delta t}{\dfrac{1}{\lambda_2}\ln\dfrac{r_2}{r_1} + \dfrac{1}{\lambda_1}\ln\dfrac{r_3}{r_2}}$

两种情况传热量不同，比较 Q_1 和 Q_2，取 Q 小的。

比较分母，因为 $\lambda_1 < \lambda_2$，所以 $\dfrac{1}{\lambda_1} > \dfrac{1}{\lambda_2}$

又因为 $r_2^2 > r_2^2 - \delta^2 = (r_2 - \delta)(r_2 + \delta) = r_1 r_3$，所以 $\ln\dfrac{r_2^2}{r_1 r_3} > 0$

$\dfrac{1}{\lambda_1}\left(\ln\dfrac{r_2}{r_1} - \ln\dfrac{r_3}{r_2}\right) > \dfrac{1}{\lambda_2}\left(\ln\dfrac{r_2}{r_1} - \ln\dfrac{r_3}{r_2}\right)$

则 $\dfrac{1}{\lambda_1}\ln\dfrac{r_2}{r_1} + \dfrac{1}{\lambda_2}\ln\dfrac{r_3}{r_2} > \dfrac{1}{\lambda_2}\ln\dfrac{r_2}{r_1} + \dfrac{1}{\lambda_1}\ln\dfrac{r_3}{r_2}$

所以 $Q_1 < Q_2$，λ 小的应包在里面。

4. 保温层是否无论 λ 大小都是增加热阻的？

分析：对于平壁，如图 6-3（a）所示，$Q = \dfrac{A\Delta t}{\dfrac{1}{\alpha_1} + \dfrac{\delta_1}{\lambda_1} + \dfrac{\delta}{\lambda} + \dfrac{1}{\alpha_2}}$，$\delta$ 越厚，热阻越大。

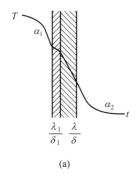
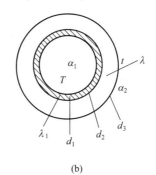

(a)   (b)

图 6-3　分析题 4 附图

圆管壁外如图 6-3（b），$Q = \dfrac{\Delta t}{R} = \dfrac{\pi d_1 l \Delta t}{\dfrac{1}{\alpha_1} + \dfrac{d_1}{2\lambda_1}\ln\dfrac{d_2}{d_1} + \dfrac{d_1}{2\lambda}\ln\dfrac{d_3}{d_2} + \dfrac{d_1}{\alpha_2 d_3}}$

$\delta\uparrow$，$d_3\uparrow$，$\ln\dfrac{d_3}{d_2}\uparrow$，$\dfrac{d_1}{d_3}\downarrow$，热阻 R 对 d_3 求导，$\dfrac{\mathrm{d}R}{\mathrm{d}(d_3)} = 0$，得 $d_{3\mathrm{cr}} = \dfrac{2\lambda}{\alpha}$

$d_{3\mathrm{cr}}$ 为保温层的临界直径。当 $d_3 < d_{3\mathrm{cr}}$ 时，随着 $\delta\uparrow$，$R\downarrow$，热损失$\uparrow$；当 $d_3 > d_{3\mathrm{cr}}$ 时，随着 $\delta\uparrow$，$R\uparrow$，热损失$\downarrow$。对于 λ 小的材料，$d_{3\mathrm{cr}}$ 很小，d_3 总是大于 $d_{3\mathrm{cr}}$，包上去总

是增加热阻的，减少热损失；而对于 λ 大的材料，d_{3cr} 较大，d_3 可能小于 d_{3cr}，包上去可能会减小热阻，增加热损失。

5. 圆直管内处于高度湍流，无相变流体。①已知 q_{V1}，d_1 时 α_1，令 $d_1=d_2$，使 $q_{V2}=2q_{V1}$，则 $\alpha_2=$ _____ α_1。②已知 q_{V1}，d_1 时 α_1，令 $q_{V2}=q_{V1}$，使 $d_1=1/2d_2$，则 $\alpha_2=$ _____ α_1。

分析：$\dfrac{\alpha_2}{\alpha_1}=\left(\dfrac{q_{V2}}{q_{V1}}\right)^{0.8}\left(\dfrac{d_1}{d_2}\right)^{1.8}$

当 d 不变、$q_{V2}=2q_{V1}$ 时，$\alpha_2=2^{0.8}\alpha_1$；当 q_V 不变、$d_1=1/2d_2$ 时，$\alpha_2=0.5^{1.8}\alpha_1$。

6. 若传热温差推动力 Δt 增加一倍，试求下列条件下传热速率是原来的多少倍？①圆管内强制湍流；②大容积自然对流；③大容积饱和核状沸腾；④蒸汽膜状冷凝（层流）。

分析：① 圆管内强制湍流，$\alpha=0.023\dfrac{\lambda}{d}Re^{0.8}Pr^b$，$\alpha$ 与 Δt 无关，$\dfrac{q'}{q}=\dfrac{\alpha'\Delta t'}{\alpha\Delta t}=2$

② 大容积自然对流，$\alpha\propto\Delta t^{\frac{1}{8}\sim\frac{1}{3}}$，$\dfrac{q'}{q}=\dfrac{\alpha'\Delta t'}{\alpha\Delta t}=2.18\sim2.52$

③ 大容积饱和核状沸腾，$\alpha\propto\Delta t^{2.5}$，$\dfrac{q'}{q}=\left(\dfrac{\Delta t'}{\Delta t}\right)^{3.5}=11.3$

④ 蒸汽膜状冷凝（层流），$\alpha\propto\Delta t^{-0.25}$，$\dfrac{q'}{q}=\left(\dfrac{\Delta t'}{\Delta t}\right)^{\frac{3}{4}}=1.68$

7. 下述各种情况下对流传热系数由大到小的正确顺序应该是（　　）。
A. ③＞①＞②；　　　　　　　B. ③＞②＞①；
C. ②＞③＞①；　　　　　　　D. ①＞②＞③。
①空气流速为 15m/s 时的 α；②水的流速为 1.5m/s 时的 α；③蒸汽滴状冷凝时的 α。

分析：蒸汽滴状冷凝时无稳定的液膜，$\alpha_滴$ 很大；有相变的 α 大于无相变的 α；气体的 α 最小。所以选 B。

8. 在冷凝器中用水冷凝苯蒸气，水走管程，其雷诺数 $Re=1.2\times10^4$，此时对流传热系数为 α。若将水的流量减半，其对流传热系数 α'（　　）。
A. ＞$(1/2)^{0.8}\alpha$；　　　　　　B. ＜$(1/2)^{0.8}\alpha$；
C. ＝$(1/2)^{0.8}\alpha$；　　　　　　D. 无法确认。

分析：水的流量减半后，$Re=6\times10^3$，流型已变成过渡流，$\alpha_过=f\alpha_湍$

$f=1-\dfrac{6\times10^5}{Re^{1.8}}<1$，所以 $\alpha'<(1/2)^{0.8}\alpha$，选 B。

9. 苯在内径为 20mm 的圆形直管中作湍流流动，对流传热系数为 1270W/($m^2\cdot$K)。如果流量和物性不变，改用内径为 30mm 的圆管，其对流传热系数将变为（　　）。

分析：$\alpha\propto\dfrac{q_V^{0.8}}{d^{1.8}}$，$\dfrac{\alpha'}{\alpha}=\left(\dfrac{30}{20}\right)^{-1.8}=0.482$，$\alpha'=0.482\alpha=0.482\times1270=612$W/($m^2\cdot$K)

10. 两层平壁的厚度和热导率分别为：$\delta_1=100$mm，$\lambda_1=1.4$W/(m$\cdot$℃)，$\delta_2=200$mm，$\lambda_2=0.14$W/(m$\cdot$℃)。已知两侧壁温分别为：$t_1=650$℃，$t_3=50$℃。求：两壁接触处的温度 t_2（忽略接触热阻）。

分析：$q=\dfrac{Q}{A}=\dfrac{t_1-t_3}{\dfrac{\delta_1}{\lambda_1}+\dfrac{\delta_2}{\lambda_2}}=\dfrac{650-50}{\dfrac{0.1}{1.4}+\dfrac{0.2}{0.14}}=400$W/$m^2$

由 $q=\dfrac{t_2-t_3}{\delta_2/\lambda_2}$ 得，$t_2=t_3+q\delta_2/\lambda_2=50+400\times0.2/0.14=621℃$

Ⅲ. 工程问题分析

11. 无相变的冷、热流体在列管式换热器中进行换热，今若将单管程变成双管程，而其他操作参数不变，试定性分析 K、Q、T_2、t_2、Δt_m 的变化趋势。

分析：单管程变成双管程，$u\uparrow$，$\alpha\uparrow$，$K\uparrow$，有利于传热，$Q\uparrow$；

$Q=q_{m1}c_{p1}(T_1-T_2)$，$Q\uparrow$，则 $T_2\downarrow$；

$Q=q_{m2}c_{p2}(t_2-t_1)$，$Q\uparrow$，则 $t_2\uparrow$；

$\Delta t_1=(T_1-t_2)\downarrow$，$\Delta t_2=(T_2-t_1)\downarrow$，所以 $\Delta t_m\downarrow$。

12. 冷热流体在换热器无相变逆流传热，换热器用久后形成垢层，在同样的操作条件下，与无垢层时相比，结垢后换热器的 K _____，Δt_m _____，t_2 _____，Q _____。（增大，不变，减小，不确定）

分析：换热器用久后形成垢层，$R\uparrow$，$K\downarrow$，不利传热，所以 $Q\downarrow$，$t_2\downarrow$，$T_2\uparrow$；

$\Delta t_1=(T_1-t_2)\uparrow$，$\Delta t_2=(T_2-t_1)\uparrow$，所以 $\Delta t_m\uparrow$。

13. 用饱和蒸汽加热冷流体（冷流体无相变），若保持加热蒸汽压和冷流体 t_1 不变，而增加冷流体流量 q_{m2}，则 t_2 _____，Q _____，K _____，Δt_m _____。（增大，不变，减小，不确定）

分析：冷流体流量增加，吸收的热量增加，热流体传相同热量给冷流体，出口温度 t_2 必然 $\downarrow$；$q_{m2}\uparrow$，$u\uparrow$，$\alpha\uparrow$，所以 $K\uparrow$；加热蒸汽压不变，T 不变，$\Delta t_1=(T-t_2)\uparrow$，$\Delta t_2=(T-t_1)$ 不变，所以 $\Delta t_m\uparrow$；

$Q=KA\Delta t_m$，$\Delta t_m\uparrow$，$K\uparrow$，A 不变，所以 $Q\uparrow$。

14. 一列管换热器，油走管程并达到充分湍流。用 133℃ 的饱和蒸汽可将油从 40℃ 加热至 80℃。若现欲增加 50% 的油处理量，有人建议采用并联或串联同样一台换热器的方法，以保持油的出口温度不低于 80℃，这个方案是否可行？

分析：若采用两换热器并联，每台换热器 $q'_{m2}=0.75q_{m2}$，可提供热量 $Q_1=K'A\Delta t_m$

因为 $K\approx\alpha_油$，所以 $K'\approx\alpha'_油=\left(\dfrac{q'_{m2}}{q_{m2}}\right)^{0.8}\alpha_油=0.75^{0.8}K$，$Q_1=0.79A\Delta t_m=0.79Q$

管路所需热量 $Q_2=q'_{m2}(t_2-t_1)=0.75Q$，$Q_1>Q_2$，所以可行。

若采用两换热器串联，$q'_{m2}=1.5q_{m2}$，$K'=1.5^{0.8}K=1.38K$，$A'=2A$，$Q_1=K'A'\Delta t_m$，所以换热器可提供热量 $Q_1=2.72Q$。

管路所需热量 $Q_2=q'_{m2}(t_2-t_1)=1.5Q$，$Q_1>Q_2$，所以也可行。

15. 换热器逆流操作，冷热流体均无相变（图 6-4）。若冷流体流量增加，则冷流体出口温度 t_2 _____，热流体出口温度 T_2 _____，K _____，Q _____。（增大，不变，减小，不确定）

分析：新工况 $Q_{衡算}=q_{m1}c_{p1}(T_1-T'_2)=q'_{m2}c_{p2}(t_2'-t_1)$

$\qquad Q_{能力}=K'A\Delta t_m$

因 $q_{m2}\uparrow$，进口温度 t_1 和 T_1 不变，操作线斜率 $q_{m2}c_{p2}/(q_{m1}c_{p1})$ 增大

采用反证法（假定 $q'_{m2}=2q_{m2}$，则 $\alpha'_2=2^{0.8}\alpha_2$）。

假设1：若 t_2 不变，则操作线如图 6-4（b）所示，操作线靠近平衡线，$\Delta t_m\downarrow$，$K(\leqslant\alpha_2)$

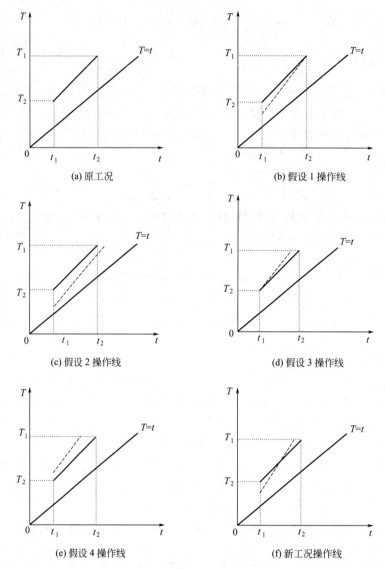

图 6-4　分析题 15 附图

最多增加为原来的 $2^{0.8}$ 倍，$Q_{能力}=K'A\Delta t_m$ 小于原来的 $2^{0.8}$ 倍；而 $Q_{衡算}=q'_{m2}c_{p2}(t_2-t_1)$ 是原来的 2 倍，$Q_{能力}<Q_{衡算}$。假设不成立。

　　假设 2：若 $t_2\uparrow$，则操作线如图 6-4 (c) 所示，操作线更靠近平衡线，$\Delta t_m\downarrow$，$K(\leqslant\alpha_2)$ 最多增加为原来的 $2^{0.8}$ 倍，$Q_{能力}=K'A\Delta t_m$ 小于原来的 $2^{0.8}$ 倍；$Q_{衡算}=q'_{m2}c_{p2}(t_2'-t_1)$ 大于原来的 2 倍，$Q_{能力}<Q_{衡算}$。假设更不成立。

　　假设 3：若 T_2 不变，则操作线如图 6-4 (d) 所示，操作线远离平衡线，$\Delta t_m\uparrow$，$K\uparrow$（因 $\alpha_2\uparrow$），$Q_{能力}=K'A\Delta t_m$ 增大；而 $Q_{衡算}=q_{m1}c_{p1}(T_1-T_2')$ 不变，$Q_{能力}>Q_{衡算}$。假设不成立。

　　假设 4：若 $T_2\uparrow$，则操作线如图 6-4 (e) 所示，操作线更加远离平衡线，$\Delta t_m\uparrow$，$K\uparrow$（因 $\alpha_2\uparrow$），$Q_{能力}=K'A\Delta t_m$ 大于原来数值；而 $Q_{衡算}=q_{m1}c_{p1}(T_1-T_2')$ 小于原来数值，$Q_{能力}>Q_{衡算}$。假设不成立。

以上 4 假设均不成立，结论只能是随着 $q_{m2}\uparrow$，操作线斜率 $q_{m2}c_{p2}/(q_{m1}c_{p1})$ 增大，$T_2\downarrow$，$t_2\downarrow$，操作线如图 6-4（f）所示。又因 $\alpha_2\uparrow$，所以 $K\uparrow$。又 $T_2'\downarrow$，由 $Q=q_{m1}c_{p1}(T_1-T_2')$ 知 $Q\uparrow$。

16. 换热器逆流操作，冷流体进口温度 $t_1\downarrow$，则冷流体出口温度 t_2 _____，热流体出口温度 T_2 _____，Q _____。（增大，不变，减小，不确定）

分析： 传热单元法 $T_2=(1-\varepsilon_1)T_1+\varepsilon_1 t_1$

$$t_2=\varepsilon_2 T_1+(1-\varepsilon_2)t_1$$

逆流时 $\varepsilon_1=\dfrac{1-e^{NTU_1(1-R_1)}}{R_1-e^{NTU_1(1-R_1)}}$，$\varepsilon_2=\dfrac{1-e^{NTU_2(1-R_2)}}{R_2-e^{NTU_2(1-R_2)}}$，$0<\varepsilon<1$

其中 $NTU_1=\dfrac{KA}{q_{m1}c_{p1}}$，$NTU_2=\dfrac{KA}{q_{m2}c_{p2}}$

$R_1=\dfrac{q_{m1}c_{p1}}{q_{m2}c_{p2}}$，$R_2=\dfrac{q_{m2}c_{p2}}{q_{m1}c_{p1}}$

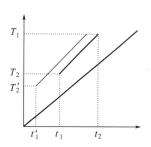

若 $t_1\downarrow$，由 $T_2=(1-\varepsilon_1)T_1+\varepsilon_1 t_1$ 得 $T_2\downarrow$ 由 $t_2=\varepsilon_2 T_1+(1-\varepsilon_2)t_1$ 得 $t_2\downarrow$

由 $Q_{衡算}=q_{m1}c_{p1}(T_1-T_2')$ 得 $Q\uparrow$

操作线斜率不变（与原操作线平行），两流体出口温度都降低，操作线如图 6-5 所示。

图 6-5 分析题 16 附图

17. 定性绘出组合换热器的操作线

工况一：两流体先并流再逆流流过两个完全相同的换热器，如图 6-6（a）所示。

工况二：热流体分成流量相同的两股物流分别进入两个完全相同的换热器，冷流体按先逆流后并流顺序进入两换热器，如图 6-6（b）所示。

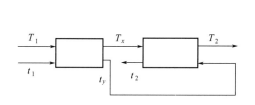

(a) 工况一流程   (b) 工况二流程

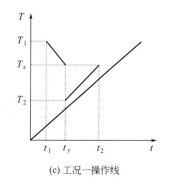

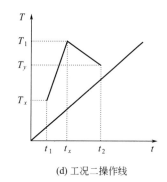

(c) 工况一操作线   (d) 工况二操作线

图 6-6 分析题 17 附图

分析：绘换热器的操作线时，首先定性分析出操作线两端各个温度的相对大小，然后根据并流或逆流确定操作线斜率的正负，如果斜率相同，还需保证操作线相互平行。

工况一： 根据热流体的进出顺序，可知 $T_1 > T_x > T_2$；根据冷流体的进出顺序，可知 $t_1 < t_y < t_2$。在 T-t 图上首先确定坐标上六点 T_1，T_x，T_2 和 t_1，t_y，t_2；对于第一个换热器，两流体并流，操作线斜率为负，换热器一端温度分别为 T_1 和 t_1，另一端温度分别为 T_x 和 t_y，连接点 (T_1, t_1) 和 (T_x, t_y) 即该换热器的操作线。对于第二个换热器，两流体逆流，操作线斜率为正，换热器一端温度分别为 T_2 和 t_y，另一端温度分别为 T_x 和 t_2，连接点 (T_2, t_y) 和 (T_x, t_2) 即该换热器的操作线。如图 6-6 (c) 所示。

工况二： 根据冷流体的进出顺序，可知 $t_1 < t_x < t_2$；由于两换热器完全相同，两流体在两换热器中流量相同，热流体进口温度相同，只是第一个换热器中冷流体进口温度 t_1 低于第二个换热器中冷流体的进口温度 t_x（因为第二个换热器中冷流体的进口温度等于第一个换热器的冷流体出口温度），根据流体进出口温度之间的线性关系，得出第一个换热器中热流体出口温度 T_x 低于第二个换热器中热流体的出口温度 T_y，所以有 $T_1 > T_y > T_x$；在 T-t 图确定坐标上六点 T_1，T_y，T_x 和 t_1，t_x，t_2；对于第一个换热器，两流体逆流，操作线斜率为正，换热器一端温度分别为 T_1 和 t_x，另一端温度分别为 T_x 和 t_1，连接点 (T_1, t_x) 和 (T_x, t_1) 即该换热器的操作线。对于第二个换热器，两流体并流，操作线斜率为负，换热器一端温度分别为 T_y 和 t_2，另一端温度分别为 T_1 和 t_x，连接点 (T_y, t_2) 和 (T_1, t_x) 即该换热器的操作线。如图 6-6 (d) 所示。

18. 换热器中两流体逆流换热时，若换热面积 A 无限大，冷热流体出口温度分别如何计算？

分析： $A \to \infty$，$q_m c_p$ 为有限值，Q 为有限值，K 也为有限值，由 $Q = KA\Delta t_m$ 知 $\Delta t_m \to 0$，即操作线和平衡线相交，冷流体出口温度有一最大值 t_{2max}，热流体出口温度有一最小值 T_{2min}。

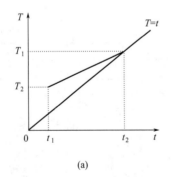 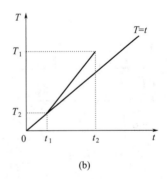

图 6-7　分析题 18 附图

逆流操作，操作线斜率为 $(q_m c_p)_2/(q_m c_p)_1$，平衡线 $T = t$，斜率为 1。

当 $\dfrac{q_{m2} c_{p2}}{q_{m1} c_{p1}} < 1$ 时，操作线斜率小于平衡线斜率，操作线和平衡线只能在上端相交，如图 6-7 (a) 所示，即 $t_{2max} = T_1$，再由热量衡算式 $q_{m2} c_{p2}(t_1 - t_{2max}) = q_{m1} c_{p1}(T_1 - T_{2min})$ 计算 T_{2min}。

当 $\dfrac{q_{m2} c_{p2}}{q_{m1} c_{p1}} > 1$ 时，操作线斜率大于平衡线斜率，操作线和平衡线只能在下端相交，如图

6-7 （b） 所示，即 $T_{2\min} = t_1$，再由热量衡算式 $q_{m2}c_{p2}(t_1 - t_{2\max}) = q_{m1}c_{p1}(T_1 - T_{2\min})$ 计算 $t_{2\max}$。

当 $\dfrac{q_{m2}c_{p2}}{q_{m1}c_{p1}} = 1$ 时，操作线斜率和平衡线斜率相等，即两线相互平行，又要求对数平均温差为 0，理论上在任意位置两线处处相交，冷热流体温度处处相等，即 $t_{2\max} = T_1$，$T_{2\min} = t_1$。

第三节　工程问题与解析方案

Ⅰ. 一般工程问题计算

【例 6-1】 管道保温问题　为减少热损失，在外径 $\phi208$mm 的饱和蒸汽管道外覆盖保温层。已知保温材料的热导率 $\lambda = 0.113 + 0.000124t$ （式中 t-℃），蒸汽管外壁温度为 170℃，要求保温层外壁温度不超过 40℃，每米管道由于热损失而造成蒸汽冷凝的量控制在 1×10^{-4} kg/(m·s) 以下，问保温层厚度应为多少？若保温层厚度为 60mm，每米管道由于实际热损失而造成蒸汽冷凝的量是多少？

解：（1）$Q = q_m r$

查 170℃水，$r = 2054$kJ/kg

所以 $Q/L = 1 \times 10^{-4} \times 2054 = 205$W/m

对于圆筒壁

$$Q = \frac{2\pi L \lambda (t_1 - t_2)}{\ln\left(\dfrac{r_2}{r_1}\right)}$$

$r_1 = d/2 = 104$mm

$r_2 = r_1 + \delta = (104 + \delta)$mm

$\lambda_0 = 0.113 + 0.000124t_0 = 0.113 + 0.000124 \times 170 = 0.134$W/(m·K)

$\lambda_1 = 0.113 + 0.000124t_1 = 0.113 + 0.000124 \times 40 = 0.118$W/(m·K)

所以 $\lambda_m = (0.134 + 0.118)/2 = 0.126$W/(m·K)

所以 $\ln\left(\dfrac{r_2}{r_1}\right) = \dfrac{2\pi\lambda(t_1 - t_2)}{Q/L} = \dfrac{2 \times 3.14 \times 0.126 \times (170 - 40)}{205} = 0.502$

$r_2 = 1.652 r_1 = 172$mm

所以 $\delta = 172 - 104 = 68$mm

（2）$r_1 = d/2 = 104$mm

$r_2 = r_1 + \delta = 104 + 60 = 164$mm

$\lambda_0 = 0.113 + 0.000124t_0 = 0.113 + 0.000124 \times 170 = 0.134$W/(m·K)

$\lambda_1 = 0.113 + 0.000124t_1 = 0.113 + 0.000124 \times 40 = 0.118$W/(m·K)

所以 $\lambda_m = (0.134 + 0.118)/2 = 0.126$W/(m·K)

$$Q/L = q_m r = \frac{2\pi\lambda(t_1 - t_2)}{\ln\left(\dfrac{r_2}{r_1}\right)}$$

$$q_m = \frac{2\pi\lambda(t_1-t_2)}{r\ln\left(\frac{r_2}{r_1}\right)} = \frac{2\times3.14\times0.126\times(170-40)}{2054\times10^3\times\ln\frac{164}{104}} = 1.10\times10^{-4}\,\text{kg/(m · s)}$$

讨论：从此例可以看出，要将热损失控制在一定范围内，需要一定厚度的保温材料。但需要说明的是，并非任何情况都是保温材料越厚热损失越小，保温材料存在一临界直径，只有大于这一临界直径之后，才有热损失随保温材料厚度增加而减少。

【例 6-2】 非圆形通道的给热系数 在常压下用列管式换热器将热空气冷却，热空气以 4kg/s 的流量在管外壳体中平行于管束流动。换热器外壳的内径为 300mm，内有 $\phi25\times2.5$mm 钢管 52 根。求空气对管壁的给热系数。已知空气 $\rho=0.815\text{kg/m}^3$，$\mu=2.45\times10^{-5}\text{Pa · s}$，$Pr\approx0.7$，$\lambda=0.0364\text{W/(m · K)}$。

解：$d_e = \frac{4A}{\Pi} = \frac{4\times\left(\frac{\pi}{4}D^2 - n\frac{\pi}{4}d^2\right)}{\pi D + n\pi d} = \frac{D^2-nd^2}{D+nd}$

$$= \frac{0.3^2-52\times0.025^2}{0.3+52\times0.025} = 0.036\text{m}$$

$$G = \frac{q_m}{A} = \frac{4}{0.785\times(0.3^2-52\times0.025^2)} = 88.6\text{kg/(m}^2\text{ · s)}$$

$$Re = \frac{\rho u d}{\mu} = \frac{d_e G}{\mu} = \frac{0.036\times88.6}{2.45\times10^{-5}} = 1.30\times10^5 > 10^4$$

因为空气被冷却

所以 $\alpha = 0.023\frac{\lambda}{d_e}Re^{0.8}Pr^{0.3}$

$$= 0.023\times\frac{0.0364}{0.036}\times(1.3\times10^5)^{0.8}\times0.7^{0.3}$$

$$= 258\text{W/(m}^2\text{ · K)}$$

讨论：对于壳程这样的非圆形通道，若流体平行于管束流动，计算对流给热系数时，流速仍可按流体流通面积计算，注意计算 Re 时，管径按通道的当量直径计算，其余与圆管相同。

【例 6-3】 套管换热器的设计型计算 有一套管式换热器，内管为 $\phi180\times10$mm 的钢管。用水冷却原油，采用逆流操作，水在内管中流动，冷却水进口温度为 15℃，出口温度为 55℃。原油在环隙中流动，流量为 500kg/h，其平均比热容为 3.35kJ/(kg · ℃)，要求从 90℃ 冷却至 40℃。已知水侧的对流给热系数为 1000W/(m² · ℃)，油侧的对流给热系数为 299W/(m² · ℃)，管壁热阻及垢阻忽略不计，忽略热损失。试求所需冷却水用量及此套管换热器的有效长度。已知水的平均比热容为 4.18kJ/(kg · ℃)。

解：$Q = (q_m c_p)_1(T_1-T_2) = (500/3600)\times3.35\times(90-40) = 23.3\text{kW}$

由 $Q = (q_m c_p)_1(T_1-T_2) = (q_m c_p)_2(t_2-t_1)$

得 $q_{m2} = \frac{Q}{c_{p2}(t_2-t_1)} = \frac{23.3\times10^3}{4.18\times10^3\times(55-15)}$

$$= 0.139\text{kg/s} = 500.4\text{kg/h}$$

$$\Delta t_m = \frac{(T_2-t_1)-(T_1-t_2)}{\ln\frac{T_2-t_1}{T_1-t_2}} = \frac{25-35}{\ln\frac{25}{35}} = 29.7℃$$

管壁热阻及垢阻忽略不计

$$K_2 = \frac{1}{\frac{1}{\alpha_1}\frac{d_2}{d_1}+\frac{1}{\alpha_2}} = \frac{1}{\frac{1}{1000}\times\frac{180}{160}+\frac{1}{299}} = 223.7\,\text{W/(m}^2\cdot\text{K)}$$

$$Q = K_2 A_2 \Delta t_m = K_2 \pi d_2 L \Delta t_m$$

得 $L = \dfrac{Q}{K_2\pi d_2 \Delta t_m} = \dfrac{23.3\times10^3}{223.7\times3.14\times0.18\times29.7} = 6.2\,\text{m}$

讨论：换热器设计时，已知设计任务后（热流体的流量和进出口温度），选定冷却剂及其进出口温度，可计算冷却剂的用量和换热器面积或换热管有效长度。K 与 A 或 d 一一对应，若无特别提示，工程上一般以 K_2（外表面）为基准。

【例 6-4】套管换热器的操作型计算　某套管换热器内管为 $\phi30\times3$mm 铜管，外管为 $\phi48\times3$mm 钢管，长 2m，管间通 105℃ 饱和水蒸气加热管内空气，使空气温度由 20℃ 加热至 75℃，已知空气流量为 50kg/h，周围环境温度为 20℃，试求：

（1）管内空气侧的给热系数。

（2）套管保温良好时的蒸汽用量（kg/h），换热器外侧壳壁与周围空气的传热可忽略。

（3）套管裸露时的蒸汽用量（kg/h），换热器外侧壳壁与周围空气的给热系数：

$$\alpha_T = 9.4 + 0.052(t_w - t_a),\,\text{W/(m}^2\cdot\text{℃)}$$

式中　t_w——换热器外壳温,℃（提示：外壳壁温近似为蒸汽温度）；

t_a——周围空气的温度,℃。

空气比热容可取 $c_p = 1.005$kJ/(kg·K)；

饱和蒸汽汽化热可取 $r = 2232.4$kJ/kg。

解：（1）$\alpha_1 \approx K = Q/(A_1\Delta t_m)$

$Q = q_{m2}c_{p2}(t_2 - t_1) = 50\times1.005\times10^3\times(75-20)/3600 = 767.7\,\text{W}$

$A_1 = \pi d_1 l = \pi\times(0.03-0.003\times2)\times2 = 0.151\,\text{m}^2$

$$\Delta t_m = \frac{(T-t_1)-(T-t_2)}{\ln\dfrac{T-t_1}{T-t_2}} = \frac{t_2-t_1}{\ln\dfrac{T-t_1}{T-t_2}} = \frac{75-20}{\ln\dfrac{85}{30}} = 52.8\,\text{℃}$$

$\alpha_1 = 767.7/(0.151\times52.8) = 96.3\,\text{W/(m}^2\cdot\text{K)}$

（2）蒸汽用量　$q_m = Q/r = 767.7/(2232.4\times10^3) = 3.44\times10^{-4}\,\text{kg/s} = 1.24\,\text{kg/h}$

（3）$t_w \approx T = 105\text{℃}$

$\alpha_T = 9.4 + 0.052(t_w - t_a)$

　　　$= 9.4 + 0.052\times(105-20) = 13.8\,\text{W/(m}^2\cdot\text{K)}$

热损失　$Q_{损} = \alpha_T A_0(t_w - t_a)$

　　　　　$= 13.8\times(\pi\times0.048\times2)\times(105-20)$

　　　　　$= 353.6\,\text{W}$

蒸汽放热　$Q_2 = Q_{损} + Q = 353.6 + 767.7 = 1121.3\,\text{W}$

蒸汽用量　$q_m = Q_2/r = 1121.3/(2232.4\times10^3) = 5.02\times10^{-4}\,\text{kg/s} = 1.81\,\text{kg/h}$

讨论：若蒸汽管保温良好，热损失可忽略，蒸汽的消耗量较少；若蒸汽管保温不良或不保温，热损失大，蒸汽的消耗量增大。

【例 6-5】 列管式换热器的核算 有一列管式换热器，装有钢管 150 根，管长 2m，要求将质量流量为 4000kg/h 的常压空气于管程内由 32℃加热至 97℃，选用 120℃的饱和蒸汽于壳程冷凝加热之。蒸汽的冷凝给热系数为 12000W/(m²·K)，忽略热损失及管壁和两侧污垢热阻。空气在平均温度下的物性常数：比热容为 1kJ/(kg·K)，热导率 0.0285W/(m·K)，黏度为 1.98×10^{-5}N·s/m²，$Pr=0.7$。管径为 $\phi25\times2.5$mm，试求：

(1) 空气在管内的对流给热系数；

(2) 换热器的总传热系数 K（以管子外表面为基准）；

(3) 通过计算说明该换热器能否满足要求；

(4) 计算说明管壁温度接近于哪一侧流体的温度？

解： (1) $G=\dfrac{4q_m}{n\pi d^2}=\dfrac{4\times4000/3600}{150\times3.14\times0.02^2}=23.6$kg/(m²·s)

$Re=\dfrac{dG}{\mu}=\dfrac{0.02\times23.6}{1.98\times10^{-5}}=2.38\times10^4>10^4$

$\alpha_1=0.023\dfrac{\lambda}{d}Re^{0.8}Pr^{0.4}$

$\quad=0.023\times\dfrac{0.0285}{0.02}\times(2.38\times10^4)^{0.8}\times0.7^{0.4}$

$\quad=90.1$W/(m²·K)

(2) $K_2=\left(\dfrac{1}{\alpha_2}+\dfrac{d_2}{\alpha_1 d_1}\right)^{-1}=\left(\dfrac{1}{1.2\times10^4}+\dfrac{25}{90.1\times20}\right)^{-1}=71.7$W/(m²·K)

$Q=q_{m2}c_{p2}(t_2-t_1)=\dfrac{4000}{3600}\times10^3\times(97-32)=72222$W

(3) $\Delta t_m=\dfrac{97-32}{\ln\dfrac{120-32}{120-97}}=48.4$℃

$A_{计}=\dfrac{Q}{K_2\Delta t_m}=\dfrac{72222}{71.7\times48.4}=20.84$m²

$A_{实}=n\pi d_2 l=150\times3.14\times0.025\times2=23.57$m²

$A_{实}>A_{计}$

该换热器能满足要求

(4) $Q=\alpha_2(T-T_w)A_2=K_2A_2\Delta t_m$

$T-T_w=\dfrac{48.4\times71.7}{1.2\times10^4}=0.29$℃

$T_w=120-0.29=119.71$℃

壁面温度接近于热流体侧的温度。

讨论： 核算某换热器是否满足要求，可以比较换热需要面积和换热器实际提供面积的大小。若需要面积大于实际提供面积，则不满足要求；若需要面积小于实际提供面积，则满足要求。计算结果表明，壁温更接近于给热系数大（热阻小）一侧流体的温度。

【例 6-6】 换热器的选择 某厂欲用 175℃的油将 300kg/h 的水由 25℃加热至 90℃，水的比热容可取 4.2kJ/(kg·℃)。已知油的比热容为 2.1kJ/(kg·℃)，其流量为 400kg/h。今有以下两个传热面积均为 0.72m² 的换热器可供选用。

换热器 1：$K_1 = 625\,\text{W}/(\text{m}^2 \cdot \text{℃})$，单壳程，双管程，$\psi = 0.7$；

换热器 2：$K_2 = 500\,\text{W}/(\text{m}^2 \cdot \text{℃})$，单壳程，单管程，$\Delta t_\text{m}$ 按逆流计。

为保证满足所需换热量，应选用哪一个换热器？请分别进行计算说明。

解： $Q = q_{m2}c_{p2}(t_2 - t_1) = 300 \times 4.2 \times (90 - 25)/3600 = 22.75\,\text{kW}$

由 $Q = q_{m1}c_{p1}(T_1 - T_2) = 400 \times 2.1 \times (175 - T_2)/3600 = 22.75\,\text{kW}$

得　$T_2 = 77.5\,\text{℃}$

$\Delta t_1 = 175 - 90 = 85\,\text{℃}$，$\Delta t_2 = 77.5 - 25 = 52.5\,\text{℃}$

$$\Delta t'_\text{m} = \frac{\Delta t_1 - \Delta t_2}{\ln \dfrac{\Delta t_1}{\Delta t_2}} = \frac{85 - 52.5}{\ln \dfrac{85}{52.5}} = 67.5\,\text{℃}$$

方法一：

（1）换热器 1

$$A_\text{计} = \frac{Q}{K\Delta t_\text{m}\psi} = \frac{22.75 \times 10^3}{625 \times 67.5 \times 0.7}$$

$$= 0.77\,\text{m}^2 > 0.72\,\text{m}^2$$

故换热器 1 不合要求。

（2）换热器 2

$$A_\text{计} = \frac{Q}{K\Delta t_\text{m}} = \frac{22.75 \times 10^3}{500 \times 67.5}$$

$$= 0.67\,\text{m}^2 < 0.72\,\text{m}^2$$

换热器 2 能满足要求。

方法二：

（1）换热器 1

传热速率　$Q = K_1 A \Delta t_{\text{m}1}\psi$

$\qquad\qquad\qquad = 625 \times 0.72 \times 67.5 \times 0.7 = 21.3\,\text{kW} < 22.75\,\text{kW}$

故换热器 1 不合要求。

（2）换热器 2

传热速率　$Q = K_2 A \Delta t'_\text{m}$

$\qquad\qquad\qquad = 500 \times 0.72 \times 67.5 = 24.3\,\text{kW} > 22.75\,\text{kW}$

换热器 2 能满足要求。

讨论： 核算某换热器是否满足要求，除了比较换热需要面积和换热器实际提供面积的大小，也可以比较热负荷和换热器实际换热量的大小，若需要大于实际，则不满足要求；若需要小于实际，则满足要求。

【例 6-7】　换热器出口温度的调节　采用逆流换热器将 $90\,\text{℃}$ 的正丁醇冷却到 $50\,\text{℃}$，已知换热器的换热面积为 $6.8\,\text{m}^2$，传热系数 $K = 210\,\text{W}/(\text{m}^2 \cdot \text{℃})$，正丁醇的流量为 $1930\,\text{kg/h}$。冷却介质为 $18\,\text{℃}$ 水，热损失可以忽略。正丁醇 $c_p = 2.98\,\text{kJ}/(\text{kg} \cdot \text{℃})$，水 $c_p = 4.18\,\text{kJ}/(\text{kg} \cdot \text{℃})$。求：

（1）冷却水出口温度；

（2）冷却水消耗量；

（3）夏天冷却水温度升为 $20\,\text{℃}$，欲将正丁醇出口温度仍维持在 $50\,\text{℃}$，冷却水流量应调为多少？假定传热系数 K 不变。

解：(1) $Q=q_{m1}c_{p1}(T_1-T_2)=(1930/3600)\times2.98\times10^3\times(90-50)=6.39\times10^4\,\text{W}$

所以 $\Delta t_m=Q/(KA)=6.39\times10^4/(210\times6.8)=44.75\,℃$

$$\Delta t_m=\frac{(T_1-t_2)-(T_2-t_1)}{\ln\dfrac{T_1-t_2}{T_2-t_1}}=\frac{(90-t_2)-(50-18)}{\ln\dfrac{90-t_2}{50-18}}=44.75\,℃$$

经迭代得 $t_2=29.5\,℃$

(2) $Q=q_{m2}C_{p_2}(t_2-t_1)$

冷却水消耗量

$q_{m2}=Q/[C_{p_2}(t_2-t_1)]=6.39\times10^4/[4.18\times1000\times(29.5-18)]=1.33\,\text{kg/s}=4.79\times10^3\,\text{kg/h}$

(3) $t_1'=20\,℃$，传热量 Q 和传热面积 A 不变，K 也不变，则 Δt_m 不变。

则 $$\Delta t_m'=\frac{(T_1-t_2')-(T_2-t_1')}{\ln\dfrac{T_1-t_2'}{T_2-t_1'}}=\frac{(90-t_2')-(50-20)}{\ln\dfrac{90-t_2'}{50-20}}=44.75\,℃$$

经迭代得 $t_2'=26.3\,℃$

$q_{m2}'=Q/[c_{p2}(t_2'-t_1)]=6.39\times10^4/[4.18\times1000\times(26.3-20)]=2.43\,\text{kg/s}=8.75\times10^3\,\text{kg/h}$

讨论：操作型计算时，若已知 A，q_{m1}，T_1，T_2，t_1，K，求 q_{m2}，t_2 需试差。

【例 6-8】 并流与逆流——出口温度比较 有一换热器，并流操作时，冷流体进出口温度分别为 25℃ 和 70℃，热流体进出口温度分别为 150℃ 和 100℃。若在两种流体流量和进口温度均不变的条件下，将并流操作改为逆流操作，试问热流体、冷流体的出口温度分别为多少？（设 c_p 和 K 为常量）

解： $Q=q_{m2}c_{p2}(t_2-t_1)=KA\Delta t_m$

并流时 $$\Delta t_m=\frac{(T_1-t_1)-(T_2-t_2)}{\ln\dfrac{T_1-t_1}{T_2-t_2}}$$

所以 $\dfrac{KA}{q_{m2}c_{p2}}=\ln\dfrac{150-25}{100-70}\times\dfrac{70-25}{(150-25)-(100-70)}=0.676$

由热量衡算 $(q_{m1}c_p)_1(T_1-T_2)=(q_{m2}c_p)_2(t_2-t_1)$ 得

$\dfrac{q_{m2}c_{p2}}{q_{m1}c_{p1}}=\dfrac{T_1-T_2}{t_2-t_1}=\dfrac{150-100}{70-25}=1.111$

逆流时所以 $\ln\dfrac{T_1-t_2'}{T_2-t_1}=\dfrac{KA}{q_{m2}c_{p2}}\left(\dfrac{q_{m2}c_{p2}}{q_{m1}c_{p1}}-1\right)=0.676\times(1.111-1)=0.075$

所以 $\dfrac{150-t_2'}{T_2-25}=1.078$ ①

由热量衡算 $q_{m1}c_{p1}(T_1-T_2')=q_mc_{p2}(t_2'-t_1)$ 得

$\dfrac{T_1-T_2'}{t_2'-t_1}=\dfrac{150-T_2'}{t_2'-25}=\dfrac{q_{m2}c_{p2}}{q_{m1}c_{p1}}=1.111$ ②

联立求解式①、式②得 $T_2'=95.03\,℃$，$t_2'=74.51\,℃$

讨论：从此例结果可以看出，采用同一换热器，逆流时热流体出口温度更低，冷流体出口温度更高，传热量更多，说明逆流比并流传热效果更好。这是因为逆流对数平均温差大于并流对数平均温差，推动力大，传热量多，因此没有特殊要求时一般选逆流。

【例 6-9】 并流与逆流——冷流体出口温度最大值 有一套管式换热器，热流体在环隙中流动，进口温度为 80℃，流量为 1000kg/h，冷流体在管内流动，进口温度为 10℃，流量为 1500kg/h。已知冷热流体平均比热容相等。求逆流和并流冷流体出口温度 t_2 可达到的最大值？

解： 设换热面积无穷大

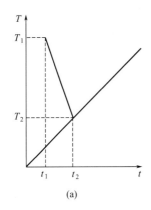 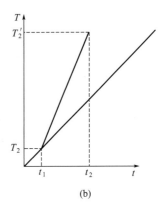

(a)　　　　　　　　　　　　(b)

图 6-8 例 6-9 附图

并流操作，$q_{m1}c_{p1}(T_1-T_2)=q_{m2}c_{p2}(t_2-t_1)$

$\dfrac{q_{m2}c_{p2}}{q_{m1}c_{p1}}=\dfrac{1500}{1000}=1.5$，如图 6-8(a)

当 $\Delta t_m=0$，$T_2=t_2$ 即 $T_{2min}=t_{2max}$

由 $\dfrac{q_{m2}c_{p2}}{q_{m1}c_{p1}}=\dfrac{T_1-T_{2min}}{t_{2max}-t_1}=1.5$

得 $\dfrac{80-t_{2max}}{t_{2max}-10}=1.5$，所以 $t_{2max}=38℃$

逆流操作，$q_{m1}c_{p1}(T_1-T_2)=q_{m2}c_{p2}(t_2-t_1)$

$\dfrac{q_{m2}c_{p2}}{q_{m1}c_{p1}}=\dfrac{1500}{1000}=1.5$，如图 6-8(b)

当 $\Delta t_m=0$，$T_2=t_1$ 即 $T_{2min}=t_1$

由 $\dfrac{q_{m2}c_{p2}}{q_{m1}c_{p1}}=\dfrac{T_1-T_{2min}}{t_{2max}-t_1}=1.5$

得 $\dfrac{80-10}{t_{2max}-10}=1.5$　$t_{2max}=57℃$

【例 6-10】 辐射传热计算 在两大近距离平板中间加一块遮热板（图 6-9），表面黑度均相同，则辐射传热 Q' 为原来 Q 的多少？

解： 加板前 $Q=\dfrac{AC_0\left[\left(\dfrac{T_1}{100}\right)^4-\left(\dfrac{T_2}{100}\right)^4\right]}{\dfrac{1}{\varepsilon_1}+\dfrac{1}{\varepsilon_2}-1}$

$$加板后 \ Q' = \frac{AC_0\left[\left(\dfrac{T_1}{100}\right)^4 - \left(\dfrac{T_i}{100}\right)^4\right]}{\dfrac{1}{\varepsilon_1} + \dfrac{1}{\varepsilon_2} - 1} = \frac{AC_0\left[\left(\dfrac{T_i}{100}\right)^4 - \left(\dfrac{T_2}{100}\right)^4\right]}{\dfrac{1}{\varepsilon_1} + \dfrac{1}{\varepsilon_2} - 1}$$

$$所以，\ Q' = \frac{AC_0\left[\left(\dfrac{T_1}{100}\right)^4 - \left(\dfrac{T_2}{100}\right)^4\right]}{2\left(\dfrac{1}{\varepsilon_1} + \dfrac{1}{\varepsilon_2} - 1\right)} = \frac{Q}{2}$$

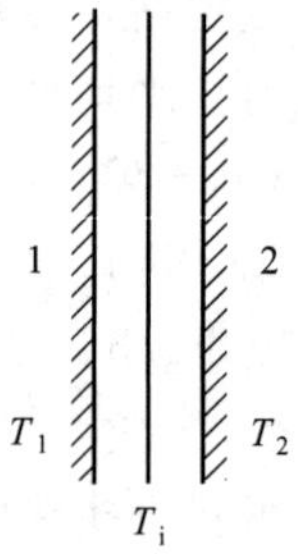

图 6-9　例 6-10 附图

【例 6-11】 对流传热与辐射传热　在高温气体管道中心安装一支热电偶，测量高温气体温度。已知管道内表面温度为 200℃，热电偶指示温度为 400℃，高温气体对热电偶表面的 $\alpha = 50 \text{W}/(\text{m}^2 \cdot \text{K})$，热电偶表面的黑度 $\varepsilon = 0.4$。计算高温气体的真实温度 T_g。

解： $T_w = 200℃$，$T = 400℃$

气体对热电偶对流传热量 Q_1＝热电偶向管道的辐射传热量 Q_2

$$Q_1 = \alpha A_1(T_g - T)，Q_2 = \varepsilon_1 A_1 C_0\left[\left(\frac{T}{100}\right)^4 - \left(\frac{T_w}{100}\right)^4\right]$$

所以 $\alpha A_1(T_g - T) = \varepsilon_1 A_1 C_0\left[\left(\dfrac{T}{100}\right)^4 - \left(\dfrac{T_w}{100}\right)^4\right]$

代入数据 $50(T_g - 400) = 0.4 \times 5.67 \times \left[\left(\dfrac{400+273}{100}\right)^4 - \left(\dfrac{200+273}{100}\right)^4\right]$

求得 $T_g = 470℃$

讨论： 管道内表面温度低，热电偶对管道表面产生辐射传热所引起的测量误差为 $(T_g - T)$，本例测量误差达到 17.5%。因此，要计算高温气体的真实温度 T_g，必须考虑热辐射。

【例 6-12】 列管式换热器的设计型计算　一单壳程单管程列管换热器，由多根 $\phi 25 \times 2.5\text{mm}$ 的钢管组成管束，管程走某有机溶液，流速为 0.5m/s，流量为 15t/h，比热容为 1.76kJ/(kg·K)，密度为 878kg/m^3，温度由 20℃ 加热至 50℃。壳程为 130℃ 的饱和水蒸气冷凝。管程、壳程的给热系数分别为 700W/(m^2·K) 和 10000W/(m^2·K)。污垢热阻和管壁热阻忽略不计。求：

(1) 总传热系数；

(2) 管子根数及管长；

(3) 在冷流体温度不变的情况下，若要提高此设备的传热速率，可采取什么措施？

解： (1) $Q = q_{m2}c_{p2}(t_2 - t_1) = 15 \times 10^3 \times 1.76 \times 10^3 \times (50-20)/3600 = 2.20 \times 10^5 \text{W}$

以外表面为基准的传热系数：

$$K_2 = \left(\frac{1}{\alpha_2} + \frac{1}{\alpha_1}\frac{d_2}{d_1}\right)^{-1}$$

$$= [1/10000 + 25/(700 \times 20)]^{-1} = 530.3 \text{W}/(\text{m}^2 \cdot \text{K})$$

(2) $q_V = q_m/\rho = 15 \times 10^3/(3600 \times 878) = 0.00475 \text{m}^3/\text{s}$

$A_{横} = q_V/u = 0.00475/0.5 = 9.49 \times 10^{-3} \text{m}^2$

$A_{横} = n(\pi d^2/4)$

$$n = 4A_{横}/(\pi d^2) = 4 \times 0.00949/(3.14 \times 0.02^2) = 31 \text{ 根}$$

$$\Delta t_m = \frac{(T-t_1)-(T-t_2)}{\ln \dfrac{T-t_1}{T-t_2}} = \frac{t_2-t_1}{\ln \dfrac{T-t_1}{T-t_2}} = \frac{50-20}{\ln \dfrac{110}{80}} = 94.2\text{℃}$$

$$A_2 = Q/(K_2\Delta t_m) = 220000/(530.3 \times 94.2) = 4.404\text{m}^2$$

$$A_2 = n\pi d_2 L$$

$$L = A_2/(n\pi d_2) = 4.404/(31 \times 3.14 \times 0.025) = 1.81\text{m}$$

（3）因为管程流速小，α 也小，故应强化管程，可改为双管程。

讨论：设计型计算，一般已知 q_{m1}，T_1，T_2，t_1，选择 t_2 和 K，求 q_{m2}，Q 和换热面积 A 或者换热器管长。

【例 6-13】 列管式换热器的操作型计算 某列管换热器，壳程通以 0.2MPa（绝）的饱和蒸汽，可将一定量的冷水从 20℃ 加热到 60℃。若加热蒸汽的压强及水的入口温度保持不变，水的出口温度升为 62℃，求此时换热器的传热量较原工况有何变化（以原工况的相对比值表示）？计算时可忽略垢阻、管壁及蒸汽侧的热阻，水在管内作湍流流动。0.2MPa（绝）的饱和蒸汽温度为 120℃。

解：原工况下传热基本方程式

$$q_{m2}c_{p2}\,(t_2-t_1) = KA\Delta t_m = KA\frac{t_2-t_1}{\ln \dfrac{T-t_1}{T-t_2}}$$

即 $\ln \dfrac{T-t_1}{T-t_2} = \dfrac{KA}{q_{m2}c_{p2}}$ ①

假设新工况下水流量为 q'_{m2}，则新老工况下总传质系数之比为

$$\frac{K'}{K} = \frac{\alpha'_{水}}{\alpha_{水}} = \left(\frac{u'}{u}\right)^{0.8} = \left(\frac{q'_{m2}}{q_{m2}}\right)^{0.8}$$

同样新工况下也满足式①

即 $\ln \dfrac{T-t_1}{T-t'_2} = \dfrac{K'A}{q'_{m2}c_{p2}}$ ②

①/② ⇒ $\dfrac{\ln \dfrac{T-t_1}{T-t_2}}{\ln \dfrac{T-t_1}{T-t'_2}} = \dfrac{Kq'_{m2}}{K'q_{m2}} = \left(\dfrac{q'_{m2}}{q_{m2}}\right)^{0.2}$

将数据代入上式得 $\dfrac{q'_{m2}}{q_{m2}} = 0.725$

新老工况热流量之比为

$$\frac{Q'}{Q} = \frac{q'_{m2}c_{p2}\,(t'_2-t_1)}{q_{m2}c_{p2}\,(t_2-t_1)} = 0.761$$

【例 6-14】 非定态传热计算一 某带搅拌器的夹套加热釜中盛有 100kg 的油品，用 120℃ 的饱和水蒸气将油品自 25℃ 加热到 110℃ 需要时间为 50min，试问：

（1）将油加热至 115℃ 需多少时间？

（2）加热 100min 后油品的温度是多少？设传热面积 A 及传热系数 K 均给定且为常数，

釜内油温各处均一。

解：（1）传热速率方程 $Q = KA(T-t)$

热量衡算式 $Q = Gc_p \dfrac{\mathrm{d}t}{\mathrm{d}\tau}$

得 $\mathrm{d}\tau = \dfrac{Gc_p}{Q}\mathrm{d}t = \dfrac{Gc_p}{KA} \times \dfrac{\mathrm{d}t}{T-t}$

$\tau = 0$，$t = t_1$，$\tau = \tau$ 时，$\tau = t$，积分得 $\tau = \dfrac{Gc_p}{KA}\ln\dfrac{T-t_1}{T-t}$

所以 $\dfrac{\tau'}{\tau} = \dfrac{\ln\dfrac{T-t_1}{T-t_2'}}{\ln\dfrac{T-t_1}{T-t_2}} = \dfrac{\ln\dfrac{120-25}{120-115}}{\ln\dfrac{120-25}{120-110}} = 1.31$

$\tau' = 1.31 \times 50 = 65.5\text{min}$

（2）加热 100min 后，$\dfrac{\tau'}{\tau} = 2 = \dfrac{\ln\dfrac{T-t_1}{T-t_2'}}{\ln\dfrac{T-t_1}{T-t_2}}$ 即 $\dfrac{120-25}{120-t_2'} = \left(\dfrac{120-25}{120-110}\right)^2$

$t_2' = 119\text{℃}$

讨论：在夹套加热釜的非定态换热过程中，随加热时间延长，加热釜内流体温度升高，传热推动力不断降低，传热速率下降，釜内流体的升温速率随之下降。

【例 6-15】 非定态传热计算二 用一带有搅拌器的夹套式换热器将质量 750kg、比热容为 2.2kJ/(kg·℃) 的有机物从 70℃ 冷却至 40℃。已知夹套式换热器的总传热系数 $K = 160\text{W/(m}^2\cdot\text{℃})$，传热面积为 3m^2，冷却水流量为 0.1kg/s，入口温度 $t_1 = 20\text{℃}$，忽略热损失，搅拌器内液体主体温度均一。试求：

（1）完成冷却任务所需时间；

（2）终了时，冷却水的出口温度。

解：（1）由 $Gc_{p1}\dfrac{\mathrm{d}T}{\mathrm{d}\tau} = KA\dfrac{t_2-t_1}{\ln\dfrac{T-t_1}{T-t_2}} = q_{m2}c_{p2}(t_2-t_1)$

得 $\ln\dfrac{T-t_1}{T-t_2} = \dfrac{KA}{q_{m2}c_{p2}}$ 即 $t_2 = T - \exp\left(-\dfrac{KA}{q_{m2}c_{p2}}\right)(T-t_1)$

则 $Gc_{p1}\dfrac{\mathrm{d}T}{\mathrm{d}\tau} = q_{m2}c_{p2}\left[T - \exp\left(-\dfrac{KA}{q_{m2}c_{p2}}\right)(T-t_1) - t_1\right]$

$\displaystyle\int_0^\tau \mathrm{d}\tau = \dfrac{Gc_{p1}}{q_{m2}c_{p2}\left[1-\exp\left(-\dfrac{KA}{q_{m2}c_{p2}}\right)\right]}\int_{70}^{40}\dfrac{\mathrm{d}T}{T-t_1}$

$\tau = \dfrac{Gc_{p1}}{q_{m2}c_{p2}\left[1-\exp\left(-\dfrac{KA}{q_{m2}c_{p2}}\right)\right]}\ln\dfrac{T_2-t_1}{T_1-t_1}$

$\tau = \dfrac{750 \times 2200}{0.1 \times 4180 \times \left[1-\exp\left(-4\dfrac{160 \times 3}{0.1 \times 4180}\right)\right]} \times \ln\dfrac{70-20}{40-20} = 5297\text{s} = 1.47\text{h}$

(2) $t_2 = T - \exp\left(-\dfrac{KA}{q_{m2}c_{p2}}\right)(T-t_1)$

$\quad = 40 - \exp\left(-\dfrac{160 \times 3}{0.1 \times 4180}\right) \times (40-20) = 33.66\,℃$

Ⅱ. 复杂工程问题分析与计算

【例 6-16】 列管换热器的内管数量及管径改变对传热的影响 有一单壳程双管程列管换热器,管外用 $120\,℃$ 饱和蒸汽加热常压空气,空气以 $12\,\mathrm{m/s}$ 的流速在管内流过,管径为 $\phi 38 \times 2.5\,\mathrm{mm}$,总管数为 200 根。已知空气进口温度为 $26\,℃$,要求空气出口温度为 $86\,℃$,试求:

(1) 该换热器的管长应为多少?

(2) 若气体处理量、进口温度、管长均保持不变,而管径增大为 $\phi 54 \times 2\,\mathrm{mm}$,总管数减少 10%,此时的出口温度为多少?(不计出口温度变化对物性的影响,忽略热损失)

定性温度下空气的物性数据如下:

$c_p = 1.005\,\mathrm{kJ/(kg \cdot K)}$

$\rho = 1.07\,\mathrm{kg/m^3}$

$\mu = 1.99 \times 10^{-5}\,\mathrm{Pa \cdot s}$

$\lambda = 0.0287\,\mathrm{W/(m \cdot K)}$

$Pr = 0.697$

解: 用饱和蒸汽加热空气,蒸汽侧给热系数远远大于空气侧给热系数,可认为 $K \approx \alpha_{空气}$。第一小题是换热器的设计型计算,由热负荷计算换热面积,进而求得换热管长度。第二小题是换热器的操作型计算,求取冷、热流体的出口温度。需要注意的是由于换热器参数改变,换热面积、管内流速和传热系数都改变。

(1) $q_{m2} = \dfrac{n}{2}u\dfrac{\pi}{4}d^2\rho = \dfrac{200}{2} \times 12 \times \dfrac{\pi}{4} \times 0.033^2 \times 1.07 = 1.1\,\mathrm{kg/s}$

$Q = q_{m2}c_{p2}(t_2 - t_1) = 1.1 \times 1.005 \times 10^3 \times (86-26) = 6.6 \times 10^4\,\mathrm{J/s}$

$Re = \dfrac{\rho u d}{\mu} = \dfrac{1.07 \times 12 \times 0.033}{1.99 \times 10^{-5}} = 2.13 \times 10^4$

$\alpha_1 = 0.023\dfrac{\lambda}{d}Re^{0.8}Pr^{0.4} = 0.023 \times \dfrac{0.0287}{0.033} \times (2.13 \times 10^4)^{0.8} \times 0.697^{0.4} = 50.2\,\mathrm{W/(m^2 \cdot K)}$

忽略蒸汽冷凝、管壁和垢层热阻:$K_1 = \alpha_1$

$\Delta t_m = \dfrac{(T-t_1)-(T-t_2)}{\ln\dfrac{T-t_1}{T-t_2}} = \dfrac{t_2-t_1}{\ln\dfrac{T-t_1}{T-t_2}} = \dfrac{86-26}{\ln\dfrac{120-26}{120-86}} = 59\,℃$

$A_1 = \dfrac{Q}{K_1\Delta t_m} = \dfrac{6.6 \times 10^4}{50.2 \times 59} = 22.35\,\mathrm{m^2}$

$A_1 = n\pi d_1 L$

$L = 22.35/(200 \times 3.14 \times 0.033) = 1.08\,\mathrm{m}$

(2) 增大列管式换热器的内管管径,同时减少总管数,换热面积、管内流速和传热系数都改变,冷、热流体的出口温度需要重新计算。

$\alpha_1 \propto d^{-1.8}n^{-0.8}$

$$\frac{\alpha_1'}{\alpha_1} = \left(\frac{d}{d'}\right)^{1.8}\left(\frac{n}{n'}\right)^{0.8}$$

$$\alpha_1' = \left(\frac{33}{50}\right)^{1.8} \times \left(\frac{200}{180}\right)^{0.8} \times 50.2 = 25.9 \text{W}/(\text{m}^2 \cdot \text{K})$$

$$K_1' = 25.9 \text{W}/(\text{m} \cdot \text{K})$$

$$A_1' = n'\pi d_1'L = 180 \times 3.14 \times 0.05 \times 1.08 = 30.52 \text{m}^2$$

$$Q' = q_{m2}c_{p2}(t_2'-t_1) = K_1'A_1'\Delta t_m' = K_1'A_1'\frac{(T-t_1)-(T-t_2')}{\ln\dfrac{T-t_1}{T-t_2'}}$$

$$1.1 \times 1.005 \times 10^3 = 25.9 \times 30.52 \times \frac{1}{\ln\dfrac{120-26}{120-t_2'}}$$

$$t_2' = 74.0 ℃$$

讨论：对于列管式换热器，可以考虑增大内管管径，以提高换热面积；但由于管径增大，管内流速降低有可能使给热系数降低更明显，导致传热效果变差，冷流体出口温度降低。

【例 6-17】 列管换热器的污垢热阻及处理量增加对传热的影响 某列管换热器由 38 根规格为 $\phi 25\text{mm} \times 2.5\text{mm}$、管长 4m 的无缝钢管组成。110℃ 饱和水蒸气走壳程，将甲苯由 30℃ 加热到 72℃，甲苯流量为 7kg/s。水蒸气侧的冷凝给热系数为 $10^4 \text{W}/(\text{m}^2 \cdot \text{K})$。管壁热阻、蒸汽侧污垢热阻忽略不计。甲苯的比热容为 1.84kJ/(kg·K)。试计算：

（1）甲苯侧的对流给热系数；

（2）运行一段时间后，甲苯出口温度仅能达到 68℃，此时甲苯侧的污垢热阻为多少？

（3）如要使甲苯仍维持运行初期的出口温度和流量，采取提高饱和水蒸气温度的方法来实现，确定饱和水蒸气温度；

（4）污垢清除后，现由于生产需要，甲苯处理量增加 50%，若饱和水蒸气温度仍为 110℃，甲苯的出口温度为多少？

解：换热器运行一段时间后，管壁产生垢层热阻，热流体出口温度由 72℃ 降为 68℃。若要维持运行初期的 72℃ 不变，可提高加热蒸汽温度，以提高传热推动力，增加传热量。如果是热流体的处理量增加，传热推动力没有改变，管内流速和传热系数都会改变，两流体的出口温度都需要重新计算。

（1）换热器面积为 $A = n\pi d_2l = 38 \times 3.14 \times 0.025 \times 4 = 11.93 \text{m}^2$

传热基本方程和热量衡算方程联立得 $q_{m2}c_{p2}(t_2-t_1) = K_2A\dfrac{t_2-t_1}{\ln\dfrac{T-t_1}{T-t_2}}$

$$K_2 = \frac{q_{m2}c_{p2}}{A}\ln\frac{T-t_1}{T-t_2} = \frac{7 \times 1.84 \times 10^3}{11.93} \times \ln\frac{110-30}{110-72} = 803.7 \text{W}/(\text{m}^2 \cdot \text{K})$$

由 $K_2 = \left(\dfrac{1}{\alpha_2}+\dfrac{1}{\alpha_1}\dfrac{d_2}{d_1}\right)^{-1}$

得 $\alpha_1 = \dfrac{1}{\dfrac{1}{K_2}-\dfrac{1}{\alpha_2}}\dfrac{d_2}{d_1} = \dfrac{1}{\dfrac{1}{803.7}-\dfrac{1}{10000}} \times \dfrac{25}{20} = 1092 \text{W}/(\text{m}^2 \cdot \text{K})$

（2）甲苯出口温度变为 68℃ 时，$\Delta t_m = \dfrac{t_2' - t_1}{\ln \dfrac{T - t_1}{T - t_2'}} = 59℃$

由 $q_{m2} c_{p2}(t_2' - t_1) = K_2' A \Delta t_m$

得 $K_2' = \dfrac{q_{m2} c_{p2}}{A} \ln \dfrac{T - t_1}{T - t_2'} = \dfrac{7 \times 1.84 \times 10^3}{11.93} \times \ln \dfrac{110 - 30}{110 - 68} = 695.7 \, \text{W/(m}^2 \cdot \text{K)}$

$K_2' = \left(\dfrac{1}{\alpha_2} + R_1 \dfrac{d_2}{d_1} + \dfrac{1}{\alpha_1} \dfrac{d_2}{d_1} \right)^{-1} = 695.7 \, \text{W/(m}^2 \cdot \text{K)}$

求得甲苯侧污垢热阻为 $R_1 = 1.54 \times 10^{-4} \, \text{m}^2 \cdot \text{K/W}$

（3）计算确定蒸汽应该达到的温度：

$$q_{m2} c_{p2}(t_2 - t_1) = K_2' A \dfrac{t_2 - t_1}{\ln \dfrac{T' - t_1}{T' - t_2}}$$

$$\dfrac{T' - 30}{T' - 72} = e^{\frac{K_2' A}{q_{m2} c_{p2}}} = e^{\frac{695.7 \times 11.93}{7 \times 1.84 \times 10^3}} = 1.905$$

计算得到：$T' = 118.4℃$。

（4）甲苯侧对流给热系数变为 $\alpha_1' = 1092 \times 1.5^{0.8} = 1510 \, \text{W/(m}^2 \cdot \text{K)}$

$K_2'' = \left(\dfrac{1}{\alpha_2} + \dfrac{1}{\alpha_1'} \dfrac{d_2}{d_1} \right)^{-1} = 1078 \, \text{W/(m}^2 \cdot \text{K)}$

传热基本方程和热量衡算方程联立得 $q_{m2}' c_{p2}(t_2'' - t_1) = K_2'' A \dfrac{t_2'' - t_1}{\ln \dfrac{T - t_1}{T - t_2''}}$

$$\ln \dfrac{T - t_1}{T - t_2''} = \dfrac{K_2'' A}{q_{m2}' c_{p2}}$$

$$\dfrac{110 - 30}{110 - t_2''} = e^{\frac{K_2'' A}{q_{m2}' c_{p2}}} = e^{\frac{1078 \times 11.93}{7 \times 1.5 \times 1.84 \times 10^3}} = 1.946$$

解得 $t_2'' = 68.9℃$。

讨论：换热器运行一段时间后，管壁产生垢层热阻，影响换热效果。若要维持运行初期的出口温度和流量，可采取提高饱和水蒸气温度方法。

【例 6-18】 列管换热器的内管数量及管内流量改变对传热的影响 某台传热面积为 $25 \, \text{m}^2$ 的单程列管式换热器，在管程内水逆流冷却热油，原工况下，水的流量为 2 kg/s，比热容为 4.18 kJ/(kg·K)，进出口温度分别为 20℃ 和 40℃，热油的进出口温度分别为 100℃ 和 50℃，热油的给热系数为 500 W/(m²·K)。现将冷水流量降为 1.2 kg/s，同时因管子渗漏而堵塞部分管子，使管子根数为原来的 0.8 倍，已知管内的水的 $Re > 10^4$，物性的变化、管壁及垢层热阻可忽略。试求新工况下，冷、热流体的出口温度（冷、热流体的进口温度及热流体的流量不变）。

解：冷却水流量减少，同时堵塞部分管子，换热面积、管内流速和传热系数都改变，冷、热流体的出口温度需要重新计算。

$$Q = q_{m2} c_{p2}(t_2 - t_1) = q_{m1} c_{p1}(T_1 - T_2)$$

$$Q = 2 \times 4.18 \times 10^3 \times (40 - 20) = 1.67 \times 10^5 \, \text{W}$$

$$q_{m1}c_{p1}=\frac{Q}{T_1-T_2}=\frac{1.67\times10^5}{100-50}=3344\text{W/℃}$$

$$K=\frac{Q}{A\Delta t_m}=\frac{Q\ln\dfrac{T_1-t_2}{T_2-t_1}}{A[(T_1-t_2)-(T_2-t_1)]}=\frac{1.67\times10^5\times\ln\dfrac{100-40}{50-20}}{25\times(100-40-50+20)}=154.3\text{W/(m}^2\cdot\text{K)}$$

$$\alpha_2=\frac{1}{\dfrac{1}{K}-\dfrac{1}{\alpha_1}}=\frac{1}{\dfrac{1}{154.3}-\dfrac{1}{500}}=223.3\text{W/(m}^2\cdot\text{K)}$$

$$\alpha_2\propto q_{m2}^{0.8}$$

新工况：$\alpha_2'=\left(\dfrac{u'}{u}\right)^{0.8}\alpha_2=\left[\dfrac{q_{m2}'/(n'd^2)}{q_{m2}/(nd^2)}\right]^{0.8}\alpha_2=\left(\dfrac{1.2}{2\times0.8}\right)^{0.8}\alpha_2$

$$=0.75^{0.8}\times223.3=177.4\text{W/(m}^2\cdot\text{K)}$$

$$K'=\frac{1}{\dfrac{1}{\alpha_2'}+\dfrac{1}{\alpha_1}}=\frac{1}{\dfrac{1}{177.4}+\dfrac{1}{500}}=130.9\text{W/(m}^2\cdot\text{K)}$$

逆流传热 $\ln\dfrac{T_1-t_2'}{T_2'-t_1}=\dfrac{K'A'}{q_{m2}'c_{p2}}\left(\dfrac{q_{m2}'c_{p2}}{q_{m1}c_{p1}}-1\right)=\dfrac{130.9\times25\times0.8}{1.2\times4180}\times\left(\dfrac{1.2\times4180}{3344}-1\right)=0.26$

$$\frac{T_1-t_2'}{T_2'-t_1}=\frac{100-t_2'}{T_2'-20}=\mathrm{e}^{0.26}=1.30 \tag{①}$$

由 $q_{m2}c_{p2}(t_2'-t_1)=q_{m1}c_{p1}(T_1-T_2')$

得 $1.2\times4.18\times10^3(t_2'-t_1)=3344(T_1-T_2')$

$$T_2'=130-1.5t_2' \tag{②}$$

由式①、式②联立求解

$t_2'=45.2℃$，$T_2'=62.2℃$

【例 6-19】 列管换热器的内管数量及蒸汽压力改变对传热的影响 质量流量为 7200kg/h 的某一常压气体在 $\phi25\times2.5$mm 的 250 根钢管内流动，由 25℃ 加热到 85℃，气体走管程，采用 198kPa 的饱和蒸汽于壳程加热气体。若蒸汽冷凝给热系数 $\alpha_2=1\times10^4$ W/(m²·K)，管内壁的污垢热阻为 0.0004m²·K/W，忽略管壁、管外热阻及热损失。已知气体在平均温度下的物性数据为：$c_p=1$kJ/(kg·K)，$\lambda=2.85\times10^{-2}$W/(m·K)，$\mu=1.98\times10^{-2}$mPa·s。试求：

(1) 饱和水蒸气的消耗量（kg/h）。

(2) 换热器的总传热系数 K（以管束外表面为基准）和管长。

(3) 若有 15 根管子堵塞，又由于某种原因，蒸汽压力减至 137kPa，假定气体的物性和蒸汽的冷凝给热系数不变，总传热系数 K 和气体出口温度。

已知 198kPa 时蒸汽温度为 120℃，汽化潜热 2204kJ/kg；137kPa 时蒸汽温度为 110℃。

解：(1) $Q=q_{m2}c_{p2}(t_2-t_1)=\dfrac{7200}{3600}\times1\times(85-25)=120$kW

$$q_m=\frac{Q}{r}=\frac{120}{2204}=0.05445\text{kg/s}=196.00\text{kg/h}$$

(2) $G=\dfrac{q_{m2}}{A}=\dfrac{7200/3600}{0.785\times250\times(0.02)^2}=25.48\text{kg/(m}^2\cdot\text{s)}$

$$Re = \frac{du\rho}{\mu} = \frac{dG}{\mu} = \frac{0.02 \times 25.48}{1.98 \times 10^{-5}} = 25737 > 10^4$$

$$Pr = \frac{c_p \mu}{\lambda} = \frac{1 \times 10^3 \times 1.98 \times 10^{-5}}{2.85 \times 10^{-2}} = 0.695 \approx 0.7$$

气体被加热 $b = 0.4$，$\alpha_1 = 0.023 \frac{\lambda}{d} Re^{0.8} Pr^{0.4}$

$$\alpha_1 = 0.023 \frac{\lambda}{d} Re^{0.8} Pr^{0.4} = 0.023 \times \frac{2.85 \times 10^{-2}}{0.02} \times 25737^{0.8} \times 0.7^{0.4} = 95.95 \, \text{W/(m}^2 \cdot \text{K)}$$

$$\frac{1}{K_2} = \frac{1}{\alpha_2} + \left(R_1 + \frac{1}{\alpha_1}\right) \frac{d_2}{d_1} = \frac{1}{10^4} + \left(0.0004 + \frac{1}{95.95}\right) \times \frac{25}{20} = 0.01363$$

$$K_2 = 73.38 \, \text{W/(m}^2 \cdot \text{K)}$$

$$\Delta t_m = \frac{(T - t_1) - (T - t_2)}{\ln \frac{T - t_1}{T - t_2}} = \frac{85 - 25}{\ln \frac{120 - 25}{120 - 85}} = 60.09 \, \text{℃}$$

$$Q = K_2 A_2 \Delta t_m = K_2 n \pi d_{\text{外}} l \Delta t_m$$

$$l = \frac{Q}{K_2 n \pi d_{\text{外}} \Delta t_m} = \frac{120 \times 10^3}{73.38 \times 250 \times 3.14 \times 0.025 \times 60.09} = 1.39 \, \text{m}$$

（3）加热蒸汽压力（温度）改变，同时堵塞部分管子，换热面积、管内流速和传热系数都改变，冷、热流体的出口温度需要重新计算。

15 根管子堵塞，管程流量不变，管内流速增大为原来的 $250/235 = 1.06$ 倍，仍为湍流，

管程 $\alpha_1' = \alpha_1 \left(\frac{u_1'}{u_1}\right)^{0.8}$

$$\alpha_1' = 95.95 \times 1.06^{0.8} = 100.53 \, \text{W/(m}^2 \cdot \text{K)}$$

$$\frac{1}{K_2'} = \frac{1}{\alpha_2} + \left(R_1 + \frac{1}{\alpha_1'}\right) \frac{d_2}{d_1} = \frac{1}{10^4} + \left(0.0004 + \frac{1}{100.53}\right) \times \frac{25}{20} = 0.0130$$

$$K_2' = 76.93 \, \text{W/(m}^2 \cdot \text{K)}$$

$$A' = n' \pi d_{\text{外}} l = 235 \times 3.14 \times 0.025 \times 1.39 = 25.64 \, \text{m}^2$$

$$Q = q_{m2} c_{p2} (t_2' - t_1) = K_2' A' \frac{t_2' - t_1}{\ln \frac{T - t_1}{T - t_2'}}$$

得 $\ln \dfrac{T - t_1}{T - t_2'} = \dfrac{K_2' A'}{q_{m2} c_{p2}}$

137kPa 蒸汽温度为 110℃

$$\ln \frac{110 - 25}{110 - t_2'} = \frac{76.93 \times 25.64}{2 \times 1 \times 10^3} = 0.9862$$

得 $t_2' = 78.3$℃

【例 6-20】 **非定态传热的壁温计算** 某熔盐槽内盛有温度为 780℃的熔盐。在熔盐内浸有一电加热器。开始通电时，加热器的温度与熔盐相同。加热过程中熔盐温度保持恒定。已知电加热功率为 1.0kW，加热器外表面积为 0.05m²，加热器的热容相当于 1kg 水的，水的比热容为 4.183kJ/(kg·℃)，熔盐与加热器表面间的给热系数为 1.5kW/(m²·℃)。假设

在加热过程中给热系数不变，加热器温度始终保持均一，求通电 1min 时加热器的壁温为多少度？加热器的最高壁温可达多少度？

解：电加热器提供的热量分别用于加热器本身的升温和对熔盐传递的热量。随着加热时间延长，加热器的壁温升高。加热器壁温升高使对熔盐传热的推动力（温差）加大，导致对熔盐的传热量也随之增加。当电加热器的加热量正好等于对熔盐的传热量时，加热器本身不再升温，壁温维持恒定不变，此即最高壁温。

设某时刻加热器壁温为 T，又已知加热过程中熔盐温度 T_0 保持恒定，则

$$Q\mathrm{d}\tau = Gc_p\mathrm{d}T + \alpha A(T - T_0)\mathrm{d}\tau$$

$$\mathrm{d}\tau = \frac{Gc_p\mathrm{d}T}{Q - \alpha A(T - T_0)}$$

$$\tau = -\frac{Gc_p}{\alpha A}\int_{T_0}^{T}\frac{\mathrm{d}[Q - \alpha A(T - T_0)]}{Q - \alpha A(T - T_0)} = -\frac{Gc_p}{\alpha A}\ln\frac{Q - \alpha A(T - T_0)}{Q}$$

$$T = T_0 + \frac{Q}{\alpha A}\left[1 - \exp\left(-\frac{\alpha A}{Gc_p}\tau\right)\right]$$

其中 $Q = 1.0\mathrm{kW}$，$A = 0.05\mathrm{m}^2$，$T_0 = 780℃$，$Gc_p = 4.183\mathrm{kJ/℃}$，$\alpha = 1.5\mathrm{kW/(m^2 \cdot ℃)}$

当 $\tau = 60\mathrm{s}$ 时，$T = 780 + \dfrac{1.0}{1.5 \times 0.05} \times \left[1 - \exp\left(-\dfrac{1.5 \times 0.05}{4.183} \times 60\right)\right] = 788.8℃$

$\tau = \infty$ 时，$T = 780 + \dfrac{1}{1.5 \times 0.05} = 793.3℃$

Ⅲ. 工程案例解析

【例 6-21】 列管式换热器的选型　某工厂欲将流量为 64.8t/h 的有机物从 80℃ 冷却至 60℃，拟用温度为 18℃ 的河水进行冷却。测得有机物在 60~80℃ 范围内的物性数据如下：

$c_p = 3.91\mathrm{kJ/(kg \cdot ℃)}$，$\mu = 0.428 \times 10^{-3}\mathrm{Pa \cdot s}$

$\lambda = 0.623\mathrm{W/(m \cdot ℃)}$，$\rho = 982\mathrm{kg/m}^3$

试选合适的换热器并进行校核。

解：换热器属于标准设备，需要根据换热面积选择型号。实际选型时，要根据换热要求，选择换热介质及其出口温度，再由传热系数的估计值 $K_{估}$ 计算需要的换热面积。根据需要的换热面积来确定换热器型号，最后对此型号的换热器进行校核：计算实际换热器的管内、管外的给热系数，再计算实际传热系数 K 和换热面积 $A_{计}$，要求满足 $A/A_{计} = 1.15 \sim 1.25$。如果不满足，需要重新选型。

（1）初选换热器　选冷却水出口温度 $t_2 = 42℃$，平均温度 $t_m = \dfrac{t_1 + t_2}{2} = \dfrac{42 + 18}{2} = 30℃$

查得冷却水的物性数据如下：

$c_p = 4.174\mathrm{kJ/(kg \cdot ℃)}$，$\mu = 0.801 \times 10^{-3}\mathrm{Pa \cdot s}$

$\lambda = 0.617\mathrm{W/(m \cdot ℃)}$，$\rho = 996\mathrm{kg/m}^3$

热流体流量 $q_{m1} = 64.8 \times 10^3/3600 = 18\mathrm{kg/s}$

热负荷：

$$Q = q_{m1}c_{p1}(T_1 - T_2) = 18 \times 3.91 \times (80 - 60) \times 10^3 = 1.41 \times 10^6\mathrm{W}$$

$$q_{m2} = \frac{Q}{c_{p2}(t_2 - t_1)} = \frac{1.41 \times 10^6}{4.174 \times 10^3 \times (42 - 18)} = 14.1 \text{kg/s}$$

逆流平均推动力

$$\Delta t_{m逆} = \frac{(80 - 42) - (60 - 18)}{\ln \frac{80 - 42}{60 - 18}} = 40℃$$

$$R = \frac{T_1 - T_2}{t_2 - t_1} = \frac{80 - 60}{42 - 18} = 0.83$$

$$P = \frac{t_2 - t_1}{T_1 - t_1} = \frac{42 - 18}{80 - 18} = 0.39$$

初定单壳程四管程的管壳式换热器，查得温差修正系数 $\psi = 0.96$

$$\Delta t_m = \psi \Delta t_{m逆} = 0.96 \times 40 = 38.4℃$$

初步估计传热系数 $K_{估} = 750 \text{W/(m}^2 \cdot \text{K)}$

$$A_{估} = \frac{Q}{K_{估} \Delta t_m} = \frac{1.41 \times 10^6}{750 \times 38.4} = 49 \text{m}^2$$

换热器壳程与管程的最大温差小于 50℃，温差不算太高，选用固定管板式换热器。由换热器系列，初选 BEM600-1.0-50.5-$\frac{3}{25}$-4I 型换热器。有关参数见表 6-1。

表 6-1 换热器参数

公称直径 D/mm	600	管子尺寸/mm	$\phi 25 \times 2$
公称压力/MPa	1.0	管长/m	3
公称面积/m^2	50.5	管数 N	222
管程数 N_t	4	管中心距/mm	32
管子排列方式	正三角形		

为充分冷却有机物，取有机物走管程，水走壳程。

（2）计算管程给热系数 α_i 管程流动面积

$$A = \frac{\pi}{4} d^2 \frac{N}{N_t} = 0.785 \times 0.021^2 \times \frac{222}{4} = 0.0192 \text{m}^2$$

$$Re = \frac{dG}{\mu} = \frac{0.021 \times 18}{0.428 \times 10^{-3} \times 0.0192} = 4.60 \times 10^4$$

$$Pr = \frac{c_p \mu}{\lambda} = \frac{3.91 \times 10^3 \times 0.428 \times 10^{-3}}{0.623} = 2.686$$

$$\alpha_i = 0.023 \frac{\lambda}{d} Re^{0.8} Pr^{0.3}$$

$$= 0.023 \times \frac{0.623}{0.021} \times (4.60 \times 10^4)^{0.8} \times 2.686^{0.3} = 4931 \text{W/(m}^2 \cdot ℃)$$

（3）计算壳程给热系数 α_o 采用管子正三角排列，管心距 $t = 32 \text{mm}$，25%圆缺形挡板，取折流挡板间距 $B = 0.45 \text{m}$

$$d_e = \frac{4\left(\frac{\sqrt{3}}{2} t^2 - \frac{\pi}{4} d_o^2\right)}{\pi d_o} = \frac{4 \times \left(\frac{\sqrt{3}}{2} \times 0.032^2 - 0.785 \times 0.025^2\right)}{3.14 \times 0.025} = 0.0201 \text{m}$$

流通面积 $A = BD\left(1 - \dfrac{d_o}{t}\right) = 0.45 \times 0.6 \times \left(1 - \dfrac{25}{32}\right) = 0.0591 \, \text{m}^2$

$$u_o = \frac{q_{m2}}{\rho A} = \frac{14.1}{996 \times 0.0591} = 0.240 \, \text{m/s}$$

$$Re = \frac{d_e u_o \rho}{\mu} = \frac{0.0201 \times 0.240 \times 996}{0.801 \times 10^{-3}} = 5998 > 100, \text{湍流}$$

$$Pr = \frac{c_p \mu}{\lambda} = \frac{4.174 \times 10^3 \times 0.801 \times 10^{-3}}{0.617} = 5.419$$

$$\alpha_o = 0.36 \frac{\lambda}{d_e} Re^{0.55} Pr^{\frac{1}{3}} \left(\frac{\mu}{\mu_w}\right)^{0.14}$$

因壳程流体被加热,取 $\left(\dfrac{\mu}{\mu_w}\right)^{0.14} = 1.05$

$$\alpha_o = 0.36 \times \frac{0.617}{0.0201} \times 5998^{0.55} \times 5.419^{\frac{1}{3}} \times 1.05$$

$$= 2439 \, \text{W/(m}^2 \cdot \text{℃)}$$

(4) 计算实际的传热系数和传热面积

$$d_m = \frac{25 - 21}{\ln \dfrac{25}{21}} = 22.9 \, \text{mm}$$

取管内污垢层热阻 $R_i = 0.176 \times 10^{-3} \, \text{m}^2 \cdot \text{K/W}$ 和管子的热导率 $\lambda = 45 \, \text{W/(m} \cdot \text{K)}$,管外污垢层热阻 $R_o = 0.21 \times 10^{-3} \, \text{m}^2 \cdot \text{K/W}$。

以外表面积为基准的传热系数:

$$K = \frac{1}{\left(\dfrac{1}{\alpha_i} + R_i\right)\dfrac{d_o}{d_i} + \dfrac{\delta}{\lambda}\dfrac{d_o}{d_m} + \dfrac{1}{\alpha_o} + R_o}$$

$$= \frac{1}{\left(\dfrac{1}{4931} + 0.176 \times 10^{-3}\right) \times \dfrac{25}{21} + \dfrac{0.002}{45} \times \dfrac{25}{22.9} + \dfrac{1}{2439} + 0.21 \times 10^{-3}}$$

$$= 893.3 \, \text{W/(m}^2 \cdot \text{K)}$$

$$A_{\text{计}} = \frac{Q}{K \psi \Delta t_m} = \frac{1.41 \times 10^6}{893.3 \times 0.96 \times 38.4} = 42.8 \, \text{m}^2$$

$$\frac{A}{A_{\text{计}}} = \frac{50.5}{42.8} = 1.18$$

满足 $A/A_{\text{计}} = 1.15 \sim 1.25$,故换热器 BEM600-1.0-50.5-$\dfrac{3}{25}$-4I 适合。

第四节　自测练习同步

Ⅰ.自测练习一

一、填空题

1. 液体沸腾的必要条件有_____和_____。

2.工业沸腾装置应在_____沸腾状态下操作,是因为_____。

3.按冷热流体接触方式分,传热过程有_____、_____和_____。

4.当外界有辐射投射到物体表面时,将会发生_____、_____和_____。

5.双层平壁定态传热,壁厚相同,各层的热导率分别为 λ_1 和 λ_2,其对应的温度差为50℃和30℃,则 λ_1 _____ λ_2。(<、>、=、不确定)

6.黑体的表面温度从200℃升至500℃,其辐射能力增大到原来的_____倍。

7.蒸汽冷凝分_____状冷凝和_____状冷凝,工业设计按_____状冷凝考虑。

8.某间壁式传热过程,采用饱和蒸汽加热空气,则控制热阻应在_____(蒸汽,空气)侧,因此若要强化传热过程,应从_____侧着手。

9.冷凝给热过程的阻力集中于液膜,_____是强化冷凝给热的有效措施。

10.无相变的冷、热流体在套管式换热器中进行换热,今若冷流体的进口温度升高,而其他操作参数不变,则,K _____,Q _____,热流体出口温度_____,Δt_m _____。(↑、↓、不变、不确定)

二、选择题

1.某换热器,一侧为饱和水蒸气冷凝,另一侧热阻可忽略。若饱和蒸汽温度与壁温之差增加一倍时,传热速率将增加为原来的( )倍。

    A.$2^{-1/4}$;   B.$2^{1/4}$;   C.$2^{3/4}$;   D.2。

2.某套管换热器由 $\phi 108 \times 4mm$ 和 $\phi 55 \times 2.5mm$ 钢管组成,流体在环隙间流动,其当量直径为( )mm。

    A.53;   B.45;   C.50;   D.58。

3.厚度为20mm的无限平壁的热导率为18W/(m·K),两侧表面温度 $t_1 = 800℃$,$t_2 = 720℃$,则平壁厚度为10mm处的温度为( )。

    A.800℃;   B.785℃;   C.760℃;   D.720℃。

4.以下说法正确的是( )。

    A.最常用的冷却剂是水;   B.固体比液体的热导率大;

    C.自然对流的热源应放置于空间的上部;   D.对流给热系数 α 与温差无关。

5.套管换热器,用温度为130℃的饱和水蒸气将冷空气从温度20℃加热至50℃,则管壁温度 t_w 近似等于( )。

    A.20℃;   B.35℃;   C.50℃;   D.130℃。

三、作图题

某换热器原操作线如图,热流体流量降低时,试将新工况操作线定性画在图中。

四、计算题

1.某列管式换热器由 15 根 $\phi 19 \times 3mm$ 的钢管组成,管长为1.5m,管隙的油与管内的水的流向相反。油的流量为1350kg/h,进口温度为100℃,水的流量为1800kg/h,入口温度为10℃。若忽略热损失,且知以管外表面积为基准的传热系数 $K = 168W/(m^2 \cdot ℃)$,油的比热容 $c_p = 1.88kJ/(kg \cdot ℃)$,水的比热容为 4.18 $kJ/(kg \cdot ℃)$。试求:油和水的出口温度分别为多少?

2.用两个相同的列管换热器按并联方式加热某液体,换热器的管束由 32 根长 3m 的 $\phi 25 \times 2.5mm$ 钢管构成,壳程为 120℃ 的饱

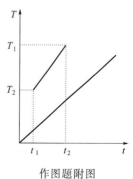

作图题附图

和蒸汽,液体总流量为 $20m^3/h$,按相等流量分配在两个换热器管程中作湍流流动,由 25℃ 加热到 80℃。蒸汽侧的给热系数为 $8kW/(m^2 \cdot ℃)$,管壁及污垢热阻可不计。热损失也可不计。液体的比热容为 $4.1kJ/(kg \cdot ℃)$,密度为 $1000kg/m^3$。试求:

(1)液体侧的对流给热系数;

(2)液体总流量不变,将两换热器改为串联,液体出口温度为多少?

两种情况下蒸汽侧对流传热系数和流体物性视为不变。

Ⅱ. 自测练习二

一、填空题

1.间壁传热时,各层的温差与热阻_____。(成正比、成反比、没关系、不确定)

2.沸腾给热的强化可以从_____和_____方面着手。

3.传热按机理分为_____、_____和_____。

4.套管换热器中,热流体由 100℃ 降到 70℃,冷流体由 20℃ 升到 50℃,两流体作并流时对数平均温差为_____℃,两流体作逆流时对数平均温差为_____℃。

5.冷热流体在换热器中无相变换热,长期使用换热器使换热器结垢。在同样的操作条件下,结垢后换热器的 K _____,t_2 _____,T_2 _____,Q _____。(↑、↓、不变、不确定)

6.列管式换热器中,用冷却水使 80℃ 无腐蚀性的饱和蒸汽冷凝,则该饱和蒸汽应走_____。(管程,壳程)

7.某无相变逆流传热过程,已知 $T_1=160℃$,$t_2=30℃$,操作线斜率为 1,则 $\Delta t_m=$_____。

8.用饱和蒸汽加热冷流体(冷流体无相变),若保持加热蒸汽压强和冷流体 t_1 不变,而增加冷流体流量 q_{m2},则 t_2 _____,Q _____。(↑、↓、不变、不确定)

9.吸收率等于 1 的物体称为_____,对各种波长辐射能均能同样吸收的理想物体称为_____。

10.用过热蒸汽加热冷流体(冷热流体均无相变),若保持其他条件不变,仅减少冷流体流量,则冷流体出口温度_____,蒸汽出口温度_____,K _____,Q _____。(↑、↓、不变、不确定)

二、选择题

1.为了在某固定空间造成充分的自然对流,有下面两种说法:

① 加热器应置于该空间的上部;

② 冷却器应置于该空间的下部;

正确的结论应该是(　　)。

　　A.这两种说法都对;　　　　　　　　　　C.第一种说法对,第二种说法错;

　　B.这两种说法都不对;　　　　　　　　　D.第二种说法对,第一种说法错。

2.在饱和蒸汽-空气间壁换热过程中,为强化传热,下列方案中(　　)在工程上是可行的。

　　A.提高空气流速;

　　B.提高蒸汽流速;

　　C.采用过热蒸汽以提高蒸汽温度;

　　D.在蒸汽一侧管壁上加装翅片,增加冷凝面积并及时导走冷凝液。

3.某蒸汽管道需保温,欲采用厚度相同的两种保温材料保温,正确的是(　　)。

A. λ 大的材料包在里面;   B. λ 小的材料包在里面;

C. 两种方式都一样。

4. 以下说法错误的是( )。

A. 液体的过热是气泡生成的必要条件;

B. 雷诺数的物理意义是惯性力与黏性力之比;

C. 工业冷凝器的设计都是按滴状冷凝考虑;

D. 四次方定律表明辐射传热对温度敏感。

5. 在某套管换热器中,两无相变化液体逆流操作,忽略热损失。若减少热流体的流量,其他操作条件不变,则 K 的变化为( )。

A. 增大;   B. 减小;   C. 不变;   D. 不确定。

三、作图题

在同一图中定性给出两换热器的操作线。

四、计算题

1. 某厂在单程列管换热器中,用 130℃ 的饱和水蒸气将乙醇水溶液从 25℃ 加热到 80℃。乙醇水溶液处理量为 48000kg/h,在管内流动。饱和水蒸气在管间冷凝。列管换热器由 60 根 $\phi25\times2.5$mm、长 4.5m 的钢管所构成。已知钢的热导率为 45W/(m·℃)。乙醇水溶液的密度为 880kg/m³,黏度为 1.2mPa·s,比热容为 4.02kJ/(kg·℃),热导率为 0.42W/(m·℃)。水蒸气的冷凝给热系数为 10^4W/(m²·℃)。在操作条件下,污垢热阻及热损失忽略不计,试确定:

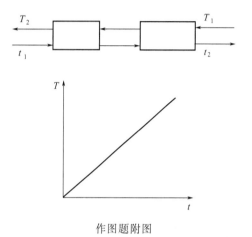

作图题附图

(1) 此换热器能否完成生产任务?请定量计算。

(2) 有人建议在列管根数不变的情况下,将单管程改为双管程。如果乙醇水溶液的进出口温度保持不变,此时饱和蒸气需要到多少(℃)?

2. 某逆流套管换热器,用热空气加热冷水,热空气走管内,冷水走环隙,热空气一侧为传热阻力控制,冷流体的进出口温度分别为 35℃ 和 50℃,热空气的进出口温度分别为 110℃ 和 80℃。求:当热空气流量加倍时,冷、热流体的出口温度各为多少(℃)?假定管壁两侧的污垢热阻、管壁热阻和热损失可忽略不计。

本章符号说明

符号	意义	单位
A	传热面积,流动截面	m²
a	辐射吸收率	
C_0	黑体辐射系数	W/(m²·K)
c_p	流体的定压比热容	kJ/(kg·K)

d	管径	m
d	透过率	
d_e	当量直径	m
E_b	黑体辐射能力	W/m^2
K	传热系数	$W/(m^2 \cdot K)$
l	管子长度	m
n	管子数	
N	管程数	
Q	热流量	$J/s, W$
Q_T	累积传热量	J
q	热流密度	W/m^2
q_m	质量流量	kg/s
q_V	体积流量	m^3/s
R	热阻	$m^2 \cdot K/W$
r	汽化潜热	kJ/kg
r	半径	m
r	反射率	
T	热流体温度	K
t	冷流体温度	K
u	流速	m/s
α	给热系数	$W/(m^2 \cdot K)$
β	体积膨胀系数	$1/K$
δ	冷凝膜厚度、壁厚	m
ε	黑度、换热器的热效率	
λ	热导率	$W/(m \cdot K)$
μ	黏度	$N \cdot s/m^2$
ρ	流体密度	kg/m^3
σ_0	黑体辐射常数	$W/(m^2 \cdot K^4)$
τ	时间	s
φ	角系数	

数群

Gr	格拉斯霍夫数 $\dfrac{\beta g \Delta t l^3 \rho^2}{\mu^2}$	
Nu	努塞尔数 $\dfrac{\alpha l}{\lambda}$	
Pr	普朗特数 $\dfrac{c_p \mu}{\lambda}$	

Re	雷诺数 $\dfrac{du\rho}{\mu}$

下标

m	平均
w	壁面的

第七章

蒸　发

第一节　知识导图和知识要点

1.蒸发操作的定义和原理

含有不挥发性溶质的溶液在沸腾条件下受热，使部分溶剂汽化为蒸气的操作称为蒸发。蒸发操作的原理是溶剂挥发，溶质不挥发。

2.蒸发操作的目的

蒸发操作的目的是获得浓缩的溶液，直接作为化工成品或半成品。与结晶联合操作以获得固体溶质；脱除杂质，制取纯净的溶剂。

3.蒸发操作的特点

蒸发操作的过程实质是热量传递而不是物质传递。溶剂汽化的速率取决于传热速率。所以，蒸发操作应属于传热过程。

4.蒸发操作的特殊性

蒸发操作的特殊性主要体现在经济、过程和物料方面。

（1）经济方面：蒸发操作是大量耗热的过程，节能是蒸发操作应考虑的重要问题。

（2）过程方面：蒸发操作是个沸腾传热过程，工业操作须在核状沸腾区域进行。蒸发操作传热温差不宜过大。

（3）物料方面：由于溶剂汽化，导致溶液浓度局部过饱和，浓溶液在加热面上析出溶质而形成垢层，使加热过程恶化。溶液的某些性质，如热敏性，黏度的上升等。因此，蒸发器结构的设计应设法延缓垢层的生成，并易于清理。

5.蒸发过程中蒸汽温位的变化及用途

蒸发过程中蒸汽温位发生变化，从高温位的生蒸汽变为低温位的二次蒸汽，能量降质。

温位降低用于两部分：①传热需要一定的温差为推动力；②由于溶质的存在造成溶液的沸点升高。

6.蒸发器的主要构件

蒸发器由加热室、流动（循环）通道、气液分离空间（蒸发室）这三部分组成。蒸发器的辅助设备包括除沫器、冷凝器和疏水器。

7. 循环性蒸发器的种类和主要特点

循环性蒸发器的种类有垂直短管式（中央循环管式）、外加热式和强制循环式。

垂直短管式（中央循环管式）：流体在细管内向上，粗管内向下作循环运动，循环速度 $0.1\sim0.5\mathrm{m/s}$。

外加热式：采用长加热管，且循环管不再受热，循环速度 $1.5\mathrm{m/s}$。

强制循环式：采用泵进行强制循环，循环速度 $1.8\sim5\mathrm{m/s}$。

8. 循环性蒸发器提高循环速度的目的

目的是：①增加给热系数；②降低单程汽化率，延缓结垢时间。

9. 单程型蒸发器的定义和特点

单程型蒸发器是指物料一次通过加热面即可完成浓缩要求，其特点是受热时间大为缩短，适合热敏物料。

10. 单程型蒸发器种类及其主要特性

单程型蒸发器种类有升膜式蒸发器、降膜式蒸发器和旋转刮片式蒸发器。

升膜式蒸发器：加热管束长达 $3\sim10\mathrm{m}$，二次蒸发具有较高速度，常压下为 $20\sim50\mathrm{m/s}$，不适宜用于处理黏度大、易结晶、易结垢的溶液。

降膜式蒸发器：料液经分布器分布后呈膜状向下流动，可处理黏度较大的物料，但不适宜处理易结晶、结垢的溶液。

旋转刮片式蒸发器：籍外力强制料液呈膜状流动，适用于高黏度、易结晶、结垢的浓溶液的蒸发。

11. 蒸发器的热阻和传热系数

蒸发器的热阻包括管外蒸汽冷凝热阻 $1/\alpha_o$、加热管壁的热阻 δ/λ、管内壁液体一侧的垢层热阻 R_i 和管内沸腾给热热阻 $1/\alpha_i$。一般垢层热阻 R_i 较大，管内沸腾给热热阻 $1/\alpha_i$ 是蒸发传热的主要热阻。

蒸发传热系数 $K=\left(\dfrac{1}{\alpha_o}+\dfrac{\delta}{\lambda}+R_i+\dfrac{1}{\alpha_i}\right)^{-1}$

12. 降低垢层热阻的方法

方法有定期清理加热管、加快流体的循环运动速度、加入微量阻垢剂以延缓形成垢层。

13. 垂直管内气液两相流动型式

垂直管内液体沸腾形成气液两相同时流动，其形式有气泡流、塞状流、翻腾流、环状流和雾流。

14. 管内沸腾给热

管内沸腾给热系数 α 一般为 $10^2\sim10^3\mathrm{W/(m^2\cdot℃)}$。为提高全管长内的平均给热系数，应扩大环状流动区域。

15. 蒸发计算知识导图

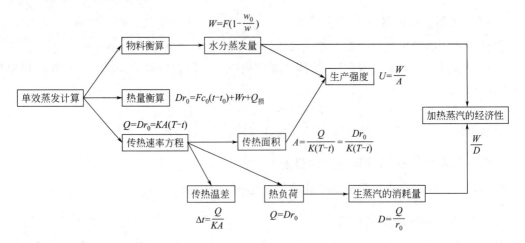

16. 单效蒸发的物料衡算

因溶质不挥发，单位时间进入和离开蒸发器的数量应相等，即 $Fw_0 = (F-W)w$

水分蒸发量 $\quad W = F\left(1 - \dfrac{w_0}{w}\right)$

17. 单效蒸发的热量衡算

蒸发器作热量衡算，有：

$Dr_0 + Fi_0 = (F-W)i + WI + Q_损$

或 $\quad Dr_0 = F(i - i_0) + W(I - i) + Q_损$，$Q_损$ 取 Dr_0 的某一百分数。

若忽略溶液的浓缩热：

$Dr_0 = Fc_0(t - t_0) + Wr + Q_损$，$c_0$ 为料液的比热容。

18. 蒸发器的热负荷

$Q = Dr_0$，r_0 为加热蒸汽的汽化潜热，kJ/kg。

19. 蒸发速率

$$Q = Dr_0 = KA(T - t)$$

式中　T——加热蒸汽的饱和温度；

$\quad\quad t$——蒸发器内溶液的沸点。

20. 温差损失知识导图

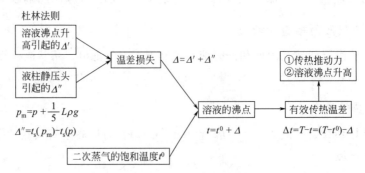

21. 溶液沸点 t 及影响因素

溶液沸点与蒸发器的操作压强、溶质存在使溶液的沸点升高和蒸发器内液柱（液位）高的静压强有关。

$$t = t^0 + \Delta$$

式中　t^0——二次蒸汽的饱和温度，冷凝器操作压强下水的饱和温度。

p 为蒸发器操作压强，常以冷凝器压强代替。

影响溶液沸点 t 的因素除操作压强外，还与下述因素有关。

（1）溶液沸点升高引起的 Δ'　原因：溶质的存在。Δ' 可由杜林法则确定。

（2）液柱静压头引起的 Δ''　取液面下 $\dfrac{L}{5}$ 处的溶液沸腾温度为平均温度。

$$p_{\mathrm{m}} = p + \frac{1}{5}L\rho g$$

式中　p——液面上方的压强，通常以冷凝器压强代替；

　　　 L——蒸发器内的液面高度。

温度差损失　$\Delta = \Delta' + \Delta''$，以 Δ' 为主。

所以蒸发器中沸腾液体的平均温度为：$t = t^0 + \Delta' + \Delta'' = t^0 + \Delta$

蒸发过程的传热温差：$\Delta t = T - t = (T - t^0) - \Delta$　且 $T > t > t^0$

22. 加热蒸汽的经济性

蒸发装置的操作费主要是汽化大量溶剂所需要的能耗。1kg 加热蒸汽所能蒸发的水量（单位加热蒸汽能蒸发的二次蒸汽量）称为加热蒸汽的经济性，经济性＝W/D，它是蒸发操作是否经济的重要指标。

23. 提高加热蒸汽利用率的途径

（1）多效蒸发　比如双效蒸发，此时经济性 $\dfrac{W_1 + W_2}{D}$ 上升，后一效蒸发器的操作压强及其对应的饱和温度必较前一效为低。

（2）额外蒸汽的引出　工程上，总蒸发量 $W = W_1 + W_2 + W_3$ 规定，欲引出额外蒸汽，需增加 D（加热蒸汽量），而使 $\dfrac{W}{D}$ 有所下降；加热蒸汽总的利用率上升。

（3）二次蒸汽的再压缩（热泵蒸发）　将二次蒸汽绝热压缩，使其饱和温度升高，重新作为加热蒸汽使用，但须额外消耗一定量的压缩功。

（4）冷凝水热量的利用。

24. 多效蒸发的具体操作方式

（1）并流加料：原料液无须泵送，末效传热条件较劣。

（2）逆流加料：原料液须泵送，各效加热条件大致相同。

（3）平流加料：对易结晶的物料较为合适。

25. 蒸发设备的生产强度

蒸发装置设备费大小直接与传热面积有关，通常将蒸发装置（包括冷凝器、泵等辅助设备）的总投资折算成单位传热面的设备费来表示。对于给定的蒸发任务（蒸发量 W 一定），所需的传热面小说明设备的生产强度高，所需的设备费少。

单位传热面的蒸汽量为蒸发器的生产强度，即

$$U = \frac{W}{A}$$

对多效蒸发 $W = \sum W_i$，$A = \sum A_i$。

若不计热损失和浓缩热，料液预热至沸点加入，则蒸发器的传热速率：

$$Q = KA\Delta t = Wr$$

所以，$U = \dfrac{Q}{Ar} = \dfrac{1}{r}K\Delta t$

蒸汽设备的生产强度取决于蒸发器的传热温差和传热系数的乘积。

26. 提高蒸发设备生产强度的途径

（1）增大传热温差——真空蒸发（降低溶液沸点）。

（2）提高蒸发器的传热系数——建立良好的溶液循环流动；排不凝性气体；除垢。

27. 蒸发操作的优化

蒸汽操作中，设备生产强度 U 的提高和减少操作费用往往是矛盾的。

（1）单效蒸发：$U = \dfrac{1}{r}K\Delta t_{总}$

（2）多效蒸发：$Q = \sum Q_i = \sum K_i A_i \Delta t_{mi}$

假定各效的 K_i，Δt_{mi} 各自相等，则

$$U = \frac{Q}{r\sum A_i} = \frac{1}{r}K_i\Delta t_{mi}$$

所以，$\Delta t_{m总} > \Delta t_{mi}$，$U_单 > U_多$

结论： 多效蒸发是以牺牲设备的生产强度来提高蒸汽的经济性的。

多效蒸发最合理效数的决定是个优化问题，真空蒸发的操作压强的决定也是个优化问题。

第二节 工程知识与问题分析

Ⅰ. 基础知识解析

1. 蒸发操作不同于一般换热过程的主要点有哪些？

答：溶质常析出在加热面上形成垢层；热敏性物质停留时间不得过长；与其他单元操作相比节能更重要。

2. 溶液沸点 t 取决于哪些因素？

答：溶液沸点 t 不仅取决于操作压强，还与下述因素有关。

（1）溶液沸点升高引起 Δ' 原因是溶质的存在，Δ' 可由杜林法则确定。

（2）液柱静压头引起的 Δ'' 取液面下 $\dfrac{L}{5}$ 处的溶液沸腾温度为平均温度 $p_m = p + \dfrac{1}{5}L\rho g$，

p 为液面上方的压强，通常以冷凝器压强代替；L 为蒸发器内的液面高度。

温度差损失 $\Delta = \Delta' + \Delta''$，以 Δ' 为主。

蒸发器中沸腾液体的平均温度为：$t = t^0 + \Delta' + \Delta'' = t^0 + \Delta$

蒸发过程的传热温差：$\Delta t = T - t = (T - t^0) - \Delta$　且 $T > t > t^0$

3.蒸发器的操作压强 p 如何保证？

答：抽真空，主要除去不凝性气体。

4.蒸发器 p 选择高低对经济性有何影响？

答：p 选择高时，$\Delta t = T - t$ 下降，则需要的传热面积增加（Q，T 一定），即设备费用增加、操作费用下降。

5.何谓蒸发器的生产强度？

答：蒸发装置设备费用大小直接与传热面积有关，通常将蒸发装置（包括冷凝器、泵等辅助设备）的总投资折算成单位传热面的设备费来表示。对于给定的蒸发任务（蒸发量 W 一定），所需的传热面小说明设备的生产强度高，所需的设备费少。单位传热面的蒸汽量为蒸发器的生产强度 $U = W/A$。

6.提高蒸发器生产强度的途径有哪些？

答：提高生产强度的途径从增大传热温差 Δt 和提高蒸发器的传热系数 K 两方面进行考虑。具体手段是：

（1）提高加热蒸汽温度（蒸汽压力）或采用真空蒸发（降低溶液沸点）以增大传热温差（提高真空度，蒸发器内溶液的沸点 t 下降，增加了传热推动力）。热蒸汽的温度（及相应压强）受锅炉额定压强的限制，因此在许多情况下，需要采用真空蒸发以降低溶液沸点。

（2）合理设计蒸发器结构建立良好的溶液循环流动（增加 u，降低单程汽化率使传热系数 K 增加）、及时排出不凝性气体、经常清除垢层等以提高蒸发器的传热系数。

7.多效蒸发的效数受哪些因素的限制？

答：多效蒸发的效数受经济上和技术上的限制。

在经济上，蒸汽的经济性 W/D 与效数增加并非呈正比例关系，随着蒸发效数的增加，经济性提高的幅度逐渐减小，由此带来的设备费用的增加更为显著。生产强度 W/A 则随效数的增加下降。

在技术上，随着蒸发效数的增加，温差损失将增加，有效温差减小，且各效的有效温差亦将明显减小，若蒸发效数无限增多，传热温差将逐渐趋近于零，使蒸发过程无法进行（$\sum \Delta$ 必须小于 $T - t^0$，而 $T - t^0$ 是有限的）。因蒸发装置的总传热温差在给定蒸汽和冷凝器压强时就已确定，所以实际蒸发操作的效数不宜过多，应合理选择，力求使设备费用和操作费用之和最小。

8.蒸发器提高流体循环速度的目的有哪些？

答：蒸发器提高流体循环速度的目的有：①增加给热系数；②降低单程汽化率，延缓结垢时间。

9.循环型蒸发器中，降低单程汽化率的目的是什么？

答：降低单程汽化率的目的是减缓结垢现象。

10.为什么要尽可能扩大管内沸腾时的气液环状流动的区域？

答：当管内两相流动处于循环流动时，流动液体膜与管壁之间给热系数最大，并且减缓液膜蒸干形成雾气致使给热系数下降的情况。

11.试比较单效蒸发与多效蒸发之优缺点。

答：单效蒸发生产强度高，设备费用低，经济性低。多效蒸发牺牲了部分生产强度，增加了设备，设备费用高，但经济性较高。

Ⅱ.工程知识应用

1.若将某溶液从0.01%浓缩至0.1%与从1%浓缩至10%相比，哪一个能耗大？

分析：一样大，W并不与W_0成正比，而与$\dfrac{W_0}{W}$有关。

2.101.3kPa下，50%的NaOH水溶液的沸点为142℃，则因溶质的存在而引起的溶液沸点升高Δ'是_____。

分析：$\Delta'=f(p，W)$ 根据杜林法则：$\Delta'=f(W)$

$\Delta'=142℃-t^0=142-100=42℃$

3.某单效蒸发器进料量为1200kg/h，水溶液浓度从20%浓缩至40%（质量分数），则该水溶液需蒸发水量_____kg/h，若用119℃的饱和蒸汽加热该溶液，蒸发器内压强下纯水沸点为69℃，蒸发总温度差损失为10℃，则该过程的有效传热温差为_____℃。

分析：$W=F\left(1-\dfrac{w_0}{w}\right)=1200\times\left(1-\dfrac{0.2}{0.4}\right)=600\text{kg/h}=0.167\text{kg/s}$

总温度差损失 $\Delta=10℃$

溶液沸点 $t=t^0+\Delta=69+10=79℃$

有效传热温差 $(T-t)=119-79=40℃$

4.某常压单效蒸发器浓缩某水溶液，加热生蒸汽温度为120℃，加热室内溶液沸点为108℃，则有效传热温差_____℃。温差损失_____℃。

分析：有效传热温差 $T-t=120-108=12℃$

常压下水的沸点为100℃，所以总温度差损失 $\Delta=t-t^0=108-100=8℃$

5.某单效蒸发器沸点加料，原来的加热介质为0.5MPa的饱和蒸汽，若改用压力为0.4MPa的饱和蒸汽加热，则其生产能力_____，原因是_____。

分析：蒸汽操作中，单效蒸发设备生产能力表现为生产强度U，而$U=\dfrac{1}{r}K\Delta t$。

提高生产强度的途径有增大传热温差Δt和提高蒸发器的传热系数K。当饱和蒸汽压强从0.5MPa下降为0.4MPa，加热蒸汽温度T也随之下降，传热温差$T-t$也下降，生产强度U下降。所以，蒸发器的生产能力下降，原因是加热蒸汽温度下降，传热温差$T-t$下降。

6.为提高蒸发操作中蒸汽的利用率，可采用哪些方案。（任写一个）

分析：提高加热蒸汽利用率的途径有多种，例如：多效蒸发、额外蒸汽的引出、二次蒸汽的再压缩（热泵蒸发）和冷凝水热量的利用。

第三节　工程问题与解决方案

Ⅰ.一般工程问题计算

【例7-1】 物料衡算 在一套三效蒸发器内将2000kg/h的某种料液由浓度10%（质量

分数，下同）浓缩至 40％。设第二效蒸出的水量比第一效多 15％，第三效蒸出的水量比第一效多 30％，求总蒸发量及各效溶液的浓度。

解：已知 $F=2000\text{kg/h}$，$w_0=10\%$（质量分数，下同），$w_3=40\%$。二效和三效蒸发水分量与第一效蒸发水分量的关系为，$W_2=1.15W_1$，$W_3=1.3W_1$。

根据蒸发水分量间的物料衡算关系，有

$$W=W_1+W_2+W_3$$

取整个系统为控制体进行物料衡算

$$Fw_0=(F-W_1-W_2-W_3)w_3=(F-W)w_3$$

$$W=F\left(1-\frac{w_0}{w_3}\right)=2000\times\left(1-\frac{0.1}{0.4}\right)=1500\text{kg/h}$$

故 $W=W_1+W_2+W_3$

$\qquad =W_1+1.15W_1+1.3W_1$

$\qquad =3.45W_1$

得 $W_1=435\text{kg/h}$

$W_2=1.15W_1=500\text{kg/h}$

因为 $Fw_0=(F-W_1)w_1$

所以 $w_1=\dfrac{Fw_0}{F-W_1}=\dfrac{2000\times0.1}{2000-435}=12.8\%$

因为 $Fw_0=(F-W_1-W_2)w_2$

所以 $w_2=\dfrac{Fw_0}{F-W_1-W_2}=\dfrac{2000\times0.1}{2000-435-500}=18.8\%$

$w_3=40\%$

讨论：蒸发过程物料衡算的特点是溶质不挥发，所以原料液中的溶质等于完成液中的溶质。

【例 7-2】 传热温差计算 完成液浓度 30％（质量分数）的氢氧化钠水溶液，在压强为 60kPa（绝压）的蒸发室内进行单效蒸发操作。器内溶液的深度为 2m，溶液密度为 1280kg/m³，加热室用 0.1MPa（表压）的饱和蒸汽加热，求传热的有效温差。

解：已知 $w=0.30$（质量分数，NaOH），$p=60\text{kPa}$（绝），$L=2\text{m}$，$\rho=1280\text{kg/m}^3$，加热蒸汽 $p_0=0.1\text{MPa}$（表）。由于蒸发室的压力与二次蒸汽的温度有关，另外溶质造成的沸点升高 Δ'，液柱静压引起的溶液沸点升高 Δ''。

查 $p=60\text{kPa}$（绝）下，水蒸气饱和温度 $t^0=85.6℃$；$p_0=0.1\text{MPa}$（表）下，$T=120.2℃$

查图 7-16（见化学工业出版社出版陈敏恒编第四版《化工原理》，上册）不同浓度 NaOH 水溶液的沸点与对应压强下纯水沸点关系，30％NaOH，$t^0=85.6℃$ 下，$t=106℃$

$$\Delta'=106-85.6=20.4℃$$

$$p_m=p+\frac{1}{5}L\rho g=60\times10^3+\frac{1}{5}\times2\times1280\times9.81=6.51\times10^4\text{N/m}^2$$

查 p_m 下水的饱和温度为 87.8℃

所以 $\Delta''=87.8-85.6=2.2℃$

$$\Delta=\Delta'+\Delta''=20.4+2.2=22.6℃$$

$t = t^0 + \Delta = 85.6 + 22.6 = 108.2℃$

所以 $\Delta t = T - t = 120.2 - 108.2 = 12.0℃$

讨论：本题主要考察对温度差损失 Δ 的理解和计算。这里引起温度差损失的主要原因是溶质造成的沸点升高 Δ' 和液柱静压引起的溶液沸点升高 Δ''。

【**例 7-3**】 **溶液沸点计算** 某中央循环式单效蒸发器所引出的额外蒸汽 W' 供它用。蒸发室压强为 1atm（绝）。总温差损失 $\Delta = 8℃$，$W = W' = 300\text{kg/h}$，进料 $F = 1000\text{kg/h}$，$w_0 = 20\%$（质量分数），加热蒸汽 $T = 120℃$。求：完成液浓度 w 和有效传热温差 Δt。

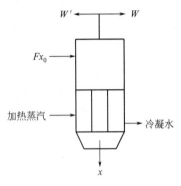

图 7-1　例 7-3 附图

解：本题为单效蒸发过程，因溶液蒸发而溶质不蒸发，所以总蒸发量为

$$W' + W = 2W = 600\text{kg/h}$$

则 $Fw_0 = (F - 2W)w$

$$w = \frac{Fw_0}{F - 2W} = \frac{1000 \times 20\%}{1000 - 600} = 50\%$$

蒸发室内压强为 1atm，水的饱和温度为 100℃，溶液的沸腾温度

$$t = t^0 + \Delta = 100 + 8 = 108℃$$

有效传热温差

$$\Delta t = T - t^0 - \Delta = 120 - 108 = 12℃$$

讨论：本题主要考察对物料衡算、溶液沸点和有效传热温差概念的理解和掌握。

【**例 7-4**】 **单效蒸发生产强度计算** 某单效蒸发器在常压（1atm）下操作，每小时将 2000kg 的某盐溶液从 10%（质量分数，下同）浓缩到 30%，蒸发器的传热面积为 30m²。求：

（1）蒸发水量。

（2）设备的生产强度。

（3）若加热蒸汽的温度为 120℃，溶液沸点为 111℃，则总温差损失为多少？有效传热温差为多少？

解：本题属于单效蒸发的操作型命题。通过物料衡算可以计算蒸发水分量，而单位传热面的蒸汽量为蒸发器的生产强度。

（1）$Fw_0 = (F - W)w$，$2000 \times 10\% = (2000 - W) \times 30\%$

$W = 1333.3\text{kg/h}$

（2）$U = \dfrac{W}{A} = \dfrac{1333.3}{30} = 44.4\text{kg/(m}^2 \cdot \text{h)}$

（3）$t = t^0 + \Delta$，$111 = 100 + \Delta$

总温差损失 $\Delta = 11℃$

有效传热温差 $\Delta t = T - t = 120 - 111 = 9℃$

讨论：本题主要考察对物料衡算、生产强度、温度差损失和有效传热温差概念的理解和掌握。

【**例 7-5**】 **单效蒸发热量衡算** 含盐 6%（质量分数）的水溶液在沸点下连续加入单效蒸发器中，加料量为 580kg/h，蒸发器传热面积为 10m²，用 140℃ 的饱和水蒸气加热。溶液的总温差损失 $\Delta = 10℃$，二次蒸汽在常压下冷凝。蒸发器的传热系数可按 600W/(m² · K)

计算。不计溶液的浓缩热及蒸发器的热损失。试求：

(1) 蒸发器的传热量（kW）；

(2) 生蒸汽的消耗量（kg/h）及蒸发水量（kg/h）；

(3) 完成液浓度。

水的汽化潜热：

$t/℃$	100	110	120	130	140
$r/(kJ/kg)$	2258	2232	2205	2178	2149

解：本题为单效蒸发的操作型命题。通过传热速率和热量衡算可以计算加热蒸汽量和蒸发水分量，通过物料衡算计算完成液浓度。

(1) 因为二次蒸汽在常压下冷凝，$t^0 = 100℃$

溶液的沸点为 $t = t^0 + \Delta = 100 + 10 = 110℃$

$Q = KA(T-t) = 600 \times 10 \times (140 - 110) = 180000 \text{W} = 180 \text{kW}$

(2) $Q = Dr_0 = c_0(t-t_0) + Wr = Wr$

因为沸点进料 $Q = Dr_0 = Wr$

生蒸汽的消耗量 $D = \dfrac{Q}{r_0} = \dfrac{180}{2149} = 0.08376 \text{kg/s} = 301.5 \text{kg/h}$

蒸发水量 $W = \dfrac{Q}{r} = \dfrac{180}{2258} = 0.0797 \text{kg/s} = 287 \text{kg/h}$

(3) $Fw_0 = (F-W)w$

完成液浓度 $w = \dfrac{F}{F-W} w_0 = \dfrac{580}{580-287} \times 0.06 = 0.1188 = 11.88\%$（质量分数）

讨论：本题主要考察对蒸发操作热量衡算、蒸发速率等概念的理解和掌握。

【例 7-6】 蒸发器真空度计算 单效蒸发某水溶液，进料量为 1000kg/h，进料浓度为 15%（质量分数，下同），完成液浓度为 30%，沸点进料。蒸发器的传热面积为 50m²，加热饱和水蒸气压力为 0.1013MPa（绝），因溶液蒸气压下降引起 $\Delta' = 6℃$，液柱静压强引起 $\Delta'' = 1.5℃$，蒸发器的传热系数为 640W/(m²·℃)。忽略蒸发过程的热损失，水汽化潜热 $r = 2300 \text{kJ/kg}$。求：

(1) 蒸发水量（kg/h）和蒸发器的热负荷 Q(kW)；

(2) 溶液的沸点和蒸发器所需的最少真空度？

饱和蒸气压数据如下：

压强/MPa	0.1013	0.093	0.058	0.047	0.038	0.031
温度/℃	100	99.1	85	80	75	70

解：本题是蒸发操作型命题。通过传热速率方程和热量衡算可以计算蒸发器二次蒸汽的温度，而二次蒸汽的温度与蒸发器的真空度之间有一一对应关系。

$W = F\left(1 - \dfrac{w_0}{w}\right) = 1000 \times \left(1 - \dfrac{0.15}{0.3}\right) = 500 \text{kg/h}$

查上表得加热饱和蒸汽温度 $T = 100℃$

因为沸点进料，$Q = Fc_0(t-t_0) + Wr = Wr = 500 \times 2300/3600 = 319.4 \text{kW}$

$Q = KA(T-t) = Wr$

溶液的沸点为 $t = T - \dfrac{Q}{KA} = 100 - \dfrac{319.4 \times 10^3}{640 \times 50} = 90℃$

二次蒸汽温度 $t^0 = t - \Delta = 90 - \Delta = 90 - (6 + 1.5) = 82.5℃$

查上表得相应饱和蒸气压 0.0525MPa

真空度 0.1013－0.0525＝0.0488MPa

讨论：本题主要考察对物料衡算、热量衡算、蒸发速率、蒸气压和温度间的关系等概念的理解和掌握。

【例 7-7】 蒸发器设计型计算 单效蒸发器将某种水溶液从浓度 5％浓缩到 20％（质量分数）。沸点状态下进料量为 2000 kg/h。加热蒸汽的温度为 110℃，冷凝器中二次蒸汽的冷凝温度为 70℃，蒸发总温度差损失为 17℃，蒸发传热系数 K 为 800W/（m² · ℃），热损失为蒸发器热负荷的 10％。试推算蒸发过程的有效传热温差和蒸发器的传热面积。二次蒸汽的汽化潜热为 2350kJ/kg。

解：本题已知 $w_0＝5％$（质量分数），$w＝20％$，$F＝2000$kg/h，沸点进料，$T＝110℃$，$t^0＝70℃$，总温差损失 $\Delta＝17℃$，传热系数 $K＝800$W/(m² · ℃)，热损失为蒸发器热负荷的 10％。在热量衡算时要计入热损失的影响，并通过传热速率方程计算蒸发器的传热面积。

$$W＝F\left(1－\frac{w_0}{w}\right)＝\frac{2000}{3600}\times\left(1－\frac{0.05}{0.2}\right)＝0.417\text{kg/s}＝1500\text{kg/h}$$

热负荷 $\quad Q＝Dr_0＝Fc_0\ (t－t_0)\ ＋Wr＋Q_{损}$
$$＝0＋Wr＋0.1Q$$

$$Q＝\frac{Wr}{0.9}＝\frac{0.417\times2350}{0.9}＝1088.8\text{kW}$$

总温差损失 $\Delta＝17℃$

沸点 $t＝t^0＋\Delta＝70＋17＝87℃$

有效温差为 $T－t＝110－87＝23℃$

$Q＝KA(T－t)$

$1088.8\times1000＝800A\times(110－87)$

$A＝59.2\text{m}^2$

讨论：本题是蒸发设计型命题，主要考察对物料衡算、热量衡算、蒸发速率等概念的理解和掌握。

Ⅱ. 复杂工程问题分析与计算

【例 7-8】 蒸发器操作型计算 浓度为 5％（质量分数）的含不挥发溶质的水溶液加入真空单效蒸发器中浓缩至 20％（质量分数），进料量为 1000kg/h，进料温度为 60℃，溶液的比热容为 2.2kJ/(kg · K)，蒸发器的传热面积为 20m²，加热用饱和水蒸气的温度为 130℃，冷凝器中二次蒸汽的冷凝温度为 90℃，已知溶液的总温差损失 $\Delta＝10℃$。不计溶液的浓缩热和蒸发器的热损失，溶液中水的汽化潜热为 2258kJ/kg，加热蒸汽的汽化潜热为 2178kJ/kg。试求：

（1）蒸发器中溶液的沸点和蒸发器蒸发水分量（kg/h）？

（2）加热蒸汽的消耗量（kg/h）及蒸发器的传热系数 ［W/(m² · K)］？

解：本题是操作型命题，通过热量衡算和传热速率方程计算蒸发器的传热系数。

（1）$W＝F\left(1－\frac{w_0}{w}\right)＝1000\times\left(1－\frac{0.05}{0.2}\right)＝750\text{kg/h}＝0.208\text{kg/s}$

溶液沸点　$t=t^0+\Delta=90+10=100℃$

（2）热负荷　$Q=Dr_0=Fc_0(t-t_0)+Wr$

$$=\frac{1000}{3600}\times2.2\times(100-60)+0.208\times2258$$

$$=494.11\text{kW}$$

$$D=\frac{Q}{r_0}=\frac{494.11}{2178}=0.227\text{kg/s}=816.7\text{kg/h}$$

$$Q=KA(T-t),K=\frac{Q}{A(T-t)}=\frac{494.11\times10^3}{20\times(130-100)}=823.5\text{W/(m}^2\cdot\text{K)}$$

讨论：本题主要考察蒸发设备的物料衡算和热量衡算计算，考察对蒸发速率、热负荷等概念的理解和掌握。

【例 7-9】　有热损失的蒸发器操作型计算　单效蒸发器将某种水溶液从浓度 5% 浓缩到 20%（质量分数）。进料量为 2000kg/h，沸点进料。冷凝器中二次蒸汽的冷凝温度为 70℃，加热蒸汽的温度为 110℃。蒸发器的传热面积为 75m²，蒸发传热系数 $K=800\text{W/(m}^2\cdot℃)$，热损失为蒸发器热负荷的 10%。试推算蒸发过程的水分量以及蒸发过程的总温差损失及传热的有效温差。二次蒸汽的汽化潜热可取为 2331 kJ/kg。

解：本题是操作型命题，通过热量衡算和传热速率方程计算蒸发室内溶液的沸点温度，并进一步计算温差损失和传热温差。

$$W=F\left(1-\frac{w_0}{w}\right)=2000\times\left(1-\frac{0.05}{0.2}\right)=1500\text{kg/h}$$

$$t^0=70℃\qquad T=110℃$$

$$Q=Dr_0=Fc_0(t-t_0)+Wr+Q_损$$

$$Dr_0=Fc_0(t-t_0)+Wr+0.10Dr_0$$

因为沸点进料　$0.9Dr_0=Fc_0(t-t_0)+Wr=Wr$

$$Dr_0=\frac{10}{9}Wr=\frac{10}{9}\times1500\times2331/3600=1079\text{kW}$$

热负荷　$Q=KA(T-t)=800\times75\times(110-t)$

$$=Dr_0=1079\times10^3，\quad t=92℃$$

温差损失　$\Delta=t-t^0=92-70=22℃$

有效温差为　$T-t=110-92=18℃$

讨论：本题考察物料衡算、有热损失的蒸发设备的热量衡算计算，考察对蒸发速率、热负荷、温差损失和有效温差等概念的理解和掌握。

【例 7-10】　有热损失的蒸发器操作型综合计算　通过连续操作的单效蒸发器，将进料量为 1200kg/h 的溶液从 20%（质量分数，下同）浓缩至 40%，进料液的温度为 40℃，比热容为 3.86kJ/(kg·K)，蒸发室的压强为 0.05MPa（绝压），该压强下水的汽化热 $r=$ 2304.3kJ/kg，蒸发器的传热面积为 18m²，总传热系数 $K=800\text{W/(m}^2\cdot\text{K)}$，热损失为蒸发器热负荷的 8%。试求：

（1）溶液的沸点及温度差损失 Δ。（忽略液柱静压强而引起的温度差损失）

（2）忽略浓缩热，所需的加热蒸汽温度和蒸发器的热负荷 Q(kW)。

（3）加热蒸汽的经济性和蒸发设备的生产强度。

已知数据如下：

压强/MPa	0.101	0.05	0.03
溶液沸点/℃	108	87.2	73.1
纯水沸点/℃	100	80.9	68.7

饱和水蒸气：

温度/℃	100	110	120	130
汽化热/(kJ/kg)	2258.4	2232.4	2205.2	2177.6

解：本题是操作型命题，为有热损失的蒸发器操作综合计算，要先考虑蒸发室绝对压力与溶液沸点的关系，二次蒸汽的冷凝温度以及温差损失，然后通过热量衡算和传热速率方程计算蒸发器的热负荷和加热蒸汽的温度，并进一步计算加热蒸汽的经济性和蒸发设备的生产强度。

（1） $W = F\left(1 - \dfrac{w_0}{w}\right) = 1200 \times \left(1 - \dfrac{0.2}{0.4}\right) = 600\text{kg/h} = 0.167\text{kg/s}$

蒸发室绝对压力为 0.05MPa，此时溶液沸点为 $t = 87.2℃$

纯水沸点也即二次蒸汽的冷凝温度为 $t^0 = 80.9℃$

则温差损失 $\Delta = t - t^0 = 87.2 - 80.9 = 6.3℃$

（2） $Q = Dr_0 = Fc_0(t - t_0) + Wr + Q_损$

$Dr_0 = Fc_0(t - t_0) + Wr + 0.08Dr_0$

$0.92Dr_0 = Fc_0(t - t_0) + Wr$

蒸发器的热负荷 $\quad Q = Dr_0 = \dfrac{Fc_0(t - t_0) + Wr}{0.92}$

$Q = \dfrac{\dfrac{1200}{3600} \times 3.86 \times (87.2 - 40) + 0.167 \times 2304.3}{0.92} = 484.3\text{kW}$

$Q = KA(T - t) \quad 484.3 = 800 \times 18(T - 87.2) \quad T = 120.8℃$

（3）加热蒸汽的消耗量 $D = Q/r_0 = 484.3/2205.2 = 0.2196\text{kg/s}$

加热蒸汽的经济性 $W/D = \dfrac{0.167}{0.2169} = 0.77$

蒸发设备的生产强度 $U = W/A = \dfrac{600}{18} = 33.33\text{kg/(m}^2 \cdot \text{h)} = 0.00926\text{kg/(m}^2 \cdot \text{s)}$

讨论：本题考察对物料衡算、热量衡算、蒸发速率等理论的运用和蒸发操作计算，对蒸发设备工程经济性以及对加热蒸汽和二次蒸汽等概念的理解、计算和掌握。

【例 7-11】 有热损失的蒸发器设计型综合计算 在单效蒸发器中，每小时将 5000kg 的氢氧化钠水溶液从 10%（质量分数，下同）浓缩到 30%，原料液的温度为 50℃，蒸发室的真空度为 67kPa，加热蒸汽的表压为 50kPa。蒸发器的传热系数为 2000W/(m² · K)。热损失为加热蒸汽放热量的 5%。假设不考虑由于溶液静压强引起的温度差损失。当地大气压为 101.3kPa。试求蒸发器的传热面积和加热蒸汽的经济性。

解：本题为单效蒸发的设计型计算，已知 $F = 5000\text{kg/h}$，$w_0 = 10\%$（质量分数，下同），$w = 30\%$，$t_0 = 50℃$，$p = 67\text{kPa}$（真），$p_0 = 50\text{kPa}$（表），$K = 2000\text{W/(m}^2 \cdot \text{K)}$，$Q_损 = 5\%Q$，$\Delta''$ 可不计，$p_a = 101.3\text{kPa}$。因为有热损失，且加料温度低于蒸发器内溶液的沸腾温度，所以热量衡算较为复杂。

物料衡算　$Fw_0 = (F-W)w$

$$W = F\left(1-\frac{w_0}{w}\right) = 5000 \times \left(1-\frac{0.1}{0.3}\right) = 3.33 \times 10^3 \text{kg/h}$$

蒸发室的 $p = 101.3 - 67 = 34.3\text{kPa}$（绝），查水的饱和温度及汽化潜热或蒸汽焓值，得：

34.3kPa（绝）压强下，$t^0 = 70.2℃$，$I = 2627\text{kJ/kg}$

50kPa（表）压强下，$T = 111.4℃$，$r_0 = 2229\text{kJ/kg}$

查教材图 7-16，30%NaOH 34.3kPa 下，沸点 $t = 90.0℃$

查教材图 7-15，溶液焓值，50℃，10%NaOH，$i_0 = 180\text{kJ/kg}$

　　　　　　　　　　　　　　90.0℃，30%NaOH，$i = 350\text{kJ/kg}$

有效温差 $\Delta t = T - t = 111.4 - 90.0 = 21.4℃$

热量衡算：$Dr_0 + Fi_0 = (F-W)i + WI + Q_{损}$

$Dr_0 + Fi_0 = (F-W)i + WI + 0.05Dr_0$

$$Q = Dr = \frac{1}{0.95}\left[(F-W)i + WI - Fi_0\right]$$

$$= \frac{1}{0.95} \times \left[(5000 - 3.33 \times 10^3) \times 350 + 3.33 \times 10^3 \times 2627 - 5000 \times 180\right] \times \frac{1}{3600}$$

$$= 2465\text{kW}$$

$$A = \frac{Q}{K\Delta t} = \frac{2465 \times 10^3}{2000 \times 21.4} = 57.6\text{m}^2$$

加热蒸汽量 $D = \dfrac{Q}{r_0} = \dfrac{2465}{2229} = 1.11\text{kg/s} = 3.98 \times 10^3 \text{kg/h}$

加热蒸汽的经济性 $\dfrac{W}{D} = \dfrac{3.33 \times 10^3}{3.98 \times 10^3} = 0.837$

讨论：本题是蒸发设计型命题，并考察对物料衡算、有热损失的热量衡算、蒸发速率等概念的理解和掌握。

Ⅲ. 工程案例解析

【例 7-12】　**两种工况蒸发器综合计算**　浓度为 2.0%（质量分数）的盐溶液，在 28℃ 下连续进入单效蒸发器中被浓缩至 3.0%。蒸发器的传热面为 69.7m²，加热蒸汽为 110℃ 饱和水蒸气。加料量为 4500kg/h，料液的比热容 $c_p = 4.1\text{kJ/(kg·℃)}$。因是稀溶液，沸点升高可以忽略，操作在 1atm 下进行。试求：

（1）计算蒸发的水量及蒸发器的传热系数；

（2）在上述蒸发器中，将加料量提高至 6800kg/h，其他操作条件（加热蒸汽及进料温度、进料浓度、操作压强）不变时，可将溶液浓缩至多少浓度？

解：本题是操作型命题，比较在加热蒸汽及进料温度、进料浓度、操作压强相同的情况下，两种操作工况下蒸发器的操作结果。

$w_0 = 2.0\%$（质量分数，下同），$t_0 = 28℃$，$w = 3.0\%$，$A = 69.7\text{m}^2$，$T = 110℃$，$F = 4500\text{kg/h}$，$c_p = 4100\text{J/(kg·℃)}$，$\Delta$ 不计，$p = 0.1\text{MPa}$

（1）$W = F\left(1-\dfrac{w_0}{w}\right) = 4500 \times \left(1-\dfrac{0.02}{0.03}\right) = 1500\text{kg/h} = 0.417\text{kg/s}$

水在 0.1MPa 下，$t=99.6℃$，$r=2259.5kJ/kg$

因为不计 Δ，所以 $\Delta t=T-t=110-99.6=10.4℃$

$$Q=Dr=Fc_p(t-t_0)+Wr$$

$$=[4500\times4100\times(99.6-28)+1500\times2259.5\times10^3]\times\frac{1}{3600}$$

$$=1.31\times10^6\,W$$

所以 $K=\dfrac{Q}{A\Delta t}=\dfrac{1.31\times10^6}{69.7\times10.4}$

$$=1.81\times10^3\,W/(m^2\cdot℃)$$

(2)假定 K 值不变

$$W'=F'\left(1-\frac{w_0}{w'}\right)$$

$$Q=KA\Delta t=F'c_p(t-t_0)+W'r=F'c_p(t-t_0)+F'\left(1-\frac{w_0}{w'}\right)r$$

因为 $K,A,\Delta t$ 均不变,所以 Q 不变,得:

$$\frac{w_0}{w'}=1-\frac{Q}{F'r}+\frac{c_p(t-t_0)}{r}$$

$$=1-\frac{1.31\times10^6\times3600}{6800\times2259.5\times10^3}+\frac{4100\times(99.6-28)}{2259.5\times10^3}=0.823$$

$$w'=\frac{w_0}{0.823}=\frac{0.02}{0.823}=0.024=2.4\%$$

【例 7-13】 三效蒸发真空度计算 利用三效并流蒸发器浓缩某浓度的水溶液,用 300kPa (绝)的饱和水蒸气加热。已知各效因溶液蒸气压下降和液柱静压强所引起的温度差损失分别为 8℃、14℃ 及 22℃。若忽略因管道流体阻力所致的温度差损失,求冷凝器内真空度的极限值。饱和蒸汽的性质为:

压强(绝)/kPa	50	60	70	80	100	200	300
温度/℃	81.2	85.6	89.9	98.2	99.6	120.2	133.3

解: 由题给数据知加热蒸汽温度为 $T=133.3℃$

三效的温度差损失之和为 $\sum\Delta=\Delta_1+\Delta_2+\Delta_3=8+14+22=44℃$

有效温差 $\Delta t_1=T-t=T-(t_1+\Delta_1)$

$\Delta t_2=T-t=t_1-(t_2+\Delta_2)$

$\Delta t_3=T-t=t_2-(t_3+\Delta_3)$

只有当三效总传热温差 $\sum\Delta t=0$ 时，末效蒸发的压强为最高，相应的真空度达到极限，即 $\sum\Delta t=\Delta t_1+\Delta t_2+\Delta t_3=T-t_3-\sum\Delta=0$

则 $133.3-t_3-44=0$ 解得: $t_3=89.3℃$

由题给数据查出与 89.3℃ 相对应的压强为 $p_3=68.6kPa$

极限真空度为 $101.3-68.6=32.7kPa$

讨论: 本题计算三效蒸发的真空度。当加热蒸汽温度及总温度差损失一定时，总有效温度差若为零，冷凝器中相应的真空度为 32.7kPa，此值为第三效蒸发真空度的极限。

第四节　自测练习同步

Ⅰ. 自测练习一

一、填空题

1. 蒸发计算中，物料衡算是根据蒸发过程中＿＿＿＿＿＿＿＿的量不变进行的。

2. 一般定义＿＿＿＿＿＿＿＿＿＿＿＿＿＿＿＿＿＿＿＿＿生产强度 U。

3. 蒸发过程中，由于溶液沸点的升高，使得二次蒸汽的温度＿＿＿＿＿＿＿操作压强下的溶剂的饱和蒸气压。

4. 自蒸发操作时，存在着温差损失主要由＿＿＿＿＿＿＿＿＿＿＿＿＿＿＿和＿＿＿＿＿＿＿两部分组成。

5. 将第一个蒸发器汽化的二次蒸汽作为加热剂通入第二个蒸发器的加热室的操作称为＿＿＿＿＿＿＿＿＿＿＿。

6. 设备生产强度的提高和减少操作费用往往存在着矛盾。多效蒸发是以牺牲＿＿＿＿＿＿＿的经济性的。

7. 多效蒸发中的效数有一定的限制，这是因为＿＿＿＿＿＿＿＿＿＿＿＿＿＿＿＿＿＿＿。

二、选择题

1. 真空蒸发时，冷凝操作压强最低极限取决于（　　　）。
   A. 冷凝水的温度；　　　B. 真空泵的能力；　　　C. 当地大气压；　　　D. 蒸发水分量。

2. 热敏性物料的蒸发，宜选用（　　　）。
   A. 中央循环管式蒸发器；　　　　　　　B. 外热式蒸发器；
   C. 强制循环蒸发器；　　　　　　　　　D. 单程型蒸发器。

3. 逆流高位混合式冷凝器，顶部用冷却水喷淋，使之与二次蒸汽直接接触将其冷凝。这种冷凝器一般均处于（　　　）下操作。
   A. 常压；　　　　　B. 加压；　　　　　C. 负压；　　　　　D. 高压。

4. 下述措施中不能提高蒸发器生产强度的是（　　　）。
   A. 适当提高冷凝器的真空度；　　　　　B. 定期清除蒸发器加热表面上的污垢；
   C. 适当提高加热蒸汽压力；　　　　　　D. 增加换热面积。

5. 为了蒸发浓缩某种黏度随浓度和温度变化较大的溶液，应采用（　　　）。
   A. 并流加料流程；　　　　　　　　　　B. 逆流加料流程；
   C. 平流加料流程；　　　　　　　　　　D. 双效三体并流加料流程。

三、计算题

1. 浓度为 15％ 的某水溶液在沸点条件下进入单效蒸发器浓缩至 35％（质量分数），蒸发器的传热面积为 $40m^2$，进料量为 1000kg/h，加热用饱和水蒸气的温度为 120℃，已知溶液的总温差损失 $\Delta = 12$℃，蒸发器的传热系数为 710W/($m^2 \cdot$ K)。不计溶液的浓缩热和蒸发器的热损失，溶液中水的蒸发潜热近似取 2300kJ/kg。试求：
   (1) 蒸发器的蒸发水量（kg/h）？
   (2) 蒸发器的传热量（kW）和蒸发器中溶液的沸点（℃）?
   (3) 蒸发器所需的最少真空度为多少?

饱和水蒸气数据如下（可线性内插）：

压强/MPa 0.1013 0.093 0.058 0.047

温度/℃ 100 99.1 85 80

2. 用单效蒸发器浓缩某水溶液，原料液的浓度为 5%，完成液为 20%，进料量为 2000kg/h，沸点进料。冷凝器中二次蒸汽的饱和温度为 70℃，加热蒸汽为 110℃，传热面积为 75m^2，传热系数为 800W/(m^2·℃)，热损失为蒸发器热负荷的 10%。二次蒸汽的汽化潜热为 2331kJ/kg，加热蒸汽的汽化潜热为 2232kJ/kg。试求：

(1) 蒸发水量（kg/h）。

(2) 完成液的温度和总温差损失。

(3) 蒸发设备的经济性和生产强度。

Ⅱ. 自测练习二

一、填空题

1. 蒸发装置的操作费主要是_____。

2. 通常将 1kg 加热蒸汽所能蒸发的水量 W/D 称为_____，它是蒸发操作是否经济的重要标志。

3. 蒸发操作中_____的利用是提高过程经济性的重要方面。

4. 提高蒸发器生产强度的途径有_____。

5. 合理地设计蒸发器结构以_____均可提高传热系数。

6. 蒸发器的生产强度随效数的增多而_____。

7. 一双效并流蒸发器，冷凝器操作温度为 60℃，系统的总温差损失为 9℃，第一、二效的有效温差分别为 18℃ 及 25℃，则第一效的溶液沸点温度为_____℃、生蒸汽温度为_____℃。

二、选择题

1. 提高蒸发装置的真空度，一定能取得的效果是（　　）。

　　A. 增大冷凝器的传热温差；　　　　　　B. 增大加热器的传热温差；

　　C. 提高加热器的总传热系数；　　　　　D. 降低二次蒸汽流动的阻力损失。

2. 蒸发操作是个沸腾传热过程，工业操作须在（　　）区域进行。

　　A. 表面汽化；　　　　　　　　　　　　B. 核状沸腾；

　　C. 膜状沸腾；　　　　　　　　　　　　D. 不稳定的膜状沸腾

3. 影响蒸发器总传热系数的主要因素是（　　）和内壁液体一侧的垢层热阻 R_i。

　　A. 管内沸腾给热的热阻 $1/\alpha_i$；　　　　B. 管外蒸汽冷凝的热阻 $1/\alpha_o$；

　　C. 加热管壁的热阻 δ/λ；　　　　　　D. 管外蒸汽冷凝的垢层热阻 R_o。

4. 为了提高蒸发器的生产强度，（　　）。

　　A. 应设法提高总传热系数或提高传热温度差，或同时提高二者；

　　B. 不应考虑传热系数问题，而应设法提高传热温度差；

　　C. 不应考虑传热温度差问题，而应设法提高传热系数；

　　D. 应尽可能采用并流进料法。

5. 逆流高位混合式冷凝器，顶部用冷却水喷淋，使之与二次蒸汽直接接触将其冷凝。这种冷凝器一般均处于负压下操作，为将混合冷凝后的水排向大气，冷凝器的安装必须足够高。冷凝器底部所连接的长管称为（　　　）。

  A. 大气腿；   B. 虹吸管；   C. 放水管；   D. 放气管。

三、计算题

1. 某溶液在单效蒸发器中进行处理，原料流量为 2100kg/h，温度为 120℃，用汽化潜热为 2100kg/h 的饱和蒸汽加热。已知蒸发器内二次蒸汽温度为 81℃，各项温差损失共为 9℃。取饱和蒸汽冷凝的传热系数为 8000W/(m² · K)，沸腾溶液的传热系数为 3500W/(m² · K)。求该蒸发器的传热面积。假定该蒸发器是新造的，且管壁较薄，垢层热阻和管壁热阻均可忽略不考虑，且热损失可以忽略不计。加热蒸汽的汽化潜热为 2205kJ/kg。

2. 某单效蒸发器进料量为 1200kg/h，将水溶液从 20% 浓缩至 40%（质量分数）。若用 119℃ 的饱和蒸汽加热该溶液，蒸发器内压强下纯水沸点为 69℃，蒸发总温度差损失为 10℃。若蒸发器的传热面积为 40m²，蒸发传热系数 K 为 800W/(m² · ℃)，忽略蒸发过程的热损失。二次蒸汽的汽化潜热可取 2331kJ/kg，加热蒸汽的汽化潜热为 2216kJ/kg。试计算：

（1）该水溶液需蒸发水量为多少（kg/h）以及溶液的沸点和传热的有效温差。

（2）该蒸发器热负荷和加热蒸汽的消耗量（kg/h）。

本章符号说明

符号	意义	单位
A	传热面积	m²
c_0、c	溶液的比热容	kJ/(kg · ℃)
D	加热蒸汽的消耗量	kg/s
F	加料量	kg/s
I	二次蒸汽的焓	kJ/kg
i	溶液的焓	kJ/kg
K	传热系数	W/(m² · ℃)
L	蒸发器内的液面高度	m
p	蒸发器内液面上方的蒸气压强	Pa
Q	传热速率（热流量）	kJ/s
R_i	管内侧的垢层热阻	m² · ℃/W
r	汽化热	kJ/kg
T	蒸汽温度	℃
t	溶液温度	℃
Δt	传热温差	℃
U	蒸发器的生产强度	kg/(m² · s)

W	水分蒸发量	kg/s
w	溶液的浓度（溶质的质量分数）	
α	给热系数	$W/(m^2 \cdot ℃)$
δ	加热管壁厚	m
λ	热导率	$W/(m \cdot ℃)$
Δ	传热温度差损失	℃
ρ	溶液密度	kg/m^3

第八章

气 体 吸 收

第一节　知识导图和知识要点

1.气体吸收基本概念知识导图

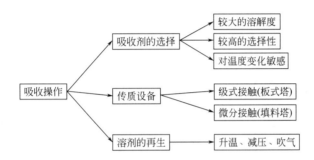

2.气体吸收的目的和原理

吸收的目的是为了回收有用物质、制造产品和脱除有害成分。吸收的基本依据（原理）是混合气体中各组分在溶剂中溶解度的差异。

3.实施吸收操作必须解决的问题

实施吸收操作必须解决下列问题：①选择合适的吸收剂（溶剂），使能选择性地溶解某个（或某些）被分离组分；②提供适当的传质设备以实现气液两相的接触；③溶剂的再生（解吸），即脱除溶解于其中的被分离组分以便循环使用。

4.吸收过程的主要操作费用及经济性

吸收的操作费用主要包括：①气、液流经吸收设备的能量消耗；②溶剂的挥发损失；③溶剂的再生费用。此三者中尤以再生费用所占的比例最大。吸收操作的经济性决定于解吸操作。

5.解吸方法

解吸方法有升温、减压、吹气。工业上常常升温、吹气共同进行。

6.选择吸收溶剂的主要依据

选择吸收溶剂的主要依据应包括：

（1）溶剂对混合气体中被分离组分（溶质）有较大的溶解度，或溶质的平衡分压要低；

（2）溶剂对混合气体中其他组分的溶解度要小，即溶剂具有较高的选择性；

（3）溶质在溶剂中溶解度对温度的变化较为敏感；

（4）溶剂的蒸气压要低，以减少吸收和再生过程的挥发损失；

（5）另外，溶剂还需满足低黏度、化学稳定性好、价廉、无毒、不易燃烧等要求。

7. 气液两相接触方式

吸收过程中，气液两相的接触方式有：

（1）级式接触（板式塔）：气液两相逐级接触，浓度跳跃式变化；

（2）微分接触（填料塔）：气液两相连续接触，浓度连续变化。

8. 气体吸收相平衡知识导图

9. 亨利定律及相平衡

当溶液浓度很低时，溶解度曲线通常近似地为一直线，此时溶解度与气相的平衡分压 p_e 之间服从亨利定律，即

$$p_e = Ex$$
$$p_e = Hc$$
$$y_e = mx$$

亨利定律的三种表达方式中，E、H、m 均称亨利常数。$y_e = mx$ 也被称为相平衡方程，m 为相平衡常数。以分压表示的溶解度曲线反映相平衡的本质，用于思考和分析问题。而以摩尔分数 y-x（$y = p_e / p$）表示的相平衡关系则方便物料衡算及对整个吸收过程进行数学描述。

亨利常数间的换算关系如下：

由 $p_e = p y_e$ 得 $m = \dfrac{E}{p}$，p 为总压。

由 $c = c_M x$，得 $H = \dfrac{E}{c_M}$，c_M 为混合液总摩尔浓度。

$c_M = \dfrac{\rho_m}{M_m}$，对稀溶液 $c_M \doteq \dfrac{\rho_s}{M_s}$。

10. 相平衡常数及影响因素

（1）在总压不太高时（$p < 5\text{atm}$），相平衡关系和压力无关，故 E，H 与总压无关，但因 $m = \dfrac{E}{p}$，故 p 增大时，m 减小。

（2）对一般的物系，温度升高，气体溶解度减少，亨利常数增大（即 E 增加，H 增加，m 增加）。

11. 吸收过程的极限

相平衡关系限制了吸收溶剂离塔时的最高含量和气体混合物离塔时的最低含量。当塔顶平衡或者塔底平衡时，过程达到平衡。对单纯的传质过程，过程极限即平衡状态。如图 8-1 所示。

当 $L \ll G$ 时，$x_{出\max} = x_e = \dfrac{y_进}{m}$;

当 $L \gg G$ 时，$y_{出\min} = y_e = mx_进$ 。

12. 过程的推动力

过程的推动力表示实际浓度与平衡浓度的偏离程度。实际浓度偏离平衡浓度越远，过程的推动力越大。吸收过程的推动力以气相浓度差 $y - y_e$ 或液相浓度差表示 $x_e - x$ 表示。解吸过程的推动力以气相浓度差 $y_e - y$ 或液相浓度差表示 $x - x_e$ 表示。

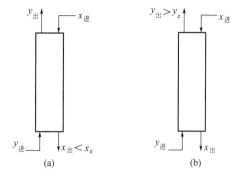

图 8-1 吸收过程的极限

13. 气液相际传质过程

气液相际物质传递的步骤：气相与界面的对流传质、界面上溶质组分的溶解、液相与界面的对流传质三个过程串联而成。

14. 传质知识导图

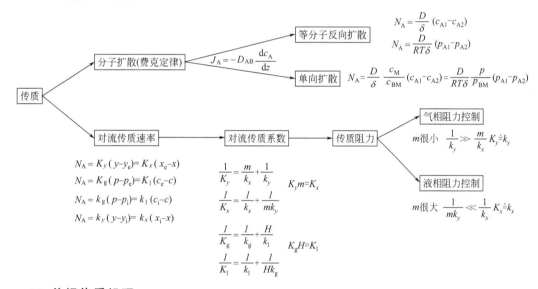

15. 单相传质机理

单相传质机理有分子扩散和对流传质两种。分子扩散是分子的微观运动的宏观统计结果，混合物中存在温度梯度、压强梯度及浓度梯度都会产生分子扩散。对流传质是由流体的宏观流动导致的物质传递。

16. 费克定律

费克定律又称分子扩散定律，表示恒温恒压下的一维定态扩散：

$$J_A = -D_{AB}\dfrac{dc_A}{dz}$$

费克定律表明：只要存在浓度差，必产生物质的扩散流。

17. 分子扩散速率方程

$$N = J_A + J_B + N_M$$

因为 $J_A = -J_B$，所以 $N = N_M$，即主体流动速率等于净物流速率。

组分 A 的分子扩散速率方程：

$$N_A = J_A + Nx_A$$

$$N_A = J_A + N_M \frac{c_A}{c_M} = J_A + N \frac{c_A}{c_M}$$

因为 $N = N_A + N_B$

所以 $N_A = J_A + (N_A + N_B) \dfrac{c_A}{c_M}$

18. 等分子反向扩散

当液相能以同一速率向界面供应组分 B 时，c_{Bi} 保持恒定。

$$J_A = -J_B \quad \text{或} \quad J_A + J_B = 0$$

$$N_A = J_A = -D \frac{dc_A}{dz}$$

定态时，N_A 为常数，积分得：

$$N_A = \frac{D}{\delta}(c_{A1} - c_{A2})$$

理想气体：

$$c_A = \frac{n_A}{V} = \frac{p_A}{RT} \text{，} \quad N_A = \frac{D}{RT\delta}(p_{A1} - p_{A2})$$

19. 单向扩散

当液相不能向界面提供组分 B 时，发生的是组分 A 的单向扩散。例如吸收过程。

因为 $N_B = 0$，所以：

$$N_A\left(1 - \frac{c_A}{c_M}\right) = -D \frac{dc_A}{dz}$$

$$N_A = \frac{D}{\delta} \frac{c_M}{c_{BM}}(c_{A1} - c_{A2}) = \frac{D}{RT\delta} \frac{p}{p_{BM}}(p_{A1} - p_{A2})$$

式中 $\quad c_{BM} = \dfrac{c_{B2} - c_{B1}}{\ln \dfrac{c_{B2}}{c_{B1}}}$ ，$p_{BM} = \dfrac{p_{B2} - p_{B1}}{\ln \dfrac{p_{B2}}{p_{B1}}}$

20. 漂流因子

$\dfrac{c_M}{c_{BM}}$，$\dfrac{p}{p_{BM}}$ 称为漂流因子，表示单向扩散时因存在主体流动而使 N_A 为 J_A 的某一倍数。漂流因子恒大于 1。当 c_A 很低时，$c_{BM} \approx c_M$ 时，漂流因子约等于 1。等分子反向扩散时，漂流因子等于 1。

21. 扩散系数

扩散系数为物系的物性参数，与温度、浓度、压强、组分有关。气体扩散系数主要受温度、压强影响；液体扩散系数主要受温度、黏度影响。

液体 $D = D_0 \dfrac{T}{T_0} \dfrac{\mu_0}{\mu}$；当温度 T 上升时，D 增加；黏度 μ 上升时，D 下降。

气体 $D = D_0 \left(\dfrac{T}{T_0} \dfrac{\mu_0}{\mu} \right)^{1.81} \left(\dfrac{p_0}{p} \right)$；当温度 T 上升时，D 增加；压强 p 下降时，D 增加。

$D_{气体} \doteq 10^5 D_{液体}$

22. 对流传质与对流传质速率

流动流体与相界面之间的物质传递称为对流传质。对流流动增加了界面处的浓度梯度，强化了传质。

气相与界面的传质速率　$N_A = k_g (p - p_i)$

液相与界面的传质速率　$N_A = k_l (c - c_i)$

式中　k_g，k_l——气、液相传质分系数；

　　　c_i，c——组分 A 的界面浓度、液相主体浓度；

　　　p，p_i——组分 A 的气相主体分压，界面处分压。

所以 $N_A = k_g (p - p_i) = k_l (c_i - c) = k_y (y - y_i) = k_x (x_i - x)$

对流传质速率有不同的表达式（见表 8-1），在对流传质速率的表达式中，不同的推动力对应不同的传质系数，不同的 K 之间的换算可由平衡关系的单位（浓度）换算而得。

表 8-1　传质速率方程的各种表达形式

相平衡方程	$y = mx + a$	$p = Hc + b$	
吸收传质 速率方程	$N_A = k_y (y - y_i)$ $= k_x (x_i - x)$ $= K_y (y - y_e)$ $= K_x (x_e - x)$	$N_A = k_g (p - p_i)$ $= k_l (c_i - c)$ $= K_g (p - p_e)$ $= K_l (c_e - c)$	$k_y = p k_g$ $k_x = c_M k_l$ $K_y = p K_g$ $K_x = c_M K_l$
吸收或解吸 总传质系数	$K_y = \dfrac{1}{\dfrac{1}{k_y} + \dfrac{m}{k_x}}$ $K_x = \dfrac{1}{\dfrac{1}{k_y m} + \dfrac{1}{k_x}}$ $K_y m = K_x$	$K_g = \dfrac{1}{\dfrac{1}{k_g} + \dfrac{H}{k_l}}$ $K_l = \dfrac{1}{\dfrac{1}{k_g H} + \dfrac{1}{k_l}}$ $K_g H = K_l$	

23. 对流传质系数及无量纲特征数关联式

无量纲特征数关联式　$Sh = 0.023 Re^{0.83} Sc^{0.33}$

传质分系数的无量纲关联　$k = 0.023 \dfrac{D}{d} \left(\dfrac{dG}{\mu} \right)^{0.83} \left(\dfrac{\mu}{\rho D} \right)^{0.33}$

（应用条件　$Re > 2100$，$Sc = 0.6 \sim 3000$）

24. 对流传质理论

（1）有效膜（双膜）理论：有效膜（双膜）理论认为气液界面两侧各存在一层静止的气膜和液膜，全部传质阻力集中于该两层静止膜中，膜中的传质是定态的分子扩散。

（2）溶质渗透理论：溶质渗透理论认为液体每隔一定时间 τ_0 发生一次完全的混合。在 τ_0 时间内，液相中发生的是非定态的扩散过程。

（3）表面更新理论：表面更新理论认为液体表面是不断更新的，这种更新强化了传质过程。

25. 对流传质速率方程式与总传质系数

传质速率方程式 $N_A = K_y (y - y_e) = K_x (x_e - x)$（以总推动力表示）

$$K_y = \cfrac{1}{\cfrac{1}{k_y} + \cfrac{m}{k_x}}$$

$$\frac{1}{K_y a} = \frac{1}{k_y a} + \frac{m}{k_x a}, \quad \frac{1}{K_y} = \frac{m}{k_x} + \frac{1}{k_y}$$

$$\frac{1}{K_x a} = \frac{1}{k_x a} + \frac{1}{m k_y a}, \quad \frac{1}{K_x} = \frac{1}{k_x} + \frac{1}{m k_y}$$

$$K_x a = m K_y a, \quad K_x = m K_y$$

26. 传质阻力控制

依据双膜理论，总传质阻力由气相传质阻力与液相传质阻力组成。传质阻力主要集中于气相，此类过程为气相阻力控制过程；传质阻力主要集中于液相，称为液相阻力控制过程。

（1）气相阻力控制　$\dfrac{1}{K_y} = \dfrac{1}{k_y} + \dfrac{m}{k_x}$，总阻力 $\dfrac{1}{K_y}$ 由气相阻力 $\dfrac{1}{k_y}$ 和液相阻力 $\dfrac{m}{k_x}$ 组成。

当 m 很小，$k_x \gg k_y$ 时，$\dfrac{1}{k_y} \gg \dfrac{m}{k_x}$，即 $K_y \doteq k_y$，称气相阻力控制。当气体流率 G 增加时，K_y 增加，$x_i \doteq x$。

（2）液相阻力控制　$\dfrac{1}{K_x} = \dfrac{1}{k_x} + \dfrac{1}{k_y m}$，总阻力 $\dfrac{1}{K_x}$ 由气相阻力 $\dfrac{1}{m k_y}$ 和液相阻力 $\dfrac{1}{k_x}$ 组成。

当 m 很大，$k_x \ll k_y$ 时，$\dfrac{1}{m k_y} \ll \dfrac{1}{k_x}$，即 $K_x \doteq k_x$，称为液相阻力控制。当液体流率 L 增加时，K_x 增加，$y_i \doteq y$。

传质阻力的大小不仅与传质系数 k 有关，还与相平衡关系有关。许多情况下溶解度的大小是过程阻力大小的控制因素。如易溶气体相平衡常数 m 小，属于气相阻力控制，例如用水吸收 NH_3、HCl 等。难溶气体 m 大，为液相阻力控制，例如用水吸收 CO_2、O_2 等。

27. 吸收计算知识导图

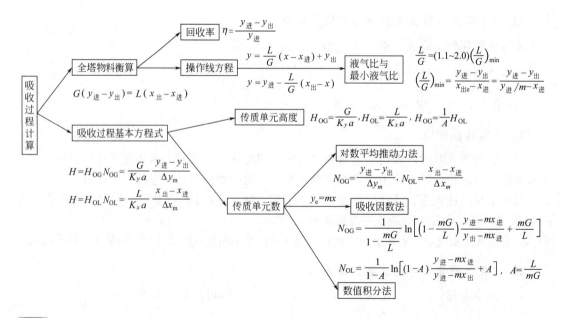

4

28. 低浓度气体吸收特点

当进塔混合气中溶质的浓度<5%～10%时，通常称为低浓度气体（贫气）吸收，此类吸收有三个基本假定（特点）：

（1）气液体流率G，L为常量。

（2）传质分系数k_x、k_y为常数，沿塔不变。

（3）吸收过程是等温的，热量衡算不必要，相平衡关系不变。

29. 物料衡算与操作线方程式

吸收过程物料衡算有两种：微分表达式和全塔物料衡算式。前者是微分接触微元塔段物料衡算关系，后者既适用于全塔又可适用于某塔段。建立操作线方程的依据是物料衡算。

全塔物料衡算式　　$G(y_进 - y_出) = L(x_出 - x_进)$

操作线方程　　$x = x_进 + \dfrac{G}{L}(y - y_出)$　　或　　$y = \dfrac{L}{G}(x - x_进) + y_出$

$x = x_出 - \dfrac{G}{L}(y_进 - y)$　　或　　$y = y_进 - \dfrac{L}{G}(x_出 - x)$

30. 吸收过程基本方程式

$$H = H_{OG}N_{OG} = \frac{G}{K_y a}\int_{y_出}^{y_进}\frac{\mathrm{d}y}{y - y_e} = \frac{G}{K_y a}\frac{y_进 - y_出}{\Delta y_m}$$

$$H = H_{OL}N_{OL} = \frac{L}{K_x a}\frac{x_出 - x_进}{\Delta x_m}$$

31. 传质单元高度

$$H_{OG} = \frac{G}{K_y a}, \ H_{OL} = \frac{L}{K_x a}$$

传质单元高度H_{OG}、H_{OL}与设备类型、操作条件有关，表示完成一个传质单元所需的塔高，反映了吸收设备的效能。一般：$K_y a(K_x a) \propto G^m L^n (0<m,n<1)$，而$G/(K_y a)$、$L/(K_x a)$与流率关系较小，常用吸收设备的传质单元高度约为$0.15～1.5\mathrm{m}$。表 8-2 是传质单元数与传质单元高度的各种表达式。

表 8-2　传质单元数与传质单元高度的各种表达式

塔高计算式	传质单元高度	传质单元数	传质单元高度
$H = H_{OG}N_{OG}$	$H_{OG} = \dfrac{G}{K_y a}$	$N_{OG} = \displaystyle\int_{y_出}^{y_进}\frac{\mathrm{d}y}{y - y_e}$	$H_{OG} = H_g + \dfrac{mG}{L}H_1$
$H = H_{OL}N_{OL}$	$H_{OL} = \dfrac{L}{K_x a}$	$N_{OL} = \displaystyle\int_{x_进}^{x_出}\frac{\mathrm{d}x}{x_e - x}$	$H_{OL} = \dfrac{L}{mG}H_g + H_1$
$H = H_g N_g$	$H_g = \dfrac{G}{k_y a}$	$N_g = \displaystyle\int_{y_出}^{y_进}\frac{\mathrm{d}y}{y - y_i}$	
$H = H_1 N_1$	$H_1 = \dfrac{L}{k_x a}$	$N_1 = \displaystyle\int_{x_进}^{x_出}\frac{\mathrm{d}x}{x_i - x}$	

$$H_{OG} = \frac{G}{K_y a} = \frac{L}{K_x a / m} \frac{G}{L} = H_{OL} \frac{m}{L/G} = \frac{1}{A} H_{OL}$$

所以 $H_{OG} = \frac{1}{A} H_{OL}$ ，$\frac{1}{A} = \frac{mG}{L}$ 。$\frac{mG}{L}$ 称为解吸因数。

32. 传质单元数

$$N_{OG} = \int_{y_{出}}^{y_{进}} \frac{dy}{y - y_e} , \quad N_{OL} = \int_{x_{进}}^{x_{出}} \frac{dx}{x_e - x} , \quad N_{OL} = \frac{1}{A} N_{OG}$$

传质单元数 N_{OG}、N_{OL} 仅与分离要求和物系的相平衡有关，反映分离任务的难易。其值大，表明分离要求高或吸收剂性能太差。

33. 塔高

$$H = H_{OG} N_{OG} = H_{OL} N_{OL}$$
$$H = H_g N_g = H_l N_l$$

34. 对数平均推动力

（1）气相对数平均推动力

$$\Delta y_m = \frac{\Delta y_{进} - \Delta y_{出}}{\ln \frac{\Delta y_{进}}{\Delta y_{出}}} = \frac{(y_{进} - mx_{出}) - (y_{出} - mx_{进})}{\ln \frac{y_{进} - mx_{出}}{y_{出} - mx_{进}}}$$

$\Delta y_{进} = y_{进} - mx_{出}$，$\Delta y_{出} = y_{出} - mx_{进}$

当 $L/G = m$ 时，操作线与平衡线平行，$\Delta y_m = \Delta y_{进} = \Delta y_{出}$，即 $\Delta y_m = y_{进} - mx_{出}$ 或 $\Delta y_m = y_{出} - mx_{进}$。

（2）液相对数平均推动力

$$\Delta x_m = \frac{\Delta x_{出} - \Delta x_{进}}{\ln \frac{\Delta x_{出}}{\Delta x_{进}}} , \quad \Delta x_{出} = y_{进}/m - x_{出} , \quad \Delta x_{进} = y_{出}/m - x_{进}$$

当 $L/G = m$ 时，$\Delta x_m = \Delta x_{进} = \Delta x_{出}$，即 $\Delta x_m = y_{进}/m - x_{出}$ 或 $\Delta x_m = y_{出}/m - x_{进}$。

35. 传质单元数的求法

吸收操作的传质单元数 N_{OG}、N_{OL} 的求算方法有三种：对数平均推动力法、吸收因数法和数值积分法。

（1）对数平均推动力法求气相传质单元数　当操作线和平衡线 $y_e = mx + b$ 为直线时，

$$N_{OG} = \frac{y_{进} - y_{出}}{\Delta y_m} , \quad N_{OL} = \frac{x_{出} - x_{进}}{\Delta x_m} 。$$

（2）吸收因数法求传质单元数　当 $y_e = mx$ 时，$N_{OG} = \frac{1}{1 - \frac{mG}{L}} \ln \left[\left(1 - \frac{mG}{L}\right) \frac{y_{进} - mx_{进}}{y_{出} - mx_{进}} + \frac{mG}{L} \right]$

当 $x_{进} = 0$，m 为常数，且溶质的回收率 $\eta = \frac{y_{进} - y_{出}}{y_{进}}$ 时，

$$N_{OG} = \frac{1}{1 - \frac{mG}{L}} \ln \left[\left(1 - \frac{mG}{L}\right) \frac{1}{1 - \eta} + \frac{mG}{L} \right] , \quad 解吸因数 \frac{mG}{L} = \frac{1}{A}$$

当 $x_进=0$，m 为常数，且 $\dfrac{L}{G}=\beta\left(\dfrac{L}{G}\right)_{\min}=\beta m\eta$ 时，解吸因数 $\dfrac{mG}{L}=\dfrac{1}{\beta\eta}$，所以：

$$N_{OG}=\dfrac{1}{1-\dfrac{1}{\beta\eta}}\ln\left[\left(1-\dfrac{1}{\beta\eta}\right)\dfrac{1}{1-\eta}+\dfrac{1}{\beta\eta}\right]$$

传质单元数也可以用以下公式表示：

$$N_{OG}=\dfrac{1}{1-\dfrac{mG}{L}}\ln\dfrac{\Delta y_进}{\Delta y_出}=\dfrac{1}{1-\dfrac{mG}{L}}\ln\dfrac{y_进-mx_出}{y_出-mx_进}$$

（3）液相传质单元数 N_{OL}

$$N_{OL}=\dfrac{1}{1-A}\ln\left[(1-A)\dfrac{y_进-mx_进}{y_进-mx_出}+A\right]，\ 吸收因数\ A=\dfrac{L}{mG}$$

$$N_{OL}=\dfrac{1}{1-\dfrac{L}{mG}}\ln\dfrac{y_出/m-x_进}{y_进/m-x_出}=\dfrac{1}{\dfrac{L}{mG}-1}\ln\dfrac{y_进/m-x_出}{y_出/m-x_进}$$

或 $N_{OL}=\dfrac{1}{1-\dfrac{L}{mG}}\ln\dfrac{y_出-mx_进}{y_进-mx_出}=\dfrac{1}{\dfrac{L}{mG}-1}\ln\dfrac{y_进-mx_出}{y_出-mx_进}$

36. 吸收塔的液气比与最小液气比

塔高无穷大时完成指定分离任务所需液气比达到最小，简称最小液气比。最小液气比只对设计型问题才有意义。

$$\left(\dfrac{L}{G}\right)_{\min}=\dfrac{y_进-y_出}{x_{出e}-x_进}=\dfrac{y_进-y_出}{y_进/m-x_进}$$

当 $x_进=0$，$\left(\dfrac{L}{G}\right)_{\min}=\dfrac{y_进-y_出}{x_{出e}-x_进}=\dfrac{y_进-y_出}{y_进/m-0}=m\eta$

实际操作的液气比 $\dfrac{L}{G}=\beta\left(\dfrac{L}{G}\right)_{\min}=\beta m\eta$，实际 $\beta=1.1\sim2.0$。

37. 解吸塔的最小气液比

解吸塔的最小气液比 $\left(\dfrac{G}{L}\right)_{\min}=\dfrac{x_进-x_出}{y_{出e}-y_进}=\dfrac{x_进-x_出}{mx_进-y_进}$

当 $y_进=0$，$\left(\dfrac{G}{L}\right)_{\min}=\dfrac{x_进-x_出}{mx_进}$

38. 返混

返混是少量流体自身由下游返回至上游的现象。返混破坏逆流操作条件，使推动力下降，对传质不利。但在下列两种情况下是有利的。吸收过程有显著的热效应，采用液体再循环的吸收流程并外配冷却器，有利于相平衡，可提高推动力。吸收目的在于获得浓度 $x_出$ 较高的液相产品。当 L 量太小，不足以使液体均布，采用吸收剂再循环的流程，可以提高传质系数。

39. 吸收塔操作和调节知识导图

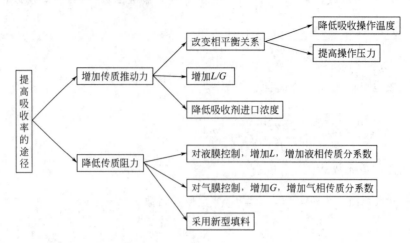

40. 吸收剂三要素及对吸收结果的影响

吸收剂三要素为吸收剂的入口条件——液体流率、温度、含量。改变吸收剂的入口条件 L，$x_进$，t，可以进行吸收塔的调节。

41. 吸收塔的操作和调节的技术极限

吸收塔的调节在技术上受到相平衡和物料衡算这两点的制约。

42. 吸收剂用量调节的限度

逆流操作，$H→∞$的前提下：

当 $L/G<m$ 时，气液两相在塔底达平衡，$x_{出max}=\dfrac{y_进}{m}$，$y_出=y_进-\dfrac{L}{G}$（$x_{出max}-x_进$）；此时增加吸收剂用量能使 $y_出$ 降低，增大回收率 η。

若 $L/G>m$ 时，气液两相在塔顶达平衡，$y_{出min}=mx_进$；当吸收剂用量增加，$y_{出min}$ 不变，η 不变，$x_出=x_进+\dfrac{G}{L}$（$y_进-y_出$），此时操作调节应通过改变 $x_进$ 或 t 实现。当降低 $x_进$、降低操作温度 t 或增加操作压力 p 都能有效地降低 $y_出$，对吸收有利。

43. 化学吸收与物理吸收

气体中各组分在溶剂中物理溶解度的不同而被分离的吸收操作称为物理吸收。化学吸收是利用化学反应达到吸收目的的操作。

44. 增强因子 β

$$\beta=\dfrac{化学吸收速率}{c_{Al}=0\ 时的物理吸收速率}=\dfrac{R_A}{k_1(c_{Ai}-0)}$$

$$R_A=\beta k_1(c_{Ai}-0)=Bk_1c_{Ai}$$

k_1 为液相物理吸收传质分系数，βk_1 为 $c_{Al}=0$ 条件下化学吸收的液相传质分系数。

45. 容积过程与表面过程

化学吸收过程中，快反应使吸收成表面过程；慢反应使吸收成容积过程。

第二节 工程知识与问题分析

Ⅰ.基础知识解析

1.吸收的目的和基本依据是什么？吸收的主要操作费用在哪？

答：吸收的目的是分离气体混合物。基本依据是气体混合物中各组分在溶剂中的溶解度不同。操作费用主要花在溶剂再生、溶剂损失。

2.选择吸收溶剂的主要依据是什么？什么是溶剂的选择性？

答：选择吸收溶剂的主要依据是溶解度大，选择性高，再生方便，蒸气压低，损失小。溶剂的选择性是指溶剂对溶质溶解度大，对其他组分溶解度小。

3.E，m，H 三者各自与温度、总压有何关系？

答：$m = E/p = Hc_M/p$，m、E、H 均随温度上升而增大，E、H 基本上与总压无关，m 反比于总压。

4.工业吸收过程气液接触的方式有哪两种？

答：工业吸收过程气液接触的方式有级式接触和微分接触。

5.扩散流 J_A，净物流 N，主体流动 N_M，传递速率 N_A 相互之间有什么联系和区别？

答：$N = J_A + J_B + N_M$

因为 $J_A = -J_B$，所以 $N = N_M$，即主体流动速率等于净物流速率。

组分 A 的分子扩散速率方程 $N_A = J_A + Nx_A$

$$N_A = J_A + N_M \frac{c_A}{c_M} = J_A + N \frac{c_A}{c_M}$$

因为 $N = N_A + N_B$

所以 $N_A = J_A + (N_A + N_B)\frac{c_A}{c_M}$

等分子反向扩散 没有净物流，$N = 0$，或 $N_A = -N_B$

所以 $N_A = J_A = -D \frac{dc_A}{dz}$

$$N_A = \frac{D}{\delta}(c_{A1} - c_{A2}) = \frac{D}{RT\delta}(p_{A1} - p_{A2}) \quad \left(\text{理想气体 } c_A = \frac{n_A}{V} = \frac{p_A}{RT}\right)$$

单向扩散 当液相不能向界面提供组分 B 时，发生的是组分 A 的单向扩散。

因为 $N_B = 0$，所以 $N_A\left(1 - \frac{c_A}{c_M}\right) = -D \frac{dc_A}{dz}$

$$N_A = \frac{D}{\delta} \frac{c_M}{c_{BM}}(c_{A1} - c_{A2}) = \frac{D}{RT\delta} \frac{p}{p_{BM}}(p_{A1} - p_{A2})$$

式中 $c_{BM} = \dfrac{c_{B2} - c_{B1}}{\ln \dfrac{c_{B2}}{c_{B1}}}$，$p_{BM} = \dfrac{p_{B2} - p_{B1}}{\ln \dfrac{p_{B2}}{p_{B1}}}$

$N = N_M + J_A + J_B$，$N_A = J_A + N_M \dfrac{c_A}{c_M}$。

J_A、J_B由浓度梯度引起；N_M由微压力差引起；N_A由溶质传递速度引起。

6. 漂流因子有什么含义？等分子反向扩散时有无漂流因子？为什么？

答：漂流因子p/p_{BM}表示了主体流动对传质的贡献。

等分子反向扩散时无漂流因子。因为没有主体流动。

7. 气体分子扩散系数与温度、压力有何关系？液体分子扩散系数与温度、黏度有何关系？

答：气体分子扩散系数$D_气 \propto T^{1.81}/p$，液体分子扩散系数$D_液 \propto T/\mu$。

8. 修伍德数、施密特数的物理含义是什么？

答：$Sh = kd/D$表征对流传质速率与扩散传质速率之比。

$Sc = \mu/(\rho D)$表征动量扩散系数与分子扩散系数之比。

9. 传质理论中，有效膜理论与表面更新理论有何主要区别？

答：传质理论中，有效膜理论认为气液界面两侧各存在一层静止的气膜和液膜，膜中的传质是定态的分子扩散。而表面更新理论考虑到微元传质的非定态性，从前者$k \propto D$推进到后者$k \propto D^{0.5}$。

10. 传质过程中，什么时候气相阻力控制？什么时候液相阻力控制？

答：当$mk_y \ll k_x$时，气相阻力控制；当$mk_y \gg k_x$时，液相阻力控制。

11. 低浓度气体吸收有哪些特点？

答：低浓度气体吸收特点有：G、L为常量；等温过程；传质系数沿塔高不变。

12. 吸收塔高度计算中，将N_{OG}与H_{OG}分开，有什么优点？

答：优点是将分离任务难易与设备效能高低相对分开，便于分析。

13. 建立操作线方程的依据是什么？

答：建立操作线方程的依据是塔段的物料衡算。

14. 什么是返混？

答：返混是少量流体自身由下游返回至上游的现象。

15. 何谓最小液气比？操作型计算中有无此类问题？

答：完成指定分离任务所需塔高为无穷大时的液气比。操作型计算中无此类问题。

16. $x_{进max}$与$(L/G)_{min}$是如何受到技术上的限制的？技术上的限制主要是指哪两个制约条件？

答：通常，$x_{进max} = y_{出}/m$，$(L/G)_{min} = (y_{进} - y_{出})/(x_{出e} - x_{进})$。技术上的限制主要是指相平衡和物料衡算。

17. 有哪几种N_{OG}的计算方法？用对数平均推动力法和吸收因数法求N_{OG}的条件各是什么？

答：N_{OG}的计算方法有三种，分别是对数平均推动力法、吸收因数法、数值积分法。对数平均推动力法和吸收因数法求N_{OG}的条件相平衡分别为直线和过原点直线。

18. H_{OG}的物理含义是什么？常用吸收设备的H_{OG}约为多少？

答：H_{OG}的物理含义是气体流经这一单元高度塔段的浓度变化等于该单元内的平均推动力。常用吸收设备的H_{OG}约为$0.15 \sim 1.5m$。

19. 吸收剂的进塔条件有哪三个要素？操作中调节这三要素，分别对吸收结果有何影响？

答：吸收剂进塔条件的三个要素分别为t、$x_{进}$、L。降低操作温度t和吸收剂入口浓度$x_{进}$，增加吸收剂用量L均有利于吸收。

20. 逆流操作，且 $H \to \infty$ 时，$y_{出}$ 与 L/G 的关系如何？

答：当 $L/G < m$ 时，$x_{出\max} = \dfrac{y_{进}}{m}$，$y_{出} = y_{进} - \dfrac{L}{G}(x_{出\max} - x_{进})$。

若 $L/G > m$ 时，$y_{出\min} = mx_{进}$。

21. 要降低 $y_{出}$，用什么手段最有效？

答：当 $\dfrac{L}{G} < m$ 时，增加 L 较有效；当 $\dfrac{L}{G} > m$ 时，降低 $x_{进}$ 和 t，增加 p 较有效。

22. 高浓度气体吸收的主要特点有哪些？

答：高浓度气体吸收的主要特点有：①G、L 沿塔高变化，惰性气体流率 G_B 沿塔高不变；设溶剂不蒸发，纯溶剂流率 L_s 为常量。②吸收过程系非等温，溶解热使两相温度升高，对吸收不利。③传质分系数与含量有关。

23. 化学吸收与物理吸收的本质区别是什么？化学吸收有何特点？

答：化学吸收与物理吸收的本质区别是溶质是否与液相组分发生化学反应。

与物理吸收相比，化学吸收特点有：①提高了选择性；②提高了吸收速率（k_y 不变，K_y 增加，溶解度增大，降低平衡浓度 y_e）；③减少了吸收剂用量；④可较彻底除去微量物质。

24. 化学吸收过程中，何时成为容积过程？何时成为表面过程？

答：化学吸收过程中，快反应使吸收成为表面过程；慢反应使吸收成为容积过程。

Ⅱ. 工程知识应用

1. 已知分子扩散时，通过某一考察面 PQ 有四股物流：N_A，J_A，N，N_M，试用 >，=，< 表示四者之间的关系。

分析：等分子反向扩散时：$J_A = N_A > N = N_M = 0$

A 组分单向扩散时：$N_M = N = N_A > J_A > 0$

2. 含低浓度溶质的气体在逆流吸收塔中进行吸收操作，若其他操作条件不变，而入口气体量增加，则对于气膜控制系统，其出口气体组成 $y_{出}$ 将（　　），出口液体组成 $x_{出}$ 将（　　）。

A. 增大；　　　　B. 减小；　　　　C. 不变；　　　　D. 不确定。

分析：因为是气膜控制系统，$K_y a \propto G^m$（$0 < m < 1$），$H_{OG} = \dfrac{G}{K_y a} \propto G^{1-m}$。

当 G 增加，所以 H_{OG} 增加。

因为塔高 H 不变，且 $N_{OG} = \dfrac{H}{H_{OG}}$，所以 N_{OG} 下降。

又 $N_{OG} = \dfrac{y_{进} - y_{出}}{\Delta y_m}$，$y_{进}$ 不变，L/G 下降，所以 $y_{出}$ 增大，$x_{出}$ 增大。两个都选 A。

3. 对某低浓度气体吸收过程，已知相平衡常数 $m = 2$，气、液两相的体积传质系数分别为 $k_y a = 2 \times 10^{-4} \text{ kmol}/(\text{m}^3 \cdot \text{s})$，$k_x a = 0.4 \text{ kmol}/(\text{m}^3 \cdot \text{s})$。则该吸收过程为（　　）阻力控制。

A. 液膜；　　　　B. 气、液双膜；　　　　C. 气膜；　　　　D. 无法确定。

分析：总阻力 $\dfrac{1}{K_y a} = \dfrac{1}{k_y a} + \dfrac{m}{k_x a}$

因为 $\dfrac{1}{k_y} > \dfrac{m}{k_x}$，所以该过程为气膜阻力控制。应选 C。

4. 用纯溶剂吸收某混合气中有害组分，已知 $y_e = mx$，H_{OG} 与 $\dfrac{mG}{L}$ 为常数。

当 $y_{进} = 0.09$，$\eta_1 = 0.9$ 时，塔高为 H_1；当 $y_{进} = 0.09$，$\eta_2 = 0.99$ 时，塔高为 H_2；当 $y_{进} = 0.099$，$\eta_3 = 0.9$ 时，塔高为 H_3。问 H_1＿H_2，H_1＿H_3。（大于，小于，等于）

分析：H_{OG} 为常数，$H \propto N_{OG}$，$x_{进} = 0$，所以：

$$\frac{y_{进} - mx_{进}}{y_{出} - mx_{进}} = \frac{y_{进}}{y_{出}} = \frac{1}{1-\eta}$$

$$N_{OG} = \frac{1}{1 - \dfrac{mG}{L}} \ln \left[\left(1 - \frac{mG}{L}\right) \frac{y_{进} - mx_{进}}{y_{出} - mx_{进}} + \frac{mG}{L} \right]$$

$\dfrac{mG}{L}$ 为常数，当 $\eta_1 < \eta_2$ 时 $N_{OG1} < N_{OG2}$，即 $H_1 < H_2$；当 $\eta_1 = \eta_3$ 时，$N_{OG1} = N_{OG3}$，即 $H_1 = H_3$。

结论：塔高不取决于 $y_{进} - y_{出}$，而取决于 $\dfrac{y_{进}}{y_{出}}$。所以回收率要求愈高，塔高愈高。

5. 用纯溶剂逆流吸收，已知 $L/G = m$，回收率为 0.9，则传质单元数 $N_{OG} = $＿＿＿＿。

分析：因为 $\dfrac{L}{G} = m$　所以 $\Delta y_m = \Delta y_{进} = \Delta y_{出}$，即 $\Delta y_m = y_{出} - mx_{进}$。

纯溶剂 $x_{进} = 0$，所以 $N_{OG} = \dfrac{y_{进} - y_{出}}{\Delta y_m} = \dfrac{y_{进} - y_{出}}{y_{出} - mx_{进}} = \dfrac{y_{进} - y_{出}}{y_{出}} = \dfrac{\eta}{1-\eta} = 9$

Ⅲ. 工程问题分析

6. 操作中逆流吸收塔，$x_{进} = 0$，今入塔 $y_{进}$ 上升，而其他入塔条件均不变，则出塔 $y_{出}$ ＿＿＿＿，回收率 η ＿＿＿＿。（变大，变小，不变，不确定）

分析：$H = H_{OG} N_{OG}$

因为 $H_{OG} = \dfrac{G}{K_y a}$ 不变，所以 N_{OG} 也不变。

$$N_{OG} = \frac{1}{1 - \dfrac{mG}{L}} \ln \left[\left(1 - \frac{mG}{L}\right) \frac{y_{进} - mx_{进}}{y_{出} - mx_{进}} + \frac{mG}{L} \right]$$

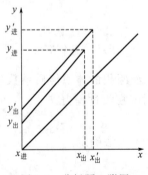

图 8-2　分析题 6 附图

当 $x_{进} = 0$，m 为常数，溶质的回收率为 η，$\eta = \dfrac{y_{进} - y_{出}}{y_{进}}$ 时，

$$N_{OG} = \frac{1}{1 - \dfrac{mG}{L}} \ln \left[\left(1 - \frac{mG}{L}\right) \frac{1}{1-\eta} + \frac{mG}{L} \right]$$

因为 $\dfrac{mG}{L}$ 不变，N_{OG} 不变，所以 $\dfrac{1}{1-\eta'} = \dfrac{1}{1-\eta}$　$\eta' = \eta$，回收率 η 不变。

$y'_{出} = (1-\eta) y'_{进}$，$y'_{出}$ 变大。

所以 $y_{出}$ 变大，回收率 η 不变。

7. 吸收剂流量的调节。原工况如图 8-3，现仅吸收剂用量 L 增加，H_{OG} 不变，操作结果如何变化？（请画出新工况的操作线）

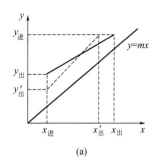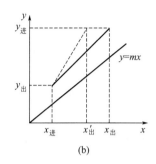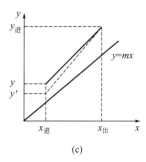

(a)   (b)   (c)

图 8-3 分析题 7 附图

分析：塔高不变，H_{OG} 不变，$y_{进}$ 不变、$x_{进}$ 不变，且 $H=\dfrac{G}{K_y a}\dfrac{y_{进}-y_{出}}{\Delta y_m}$，

所以 $K_y a H \Delta y_m = G(y_{进}-y_{出})=L(x_{出}-x_{进})$

① 设 $y_{出}$ 不变 ［见图 8-3(b)］，则 $G(y_{进}-y_{出})$ 不变。但 L 增加，$K_y a$ 呈上升趋势；Δy_m 增加。

又 $K_y a \propto L^m G^n$，$0<m$，$n<1$。当气膜控制：$m=0$，$K_y a \propto G^n$；液膜控制：$n=0$，$K_y a \propto L^m$，所以 $K_y a H \Delta y_m$ 增加。根据 $K_y a H \Delta y_m = G(y_{进}-y_{出})$，$y_{出}$ 不变不能成立。

② 假如 $x_{出}$ 不变 ［见图 8-3(c)］，在式 $K_y a H \Delta y_m = L(x_{出}-x_{进})$ 中，Δy_m 下降；但 L 增加，$K_y a$ 呈上升趋势，但不如 L 上升得快。所以该式不成立，即 $x_{出}$ 不能不变化。

所以，吸收剂用量 L 增加，操作线斜率 L/G 增加，$y_{出}$ 下降，$x_{出}$ 下降，回收率 η 上升，$G(y_{进}-y_{出})$ 增加，传质速率增加 ［见图 8-3(a)］。

结论：L 增加，$K_y a(K_x a)$ 呈上升趋势；Δy_m 则可能上升也可能下降；但 $K_y a \Delta y_m$ 增加，$G(y_{进}-y_{出})$ 增加。

8. 吸收剂含量 $x_{进}$ 的调节。原工况操作如图 8-4，先仅吸收剂进口浓度 $x_{进}$ 下降，吸收塔操作结果如何？（请画出新工况的操作线）

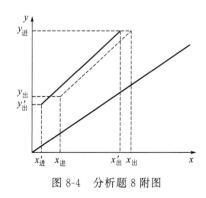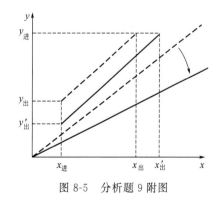

图 8-4 分析题 8 附图   图 8-5 分析题 9 附图

分析：因 G、L、m 不变，$K_y a$ 不变。

当 $x_{进}$ 下降，传质推动力增加，$G(y_{进}-y_{出})$ 增加，从 $K_y a H \Delta y_m = G(y_{进}-y_{出})$ 知，

Δy_m 增加。所以，操作结果为：当 $x_{进}$ 下降后，Δy_m 增加，传质速率 N_A 增加，$y_{出}$ 下降，η 上升，$x_{出}$ 下降。

$x_{进}$ 的调节限度：主要受解吸过程的限制。

9. 吸收剂入塔温度的调节。原工况操作线如图 8-5，现仅操作温度下降，操作结果如何？（请画出新工况的操作线）

分析：因为 L、G 不变，新操作线与原操作线平行。填料层高度 H 不变。

操作温度 t 下降，有利于吸收，所以 m 下降，$K_y a$ 上升，$K_y a H \Delta y_m$ 也上升，从 $K_y a H \Delta y_m = G(y_{进} - y_{出})$ 知，$G(y_{进} - y_{出})$ 增加，对吸收有利。

所以 $m \downarrow$，$y_{出}$ 下降，$x_{出}$ 上升，N_A 增加，η 上升。

t 调节的限度在技术上受冷却器能力的限制，在经济上受能耗的优化约束。

第三节　工程问题与解决方案

Ⅰ. 一般工程问题计算

【例 8-1】 等分子反向扩散　氨气（A）和氮气（B）在 298K 和 101.32kPa 的条件下，反向扩散通过一长直玻璃管，玻璃管的内径为 24.4mm、长度为 0.610m。管的两端各连接一大的混合室，混合室的压力皆为 101.32kPa，其中一混合室中氨气的分压恒定在 20kPa，而另一室的氨气的分压恒定在 6.666kPa。在 298K 和 101.32kPa 的条件下，氨气的扩散系数 $2.3 \times 10^{-5} m^2/s$。求氨气的扩散量为多少（kmol/s）。计算玻璃管 0.305m 处氨的分压。

解：本题属于等分子反向扩散问题，氨气（A）和氮气（B）分子在容器内发生等分子反向扩散，扩散流率大小相等，方向相反。

氨气 A 和氮气 B 的扩散速率

$$N_A = \frac{D_{AB}(p_{A1} - p_{A2})}{RT(z_2 - z_1)} = \frac{2.3 \times 10^{-5} \times (20 - 6.666) \times 10^3}{8314 \times 298 \times (0.610 - 0)} = 2.029 \times 10^{-7} \, kmol/(m^2 \cdot s)$$

$$N_A A = 2.029 \times 10^{-7} \times 0.785 \times (24.4/1000)^2 = 9.48 \times 10^{-11} \, kmol/s$$

因为 $N_A = \dfrac{D_{AB}(p_{A1} - p'_{A2})}{RT(z_2 - z'_1)}$

$$p'_{A2} = p_{A1} - \frac{N_A RT(z_2 - z'_1)}{D_{AB}} = 20 - \frac{2.029 \times 10^{-7} \times 8314 \times 298 \times 0.305}{2.3 \times 10^{-5} \times 10^3} = 13.33 \, kPa$$

讨论：因为是稳态操作，N_A 不变。

【例 8-2】 单向扩散　柏油马路上积水 2mm，水温 20℃。水面上方有一层 0.2mm 厚的静止空气层，水通过此气层扩散进入大气。大气中的水汽分压为 1.33kPa。问多少时间后路面上的积水可被吹干。

解：本题属于单向扩散问题，查 20℃ 时 $D = 0.252 \times 10^{-4} \, m^2/s$，$\rho_{水} = 998 kg/m^3$

饱和蒸汽压 $p_{A1} = 2.338 kPa$

$$p_{B1} = p - p_{A1} = 101.3 - 2.338 = 98.96 \, kPa$$

$$p_{B2} = p - p_{A2} = 101.3 - 1.33 = 99.97 \, kPa$$

$$p_{BM} = \frac{p_{B2} - p_{B1}}{\ln \dfrac{p_{B2}}{p_{B1}}} = \frac{99.97 - 98.96}{\ln \dfrac{99.97}{98.96}} = 99.46 \text{kPa}$$

$$\frac{p}{p_{BM}} = \frac{101.3}{99.46} = 1.02$$

对恒定的静止空气层厚度有：

$$N_A \tau = \frac{\rho h}{M}$$

$$N_A = \frac{D}{RT\delta} \frac{p}{p_{BM}} (p_{A1} - p_{A2})$$

得：$\tau = \dfrac{\rho RT\delta h}{MD} \dfrac{1}{p_{A1} - p_{A2}} \dfrac{p_{BM}}{p}$

$$= \frac{998 \times 8.314 \times 293 \times 0.2 \times 10^{-3} \times 2 \times 10^{-3}}{18 \times 0.252 \times 10^{-4}} \times \frac{1}{2.338 - 1.33} \times \frac{1}{1.02}$$

$$= 2.09 \times 10^3 \text{s} = 0.58 \text{h}$$

讨论：本题中，水分向空气中单向扩散，而气相不能等分子地提供物质给液相。

【例 8-3】 吸收设计型计算　在直径为 0.8m 的填料塔中，用 1200kg/h 的清水吸收空气和 SO_2 混合气中的 SO_2，混合气量为 1000m^3/h（标准状态），混合气含 SO_2 1.3%（体积分数），要求回收率为 99.5%。操作条件为 20℃、101.3kPa，平衡关系为 $y = 0.75x$，总体积传质系数 $K_y a = 0.055 \text{kmol}/(\text{m}^3 \cdot \text{s})$，试求：

（1）液体出口浓度；

（2）填料层高度。

解：本题属于低浓度气体吸收的设计型命题。已知 $D = 0.8\text{m}$，$L_s = 1200\text{kg/h}$，$G = 1000\text{m}^3/\text{h}$，$y_进 = 0.013$，$\eta = 0.995$，$x_进 = 0$，$y_e = 0.75x$，$K_y a = 0.055\text{kmol}/(\text{m}^3 \cdot \text{s})$

$L_s = 1200/(3600 \times 18) = 0.0185 \text{kmol/s}$

$G = 1000/(22.4 \times 3600) = 0.0124 \text{kmol/s}$

因为为低浓度吸收　所以 $L/G = 0.0185/0.0124 = 1.49$

$y_出 = y_进(1 - \eta) = 0.013 \times (1 - 0.995) = 0.000065$

$x_出 = (G/L)(y_进 - y_出) + x_进 = (0.013 - 0.000065)/1.49 = 0.00868$

因为　$H = H_{OG} N_{OG}$　而 $N_{OG} = (y_进 - y_出)/\Delta y_m$

$\Delta y_进 = (y - y_e)_进 = 0.013 - 0.75 \times 0.00868 = 0.006490$

$\Delta y_出 = (y - y_e)_出 = 0.000065 - 0 = 0.000065$

$\Delta y_m = (\Delta y_进 - \Delta y_出)/\ln(\Delta y_进/\Delta y_出)$

$\quad\quad = (0.006490 - 0.000065)/\ln(0.006490/0.000065) = 0.001396$

所以 $N_{OG} = (0.013 - 0.000065)/0.001396 = 9.266$

$H_{OG} = G/(K_y a A) = 0.0124/(0.785 \times 0.8 \times 0.8 \times 0.055) = 0.449\text{m}$

所以 $H = 9.266 \times 0.449 = 4.2\text{m}$

另解：

$y_出 = y_进(1 - \eta) = 0.013 \times (1 - 99.5\%) = 6.5 \times 10^{-5}$

$G = \dfrac{q_V}{22.4} = \dfrac{1000}{22.4} = 44.64 \text{kmol/h}$

$$L = \frac{q_m}{M_{水}} = \frac{1200}{18} = 66.67 \text{kmol/h}$$

$$x_{出} = \frac{y_{进} - y_{出}}{L/G} + x_{进} = \frac{0.013 - 6.5 \times 10^{-5}}{66.67/44.64} + 0 = 0.00866$$

$$\frac{1}{A} = \frac{mG}{L} = \frac{0.75 \times 44.64}{66.67} = 0.502$$

$$N_{OG} = \frac{1}{1 - \frac{1}{A}} \ln \left[\left(1 - \frac{1}{A}\right) \frac{y_{进} - mx_{进}}{y_{出} - mx_{进}} + \frac{1}{A} \right]$$

$$= \frac{1}{1 - 0.502} \times \ln \left[(1 - 0.502) \times \frac{0.013 - 0}{6.5 \times 10^{-5} - 0} + 0.502 \right] = 9.25$$

$$H_{OG} = \frac{G / \left(\frac{\pi}{4} D^2 \times 3600\right)}{K_y a} = \frac{44.64 / \left(\frac{\pi}{4} \times 0.8^2 \times 3600\right)}{0.055} = 0.449 \text{m}$$

$$H = H_{OG} N_{OG} = 9.25 \times 0.449 = 4.15 \text{m}$$

讨论：本题虽然求的是填料层高度，但属于操作型命题的设计型求解。本例采用了对数平均推动力法和吸收因数法两种方法求解 N_{OG}。

【例 8-4】 难溶气体解吸计算　某填料塔用空气脱除水中的甲苯，水中含甲苯 60×10^{-6}（质量分数），今欲将水中甲苯降至 2×10^{-6}。填料塔在 20℃ 和 1.1atm 下操作。平衡关系为 $p_A = 256x$，p_A 是气相中甲苯的分压，atm；x 为液相中甲苯的摩尔分数。试确定：

（1）当处理水流量为 $6\text{m}^3/\text{h}$ 时的最小空气流量，kmol/h。

（2）计算空气流量为最小空气流量两倍时的 N_{OL}。

（3）计算当 $H_G = 0.7\text{m}$，$H_L = 0.6\text{m}$ 时的填料高度。

解：甲苯的分子量为 92，水的分子量为 18

$$x_{进} = \frac{60 \times 10^{-6}/92}{60 \times 10^{-6}/92 + 1/18} \approx \frac{60 \times 10^{-6}}{92} \times \frac{18}{1} = 1.174 \times 10^{-5}$$

$$x_{出} \approx \frac{2 \times 10^{-6}}{92} \times \frac{18}{1} = 0.039 \times 10^{-5}$$

$$p_A = 256x, \ p_A = py, \ y = \frac{256}{p}x = \frac{256}{1.1}x = 232.73x$$

（1）$$\left(\frac{G}{L}\right)_{min} = \frac{x_{进} - x_{出}}{y_{出e} - y_{进}} = \frac{x_{进} - x_{出}}{mx_{进}} = \frac{(1.174 - 0.039) \times 10^{-5}}{232.73 \times 1.174 \times 10^{-5}} = 0.004154$$

$$L = 6\text{m}^3/\text{h} = \frac{6 \times 1000}{18} \text{kmol/h} = 333.33 \text{kmol/h}$$

$$G_{min} = \left(\frac{G}{L}\right)_{min} L = 0.004154 \times 333.33 = 1.385 \text{kmol/h}$$

（2）$$\frac{G}{L} = 2\left(\frac{G}{L}\right)_{min} = 2 \times 0.004154 = 0.008308$$

$$y_{出} = \frac{x_{进} - x_{出}}{G/L} = \frac{(1.174 - 0.039) \times 10^{-5}}{0.008308} = 136.62 \times 10^{-5}$$

$$\Delta x_{进} = (x - x_e)_{进} = x_{进} - \frac{y_{出}}{m} = \left(1.174 - \frac{136.62}{232.73}\right) \times 10^{-5} = 0.587 \times 10^{-5}$$

$$\Delta x_{\text{出}} = (x - x_{\text{e}})_{\text{出}} = x_{\text{出}} - \frac{y_{\text{进}}}{m} = x_{\text{出}} = 0.039 \times 10^{-5}$$

$$\Delta x_{\text{m}} = \frac{\Delta x_{\text{进}} - \Delta x_{\text{出}}}{\ln \dfrac{\Delta x_{\text{进}}}{\Delta x_{\text{出}}}} = \frac{(0.587 - 0.039) \times 10^{-5}}{\ln \dfrac{0.587}{0.039}} = 0.2021 \times 10^{-5}$$

$$N_{\text{OL}} = \frac{x_{\text{进}} - x_{\text{出}}}{\Delta x_{\text{m}}} = \frac{1.174 - 0.039}{0.2021} = 5.62$$

(3) $H_{\text{OL}} = H_{\text{L}} + \dfrac{L}{mG}H_{\text{G}} = 0.6 + \dfrac{1}{232.73 \times 0.008308} \times 0.7 = 0.962\text{m}$

$H = H_{\text{OL}}N_{\text{OL}} = 0.962 \times 5.62 = 5.4\text{m}$

讨论：本题是解吸的操作型命题，因相平衡常数很大，属于难溶气体的解吸问题。

【例 8-5】 解吸操作型计算　解吸塔高 6m，$L = 200\text{kmol/h}$，$x_{\text{进}} = 0.08$（摩尔分数，下同），用 $y_{\text{进}} = 0$，$G = 350\text{kmol/h}$ 的惰性气体解吸时，得 $y_{\text{出}} = 0.036$，且知平衡关系：$y = 0.5x$，试求：

(1) 该塔的气相传质单元高度 H_{OG}；

(2) 当操作中 G 增加到 400kmol/h 时，则 $x_{\text{出}}$ 为多少？（设 L，$y_{\text{进}}$，$x_{\text{进}}$ 不变，G 增加时 H_{OG} 基本不变）

(3) 在 y-x 图上画出 G 变化前后的操作线。

解：本题属于解吸的操作型命题，当操作线和平衡线平行时，$mG/L = 1$，对数平均推动力 $\Delta y_{\text{出}} = \Delta y_{\text{进}} = \Delta y_{\text{m}}$。

(1) $\Delta y_{\text{出}} = mx_{\text{进}} - y_{\text{出}} = 0.5 \times 0.08 - 0.036 = 0.004$

$$x_{\text{出}} = x_{\text{进}} - \frac{G}{L}(y_{\text{出}} - y_{\text{进}}) = 0.08 - \frac{350}{200} \times 0.036 = 0.017$$

$\Delta y_{\text{进}} = mx_{\text{出}} - y_{\text{进}} = 0.5 \times 0.017 = 0.0085$

$$\Delta y_{\text{m}} = \frac{\Delta y_{\text{出}} - \Delta y_{\text{进}}}{\ln \dfrac{\Delta y_{\text{出}}}{\Delta y_{\text{进}}}} = \frac{0.004 - 0.0085}{\ln \dfrac{0.004}{0.0085}} = 0.006$$

$$N_{\text{OG}} = \frac{y_{\text{出}} - y_{\text{进}}}{\Delta y_{\text{m}}} = \frac{0.036}{0.006} = 6$$

$$H_{\text{OG}} = \frac{H}{N_{\text{OG}}} = \frac{6}{6} = 1.0\text{m}$$

(2) $\dfrac{mG}{L} = \dfrac{0.5 \times 400}{200} = 1$

$\Delta y_{\text{出}} = \Delta y_{\text{进}} = \Delta y_{\text{m}}$，由 N_{OG} 不变，得

$6 = \dfrac{y'_{\text{出}} - y_{\text{进}}}{mx'_{\text{出}}}$，$y'_{\text{出}} = 6mx'_{\text{出}}$

$L(x_{\text{进}} - x'_{\text{出}}) = G(y'_{\text{出}} - y_{\text{进}})$

$x'_{\text{出}} = 0.0114$，$y'_{\text{出}} = 0.0343$

(3) 见图 8-6。

讨论：本题求算 H_{OG} 的方法除了用 $H_{\text{OG}} = G/(K_y a)$，也可以用 $H_{\text{OG}} = H/N_{\text{OG}}$，这种方法也常用来求算新填料

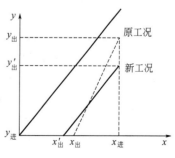

图 8-6　例 8-5 附图

的传质单元高度。另外，解吸的操作线位于相平衡线的下方。

【例 8-6】 填料层高度与出塔气体浓度间的关系 某厂吸收塔的填料层高度 3m，用纯溶剂逆流等温吸收尾气中的有害组分。入塔气体中有害组分的含量为 0.04（摩尔分数，下同），出塔气体中有害组分含量为 0.008，出塔液体中有害组分含量为 0.03。已知在操作范围内相平衡关系为 $y=0.8x$。试求：

（1）填料塔的气相总传质单元高度 H_{OG} 为多少？

（2）原塔操作液气比为最小液气比的多少倍？

（3）因法定排放气有害组分含量为 0.004，现增加塔高以使出口气体达标，若液气比不变，填料层总高应为多少？

解：本题有两种工况，两种工况都属于设计型计算。

（1） $\dfrac{1}{A}=\dfrac{mG}{L}=\dfrac{m(x_{出}-x_{进})}{y_{进}-y_{出}}=\dfrac{0.8\times(0.03-0)}{0.04-0.008}=0.75$

$$N_{OG}=\dfrac{1}{1-\dfrac{1}{A}}\ln\left[\left(1-\dfrac{1}{A}\right)\dfrac{y_{进}-mx_{进}}{y_{出}-mx_{进}}+\dfrac{1}{A}\right]$$

$$=\dfrac{1}{1-0.75}\times\ln\left[(1-0.75)\times\dfrac{0.04-0.8\times0}{0.008-0.8\times0}+0.75\right]$$

$$=2.772$$

$$H_{OG}=\dfrac{H}{N_{OG}}=\dfrac{3}{2.772}=1.082m$$

（2） $\dfrac{L}{G}=\dfrac{y_{进}-y_{出}}{x_{出}-x_{进}}=\dfrac{0.04-0.008}{0.03-0}=1.067$

$$\left(\dfrac{L}{G}\right)_{min}=\dfrac{y_{进}-y_{出}}{x_{出e}-x_{进}}=\dfrac{0.04-0.008}{0.04/0.8-0}=0.64$$

原塔操作比与最小液气比之比：$R=\left(\dfrac{L}{G}\right)/\left(\dfrac{L}{G}\right)_{min}=1.67$

（3） $y'_{出}=0.004$ 时，$\dfrac{1}{A}$ 不变

$$N'_{OG}=\dfrac{1}{1-\dfrac{1}{A}}\ln\left[\left(1-\dfrac{1}{A}\right)\dfrac{y_{进}-mx_{进}}{y'_{出}-mx_{进}}+\dfrac{1}{A}\right]=4.715$$

$$H=H_{OG}N_{OG}=5.102m$$

讨论：通过找到新旧工况之间的相同点，如解吸因数相同，从而找到解决问题的入手点。

【例 8-7】 吸收综合性计算 某填料吸收塔，用纯水逆流吸收气体混合物中的可溶组分 A，气相总传质单元高度 H_{OG} 为 0.3m。入塔气体中 A 组分的含量为 0.06（摩尔分数，下同），工艺要求 A 组分的回收率为 95%，采用液气比为最小液气比的 1.4 倍。已知在操作范围内相平衡关系为 $y=1.2x$。试求：

（1）填料塔的有效高度应为多少？

（2）若在该填料塔内进行吸收操作，采用液气比为 1.8，H_{OG} 不变，则出塔的液体、气体浓度各为多少？

解：（1） $y_{出}=y_{进}(1-\eta)=0.003$

$$\left(\frac{L}{G}\right)_{min} = \frac{y_{进} - y_{出}}{x_{出e} - x_{进}} = \frac{y_{进} - y_{出}}{y_{进}/m - x_{进}} = \frac{0.06 - 0.003}{0.06/1.2} = 1.14$$

$$\left(\frac{L}{G}\right) = 1.4\left(\frac{L}{G}\right)_{min} = 1.596$$

$$\frac{1}{A} = \frac{mG}{L} = 0.756$$

$$N_{OG} = \frac{1}{1-\frac{1}{A}} \ln\left[\left(1-\frac{1}{A}\right)\frac{y_{进} - mx_{进}}{y'_{出} - mx_{进}} + \frac{1}{A}\right] = 7.026$$

$$H = H_{OG}N_{OG} = 2.11\text{m}$$

（2）当液气比 $L/G = 1.8$ 时，H_{OG} 不变，则 N_{OG} 也不变，$\frac{1}{A} = \frac{mG}{L} = 0.667$

由 $N_{OG} = \frac{1}{1-\frac{1}{A}} \ln\left[\left(1-\frac{1}{A}\right)\frac{y_{进} - mx_{进}}{y'_{出} - mx_{进}} + \frac{1}{A}\right] = 7.026$

$$y'_{出} = 0.0020$$

代入物料守恒方程式 $\frac{L}{G} = \frac{y_{进} - y'_{出}}{x'_{出} - x_{进}} = 1.8$，$x'_{出} = 0.032$

即出塔液体浓度为 0.032，气体浓度为 0.0020。

讨论：本题有两种工况，第一种工况是设计型计算，第二种工况是操作型计算。当液气比 L/G 增加后，H_{OG} 不变，则 N_{OG} 也不变。

【例 8-8】 操作压强对吸收效果的影响　某填料吸收塔，用清水逆流吸收混合气中的甲醇，气体进口流率为 20kmol/($\text{m}^2 \cdot \text{h}$)，气体进口浓度为 0.06，回收率达 99%。清水流率为 50kmol/($\text{m}^2 \cdot \text{h}$)。填料层高度为 4m，操作压力为 101.3kPa，平衡关系为 $y = 0.9x$。试问因整个工艺技术革新使得该塔的操作压力增大一倍，该吸收塔需要多高的填料层可达到原来的吸收率？

解：本题属于设计型命题。操作压力增大后，相平衡关系发生变化，而 L/G 不变，解吸因数减小，传质单元数和传质单元高度均减小。

$$y_{出} = y_{进}(1-\eta) = 0.06\times(1-0.99) = 0.0006 \qquad \frac{1}{A} = \frac{mG}{L} = \frac{0.9\times20}{50} = 0.36$$

$$N_{OG} = \frac{1}{1-\frac{1}{A}} \ln\left[\left(1-\frac{1}{A}\right)\frac{y_{进} - mx_{进}}{y_{出} - mx_{进}} + \frac{1}{A}\right] = \frac{1}{1-0.36}\times\ln\left[(1-0.36)\frac{0.06}{0.0006} + 0.36\right] = 6.51$$

$$H_{OG} = \frac{H}{N_{OG}} = \frac{4}{6.51} = 0.614\text{m}$$

操作压力增大一倍，$p_e = Ex$，E 只是温度的函数，$m = \frac{E}{P}$

$$m' = \frac{p}{p'}, \quad m = \frac{101.3}{101.3\times2}\times0.9 = 0.45$$

$$\frac{1}{A'} = \frac{m'G}{L} = \frac{0.45\times20}{50} = 0.18$$

$$N'_{OG} = \frac{1}{1-\frac{1}{A'}} \ln\left[\left(1-\frac{1}{A'}\right)\frac{y_{进} - mx_{进}}{y_{出} - mx_{进}} + \frac{1}{A'}\right] = \frac{1}{1-0.18}\times\ln\left[(1-0.18)\times\frac{0.06}{0.0006} + 0.18\right] = 5.38$$

$$H_{OG} = \frac{G}{K_y a} = \frac{G}{p K_G a} \qquad H'_{OG} = \frac{G}{K'_y a} = \frac{G}{p' K'_G a}$$

因为 $K_G \propto \dfrac{1}{p}$，所以 $p K_G = p' K'_G$，$K_y = K'_y$

$$H'_{OG} = H_{OG} = 0.614 \text{m}$$
$$H = H'_{OG} N'_{OG} = 0.614 \times 5.38 = 3.30 \text{m}$$

讨论：甲醇作为易溶气体，$K_y \approx k_y$，$K_G \approx k_G$，当操作压强增大一倍后，改变了相平衡常数。从本题的计算结果可知，在回收率保持不变的情况下，填料层高度下降为 3.30m，由此可见，操作压力增大对吸收操作有利。

【例 8-9】 操作线与平衡线平行的吸收过程计算　某填料吸收塔高 2.7m，在常压下用清水逆流吸收混合气中的氨。混合气入塔的摩尔流率为 0.03kmol/(m² · s)。清水的喷淋密度 0.018kmol/(m² · s)。进口气体中含氨 2%（体积分数），已知气相总传质系数 $K_y a = 0.1 \text{kmol/(m}^3 \cdot \text{s)}$，操作条件下亨利系数为 60kPa。试求排出气体中氨的浓度。

解：本题属于吸收的操作型命题。

已知 $m = E/p = 60/101.3 = 0.6$，因为 $L/G = 0.018/0.03 = 0.6 = m$，所以，操作线与平衡线平行，此时：

$$\Delta y_m = \Delta y_{进} = \Delta y_{出} = y_{出} - m x_{进} = y_{出}$$
$$H_{OG} = \frac{G}{K_y a} = \frac{0.03}{0.1} = 0.3 \text{m}$$
$$H = H_{OG} N_{OG}$$
$$N_{OG} = \frac{2.7}{0.3} = 9$$

$$N_{OG} = \frac{y_{进} - y_{出}}{\Delta y_m} = \frac{y_{进} - y_{出}}{y_{出}}$$

$$9 = \frac{0.02 - y_{出}}{y_{出}}$$

得 $y_{出} = 0.002$

讨论：本题 $L/G = m$，操作线与平衡线平行，整个塔内传质推动力处处相等，所以，这种情况下的对数平均推动力和传质单元数要特殊处理。

【例 8-10】 气相阻力控制的吸收过程计算　用清水逆流吸收某混合气中的可溶组分，混合气中可溶组分的含量为 0.05，气体出口浓度为 0.02，吸收液出口浓度为 0.098（均为摩尔分数）。操作范围内气液平衡关系为 $y = 0.5x$。已知此吸收过程为气相阻力控制，总传质系数 $K_y a \propto G^{0.8}$。试求液体流量增加一倍后，气体出口浓度 $y_{出}$ 和液体在塔底的摩尔分数 $x_{出}$？

解：本题是操作型命题，有新旧两种工况。两工况间以传质单元数为联系点，进行新工况参数的计算。

原工况：$(L/G) = \dfrac{y_{进} - y_{出}}{x_{出} - x_{进}} = \dfrac{0.05 - 0.02}{0.098 - 0} = 0.306$

$$\frac{1}{A} = \frac{m}{L/G} = \frac{0.5}{0.306} = 1.634$$

$$N_{OG} = \frac{1}{1 - 1/A} \ln\left[\left(1 - \frac{1}{A}\right)\frac{y_{进} - m x_{进}}{y_{出} - m x_{进}} + \frac{1}{A}\right] = \frac{1}{1 - 1.634} \times \ln\left[(1 - 1.634) \times \frac{0.05}{0.02} + 1.634\right] = 4.757$$

气相阻力控制，$H_{OG} = \dfrac{G}{K_y a}$，$K_y a \propto G^{0.8}$；$L' = 2L$，$L$ 增加对 $K_y a$ 影响不大，$K_y a' \approx$

$K_y a$，所以 $H'_{OG} = H_{OG}$，$N'_{OG} = N_{OG}$

新工况：$\dfrac{1}{A'} = \dfrac{mG}{L'} = \dfrac{m}{2L/G} = \dfrac{1.634}{2} = 0.817$

$N'_{OG} = \dfrac{1}{1 - 1/A'} \ln\left[\left(1 - \dfrac{1}{A'}\right)\dfrac{y_{进} - mx_{进}}{y'_{出} - mx_{进}} + \dfrac{1}{A'}\right] = 4.757$

$\dfrac{1}{1 - 0.817} \times \ln\left[(1 - 0.817) \times \dfrac{0.05}{y'_{出}} + 0.817\right] = 4.757$

$y'_{出} = 0.0058$

$x'_{出} = x_{进} + \dfrac{G}{L'}(y_{进} - y'_{出}) = 0 + \dfrac{1}{2 \times 0.306} \times (0.05 - 0.0058) = 0.0722$

讨论：因为是气相阻力控制，当液体流量增加一倍后，对总传质系数影响不大，所以 $H'_{OG} = H_{OG}$；因为 $N_{OG} = H/H_{OG}$，新旧工况的传质单元数相等。

【例 8-11】 气相阻力控制的吸收过程计算　在 15℃、101.3kPa 下用大量的硫酸逆流吸收空气中的水汽。入塔空气中含水汽 0.0145（摩尔分数，下同），硫酸进出塔的浓度均为 80%，硫酸溶液上方的水汽平衡浓度为 $y_e = 1.05 \times 10^{-4}$，且已知该塔的容积传质系数 $K_y a \propto G^{0.8}$。空气经塔后被干燥至含水汽 0.000322。现将空气流率增加一倍，则出塔空气中的含水量为多少？

解：该吸收过程为气相阻力控制的操作型问题。问题的关键是当空气流率增加后，找到新旧工况间传质单元高度之间的关系，从而得到新工况的传质单元数。

因为硫酸进出塔的浓度均为 80%，$y_e = $ 常数，所以：

$N_{OG} = \displaystyle\int_{y_{出}}^{y_{进}} \dfrac{\mathrm{d}y}{y - y_e} = \ln\dfrac{y_{进} - y_e}{y_{出} - y_e} = \ln\dfrac{0.0145 - 1.05 \times 10^{-4}}{0.000322 - 1.05 \times 10^{-4}} = 4.19$

当空气流率增加一倍时，$H_{OG} = \dfrac{G}{K_y a} \propto \dfrac{G}{G^{0.8}} \propto G^{0.2}$，$H'_{OG} = H_{OG} \times 2^{0.2}$

因为塔高不变，则 $H = H'_{OG} N'_{OG} = H_{OG} N_{OG}$

$N'_{OG} = \dfrac{H_{OG}}{H'_{OG}} N_{OG} = 4.19 \times \left(\dfrac{1}{2}\right)^{0.2} = 3.65$

所以　$3.65 = \ln\dfrac{0.0145 - 1.05 \times 10^{-4}}{y'_{出} - 1.05 \times 10^{-4}}$

解得　$y'_{出} = 0.000478$

【例 8-12】 填料性能测定　用 CO_2 水溶液的解吸来测定新型填料的传质单元高度 H_{OG} 值，实验塔中填料层高度为 2.5m，塔顶入塔水流量为 4000kg 水/h，CO_2 的浓度为 8×10^{-5}（摩尔分数），塔底通入不含 CO_2 的新鲜空气，用量为 6kg/h，现测得出塔液体浓度为 4×10^{-6}（摩尔分数），相平衡关系为 $y = 1420x$（摩尔分数），试求：

（1）出塔气体（摩尔分数）浓度；

（2）该填料的 H_{OG} 值；

（3）现若将气体用量增加 20%，且设 H_{OG} 不变，则出塔气体和液体浓度各为多少？

解：本题是操作型工程问题，通过解吸操作测量填料的传质性能，并进行操作过程的计算。

（1）$L = 4000/18\text{kmol/h}$，$G = 6/29\text{kmol/h}$

$L(x_{出} - x_{进}) = G(y_{进} - y_{出})$，$y_{出} = 0.0816$

（2）$\dfrac{1}{A} = \dfrac{mG}{L} = \dfrac{1420 \times 6/29}{4000/18} = 1.322$

$$N_{OG} = \frac{1}{1-1/A} \ln\left[\left(1-\frac{1}{A}\right)\frac{y_{进}-mx_{进}}{y_{出}-mx_{进}}+\frac{1}{A}\right] = 5.345$$

$$H_{OG} = H/N_{OG} = 0.467\text{m}$$

（3）因为塔高不变，H_{OG} 不变，所以 N_{OG} 也不变。

$$\frac{1}{A'} = \frac{m}{L/G'} = \frac{1420\times6/29}{4000/18}\times1.2 = 1.586$$

$$N_{OG} = \frac{1}{1-1/A'}\ln\left[\left(1-\frac{1}{A'}\right)\frac{y_{进}-mx_{进}}{y'_{出}-mx_{进}}+\frac{1}{A'}\right] = 5.345, \quad y'_{出} = 1.31\times10^{-6}$$

$$L(x'_{出}-x_{进}) = G(y_{进}-y'_{出}), \quad x'_{出} = 0.0704$$

讨论：本题属于难溶气体在水中解吸的液相阻力控制过程，特点是相平衡常数 m 很大。

【例 8-13】 吸收剂入口浓度变化对吸收效果的影响　用纯溶剂逆流吸收混合气体中的可溶组分。气体入口摩尔分数 0.01，回收率要求达到 90%。操作条件下物系的平衡关系 $y=2x$，操作液气比为 2.0。填料吸收塔高 6m。试求：

（1）塔的传质单元高度；

（2）因生产需要，改用回收的溶剂作吸收剂，吸收剂的入口摩尔分数为 0.0005，其他入塔条件不变，则回收率又为多少？

（3）欲保持回收率 90%，试定性分析可采取哪些措施？

解：该吸收过程属于操作型命题，考察吸收剂的入口浓度变化对吸收效果的影响。当吸收剂的入口浓度增加后，而 L、G、m 不变，所以 $H_{OG}=H'_{OG}$。由于填料层高度 H 不变，所以传质单元数不变。

（1）$y_{出} = (1-\eta)y_{进} = 0.01\times(1-90\%) = 0.001$

因为 $\frac{1}{A} = \frac{m}{L/G} = \frac{2}{2.0} = 1.0$，所以操作线与平衡线平行。

$$\Delta y_m = \Delta y_{出} = y_{出}-mx_{进} = 0.001$$

$$N_{OG} = \frac{y_{进}-y_{出}}{\Delta y_m} = \frac{0.01-0.001}{0.001} = 9$$

$$H_{OG} = \frac{H}{N_{OG}} = \frac{6}{9} = 0.67\text{m}$$

（2）当吸收剂浓度发生变化时，由于 H 不变，$H_{OG}=H'_{OG}$，$N_{OG}=N'_{OG}$

$$N'_{OG} = \frac{1}{1-1/A}\ln\left[\left(1-\frac{1}{A}\right)\frac{y_{进}-mx'_{进}}{y'_{出}-mx'_{进}}+\frac{1}{A}\right]$$

$$\frac{y_{进}-mx_{进}}{y_{出}-mx_{进}} = \frac{y_{进}-mx'_{进}}{y'_{出}-mx'_{进}}, \quad \frac{0.01}{0.001} = \frac{0.01-2\times0.0005}{y'_{出}-2\times0.0005}$$

$$y'_{出} = 0.0019$$

吸收率 $\eta = 1-\frac{y'_{出}}{y_{进}} = 1-\frac{0.0019}{0.01} = 0.81 = 81\%$

（3）增加吸收剂的流率，降低操作温度，提高操作压强等，都可提高回收率。

讨论：当吸收剂的入口浓度增加后，提高回收率的措施从增加传质系数、改变相平衡的角度进行具体操作参数的改变以实现回收率提高的目的。

【例 8-14】 排放要求对填料层高度的影响　已知某厂吸收塔的填料层高度为 4m，用清水逆流吸收尾气中的公害组分 A，进、出塔气相浓度分别为 $y_{进}=0.02$，$y_{出}=0.004$，出塔液相浓度为 $x_{出}=0.008$，平衡关系为 $y=1.5x$。试求：

(1) 气相传质单元高度？

(2) 操作液气比为最小液气比的多少倍？

(3) 由于法定排放浓度 $y_{出}$ 必须$\leqslant 0.002$，所以拟将填料层加高，若液气比不变，问填料层应加高多少米？

解： 本题为低浓度气体吸收过程，命题是操作型计算后设计型计算的工程类问题。

(1) $\dfrac{L}{G} = \dfrac{y_{进} - y_{出}}{x_{出} - x_{进}} = \dfrac{0.02 - 0.004}{0.008} = 2$

$\dfrac{1}{A} = \dfrac{m}{L/G} = \dfrac{1.5}{2} = 0.75$

$$N_{OG} = \dfrac{1}{1 - 1/A} \ln \left[\left(1 - \dfrac{1}{A}\right) \dfrac{y_{进} - mx_{进}}{y_{出} - mx_{进}} + \dfrac{1}{A} \right]$$

$$= \dfrac{1}{1 - 0.75} \times \ln \left[(1 - 0.75) \times \dfrac{0.02}{0.004} + 0.75 \right] = 2.77$$

$$H_{OG} = \dfrac{H}{N_{OG}} = \dfrac{4}{2.77} = 1.44\,\text{m}$$

(2) $\left(\dfrac{L}{G}\right)_{\min} = \dfrac{y_{进} - y_{出}}{\dfrac{y_{进}}{m} - x_{进}} = \dfrac{0.02 - 0.004}{\dfrac{0.02}{1.5} - 0} = 1.2$

$\dfrac{L/G}{(L/G)_{\min}} = \dfrac{2}{1.2} = 1.67$ 倍

(3) $y'_{出} = 0.002$

L/G 不变，$1/A$ 亦不变。

$$N'_{OG} = \dfrac{1}{1 - \dfrac{1}{A}} \ln \left[\left(1 - \dfrac{1}{A}\right) \dfrac{y_{进}}{y'_{出}} + \dfrac{1}{A} \right]$$

$$= \dfrac{1}{1 - 0.75} \times \ln \left[(1 - 0.75) \times \dfrac{0.02}{0.002} + 0.75 \right] = 4.71$$

$H' = H_{OG} N'_{OG} = 1.44 \times 4.71 = 6.78\,\text{m}$

填料层应加高 $\Delta H = H' - H = 6.78 - 4 = 2.78\,\text{m}$

讨论： 本题在 L、G、m 不变的情况下，传质单元高度不变；为满足环保要求，尾气排放浓度降低，相当于增加了传质单元数。

Ⅱ. 复杂工程问题分析与计算

【例 8-15】 气体处理量和气相阻力控制下的吸收操作　某填料吸收塔用清水逆流吸收空气混合气中的丙酮。原工况下，进塔气体浓度 0.015（摩尔分数，下同），操作液气比为最小液气比的 1.5 倍，丙酮回收率可达 0.99，现气体入塔浓度降为 0.010，进塔气体量提高 20%，吸收剂用量、入塔浓度、温度等操作条件均不变。已知操作条件下平衡关系满足亨利定律，总传质系数 $K_y a \propto G^{0.8}$。试求新工况下丙酮的回收率。

解： 本题属于综合性操作型命题，气体入塔浓度和进塔气体量两个参数都变化，且为气相阻力控制过程。解决问题的关键是要找到新旧工况之间的联系。因为是操作型问题，所以填料层高度不变；因为是气相阻力控制，可以得到气体流量增加对总传质系数的影响，从而得到新工况传质单元数。

① 原工况 $\left(\dfrac{L}{G}\right)_{\min}=m\eta$

$\dfrac{L}{G}=1.5\left(\dfrac{L}{G}\right)_{\min}=1.5m\eta$

$\dfrac{mG}{L}=\dfrac{1}{1.5\times0.99}=0.673$

$N_{\mathrm{OG}}=\dfrac{1}{1-\dfrac{mG}{L}}\ln\left[\left(1-\dfrac{mG}{L}\right)\dfrac{1}{1-\eta}+\dfrac{mG}{L}\right]$

$\qquad=\dfrac{1}{1-0.673}\times\ln\left[(1-0.673)\times\dfrac{1}{1-0.99}+0.673\right]=10.7$

② 新工况下，H 不变。

$H_{\mathrm{OG}}=\dfrac{G}{K_y a}\propto G^{0.2}$

$\dfrac{H_{\mathrm{OG}}'}{H_{\mathrm{OG}}}=\left(\dfrac{G'}{G}\right)^{0.2}=1.2^{0.2}=1.037$

$\dfrac{N_{\mathrm{OG}}'}{N_{\mathrm{OG}}}=\dfrac{H_{\mathrm{OG}}}{H_{\mathrm{OG}}'}$，$\quad N_{\mathrm{OG}}'=\dfrac{10.7}{1.037}=10.35$

$\left(\dfrac{mG}{L}\right)'=1.2\dfrac{mG}{L}=0.808$

$10.35=\dfrac{1}{1-0.808}\times\ln\left[(1-0.808)\times\dfrac{1}{1-\eta}+0.808\right]$

得 $\eta=0.97$

讨论： 本题的关键在于找到进塔气体量对传质单元高度的影响，而气体入塔浓度对传质单元高度无影响，从而求出新工况的传质单元高度和传质单元数。

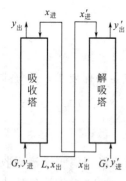

图 8-7 例 8-16 附图

【例 8-16】 气体吸收-解吸联合操作 分离如图 8-7 所示的低浓度气体吸收-解吸系统，已知吸收塔的传质单元高度 $H_{\mathrm{OG}}=0.4\mathrm{m}$，解吸塔的传质单元高度 $H_{\mathrm{OG}}'=1.0\mathrm{m}$，处理气体量 $G=1000\mathrm{kmol/h}$，吸收剂循环量 $L=150\mathrm{kmol/h}$，解吸气体流量 $G'=300\mathrm{kmol/h}$，各有关浓度（摩尔分数）如下：$y_{进}=0.015$，$y_{出}'=0.045$，$y_{进}'=0$，$x_{进}=0.005$，吸收系统的相平衡关系为 $y_e=0.15x$，解吸系统的相平衡关系为 $y_e'=0.6x$，试求：

（1）吸收塔的气体出口浓度 $y_{出}$ 及液体出口浓度 $x_{出}$；

（2）吸收塔的填料层高度 H 及解吸塔的填料层高度 H'。

解： 因为是吸收-解吸联合操作，吸收塔底出塔液体 $x_{出}$ 为解吸塔进口液体，而解吸塔出口液体为吸收塔进口液体 $x_{进}$。

（1）解吸塔物料衡算 $L(x_{进}'-x_{出}')=G'(y_{出}'-y_{进}')$

$150(x_{进}'-0.005)=300\times(0.045-0)$

$x_{进}'=0.095$

吸收塔物料衡算 $L(x_{出}-x_{进})=G(y_{进}-y_{出})$

$$x_{进} = x'_{出} = 0.005 \qquad x_{出} = x'_{进} = 0.095$$

$$150 \times (0.095 - 0.005) = 1000(0.015 - y_{出})$$

$$y_{出} = 0.0015$$

（2）吸收塔 $\dfrac{1}{A} = \dfrac{mG}{L} = \dfrac{1000 \times 0.15}{150} = 1$

$$\Delta y_{m} = y_{出} - y_{出e} = y_{出} - mx_{进} = 0.0015 - 0.15 \times 0.005 = 0.00075$$

$$N_{OG吸收} = \frac{y_{进} - y_{出}}{\Delta y_m} = \frac{0.015 - 0.0015}{0.00075} = 18$$

所以 $H = H_{OG} N_{OG吸收} = 0.4 \times 18 = 7.2m$

解吸塔 $\dfrac{1}{A'} = \dfrac{m'G'}{L} = \dfrac{0.6 \times 300}{150} = 1.2$

$$N_{OG解吸} = \frac{1}{1 - \dfrac{1}{A'}} \ln \left[\left(1 - \frac{1}{A'}\right) \frac{y'_{进} - mx'_{进}}{y'_{出} - mx'_{进}} + \frac{1}{A'} \right]$$

$$= \frac{1}{1 - 1.2} \times \ln \left[(1 - 1.2) \times \frac{0 - 0.6 \times 0.095}{0.045 - 0.6 \times 0.095} + 1.2 \right]$$

$$= 6.93$$

或

$$N_{OG解吸} = \frac{1}{\dfrac{1}{A'} - 1} \ln \frac{mx'_{进} - y'_{出}}{mx'_{出} - y'_{进}}$$

$$= \frac{1}{1.2 - 1} \times \ln \frac{0.6 \times 0.095 - 0.045}{0.6 \times 0.005 - 0}$$

$$= 6.93$$

$$H' = H'_{OG} N_{OG解吸} = 1.0 \times 6.93 = 6.93m$$

分析：本题属于吸收-解吸联合操作的设计型计算命题。

【例 8-17】 有返混的吸收剂再循环问题 在一逆流操作吸收塔中，吸收混合气体（氨与空气）中的氨。单位塔截面上的混合气体流率为 0.036kmol/(m² · s)，含氨 2%（体积分数），新鲜吸收剂为含氨 0.0003（摩尔分数）的水溶液，从塔顶加入，要求氨的回收率不低于 91%，设计采用液气比为最小液气比的 1.3 倍，氨-水-空气物系的相平衡关系 $y = 1.2x$。已知气相总传质系数 $K_y a$ 均为 0.0483kmol/(m³ · s)，试求：

（1）所需塔高 H；

（2）若采用部分吸收剂再循环从塔顶加入，新鲜吸收剂用量不变，循环量与新鲜吸收剂用量之比为 1:10，为达到同样的回收率，所需塔高为多少？

解：本题的两个问题都属于设计型命题，第二问为吸收剂再循环的设计型计算。采用吸收剂再循环后，塔内实际液气比增加，入塔实际吸收剂浓度须通过物料衡算求算。

（1）对吸收塔作物料衡算

$$\left(\frac{L}{G} \right)_{min} = \frac{y_{进} - y_{出}}{x_{出e} - x_{进}} = \frac{y_{进} - y_{出}}{y_{进} / m - x_{进}} = 1.112$$

$$\frac{L}{G} = 1.3 \left(\frac{L}{G} \right)_{min} = 1.446$$

全塔物料衡算

$$y_{出} = (1-\eta)y_{进} = 0.0018$$

$$\frac{1}{A} = \frac{mG}{L} = 0.830$$

$$N_{OG} = \frac{1}{1-\frac{1}{A}}\ln\left[\left(1-\frac{1}{A}\right)\frac{y_{进}-mx_{进}}{y_{出}-mx_{进}}+\frac{1}{A}\right] = 6.74$$

$$H_{OG} = \frac{G}{K_y a} = 0.745$$

$$H = H_{OG}N_{OG} = 5.02\text{m}$$

(2) 因为循环量与新鲜吸收剂用量之比为 1 : 10,所以:

$$x'_{进} = \frac{x'_{出}L'+x_{进}L}{L'+L} = \frac{0.1x'_{出}+x_{进}L}{0.1L+L} \qquad ①$$

吸收塔内液气比

$$\frac{L_2}{G} = \frac{L'+L}{G} = 1.1\frac{L}{G} = 1.59$$

$$\frac{1}{A'} = \frac{mG}{L_2}$$

全塔物料衡算 $L(x'_{出}-x_{进}) = G(y_{进}-y_{出})$ ②

由式①、式②得 $x'_{出} = 0.0129$,$x'_{进} = 0.001445$

$$N'_{OG} = \frac{1}{1-\frac{1}{A'}}\ln\left[\left(1-\frac{1}{A'}\right)\frac{y_{进}-mx'_{进}}{y_{出}-mx'_{进}}+\frac{1}{A'}\right] = 17.23$$

$$H = H_{OG}N'_{OG} = 12.84\text{m}$$

分析:对于吸收剂再循环的设计型命题,塔内实际液气比增加,解吸因子改变,入塔实际吸收剂浓度要进行物料衡算。

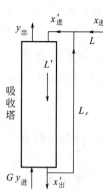

图 8-8 例 8-18 附图

【例 8-18】 有返混的吸收剂再循环操作型问题 在常压逆流操作、塔径为 1.2m 的填料塔(图 8-8)中,用清水吸收混合气中的 A 组分,混合气流率为 50kmol/h,入塔时 A 组分浓度为 0.08(摩尔分数),轻组分的回收率为 0.90,相平衡关系为 $y=2x$,设计液气比为最小液气比的 1.5 倍,总传质系数 $K_y a = 0.0186\text{kmol/(m}^3 \cdot \text{s)}$,且 $K_y a \propto G^{0.8}$。试求:

(1) 吸收塔气、液出口浓度各为多少? 所需填料层高度为多少米?

(2) 若设计成的吸收塔用于实际操作时,采用 20% 的出塔吸收剂再循环流程,新鲜吸收剂用量及其他条件不变,回收率为多少?

解:本题为吸收剂再循环的综合性问题。采用吸收剂再循环后,塔内实际液气比增加;又由于是气相阻力控制,但气体流量不变,H_{OG} 不变,N_{OG} 也不变。

$$x_{进} = 0,\ y_{进} = 0.08,\ y = 2x,\ \eta = 0.90,\ D = 1.2\text{m},\ G' = 50\text{kmol/h}$$

$K_y a = 0.0186 \text{kmol}/(\text{m}^3 \cdot \text{s})$

(1) $G = \dfrac{50}{0.785 \times 1.2^2} = 44.23 \text{kmol}/(\text{m}^2 \cdot \text{h}) = 0.01229 \text{kmol}/(\text{m}^2 \cdot \text{s})$

$H_{OG} = \dfrac{G}{K_y a} = \dfrac{0.01229}{0.0186} = 0.661 \text{m}$

$\left(\dfrac{L}{G}\right)_{\min} = \dfrac{y_进 - y_出}{y_进/m - 0} = m\eta = 2 \times 0.90 = 1.8$

$\dfrac{L}{G} = 1.5\left(\dfrac{L}{G}\right)_{\min} = 1.5 \times 1.8 = 2.7$

$\dfrac{mG}{L} = \dfrac{2}{2.7} = 0.741$

$N_{OG} = \dfrac{1}{1 - \dfrac{mG}{L}} \ln\left[\left(1 - \dfrac{mG}{L}\right)\dfrac{1}{1-\eta} + \dfrac{mG}{L}\right]$

$\qquad = \dfrac{1}{1 - 0.741} \times \ln\left[(1 - 0.741) \times \dfrac{1}{1 - 0.90} + 0.741\right] = 4.65$

$H = H_{OG} N_{OG} = 0.661 \times 4.65 = 3.07 \text{m}$

$y_出 = y_进(1 - \eta) = 0.08 \times (1 - 0.90) = 0.008$

$x_出 = x_进 + \dfrac{G}{L}(y_进 - y_出) = 0 + \dfrac{1}{2.7} \times (0.08 - 0.008) = 0.0267$

(2) 新条件下，H 不变，$L' = L + 0.2L'$

且 $K_y a \propto G^{0.8}$，过程为气膜阻力控制，气体流量不变，H_{OG} 不变，N_{OG} 也不变。

$L' = \dfrac{L}{0.8}$，$\dfrac{mG}{L'} = 0.741 \times 0.8 = 0.593$

物料衡算 $\quad x'_进 = \dfrac{L x_进 + 0.2L' x'_出}{L'} = 0.2x'_出$

$N_{OG} = \dfrac{1}{1 - 1/A} \ln\left[\left(1 - \dfrac{1}{A}\right)\dfrac{y_进 - m x'_进}{y'_出 - m x'_进} + \dfrac{1}{A}\right] = 4.65$

$N_{OG} = \dfrac{1}{1 - 0.593} \times \ln\left[(1 - 0.593)\dfrac{0.08 - 2 \times 0.2 x'_出}{y'_出 - 2 \times 0.2 x'_出} + 0.593\right] = 4.65$

$\dfrac{0.08 - 0.4 x'_出}{y'_出 - 0.4 x'_出} = 14.40$ ①

又按物料衡算 $\quad \dfrac{L}{G} = \dfrac{0.08 - y'_出}{x'_出 - 0} = 2.7$ ②

由式①、式②联立求解得：$y'_出 = 0.0146$，$x'_出 = 0.0242$

$\eta = 1 - \dfrac{y'_出}{y_进} = 1 - \dfrac{0.0146}{0.08} = 0.8175$

返混降低了回收率。

分析：本题的第二个问题属于吸收剂再循环的操作型命题。采用吸收剂再循环后，塔内实际液气比和入塔实际吸收剂浓度都发生了变化。本题因为过程为气膜阻力控制，气体流量

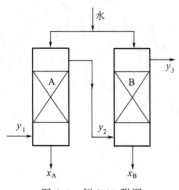

图 8-9 例 8-19 附图

不变，所以 H_{OG} 不变，N_{OG} 也不变，但因吸收剂再循环，塔内实际液气比增加，解吸因数改变。

【例 8-19】 有返混的吸收剂再循环问题 采用图 8-9 所示的双塔流程以清水吸收混合气体中的 SO_2，气体经两塔后 SO_2 总的回收率为 0.91，两塔的用水量相等，且均为最小用水量的 1.43 倍，两塔的传质单元高度均为 1.2m。在操作范围内，物系的平衡关系服从亨利定律。试求两塔的塔高。

解：设进出双塔的气相浓度用如图 8-9 所示的符号表示。

$x_{进}=0$，$\eta_{总}=0.91$，$L_A=L_B=1.43L_{min}$，$H_{OGA}=H_{OGB}=1.2m$

$$\left(\frac{L}{G}\right)_{min}=\frac{y_1-y_2}{x_{出e}-x_{进}}=m\eta$$

$$\left(\frac{L}{G}\right)_A=\left(\frac{L}{G}\right)_B=1.43\left(\frac{L}{G}\right)_{min}=1.43m\eta$$

$$\eta_A=\eta_B=\eta=\frac{y_1-y_2}{y_1}=\frac{y_2-y_3}{y_2}$$

又 $\eta_{总}=\dfrac{y_1-y_3}{y_1}=1-\dfrac{y_3}{y_1}=1-\dfrac{y_3}{y_2}\dfrac{y_2}{y_1}$

$$=1-(1-\eta_A)(1-\eta_B)$$

$$=1-(1-\eta)^2$$

$\eta_{总}=0.91$，代入得

$\eta_A=\eta_B=\eta=0.7$

$$\left(\frac{L}{G}\right)_A=\left(\frac{L}{G}\right)_B=1.43m\eta=1.43\times0.7m=m$$

说明操作线与平衡线斜率相等，即推动力处处相等。

$$N_{OG}=\frac{y_1-y_2}{\Delta y_m}$$

由 $N_{OGA}=\dfrac{y_1-y_2}{y_2-mx_{进}}=\dfrac{\eta}{1-\eta}$，$N_{OGB}=\dfrac{y_2-y_3}{y_3-mx_{进}}=\dfrac{\eta}{1-\eta}$

所以 $N_{OGA}=N_{OGB}=\dfrac{0.7}{1-0.7}=2.33$

所以 $H_A=H_{OGA}N_{OGA}=2.33\times1.2=2.8m$

$\qquad H_B=H_{OGB}N_{OGB}=2.33\times1.2=2.8m$

分析：本题是吸收剂并联，而气体串联的双塔流程。因为 $\left(\dfrac{L}{G}\right)_A=\left(\dfrac{L}{G}\right)_B=1.43m\eta$，所以 $\eta_A=\eta_B=\eta$，从而使问题易于解决。

【例 8-20】 两股浓度不同吸收剂无返混吸收操作 在常压逆流操作的填料塔中，用含氨 0.0002 的稀氨水回收空气混合气中 98% 的氨，混合气的流率为 $100kmol/(m^2 \cdot h)$，入塔时含氨组分的浓度为 0.02（摩尔分数），相平衡关系为 $y=1.2x$，设计液气比为最小液气比的1.5倍，填料的总传质系数$K_y a = 200 kmol/(m^3 \cdot h)$，试求：

(1) 所需填料层高度为多少米？吸收塔液体出口浓度为多少？

(2) 设计成的吸收塔用于实际操作时，另有一股流率为$40 kmol/(m^2 \cdot h)$、含氨0.001 (摩尔分数)的稀氨水也要并入该塔为吸收剂，要求加料口处无返混、氨回收率维持98%，其他入塔条件不变，试问该股吸收剂应在距塔顶往下几米处加入？出塔吸收液的浓度为多少？

解： 本题为两股不同浓度的吸收剂入塔吸收的设计型命题。因为无返混吸收，此处吸收剂入塔浓度为塔内液相流体的浓度。吸收塔内下段的液气比大于上段的液气比。

$y = 1.2x$，$\eta = 0.98$，$K_y a = 200 kmol/(m^3 \cdot h)$，$G = 100 kmol/(m^2 \cdot h)$

$y_{出} = (1-\eta)y_{进} = 0.02 \times 0.02 = 0.0004$

(1) $H_{OG} = \dfrac{G}{K_y a} = \dfrac{100}{200} = 0.5 m$

$\left(\dfrac{L}{G}\right)_{min} = \dfrac{y_{进} - y_{出}}{y_{进}/m - x_{进}} = \dfrac{0.02 - 0.0004}{\dfrac{0.02}{1.2} - 0.0002} = 1.19$

$\dfrac{L}{G} = 1.5\left(\dfrac{L}{G}\right)_{min} = 1.5 \times 1.19 = 1.785$

$\dfrac{mG}{L} = \dfrac{1.2}{1.785} = 0.6723$

$N_{OG} = \dfrac{1}{1 - \dfrac{mG}{L}} \ln\left[\left(1 - \dfrac{mG}{L}\right)\dfrac{y_{进} - mx_{进}}{y_{出} - mx_{进}} + \dfrac{mG}{L}\right]$

$N_{OG} = \dfrac{1}{1 - 0.6723} \times \ln\left[(1 - 0.6723) \times \dfrac{0.02 - 1.2 \times 0.0002}{0.0004 - 1.2 \times 0.0002} + 0.6723\right] = 11.34$

$H = H_{OG}N_{OG} = 0.5 \times 11.34 = 5.67 m$

$x_{出} = x_{进} + \dfrac{G}{L}(y_{进} - y_{出}) = 0.0002 + \dfrac{1}{1.785} \times (0.02 - 0.0004) = 0.01118$

(2) 设另一股液体加入时无返混，气液流量不变

$x'_{进} = 0.001$，$x_{进} = 0.0002$，$y_{进} = 0.02$

$y_{出} = (1-\eta)y_{进} = 0.02 \times 0.02 = 0.0004$

塔的上段 $L(x'_{进} - x_{进}) = G(y'_{进} - y_{出})$

$y'_{进} = \dfrac{L}{G}(x'_{进} - x_{进}) + y_{出} = 1.785 \times (0.001 - 0.0002) + 0.0004 = 0.001828$

$N'_{OG} = \dfrac{1}{1 - 0.6723} \times \ln\left[(1 - 0.6723) \times \dfrac{0.001828 - 1.2 \times 0.0002}{0.0004 - 1.2 \times 0.0002} + 0.6723\right] = 4.17$

$H' = H_{OG}N'_{OG} = 0.5 \times 4.17 = 2.09 m$

从塔顶向下2.09m处加另一股稀氨水入塔（见图8-10）。

塔的下段 塔内液体流量为$L' = 1.785G + 40 = 218.5 kmol/(m^2 \cdot h)$

塔内液气比为 $\dfrac{L'}{G} = \dfrac{218.5}{100} = 2.185$

$x_{出} - x'_{进} = \dfrac{G}{L'}(y_{进} - y'_{进})$

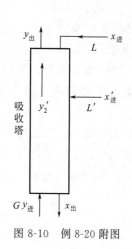

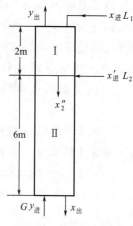

图 8-10　例 8-20 附图　　　　图 8-11　例 8-21 附图

$$x_{出} = x'_{进} + \frac{G}{L'}(y_{进} - y'_{进}) = 0.001 + \frac{1}{2.185} \times (0.02 - 0.001828) = 0.009317$$

分析：本题的第二问是两股浓度不同的吸收剂吸收的问题，为防止返混，第二股吸收剂要在相同浓度的位置加入。

【例 8-21】 两股浓度不同吸收剂有返混吸收操作　一逆流操作吸收塔如图 8-11 所示。混合气体由塔底引入，其中可溶组分的浓度 $y_{进}$ 为 0.05（摩尔分数，下同），单位塔截面上的气相流率 $G = 0.014\,\text{kmol/(m}^2 \cdot \text{s)}$。吸收剂分两处加入。由塔顶加入的为纯溶剂，单位塔截面上的流率 $L_1 = 0.0112\,\text{kmol/(m}^2 \cdot \text{s)}$。从塔顶往下，经 2m 填料层高度后，又加入一股 $x'_{进} = 0.01$ 的吸收剂，单位塔截面上的流率 $L_2 = 0.0112\,\text{kmol/(m}^2 \cdot \text{s)}$，再经 6m 填料层高度后，液体由塔底引出。全塔各处 $K_y a$ 均为 $0.028\,\text{kmol/(m}^3 \cdot \text{s)}$，物系相平衡关系 $y = 0.8x$。试求：

（1）第二股吸收剂 L_2 加入后，塔内该截面的液相浓度 x''_2。

（2）塔底排出的液相浓度 $x_{出}$。

（3）为使出塔气体浓度 $y_{出}$ 降低，第二股吸收剂的加入口应向上移还是向下移？为什么？

解：（1）对 Ⅰ 段，设进入第一段气相浓度为 y_0，离开第一段液相浓度为 x_0。

因为 $\dfrac{1}{A_1} = \dfrac{mG}{L_1} = \dfrac{0.8 \times 0.014}{0.0112} = 1$，$\Delta y_m = y_{出} - mx_{进}$

$$H_{OG} = \frac{G}{K_y a} = \frac{0.014}{0.028} = 0.5\,\text{m}$$

$$N_{OG1} = \frac{H_1}{H_{OG}} = \frac{2}{0.5} = 4$$

$$N_{OG1} = \frac{y_0 - y_{出}}{\Delta y_m} = \frac{y_0 - y_{出}}{y_{出} - mx_{进}} = \frac{y_0 - y_{出}}{y_{出}} = 4$$

所以：

$$y_0 = 5y_{出} \hspace{6cm} ①$$

对 Ⅰ 段物料衡算：

$$G(y_0 - y_{出}) = L_1(x_0 - x_{进})$$

$$y_0 - y_{出} = (L_1/G)(x_0 - x_{进})$$

$$5y_{出} - y_{出} = 0.8(x_0 - 0)$$

所以：

$$x_0 = 5y_{出} \qquad ②$$

第二股吸收剂加入后，塔内截面液相浓度为

$$x''_2 = \frac{x_0 + x'_2}{2} = 2.5y_{出} + 0.005 \qquad ③$$

对第 Ⅱ 段：$N_{OG2} = \dfrac{H_2}{H_{OG}} = \dfrac{6}{0.5} = 12$，$\dfrac{1}{A} = \dfrac{mG}{L} = \dfrac{mG}{L_1 + L_2} = \dfrac{0.8 \times 0.014}{0.0112 \times 2} = 0.5$

$$N_{OG2} = \frac{1}{1 - \dfrac{1}{A}} \ln\left[\left(1 - \frac{1}{A}\right)\frac{y_{进} - mx''_2}{y_0 - mx''_2} + \frac{1}{A}\right]$$

$$12 = \frac{1}{1 - 0.5} \times \ln\left[(1 - 0.5) \times \frac{0.05 - 0.8 \times (2.5y_{出} + 0.005)}{5y_{出} - 0.8 \times (2.5y_{出} + 0.005)} + 0.5\right]$$

$$y_{出} = 0.001351$$

所以 $y_0 = 5y_{出} = 0.006755$，$x_0 = 5y_{出} = 0.006755$。

$$x''_2 = \frac{x_0 + x'_2}{2} = 2.5 \times 0.001351 + 0.005 = 0.008378$$

（2）对 Ⅱ 段物料衡算 $G(y_{进} - y_0) = (L_1 + L_2)(x_{出} - x''_2)$

$$0.014 \times (0.05 - 0.006755) = 2 \times 0.0112(x_{出} - 0.008378)$$

$$x_{出} = 0.0354$$

（3）第二股吸收剂加入处塔内的液相浓度为 $x_0 = 0.006755$，而第二股吸收剂的浓度为 0.01，所以塔内存在返混，将降低传质推动力，不利于传质。要使 $y_{出}$ 降低，须将第二股吸收剂入口位置下移才可避免返混，达到降低出口气体中溶质的浓度的目的。

【例 8-22】   两股浓度不同吸收剂无返混加料和混合后加料的吸收操作   欲按图 8-12 流程设计吸收塔。已知 $y_{进} = 0.05$（摩尔分数，下同），吸收率 $\eta = 0.9$，$G = 150\text{kmol}/(\text{m}^2 \cdot \text{h})$，$x_3 = 0.004$，$x_2 = 0.015$，$L_2 = L_3$，塔顶处液气比（摩尔比）为 0.5，全塔 $H_{OG} = 0.5\text{m}$，相平衡关系为 $y = 0.5x$。L_2 在塔内液相组成与 x_2 相同处加入。试求：

（1）所需塔高；

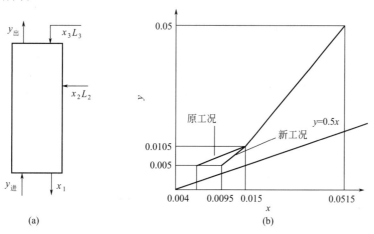

图 8-12   例 8-22 附图

（2）若 L_2 与 L_3 合并后，由塔顶加入，试定性分析所需塔高将发生什么变化。在 y-x 图上画出上述两种进料方案的操作线。

解：（1）设塔内 L_2 进料截面气相组成 y_2'，对塔上半部做物料衡算：

$$G(y_2' - y_{出}) = L_3(x_2 - x_3)$$

$$y_{出} = (1-\eta)y_{进} = (1-0.9) \times 0.05 = 0.005$$

$$\frac{L_3}{G} = \frac{y_2' - y_{出}}{x_2 - x_3} = 0.5 \Rightarrow y_2' = 0.0105$$

上半部分传质单元数 $N_{OG} = \dfrac{y_2' - y_{出}}{\Delta y_m} = 1.833$

下半部分内液气比 $\dfrac{L_2 + L_3}{G} = 2\dfrac{L_3}{G} = 1$

下半部分物料衡算 $G(y_{进} - y_2') = (L_2 + L_3)(x_1 - x_2)$

$x_1 = 0.0545$

下半部分传质单元数

$$N_{OG} = \frac{y_{进} - y_2'}{(y_{进} - mx_1) - (y_2' - mx_2)} \ln\frac{y_{进} - mx_1}{y_2' - mx_2} = \frac{1}{1 - \dfrac{mG}{2L_3}} \ln\frac{y_{进} - mx_1}{y_2' - mx_2} = 4.052$$

$H = H_{OG} N_{OG} = 2.943\text{m}$

（2）设液相进出口含量分别为 x_2''、x_1''，则

$$x_2'' = \frac{L_3 x_3 + L_2 x_2}{L_2 + L_3} = 0.0095$$

全塔物料衡算有：$G(y_{进} - y_{出}) = (L_2 + L_3)(x_1'' - x_2'')$，$x_1'' = 0.0545$。两种进料方案的操作线如图 8-12(b) 所示。

讨论：L_2 与 L_3 合并后，塔的下半部分的新老工况操作线重合，虽然塔顶气液比增加，塔顶推动力增加，但混合后平均传质推动力减小，要完成同样的分离任务，所需塔高增加，对于吸收分离来说，任何形式的混合都是与分离目的背道而驰的。

Ⅲ. 工程案例解析

【例 8-23】 填料塔和板式塔用于吸收计算比较　欲用填料塔以清水逆流吸收混合气体中有害组分 A。已知入塔气中 A 组分 $y_{进} = 0.05$（摩尔分数，下同），要求回收率为 90%。平衡关系 $y = 2x$，$H_{OG} = 0.8\text{m}$。采用液气比为最小液气比的 1.5 倍。试求：

（1）出塔液体浓度；

（2）填料层高度；

（3）若入塔 A 组分浓度 $y_{进} = 0.1$，其他设计条件不变，现改用板式塔，问理论板数为多少？

解：（1）$y_{出} = y_{进}(1-\eta) = 0.05 \times 0.1 = 0.005$

$$(L/G)_{min} = \frac{y_{进} - y_{出}}{x_{出e} - x_{进}} = m\eta = 2 \times 0.9 = 1.8$$

$$L/G = 1.5(L/G)_{min} = 1.5 \times 1.8 = 2.7$$

$$x_{出} = x_{进} + \frac{G}{L}(y_{进} - y_{出}) = 0 + \frac{1}{2.7} \times (0.05 - 0.005) = 0.0167$$

（2）$\dfrac{1}{A} = \dfrac{mG}{L} = \dfrac{2}{2.7} = 0.741$

$$N_{OG}=\frac{1}{1-\frac{mG}{L}}\ln\left[\left(1-\frac{mG}{L}\right)\frac{1}{1-\eta}+\frac{mG}{L}\right]$$

$$=\frac{1}{1-0.741}\times\ln\left[(1-0.741)\times\frac{1}{1-0.9}+0.741\right]$$

$$=4.65$$

$$H=H_{OG}N_{OG}=0.8\times4.65=3.72\text{m}$$

（3）$y_{进}=0.1$，$y_{出}=y_{进}(1-\eta)=0.1\times0.1=0.01$

$$x_{出}=x_{进}+\frac{G}{L}(y_{进}-y_{出})=0+\frac{1}{2.7}\times(0.1-0.01)=0.0333$$

对上半段塔列物料衡算式　　$Gy+Lx_{进}=Gy_{出}+Lx$

$$y=\frac{L}{G}x+y_{出}=2.7x+0.01$$

从上而下逐板计算 $y_1'=y_{出}=y_{进}(1-\eta)=0.1\times0.1=0.01$

$$x_1'=\frac{y_1'}{m}=\frac{0.01}{2}=0.005$$

$$y_2'=2.7x_1'+0.01=0.0235,\quad x_2'=\frac{y_2'}{2}=0.01175$$

$$y_3'=2.7x_2'+0.01=0.0417,\quad x_3'=\frac{y_3'}{2}=0.0209$$

$$y_4'=2.7x_3'+0.01=0.0663,\quad x_4'=\frac{y_4'}{2}=0.0332$$

$$y_5'=2.7x_4'+0.01=0.0995,\quad x_5'=\frac{y_5'}{2}=0.0498>x_{出}$$

理论板数为 5 块。

讨论：吸收设备种类很多，通常以填料塔为典型设备介绍吸收单元操作，以板式塔作为典型设备介绍精馏单元操作。实际上，无论是微分接触设备的填料塔还是级式接触设备的板式塔都可用于吸收和精馏这两种单元操作。当填料塔用于吸收单元操作时，采用传质单元数和传质单元高度计算填料层高度；当板式塔用于吸收单元操作时，采用逐板计算法求理论板数。

【**例 8-24**】　填料塔性能测试实验设计　某厂现有一新型填料塔用清水吸收排放气中的低浓度 NH_3 气。为测量该填料的传质单元高度 H_{OG}，应如何组织现场测量，取得哪些数据，如何计算 H_{OG}？

解：（1）保持该塔处于稳定操作状态。

（2）计量气液相流量 L，G；温度 t；现场取样分析气体进、出口浓度（$y_{进}$，$y_{出}$）和液体进、出口浓度（$x_{进}$，$x_{出}$）。

（3）查取物性、相平衡数据。

（4）计算传质单元数 N_{OG}。

（5）由实际塔高 H 计算　$H_{OG}=\dfrac{H}{N_{OG}}$。

讨论：本题考查学生分析问题和解决具体工程问题的能力。运用吸收单元操作知识，进行实验设计和组织，查阅相关的物性数据，进行填料的性能评价。

第四节　自测练习同步

Ⅰ.自测练习一

一、填空题

1.采用吸收操作实现气体混合物的分离必须重点解决＿＿＿＿＿＿＿＿＿，＿＿＿＿＿＿＿＿＿，＿＿＿＿＿＿＿＿＿三方面的问题。

2.亨利定律的三种表达形式：＿＿＿＿＿、＿＿＿＿＿＿和＿＿＿＿＿＿。吸收操作中，总压降低，E＿＿＿＿＿＿、H＿＿＿＿＿＿、m＿＿＿＿＿＿。（上升、下降、不变）

3.分子扩散的实质是＿＿＿＿＿＿＿＿＿＿。漂流因子的表达式为＿＿＿＿＿＿＿＿＿，它反映＿＿＿＿＿＿＿＿＿＿＿＿＿。

4.对流传质理论中，其中三个重要的传质模型分别是：＿＿＿＿＿＿＿＿＿、＿＿＿＿＿＿＿和＿＿＿＿＿＿＿＿＿。

5.在逆流吸收操作的填料塔中，当解吸因数＜1时，若填料层高度 $H\to\infty$，则气液两相将于塔＿＿＿＿＿＿＿＿达到平衡，若用纯溶剂吸收，则溶质的吸收率最大可以达到＿＿＿＿＿＿。

6.一个液膜控制的气体吸收过程，为加大吸收速率，应采用＿＿＿＿＿＿＿＿、＿＿＿＿＿＿＿＿、＿＿＿＿＿＿＿＿等措施。

7.在填料吸收塔的计算中，表示传质分离任务难易程度的一个量是＿＿＿＿＿＿＿＿＿，而表示设备传质效能高低的一个量是＿＿＿＿＿＿＿＿＿＿。

8.NH_3、HCl 等易溶气体溶解度大，其吸收过程通常为＿＿＿＿＿＿＿＿＿＿控制；H_2、CO_2、O_2 等难溶气体溶解度小，其吸收过程通常为＿＿＿＿＿＿＿控制。

9.操作中逆流吸收塔，用纯溶剂吸收，今入塔 $y_\text{进}$ 上升，而其他操作条件不变，则出口浓度 $y_\text{出}$＿＿＿＿＿＿＿，推动力 Δy_m＿＿＿＿＿＿＿，回收率 η＿＿＿＿＿＿＿。（变大、变小、不变、不确定）

10.操作中的吸收塔，若吸收剂入塔浓度 $x_\text{进}$ 降低，其他操作条件不变，则气体出口浓度 $y_\text{出}$＿＿＿＿＿＿＿，出口液相浓度 $x_\text{出}$ 将＿＿＿＿＿＿＿，推动力 Δy_m＿＿＿＿＿＿＿，回收率 η＿＿＿＿＿＿＿。（变大、变小、不变、不确定）

11.逆流吸收，进口气体组成 $y_\text{进}$ 和吸收剂入口浓度 $x_\text{进}$ 及流量不变，气体流量 G 增加。若为气膜阻力控制，则 $y_\text{出}$＿＿＿＿＿＿＿，$x_\text{出}$＿＿＿＿＿＿＿。若为液膜控制，则 H_OL＿＿＿＿＿＿＿，N_OL＿＿＿＿＿＿＿，H_OG＿＿＿＿＿＿＿。（变大，变小，不变，不确定）

12.用某吸收剂吸收混合气中的可溶组分，该吸收过程为气膜阻力控制。若吸收剂用量增加，其余操作条件不变，则 $y_\text{出}$＿＿＿＿＿＿＿，K_ya＿＿＿＿＿＿＿，Δy_m＿＿＿＿＿＿＿。（上升、下降、不变、难确定）

13.在常压下用水逆流吸收空气中的 CO_2，若将用水量增加，则出口气体中的 CO_2 含量 $y_\text{出}$ 将＿＿＿＿＿＿＿，气相总传质系数 K_ya 将＿＿＿＿＿＿＿，出塔液体中 CO_2 浓度 $x_\text{出}$ 将＿＿＿＿＿＿＿。（增加、减少、不变）

二、计算题

1.含溶质 A 浓度 $x=0.005$ 的水溶液与含 A 浓度为 $y=0.08$ 的气体接触，操作压强 $p=$ 1atm，操作温度下亨利常数 $E=1.2$atm，试求：

(1) H，m 各为多少？

(2) 溶质 A 的传递方向？

(3) 过程中液相浓度保持不变，气相中 A 浓度最低可为多少？

2. 某填料吸收塔塔径 1m，用纯水逆流吸收某气体混合物中的可溶组分，气体进口浓度为 0.05，要求回收率达 90%，入塔混合气流量为 0.3kmol/s，操作条件下的平衡关系为 $y = 2x$，液气比为最小液气比的 1.26 倍，总传质系数 $K_ya = 0.4$ kmol/(m³·s)，试求：

(1) 填料层高度 H。

(2) 此吸收过程为气相阻力控制，总传质系数 $K_ya \propto G^{0.8}$，当液体流量增加一倍，其他操作条件不变时，吸收塔气体出口浓度 $y'_出$ 和液体出口浓度 $x'_出$。

3. 某逆流吸收塔，用纯溶剂吸收混合气中可溶组分。气体入塔浓度为 0.05（摩尔分数，下同），要求 $\eta = 0.9$，平衡关系 $y = 2x$，且知 $L/G = 1.2(L/G)_{min}$，$H_{OG} = 0.9$m。试求：

(1) 塔的填料层高度；

(2) 若该塔改用再生溶剂进行吸收，$x'_进 = 0.0005$，其他入塔条件不变，则回收率 η' 为多少？

Ⅱ. 自测练习二

一、填空题

1. 吸收操作的基本依据是＿＿＿＿＿＿＿＿＿＿＿＿＿＿＿＿＿＿＿＿。

2. 亨利定律有三种表达方式，若体系的温度下降，则亨利常数 m＿＿＿＿＿＿，E＿＿＿＿，H＿＿＿＿＿＿。（增大、减少、不变）

3. 常用的解吸方法有＿＿＿＿＿、＿＿＿＿＿＿、＿＿＿＿＿＿。

4. 化学吸收与物理吸收的本质区别是＿＿＿＿＿＿＿＿＿＿＿＿＿＿＿＿。

5. 易溶气体溶解度大，其吸收过程通常为气相阻力控制，$K_y \approx$＿＿＿＿＿；难溶气体溶解度小，其吸收过程通常为液相阻力控制，$K_y \approx$＿＿＿＿＿。

6. 吸收塔底部的排液管成 U 形，目的是起＿＿＿＿＿＿＿＿＿＿＿＿＿＿作用，以防止＿＿＿＿＿＿＿＿＿＿＿＿＿＿＿＿＿＿＿＿。

7. 纯溶剂逆流吸收，$L/G = 2.5$，$y = 2x$，当塔无限高时，则在＿＿＿＿＿＿＿＿达到相平衡。若 L/G 增大，则 $y_{出,min}$＿＿＿＿＿＿。（变大、变小、不变、不确定）

8. 操作中的吸收塔，若使用液气比小于设计时的最小液气比，则其操作结果是吸收效果＿＿＿＿＿；低浓度气体解吸操作时，若其他操作条件不变，而入塔液相浓度 $x_进$ 增加，则液相总传质单元数 N_{OL}＿＿＿＿＿，出塔液相浓度 $x_出$＿＿＿＿＿，出塔解吸气浓度 $y_出$＿＿＿＿＿。（变大，变小，不变，不确定）

9. 在吸收操作中，因故导致吸收温度升高，其他操作条件不变，则 m＿＿＿＿＿，K_ya＿＿＿＿＿，$y_出$＿＿＿＿＿，$x_出$＿＿＿＿＿，Δy_m＿＿＿＿＿。（上升、下降、不变、不确定）

10. 用逆流操作的吸收塔处理含低浓度易溶气体混合物，如其他操作条件不变，而入口气体的浓度 $y_进$ 增加，则此塔的液相总传质单元数 H_{OL} 将＿＿＿＿＿。出口气体组成 $y_出$ 将＿＿＿＿＿。出口液相组成 $x_出$ 将＿＿＿＿＿。（变大、变小、不变、不确定）

11. 在低浓度难溶气体的逆流吸收塔中，若其他条件不变，而入口液体量增加，则此塔的液相传质单元数 N_{OL} 将＿＿＿＿＿＿＿＿，而系统的气相总传质系数 K_ya＿＿＿＿＿，气相总传质单元数 N_{OG} 将＿＿＿＿＿＿＿＿，气体出口浓度 $y_出$ 将＿＿＿＿＿＿＿＿。（上升、下降、不变、难确定）

12. 低浓度液膜控制系统的逆流气体吸收，在吸收塔操作中，若其他操作条件不变，而入塔气量有所增加，则气相总传质系数 K_ya _____，气相总传质单元数 N_{OG} 将 _____ ___，液相总传质单元数 N_{OL} 将 _____，操作线斜率 L/G 将 _____。（变大、变小、不变、不确定）

13. 对某低浓度气体吸收过程，已知相平衡常数 $m=2$，气、液两相的体积传质系数分别为 $k_ya=0.2\text{kmol}/(\text{m}^3\cdot\text{s})$，$k_xa=4\times10^{-4}\text{kmol}/(\text{m}^3\cdot\text{s})$。则该吸收过程为 _____ _____阻力控制。（气膜、液膜、气液双膜、无法确定）

二、计算题

1. 在填料塔中用纯溶剂对低含量气体作逆流吸收，试证：

$$N_{OG}=\frac{1}{1-\dfrac{mG}{L}}\ln\left[(1-\frac{mG}{L})\frac{y_进}{y_出}+\frac{mG}{L}\right]$$

式中，G 和 L 分别是气体和液体溶剂的流率，$\text{kmol}/(\text{m}^2\cdot\text{s})$；$y_进$ 和 $y_出$ 分别是进出塔气体的浓度（摩尔分数）。

气液相的平衡关系为：$y_e=mx$

式中，y_e 是与液相浓度 x 相平衡的气相浓度（摩尔分数）。

提示：$N_{OG}=\displaystyle\int_{y_进}^{y_出}\frac{dy}{y-y_e}$

现在用纯溶剂对低含量气体作逆流吸收，可溶组分的回收率为 90%，所用液气比是最小液气比的 1.5 倍。如果吸收塔所用填料的传质单元高度为 $H_{OG}=0.6\text{m}$，则所需的填料层高度为多少？

2. 用 CO_2 水溶液的解吸来测定新型填料的传质单元高度 H_{OG} 值。实验塔中填料层高度为 2.0m，塔顶入塔水流量为 5000kmol/h，CO_2 浓度为 7×10^{-5}（摩尔分数），塔底通入不含 CO_2 的新鲜空气，用量为 8kmol/h，现测得出塔液体浓度为 3×10^{-6}（摩尔分数），相平衡关系为 $y=1240x$（摩尔分数），试求：

(1) 出塔气体（摩尔分数）浓度；

(2) 该填料的 H_{OG} 值；

(3) 现若将气体用量增加 20%，且设 H_{OG} 不变，则出塔液体、气体浓度将各为多少？

3. 某逆流操作的吸收塔，用纯溶剂等温吸收某混合气中的 A 组分。混合气的处理量为 60kmol/h，进塔混合气中 A 组分的含量为 0.05（摩尔分数），回收率为 80%，相平衡关系为 $y=2x$。填料塔的塔径为 0.8m，气相体积总传质系数为 $120\text{kmol}/(\text{m}^3\cdot\text{h})$，该过程为气相阻力控制。设计液气比为最小液气比的 1.25 倍，试求：

(1) 填料塔的有效高度 H 为多少？

(2) 若采用吸收剂再循环流程，循环量为新鲜吸收剂用量的 20%，新鲜吸收剂量和其他入塔条件不变，则回收率为多少？

本章符号说明

符号	意义	单位
$\dfrac{1}{A}$	解吸因数 $\dfrac{1}{A}=\dfrac{mG}{L}$	
a	单位设备体积的吸收表面	m^2/m^3

c	溶质的摩尔浓度	$kmol/m^3$
c_L	溶液的平均比热容	$kJ/(kmol \cdot K)$
c_M	混合液总摩尔浓度	$kmol/m^3$
D	扩散系数	m^2/s
E	亨利系数	kPa
G	气体流率	$kmol/(m^2 \cdot s)$
H	亨利常数	$kPa \cdot m^3/kmol$
H	填料塔的充填高度	m
H_{OG}	传质单元高度	m
J	扩散速率	$kmol/(m^2 \cdot s)$
K_x	以 Δx 为推动力的总传质系数	$kmol/(m^2 \cdot s)$
K_y	以 Δy 为推动力的总传质系数	$kmol/(m^2 \cdot s)$
k_g	气相传质分系数	$kmol/(m^2 \cdot s \cdot kPa)$
k_l	液相传质分系数	m/s
L	液体流率	$kmol/(m^2 \cdot s)$
m	相平衡常数	
N	传质速率	$kmol/(m^2 \cdot s)$
N_{OG}	以 Δy 为推动力的传质单元数	
N_{OL}	以 Δx 为推动力的传质单元数	
p	溶质在气相中的分压	kPa
R	通用气体常数	$kN \cdot m/(kmol \cdot K)$
R_A	化学吸收速率	$kmol/(m^2 \cdot s)$
T	热力学温度	K
u	流体速度	m/s
x	溶质在溶液中的摩尔分数	
y	溶质在混合气中的摩尔分数	
Δy_m	对数平均推动力	
β	增强因子	
δ	膜厚度	m
η	回收率	
μ	流体黏度	$kg/(m \cdot s)$
ρ	流体密度	kg/m^3
τ	时间	s

通用性上下标

A	可溶组分
B	组分 B
e	平衡
g	气相
i	界面
l	液相
m	平均
s	溶剂

第九章

液 体 精 馏

第一节　知识导图和知识要点

1. 精馏基本原理与概念知识导图

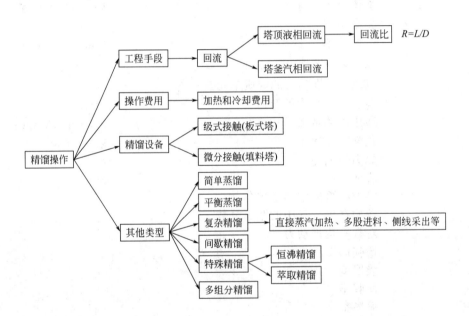

2. 精馏的目的及基本依据

精馏的目的是分离液体混合物，精馏的基本依据是借混合液中各组分挥发性的差异而达到分离的目的。

3. 主要操作费用

加热和冷却费用是精馏过程的主要操作费用。

4. 精馏相平衡知识导图

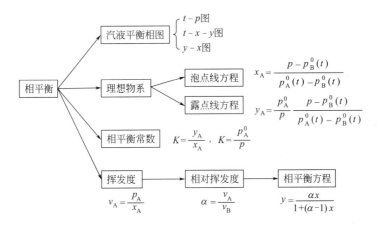

5. 双组分汽液相平衡自由度

依据相律，自由度 $F = N - \Phi + 2$；双组分汽液两相的组分数 N 为 2，相数 Φ 为 2，双组分汽液两相平衡时的自由度 F 为 2。在恒压下的双组分平衡物系中，存在着液相（或汽相）组成与温度间的一一对应关系，以及汽、液组成之间的一一对应关系。

6. 理想物系的定义

理想物系包括两个含义：汽相为理想气体，服从理想气体或道尔顿分压定律；液相为理想溶液，服从拉乌尔定律。

7. 泡点

混合液体上方的平衡蒸气压可用拉乌尔定律表示为液相组成与混合液温度下的饱和蒸气压乘积，饱和蒸气压是温度的函数。混合液体各组分的蒸气压之和等于外压时，液体沸腾，借此建立液相组成和温度之间的定量关系。工程上将此时的温度称为泡点。

泡点线方程

$$x_A = \frac{p - p_B^0(t)}{p_A^0(t) - p_B^0(t)}$$

8. 露点

类似地，联立拉乌尔定律和道尔顿分压定律可得到气相组成与温度的关系，此温度即为露点。

露点线方程

$$y_A = \frac{p_A^0}{p}\frac{p - p_B^0(t)}{p_A^0(t) - p_B^0(t)}$$

9. 挥发度

溶液中各组分的平衡蒸气分压与其液相摩尔分数的比值表示挥发度。

$$v_A = \frac{p_A}{x_A}$$

10. 相对挥发度

混合液中两组分挥发度之比称为相对挥发度。

$$\alpha = \frac{v_A}{v_B} = \frac{p_A/x_A}{p_B/x_B} = \frac{y_A/x_A}{y_B/x_B} \quad \text{或} \quad \alpha = \frac{y/(1-y)}{x/(1-x)}$$

相对挥发度 α 愈大，同一液相组成 x 对应的 y 值愈大，可获得的提浓程度愈大。因此，α 的大小可作为用精馏方法分离该物系的难易程度的标志。

11. 总压对相对挥发度的影响

蒸馏操作压强增高，泡点随之升高，相对挥发度减小，分离困难。

12. 相平衡常数与相平衡方程

相平衡常数 $\quad K = \dfrac{y_A}{x_A}$

这里，$K = \dfrac{p_A^0}{p}$，相平衡常数 K 是总压和温度的函数。

对于双组分物系，略去下标可得相平衡方程

$$y = \frac{\alpha x}{1 + (\alpha - 1)\, x}$$

此式表示互成平衡的汽相中的溶质组分与液相中的溶质组分之间的浓度关系。

13. 平衡蒸馏与简单蒸馏

平衡蒸馏是连续过程，简单蒸馏是间歇过程。在操作压力、原料组成相同的条件下，若平衡蒸馏的操作温度与简单蒸馏的最终温度相同，则简单蒸馏的分离效果好，但产量小。

14. 精馏原理与连续精馏

物料从塔中部适当位置连续地加入塔内，塔顶冷凝器将蒸汽冷凝为液体，冷凝液一部分回流至塔顶，另一部分作为塔顶产品连续排出。即塔上半部分上升蒸汽和回流液体之间进行着逆流接触和物质传递。塔釜再沸器加热液体产生蒸汽，蒸汽沿塔内空间上升，与下降液体逆流接触并进行物质传递，塔釜连续地排出部分液体作为塔釜产品。这种混合液体精馏分离过程是连续进行的，工程上简称连续精馏。

15. 实现精馏的必要条件

回流液逐板下降和蒸汽逐板上升是实现精馏的必要条件。

16. 理论板

离开的气液两相达到相平衡的塔板即为理论板。这里的平衡包括传质平衡和传热平衡。此时，表达塔板上传递过程的特征方程简化为：

泡点方程：$t_n = \Phi(x_n)$

相平衡方程：$y_n = f(x_n)$

对于具体的分离任务，所需理论板的数目只决定于物系的相平衡及两相的流量比，而与物系的其他性质、两相的接触情况以及塔板的结构型式等复杂因素无关。

17. 精馏物料衡算知识导图

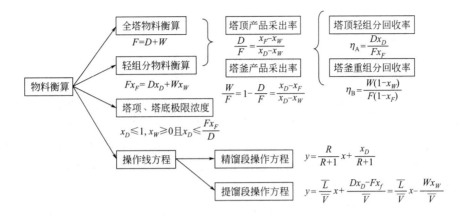

18. 物料衡算

物料衡算 $F=D+W$

$$Fx_F=Dx_D+Wx_W$$

物料衡算是建立操作线方程的依据。

19. 采出率

塔顶产品采出率 $\dfrac{D}{F}=\dfrac{x_F-x_W}{x_D-x_W}$

塔釜产品采出率 $\dfrac{W}{F}=1-\dfrac{D}{F}=\dfrac{x_D-x_F}{x_D-x_W}$

20. 轻组分回收率和重组分回收率

塔顶轻组分回收率 $\eta_A=\dfrac{Dx_D}{Fx_F}$

塔釜重组分回收率 $\eta_B=\dfrac{W(1-x_W)}{F(1-x_F)}$

21. 默弗里板效率

板效率表示实际塔板与理论塔板的差异。默弗里板效率定义如下：

汽相默弗里板效率 $E_{mV}=\dfrac{y_n-y_{n-1}}{y_n^*-y_{n+1}}$

液相默弗里板效率 $E_{mL}=\dfrac{x_{n-1}-x_n}{x_{n-1}-x_n^*}$

上两式中分母分别表示汽相（或液相）经过一块理论板后组成的增浓程度，分子则为实际的增浓程度。

22. 恒摩尔流假定及其成立的主要条件

恒摩尔流假定的主要内容是：在精馏塔内没有加料和出料的任一塔段中，各板上升的蒸汽摩尔量均相等，各板下降的液体摩尔量也均相等。其成立的前提是混合液两组分的摩尔汽化热相等。

23. 回流比 R

塔顶回流量与塔顶产品量之比即为回流比，$R=L/D$。有两种措施可以增加回流比 R。

（1）在塔顶产品量 D 不变的情况下，塔顶回流量 L 增加，则回流比 R 增加，产品质量 x_D 提高，塔的分离能力提高；但 D 一定，L 增加，又因 $V=L+D$，V 增加，则塔釜蒸汽量增加，塔顶冷凝量增加，所以，回流比 R 增加是以能耗为代价换取分离能力的提高。此时增大回流比的具体操作措施是增加塔底的加热速率和塔顶的冷凝量。

（2）在塔顶回流量 L 不变的情况下，降低塔顶产品量 D，则回流比 R 增加。但 L 一定，D 降低，又 $V=L+D$，V 也降低，则塔釜蒸汽量下降，塔顶冷凝量下降，此时产品质量 x_D 提高是以降低产品采出率为代价实现的。

回流比的选择是一个经济问题，应该在操作费用（能耗）和设备费用（板数及塔釜传热面积、冷凝器传热面积）之间作出权衡。

24. 加料热状态参数 q 值的含义及取值范围

加料热状态表示原料入塔的温度或状态。加料热状态参数 q 表示每摩尔加料加热至饱和蒸汽所需热量与原料的摩尔汽化潜热之比。

加料热状态有五种：$q=0$，饱和蒸汽加料；$0<q<1$，汽液混合加料，此时的 q 值等于液体量与总加料量的摩尔比；$q=1$，泡点加料；$q>1$，冷液加料，$q=1+\dfrac{c_{pL}(t_S-t_F)}{r}$；$q<0$，过热蒸汽加料，$q=-\dfrac{c_{pV}(T_F-T_S)}{r}$。加料热状态不同，精馏段和提馏段的汽、液两相流量也不同。

25. 精馏热量衡算知识导图

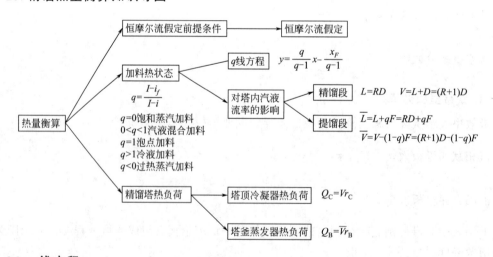

26. q 线方程

q 线方程是精馏段操作线和提馏段操作线交点的轨迹方程。不同 q 值及其对应的 q 线方程见表 9-1。加料热状态与 q 线方程的关系见图 9-1。

表 9-1 不同 q 值及其对应的 q 线方程

q 值	加料状态	q 线方程
$q=0$	饱和蒸汽加料	$y_q=x_F$
$0<q<1$	汽液混合加料	$y=\dfrac{q}{q-1}x-\dfrac{x_F}{q-1}$
$q=1$	泡点加料	$x_q=x_F$
$q>1$	冷液加料	$y=\dfrac{q}{q-1}x-\dfrac{x_F}{q-1}$
$q<0$	过热蒸汽加料	$y=\dfrac{q}{q-1}x-\dfrac{x_F}{q-1}$

27. 塔内汽液流率

精馏段：$L=RD \qquad V=L+D=(R+1)D$

提馏段：$\overline{L}=L+qF=RD+qF$

$\overline{V}=V-(1-q)F=(R+1)D-(1-q)F$

28. 精馏塔热负荷

塔顶冷凝器热负荷：$Q_C=Vr_C$

塔釜蒸发器热负荷：$Q_B=\overline{V}r_B$

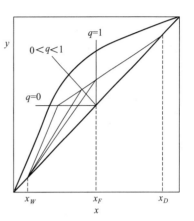

图 9-1 加料热状态与 q 线方程关系图

29. 操作线方程

操作方程表示同一塔截面（板间）处，汽相中上升蒸汽组成 y_{n+1} 与液相中下降液体组成 x_n 两者间的浓度关系。

精馏段操作方程 $\quad y=\dfrac{R}{R+1}x+\dfrac{x_D}{R+1}$

提馏段操作方程 $\quad y=\dfrac{\overline{L}}{\overline{V}}x-\dfrac{Wx_W}{\overline{V}}=\dfrac{RD+qF}{(R+1)D-(1-q)F}x-\dfrac{Wx_W}{(R+1)D-(1-q)F}$

操作线为直线的条件是满足恒摩尔流假定。

30. 回流知识导图

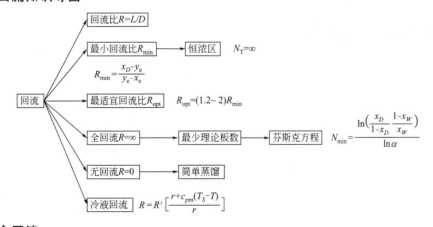

31. 全回流

精馏塔内上升到塔顶蒸汽冷凝后全部回入塔内,称为全回流,此时的回流比 $R=\infty$。全回流时精馏塔不加料也不出料;在 $y\text{-}x$ 图上,精馏段与提馏段操作线斜率为1,重叠于对角线;塔内任一塔截面上,上升蒸汽的组成与下降液体的组成相等,操作线方程为 $y_n = x_{n-1}$;为达到指定分离程度 (x_D, x_W) 所需的理论板数最少。全回流是操作回流比的极限,在设备开工、调试及实验研究时采用。

32. 最少理论板数与芬斯克方程

全回流对应最少理论板数,可用芬斯克方程计算。

$$N_{\min} = \frac{\ln\left(\dfrac{x_D}{1-x_D}\dfrac{1-x_W}{x_W}\right)}{\ln\alpha}$$

芬斯克方程是最少理论板数与塔顶、塔釜组分含量,相对挥发度之间的计算关联式。对于精馏分离,可通过相对挥发度 α 和物质分离要求 (x_D, x_W),利用芬斯克方程,求得最小理论板数,初步估算精馏分离的难易程度。

33. 最优加料板位置

最优加料板在 $x_m \leqslant x_q$ 且 $y_m > y_q$ 处(x_q、y_q 为两操作线交点坐标),在最优加料位置加料,所需的理论板数最少。

34. 最小回流比

$$R_{\min} = \frac{x_D - y_e}{y_e - x_e}$$

为完成某一分离要求,所需的理论塔板数为无穷多时的回流比称为最小回流比 $R_{\min}$。最小回流比是设计型计算中所特有的,它与物系的相平衡性质、加料热状态和分离要求有关。

35. 最适宜回流比

精馏分离液体混合物时,设备费与操作费之和为总费用。在总费用达到最低时对应的回流比即为最适宜回流比,一般 $R_{opt} = (1.2 \sim 2)R_{\min}$。

36. 恒浓区

平衡线与操作线出现挟点的区域为恒浓区。该处需无穷理论板 $N_T = \infty$,对于指定的分离程度而言,回流比达到最小。

37. 塔板计算知识导图

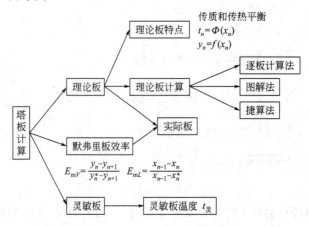

38. 理论板数的计算方法

当汽液相平衡线为非线性的曲线时,板式精馏塔理论板数的计算方法有逐板计算法、图解法和捷算法。

39. 平衡线为直线时的理论板数

当汽液平衡关系近似为 $y=Kx$ 直线时,理论板数可用下式计算:

$$N_T = \frac{1}{\ln \dfrac{L}{KV}} \ln\left(\frac{x_N - y_{N+1}/K}{x_0 - y_1/K}\right) = \frac{1}{\ln \dfrac{L}{KV}} \ln\left(\frac{Kx_N - y_{N+1}}{Kx_0 - y_1}\right)$$

40. 冷液回流

当精馏塔顶采用冷回流（即回流液的温度低于泡点温度）时，其表观回流比为 $R' = L_0/D$（摩尔比，下同），而塔顶第一块板下方的回流比为塔内实际回流比 R（内回流），$R = L/D$，实际回流比 R 要大于表观回流比 R'，两者之间的关系为:

$$R = R'\left[\frac{r + c_{pm}(T_S - T)}{r}\right]$$

式中，r、c_{pm}、T_S、T 分别为摩尔汽化潜热、摩尔比热容、回流液的泡点及回流液入塔温度。

41. 塔顶、塔底极限浓度所受限制

塔顶、塔底极限浓度受分离能力（α、N、R）和物料衡算（$x_D \leqslant 1$，$x_W \geqslant 0$）的限制。

42. 灵敏板

在精馏塔内精馏段或提馏段的某些塔板上，温度变化较为显著。这些塔板对外界干扰因素的反映较为灵敏，这些塔板即为灵敏板。

将感温元件安置在灵敏板上可以较早察觉精馏操作所受的干扰，可在塔顶馏出液组成尚未产生变化之前感受到操作参数的变动并及时采取调节手段，以稳定馏出液的组成。一般来说，灵敏板位置较接近加料板。

43. 间歇精馏的特点

间歇精馏为非定态过程，全塔均为精馏段，能耗比连续精馏高。间歇精馏采用的操作方式有两种:①R 一定，x_D 不断下降，因釜中 x 不断下降。②x_D 一定，R 不断上升。

44. 特殊精馏

对于相对挥发度 $\alpha < 1.06$ 的物系，无法用普通精馏分离，常采用特殊精馏。在被分离溶液中加入第三组分，改变各组分间相对挥发度以实现分离目的。

45. 恒沸精馏

加入第三组分能和原溶液中的一种或两种组分形成恒沸物。

46. 萃取精馏

在被分离溶液中加入第三组分，改变各组分间相对挥发度，随重组分从塔底排出。

47.关键组分

对多组分精馏分离起控制作用的两个组分。挥发度大的为轻关键组分（l），挥发度小的为重关键组分（h）。关键组分与分离方案有关。

第二节　工程知识与问题分析

Ⅰ.基础知识解析

1.蒸馏的目的是什么？蒸馏操作的基本依据是什么？

答：蒸馏的目的是分离液体混合物。基本依据是液体中各组分挥发度的不同。

2.蒸馏的主要操作费用花费在何处？

答：蒸馏的主要操作费用为加热和冷却的费用。

3.双组分汽液两相平衡共存时自由度为多少？

答：根据相律，自由度 $F=N-\Phi+2$；双组分汽液两相平衡共存时，组分数 N 为 2，相数 Φ 为 2，则自由度为 $F=2$（p 一定，t-x 或 y；t 一定，p-x 或 y）；p 一定后，$F=1$。

4.何谓泡点、露点？对于一定的组成和压力，两者大小关系如何？

答：泡点指液相混合物加热至出现第一个气泡时的温度。露点指气相混合物冷却至出现第一个液滴时的温度。对于一定的组成和压力，露点大于或等于泡点。

5.非理想物系何时出现最低恒沸点，何时出现最高恒沸点？

答：非理想物系在强正偏差时出现最低恒沸点；在强负偏差时出现最高恒沸点。

6.总压对相对挥发度有何影响？

答：当总压 p 增加时，相对挥发度 α 下降。

7.为什么 $\alpha=1$ 时不能用普通精馏的方法分离混合物？

答：当 $\alpha=1$ 时，此时 $y=x$，没有实现相对分离。

8.平衡蒸馏与简单蒸馏有何不同？

答：平衡蒸馏是连续操作且一级平衡；简单蒸馏是间歇操作且瞬时一级平衡。

9.为什么说回流液的逐板下降和蒸汽的逐板上升是实现精馏的必要条件？

答：因为只有回流液的逐板下降和蒸汽的逐板上升才能实现汽液两相充分接触、传质，实现高纯度分离，否则，仅为一级平衡。

10.什么是理论板？默弗里板效率有什么含义？

答：离开该板的汽液两相达到相平衡时的理想化塔板。默弗里板效率表示经过一块塔板之后的实际增浓与理想增浓之比。

11.恒摩尔流假定指什么？其成立的主要条件是什么？

答：恒摩尔流假定指在没有加料、出料的情况下，塔段内的汽相或液相摩尔流量各自不变。成立的主要条件是组分摩尔汽化热相近，热损失不计，显热差不计。

12.q 值的含义是什么？根据 q 的取值范围，有哪几种加料热状态？

答：q 值的含义是 1mol 加料加热至饱和气体所需热量与摩尔汽化潜热之比。它表明加料热状态。加料热状态有五种：过热蒸汽，饱和蒸汽，汽液混合物，饱和液体，冷液。

13.建立操作线的依据是什么？操作线为直线的条件是什么？

答：建立操作线的依据是塔段物料衡算。操作线为直线的条件是液气比为常数（恒摩尔流）。

14.用芬斯克方程所求出的 N 是什么条件下的理论板数？

答：用芬斯克方程所求出的理论板数是全回流条件下，塔顶、塔底产品浓度达到分离要求时的最少理论板数。

15.何谓最小回流比？挟点恒浓区的特征是什么？

答：最小回流比是达到指定分离要求所需理论板数为无穷多时的回流比，是设计型计算特有的问题。气液两相浓度在恒浓区几乎不变。

16.最适宜回流比的选取须考虑哪些因素？

答：最适宜回流比的选取时须使设备费、操作费之和最小。

17.精馏过程能否在填料塔内进行？

答：精馏过程能在填料塔内进行。

18.理论板数的求算方法有哪些？

答：理论板数的求算方法有逐板计算法、图解法和捷算法。

19.何谓灵敏板？

答：灵敏板是塔板温度对外界干扰反映最灵敏的塔板。

20.间歇精馏与连续精馏相比有何特点？适用于什么场合？

答：相比于连续精馏，间歇精馏操作灵活。适用于小批量物料分离。

21.恒沸精馏与萃取精馏的主要异同点是什么？

答：恒沸精馏与萃取精馏的相同点：都加入第三组分改变相对挥发度。

区别：①前者生成新的最低恒沸物，加入组分从塔顶出；后者不形成新的恒沸物，加入组分从塔底出。②前者消耗热量在汽化潜热，后者在显热，消耗热量较少。

22.如何选择多组分精馏的流程方案？

答：选择多组分精馏的流程方案需考虑：①经济上优化；②物性；③产品纯度。

23.何谓轻关键组分、重关键组分、轻组分和重组分？

答：对分离起控制作用的两个组分为关键组分，挥发度大的为轻关键组分；挥发度小的为重关键组分。比轻关键组分更易挥发的为轻组分；比重关键组分更难挥发的为重组分。

24.清晰分割法和全回流近似法各有什么假定？

答：清晰分割法假定轻组分在塔底的浓度为零，重组分在塔顶的浓度为零。

全回流近似法假定塔顶、塔底的浓度分布与全回流时相近。

25.芬斯克-恩德伍德-吉利兰图捷算法的主要步骤有哪些？

答：① 全塔物料衡算，得塔顶、塔底浓度；

② 确定平均 α，用芬斯克方程算最少理论板数 $N_{\min}$；

③ 用恩德伍德公式计算 $R_{\min}$，R；

④ 查吉利兰图，算 N；

⑤ 以加料组成、塔顶组成，用芬斯克方程、恩德伍德公式、吉利兰图，算加料位置。

Ⅱ.工程知识应用

1.有人说："A、B 两组分液体混合物，用蒸馏方法加以分离，是因为 A 沸点低于 B 沸点，所以造成挥发度差异。"，这句话对还是错？_____（对、错）

分析：非理想物系，有恒沸物时不成立。所以这句话错。

2.精馏过程设计时，增大操作压强，则相对挥发度_____，塔顶温度_____，塔底温度_____，完成给定的分离任务所需理论板数_____。(增大，减少，不变，不确定)

分析：增大操作压强 p，相对挥发度 α 下降，相平衡曲线靠近对角线。在分离任务不变的情况下，需要更多的理论塔板数。另外，增大操作压强 p，物系的泡点升高，塔顶、塔釜的温度都升高。

所以，增大操作压强，相对挥发度 α 减小，塔顶、塔底温度都增大，理论板数增多。

3.理想物系的 $\alpha=2$，在全回流下操作。已知某理论板上 $y_n=0.5$，则 $y_{n+1}=\underline{\quad}$。

分析：全回流下操作，操作线方程为 $y_{n+1}=x_n$

因为 $x_n=\dfrac{y_n}{\alpha-(\alpha-1)y_n}=\dfrac{0.5}{2-0.5}=0.333$，所以 $y_{n+1}=x_n=0.333$。

4.精馏塔设计时，若 F，x_F，x_D，x_W，$\overline{V}$ 均一定，若将进料从饱和液体进料变为冷液进料，则 N_T _____。(增大，减少，不变，不确定)

分析：进料从饱和液体进料变为冷液进料，q 值增加。

$V=\overline{V}+(1-q)F$，因 F、$\overline{V}$ 不变，q 增大，所以 V 下降。

$F=D+W$，$Fx_F=Dx_D+Wx_W$，因 F，x_F，x_D，x_W 均一定，所以 D、W 不变。

$V=(R+1)D$，因 D 不变，V 下降，所以 R 下降；由 $\dfrac{L}{V}=\dfrac{R}{R+1}$ 知，精馏段 L/V 也下降。

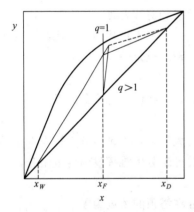

图 9-2　分析题 4 附图

$\dfrac{\overline{L}}{\overline{V}}=1+\dfrac{W}{\overline{V}}$ 不变，精馏段操作线靠近相平衡线，(见图 9-2)，所以 N_T 增大。

5.某连续精馏塔中，若精馏段操作线方程的截距为零，则回流比 $R=\underline{\quad}$，馏出液量=_____，操作线斜率=_____。(以上均用数字表示)。

分析：因为此时为全回流，回流比 $R=\infty$(无穷大)。无加料、无采出，馏出液量=0。精馏段操作线方程的截距为零，则操作线与对角线重合，操作线斜率=1。

6.操作时，若 F，D，x_F，q，加料板位置，R 不变，而使操作的总压减小，则 x_D _____，x_W _____。(增加，降低，不变，不确定)

分析：总压减小，相当于物系的相对挥发度增大，分离能力增加，则 x_D 增加，x_W 降低。

7.操作中，若 $\overline{V}$ 下降，而回流量 L 和进料状态(F，x_F，q) 仍保持不变，则 R _____，x_D _____，x_W _____，$\overline{L}/\overline{V}$ _____。(增大，减少，不变，不确定)

分析：$\overline{V}=V-(1-q)F$，因 F、q 保持不变，$\overline{V}$ 下降，所以 V 下降。

L 为常数，$V=L+D$，因 V 下降，所以 D 下降。

从 $F=D+W$ 知，W 上升。

$L=RD$，因 L 为常数，D 下降知 R 上升，精馏段 L/V 也上升。

因为 W 增大，从 $\overline{L}/\overline{V}=\dfrac{\overline{V}+W}{\overline{V}}=1+\dfrac{W}{\overline{V}}$ 知 $\overline{L}/\overline{V}$ 增大。

因为回流比 R 增加对精馏有利，所以 x_D 上升。

因为提馏段 $\overline{L}/\overline{V}$ 增加，所以 x_W 上升。

所以 R 增大，x_D 增大，x_W 增大，$\overline{L}/\overline{V}$ 增大。

Ⅲ. 工程问题分析

8. 试比较直接蒸汽加热与间接蒸汽加热。（>，=，<）

① x_F、x_D、R、q、D/F 相同，则 $N_{T直接}$ _____ $N_{T间接}$，$x_{W直接}$ _____ $x_{W间接}$；

② x_F、x_D、R、q、x_W 相同，则 $N_{T直接}$ _____ $N_{T间接}$，$(D/F)_{直接}$ _____ $(D/F)_{间接}$。

分析： ① x_F、x_D、R、q、D/F 相同

因为 $\dfrac{D}{F}$ 相同，所以 $\eta_A=\dfrac{D}{F}\dfrac{x_D}{x_F}$ 也相同

$$x_{W直接}=\frac{x_F-\dfrac{D}{F}x_D}{1-\dfrac{D}{F}+\dfrac{S}{F}}<x_{W间接}=\frac{x_F-\dfrac{D}{F}x_D}{1-\dfrac{D}{F}}$$

$N_{T直接}>N_{T间接}$

所以 $N_{T直接}>N_{T间接}$，$x_{W直接}<x_{W间接}$。

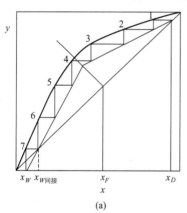

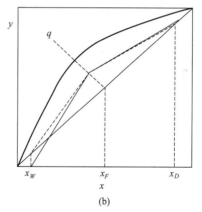

(a)   (b)

图 9-3 分析题 8 附图

② 当两者 x_F、x_D、R、q、x_W 相同时

$$\left(\frac{D}{F}\right)_{间接}=\frac{x_F-x_W}{x_D-x_W}$$

$$\left(\frac{D}{F}\right)_{直接}=\frac{x_F-x_W-\dfrac{S}{F}x_W}{x_D-x_W}$$

所以 $\left(\dfrac{D}{F}\right)_{直接}<\left(\dfrac{D}{F}\right)_{间接}$。

所以 $N_{T直接}<N_{T间接}$，$(D/F)_{直接}<(D/F)_{间接}$。

9. 操作中的精馏塔，现进料组成 x_F 增加，而 F、N_T、N_F、α、D/F、q、R 不变，

则 x_D _____，x_W _____。（变大，变小，不变，不确定）

分析：因为进料组成变化后，D/F、q、R 都不变

所以精馏段与提馏段的操作线斜率不变，如图 9-4 中实线所示。

x_D 和 x_W 与 x_F 是输出与输入关系

所以 x_D 变大，x_W 变大。

10. 精馏操作中，若 F、x_F、N_T、N_F、α、q、R 均为定值，现塔顶采出率 D/F 增加，则 x_W _____，x_D _____。（变大，变小，不变，不确定）

分析：因为 D/F 增加，F 不变，所以 D 增加，W 下降。

$\overline{V}=V-(1-q)F=(R+1)D-(1-q)F$，因 F、q 保持不变，D 上升，所以 V 上升，$\overline{V}$ 也上升。

因 R 为定值，$\dfrac{L}{V}=\dfrac{R}{R+1}$ 不变。

因 W 下降，$\overline{V}$ 上升，$\dfrac{\overline{L}}{\overline{V}}=\dfrac{\overline{V}+W}{\overline{V}}=1+\dfrac{W}{\overline{V}}$，提馏段 $\overline{L}/\overline{V}$ 下降，所以 x_D 变小，x_W 变小。

如图 9-5 中实线所示。

本题说明塔顶采出的量多而质降，即少而精，多而烂。为了保证塔顶产品的质量，塔顶采出率不宜过大。

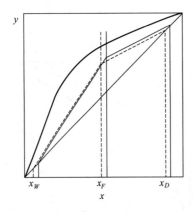

图 9-4　分析题 9 附图

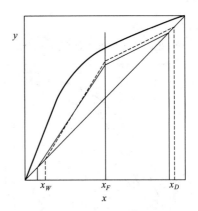

图 9-5　分析题 10 附图

11. 精馏操作中，若 F、x_F、N_T、N_F、α、q、$\overline{V}$ 均为定值，现塔顶采出率 D/F 增加，则 x_W _____，x_D _____。（变大，变小，不变，不确定）

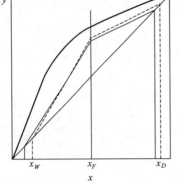

图 9-6　分析题 11 附图

分析：因为采出率 D/F 增加，所以 D 增加，W 下降。

$V=\overline{V}+(1-q)F$，因 F、q、$\overline{V}$ 不变，所以 V 不变。

$V=(R+1)D$，因 D 增加，V 不变，所以 R 下降；

$\dfrac{L}{V}=\dfrac{R}{R+1}$ 下降。

$\dfrac{\overline{L}}{\overline{V}}=1+\dfrac{W}{\overline{V}}$，因 W 下降，$\overline{V}$ 不变，

所以 $\overline{L}/\overline{V}$ 下降，如图 9-6 中实线所示。

所以 x_D 变小，x_W 变小。

说明采出的量多而质降，即少而精，多而烂。

12. 精馏操作时，若 F，D，x_F，q，加料板位置，R 都不变，而将塔顶泡点回流改为冷回流，则塔顶产品组成 x_D _____。（变大，变小，不变，不确定）

分析：根据能量分布原则，冷量从塔顶加入、热量从塔釜加入有利于精馏的分离。

R 不变，塔顶泡点回流改为冷回流，则实际内回流比 $R'\uparrow$，有利精馏，x_D 变大。

$$R' = 1 + \frac{c_p(T_S - T)}{r}$$

13. 某精馏塔，精馏段理论板数为 N_1 层，提馏段理论板数为 N_2 层，现因设备改造，使提馏段理论板数增加，精馏段理论板数不变，且 F、x_F、q、R、V 等均不变，则 x_D _____，x_W _____。（变大，变小，不变，不确定）

分析：提馏段理论板数增加，分离能力增加，有利于精馏操作，所以更多轻组分进入塔顶，x_W 变小。

$V = (R+1)D$，V、R 不变，D 不变，$Fx_F = Dx_D + Wx_W$，x_D 变大。

14. 操作中的精馏塔，因故减小 x_F，若要维持 F、q、x_W、$\overline{V}$ 不变，则 D _____，R _____ 可达到要求。（增大，减少，不变，不确定）

分析：x_F 减小，要求 x_D 不变，则 D 减少，可达到要求。

$\overline{V} = V - (1-q)F = (R+1)D - (1-q)F$

$\overline{V}$ 不变，D 减少，则 R 增大，有利于精馏操作，可达到要求。

15. 操作中精馏塔，保持 F、x_F、q、$\overline{V}$ 不变，减少 D，则塔顶易挥发组分回收率 η _____。（变大，变小，不变，不确定）

分析：$\overline{V} = V - (1-q)F = (R+1)D - (1-q)F$

因 $\overline{V}$ 不变，F、q 不变，D 减少，所以 R 增加。

$F = D + W$，因 D 减少，W 增加。

因为精馏段 R 增加，塔板分离能力增加，x_D 增加。

$\dfrac{\overline{L}}{\overline{V}} = 1 + \dfrac{W}{V}$，因 W 增加，$\overline{V}$ 不变，$\overline{L}/\overline{V}$ 增加，塔板分离能力下降，

x_W 上升。

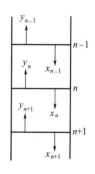

图 9-7　分析题 16 附图

$$\eta = \frac{Dx_D}{Fx_F} = \left(1 - \frac{Wx_W}{Fx_F}\right)，因 W、x_W 上升，所以 \eta 变小。$$

16. 精馏塔（图 9-7）中第 $n-1$，n，$n+1$ 块实际板的板效率均小于 1，与 y_n 相平衡的液相浓度 x_n^*，则 x_n _____ x_n^*；与 x_{n+1} 相平衡的气相浓度 y_{n+1}^*，则 y_{n+1} _____ y_{n+1}^*，y_n _____ x_n。（$>$，$=$，$<$）

分析：$E_{Ln} = \dfrac{x_{n-1} - x_n}{x_{n-1} - x_n^*} < 1$，所以 $x_n > x_n^*$；

$E_{Vn+1} = \dfrac{y_{n+1} - y_{n+2}}{y_{n+1}^* - y_{n+2}} < 1$，所以 $y_{n+1} < y_{n+1}^*$；

离开第 n 块板的 $y_n > x_n$。

第三节 工程问题与解决方案

Ⅰ.一般工程问题计算

【例 9-1】 只有精馏段的设计型计算 精馏塔塔釜饱和液体状态进料。已知进料组成 $x_F=0.52$，塔顶馏出液组成 $x_D=0.8$，塔顶采出率 $D/F=0.5$，泡点回流，回流比为 3。相对挥发度 α 为 3。塔顶全凝器（图 9-8）。求：理论塔板数 N_T。

解：本题是只有精馏段且有回流的精馏设计型命题。进料位置为塔釜，且进料热状态为饱和液体状态，$q=1$，$V=(R+1)D$，$R=3$。

$$\frac{D}{F}=\frac{x_F-x_W}{x_D-x_W}=0.5 \qquad x_W=0.24$$

精馏段操作线方程为：

$$y_{n+1}=\frac{R}{R+1}x_n+\frac{x_D}{R+1}=0.75x_n+0.2$$

相平衡方程为：

$$x=\frac{y}{3-2y}$$

逐板计算：$x_D=y_1=0.8$，$x_1=0.571$；

$\qquad\qquad y_2=0.628$，$x_2=0.36$；

$\qquad\qquad y_3=0.47$，$x_3=0.228<0.24$，所以 $N_T=3$。

讨论：逐板计算时，精馏段方程和相平衡方程交替使用，直至塔板的液相组成小于 x_W。

【例 9-2】 有分凝器的精馏塔 苯、甲苯两组分混合物用如图 9-9 所示的釜进行常压连续蒸馏加以分离（无塔板），原料直接加入釜中，进料量为 100kmol/h，其组成 $x_苯=0.7$，要求得到组成为 0.8 的塔顶产品（以上均为摩尔分数）。塔顶用一分凝器，其中 50% 的蒸汽冷凝并返回塔内。出分凝器的蒸汽与冷凝液体保持相平衡。问塔顶、塔釜产量为多少？已知物系的相对挥发度 $\alpha=2.46$。

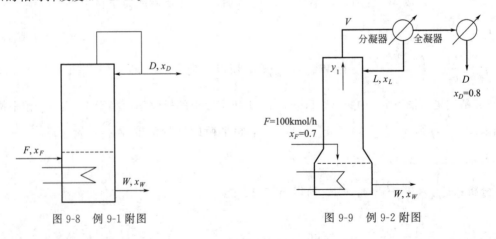

图 9-8 例 9-1 附图   图 9-9 例 9-2 附图

解：本题既有分凝器又有全凝器。分凝器的作用相当于一块理论板，离开分凝器的汽、液两相组成处于相平衡状态。全凝器内蒸汽全部冷凝为液体，所以

$$y_D = x_D = 0.8$$

$$x_D = \frac{\alpha x_L}{1+(\alpha-1)x_L} = \frac{2.46 x_L}{1+1.46 x_L}$$

解之得：$x_L = 0.619$

$$R=1，\quad y_1 = \frac{R}{R+1}x_L + \frac{x_D}{R+1}$$

$$y_1 = 0.5 x_L + 0.5 \times 0.8 = 0.71$$

$$x_W = \frac{y_1}{\alpha-(\alpha-1)y_1} = 0.499$$

$$\begin{cases} D = \dfrac{F(x_F - x_W)}{x_D - x_W} = 66.78\,\text{kmol/h} \\ W = F - D = 33.22\,\text{kmol/h} \end{cases}$$

【例 9-3】 精馏塔操作型计算　某精馏塔用于分离苯-甲苯混合液，泡点进料，进料量为 30kmol/h，进料中苯的摩尔分数为 0.5，塔顶、塔底产品中苯的摩尔分数分别为 0.95 和 0.10，采用回流比为最小回流比的 1.5 倍，操作条件下可取系统的平均相对挥发度 $\alpha = 2.40$。

（1）求塔顶、塔底的产品量；

（2）求回流比 R；

（3）求精馏段和提馏段操作线方程；

（4）若塔顶设全凝器，各塔板可视为理论板，求离开第二块板（自塔顶向下数）的蒸汽和液体的组成。

解： 本题属于典型的精馏操作型命题。

（1）$\begin{cases} F = D + W \\ F x_F = D x_D + W x_W \end{cases}$

即 $\begin{cases} 30 = D + W \\ 30 \times 0.5 = D \times 0.95 + W \times 0.1 \end{cases}$

$D = 14.12\,\text{kmol/h}，\quad W = 15.88\,\text{kmol/h}$

（2）$q=1，x_e = x_F$

$$y_e = \frac{\alpha x_F}{1+(\alpha-1)x_F} = \frac{2.40 \times 0.5}{1+1.40 \times 0.5} = 0.706$$

$$R_{min} = \frac{x_D - y_e}{y_e - x_e} = \frac{0.95 - 0.706}{0.706 - 0.5} = 1.18$$

$$R = 1.5 R_{min} = 1.5 \times 1.18 = 1.77$$

（3）精馏段操作线方程为：

$$y_{n+1} = \frac{R}{R+1}x_n + \frac{x_D}{R+1} = \frac{1.77}{2.77}x_n + \frac{0.95}{2.77} = 0.64 x_n + 0.34$$

$$\overline{L} = L + qF = RD + qF = 1.77 \times 14.12 + 1 \times 30 = 54.99\,\text{kmol/h}$$

$$\overline{V} = V - (1-q)F = (R+1)D = 2.77 \times 14.12 = 39.11\,\text{kmol/h}$$

提馏段操作线方程为：

$$y = \frac{\overline{L}}{\overline{V}}x + \frac{Dx_D - Fx_F}{\overline{V}} = \frac{\overline{L}}{\overline{V}}x - \frac{Wx_W}{\overline{V}} = \frac{54.99}{39.11}x - \frac{15.88 \times 0.1}{39.11} = 1.41x - 0.04$$

(4) $y_1 = x_D = 0.95$

$$x_1 = \frac{y_1}{\alpha - (\alpha - 1) y_1} = \frac{0.95}{2.40 - 1.40 \times 0.95} = 0.888$$

$$y_2 = 0.64 x_1 + 0.34 = 0.64 \times 0.888 + 0.34 = 0.908$$

$$x_2 = \frac{y_2}{\alpha - (\alpha - 1) y_2} = \frac{0.908}{2.40 - 1.40 \times 0.908} = 0.804$$

讨论：本题在已知 x_F、x_D、x_W 三个浓度的情况下，通过物料衡算求塔顶和塔底的采出量，然后求泡点进料下的最小回流比、操作线方程，逐板计算离开第二块板的汽液相组成。

【例 9-4】 精馏操作物料衡算的制约　用精馏塔分离双组分混合液，进料组成为 0.45（易挥发组分摩尔分数），泡点进料，塔顶采出率为 0.50（摩尔流量之比），要求塔顶易挥发组分的回收率达到 98%，操作条件下物系的相对挥发度为 2.5，试求：

(1) 塔顶、塔底产物的浓度；

(2) 最小回流比；

(3) 若操作回流比取最小回流比的 1.4 倍，采出率不变，则塔顶产物理论上可达到的最高浓度是多少？

解：(1) $\eta = \dfrac{D x_D}{F x_F} \quad \Rightarrow \quad x_D = \dfrac{\eta F x_F}{D} = 0.882$

$$\begin{cases} F x_F = D x_D + W x_W \\ F = W + D \end{cases} \Rightarrow x_W = 0.01$$

(2) $q = 1$, $x_e = x_F = 0.45$ $\qquad y_e = \dfrac{\alpha x_e}{1 + (\alpha - 1) x_e} = 0.67$

最小回流比 $R_{min} = \dfrac{x_D - y_e}{y_e - x_e} = 0.9$

(3) 要使塔顶理论产物达到最高浓度，此时塔板板数无穷多，有两种可能：①加料口出现挟点，操作线与相平衡线相交；②塔釜无产品轻组分，$x_W = 0$。

① $R = 1.4 R_{min} = \dfrac{x_D - y_e}{y_e - x_e} = 1.26 \Rightarrow x_D = 0.952$

$$x_W = \frac{F x_F - D x_D}{W} = -0.05 < 0，不成立$$

② $x_W = 0$，$x_D = \dfrac{F x_F}{D} = 0.9$

理论最高浓度为 0.9。

讨论：本题属于精馏操作型命题。已知 x_F、塔顶采出率、易挥发组分的回收率，通过物料衡算求塔顶和塔底产物的浓度。最后一问是极限问题，考察精馏受到的技术上限制，即物料衡算和相平衡制约。

【例 9-5】 直接蒸汽加热的精馏操作　设计一连续精馏塔，在常压下分离甲醇-水溶液 15kmol/h。原料含甲醇 35%，塔顶产品含甲醇 95%，釜液含甲醇 4%（均为摩尔分数）。设计选用回流比为 1.5，泡点加料。饱和蒸汽直接加热。求蒸汽消耗量、甲醇回收率和提馏段操作线方程。设没有热损失，物系满足恒摩尔流假定。

解： 本题属于直接蒸汽加热的精馏设计型命题。根据恒摩尔流假定，直接蒸汽加热的提馏段塔内上升蒸汽量 $\overline{V}=S$，下降液体量 $\overline{L}=W$。

（1）因为 x_F、x_D、x_W 不变，

$$S=\overline{V}=(R+1)D-(1-q)F=(R+1)D$$

所以 $\begin{cases} S+F=D+W \\ Fx_F=Dx_D+Wx_W \end{cases}$

$$\Rightarrow \begin{matrix} 2.5D+15=D+W \\ 15\times0.35=0.95D+0.04W \end{matrix}$$

$$\Rightarrow \begin{cases} D=4.6\text{kmol/h} \\ W=21.9\text{kmol/h} \end{cases}$$

$$S=\overline{V}=(R+1)D=2.5\times4.6=11.5\text{kmol/h}$$

回收率 $\eta=\dfrac{Dx_D}{Fx_F}=\dfrac{4.6\times0.95}{15\times0.35}=83.2\%$。

（2）直接蒸汽加热后提馏段操作线方程

提馏段 $\begin{cases} S+\overline{L}=\overline{V}+W \\ \overline{L}x=\overline{V}y+Wx_W \end{cases}$

$$S=\overline{V}，\quad \overline{L}=W$$

得 $\quad y=\dfrac{W}{S}x-\dfrac{W}{S}x_W=\dfrac{21.9}{11.5}x-\dfrac{21.9}{11.5}\times0.04=1.904x-0.0762$

【例 9-6】 实际板的默弗里板效率 如图 9-10 所示的精馏塔具有一块实际板和一只蒸馏釜（可视为一块理论板），原料预热到泡点，由塔顶连续加入，$F=100\text{kmol/h}$，$x_F=0.20$（摩尔分数、下同），泡点回流，回流比 $R=2$，物系的相对挥发度 $\alpha=2.5$，今测得塔顶出料量 $D=57.2\text{kmol/h}$，且 $x_D=0.28$。试求：

（1）塔底出料量 W 及浓度 x_W；

（2）该塔板的默弗里板效率 E_{mV} 和 E_{mL}。

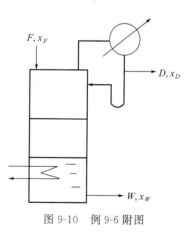

图 9-10 例 9-6 附图

解： 本题是没有精馏段只有提馏段且有回流的回收塔，属于精馏操作型命题。因为进入实际板的液相是进料液和回流液的混合物，所以在该处要进行轻组分的物料衡算以计算实际向下流动的液体浓度。

（1）塔底出料量 $W=F-D=42.8\text{kmol/h}$

$\begin{cases} Fx_F=Dx_D+Wx_W \\ F=W+D \end{cases} \Rightarrow x_W=0.093$

（2）$y_1=x_D=0.28$

$$x_0=\frac{Fx_F+RDx_D}{F+RD}=0.243，\quad x_2=x_W=0.093$$

$$y_2=y_2^*=\frac{\alpha x_2}{1+(\alpha-1)x_2}=0.204$$

$$Wx_W + Vy_2 = (F+L)x_1, \quad L = RD, \quad V = L + D = (R+1)D \quad \Rightarrow x_1 = 0.182$$

$$y_1^* = \frac{\alpha x_1}{1+(\alpha-1)x_1} = 0.357$$

$$E_{mV} = \frac{y_1 - y_2}{y_1^* - y_2} = 49.6\%, \quad y_1 = \frac{\alpha x_1^*}{1+(\alpha-1)x_1^*} \Rightarrow x_1^* = 0.135$$

$$E_{mL} = \frac{x_0 - x_1}{x_0 - x_1^*} = \frac{0.243 - 0.182}{0.243 - 0.135} = 56.5\%$$

讨论：因为蒸馏釜视为一块理论板，所以离开塔釜的气相组成 $y_2 = y_2^*$，并与离开塔釜的液相组成（$x_2 = x_W$）达相平衡。

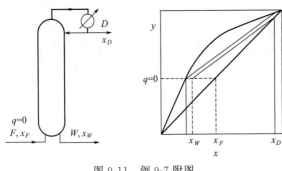

图 9-11　例 9-7 附图

【**例 9-7**】　精馏塔操作型计算　在连续精馏塔中分离苯-甲苯溶液。塔釜间接蒸汽加热，塔顶全凝器，泡点回流。进料中含苯 35%（摩尔分数，下同），进料量为 100kmol/h，以饱和蒸汽状态进入塔中部。塔顶馏出液量为 40kmol/h，系统的相对挥发度为 2.5。且已知精馏段操作线方程为 $y = 0.8x + 0.16$，试求：

（1）提馏段操作线方程；

（2）若塔顶第一块板下降的液相中含苯 70%，该板以汽相组成表示的板效率 E_{mV}；

（3）当塔釜停止供应蒸汽，保持回流比不变，若塔板数无限多，塔底残液的浓度为多少？

解：本题属于精馏操作型命题，第二问求塔顶第一块板为实际板时的板效率，因为是部分回流，y_2 要用操作线方程求取。

而第三问演变为只有精馏段没有提馏段且有回流的回收塔，原料从塔底进入塔内，当塔板数无限多时，x_W 的极限值。

（1）精馏段操作线方程　$y = \dfrac{R}{R+1}x + \dfrac{x_D}{R+1}$

$$\frac{R}{R+1} = 0.8, \quad R = 4, \quad \frac{x_D}{R+1} = 0.16, \quad x_D = 0.8$$

$$\overline{L} = L + qF = RD = 4 \times 40 = 160 \text{kmol/h}$$

$$\overline{V} = V - (1-q)F = 5 \times 40 - 100 = 100 \text{kmol/h}$$

提馏段操作线方程　$y = \dfrac{\overline{L}}{\overline{V}}x + \dfrac{Dx_D - Fx_F}{\overline{V}} = \dfrac{160}{100}x + \dfrac{40 \times 0.8 - 100 \times 0.35}{100} = 1.6x - 0.03$

（2）$x_1 = 0.7$，$y_1^* = \dfrac{\alpha x_1}{1+(\alpha-1)x_1} = \dfrac{2.5 \times 0.7}{1+1.5 \times 0.7} = 0.854$

$y_1 = x_D = 0.8$，$y_2 = 0.8x_1 + 0.16 = 0.8 \times 0.7 + 0.16 = 0.72$

$$E_{mV} = \frac{y_1 - y_2}{y_1^* - y_2} = \frac{0.8 - 0.72}{0.854 - 0.72} = 59.70\%$$

（3）塔釜停止加热，则该塔只有精馏段而无提馏段。

R 不变，因为 $N_T=\infty$，所以新精馏段操作线与原操作线平行，并与相平衡线相交。

$q=0$，$y_e=x_F=0.35$

$$y_e=\frac{2.5x_e}{1+1.5x_e}$$

$$x_e=\frac{y_e}{\alpha-(\alpha-1)y_e}=\frac{0.35}{2.5-1.5\times0.35}=0.177,x_W=x_e=0.177$$

$$x_{D\max}=R(y_e-x_e)+y_e=4\times(0.35-0.177)+0.35=1.042>1,\text{ 不可能。}$$

因为 $q=0$，$\overline{V}=0$，只有精馏段，$V=F=(R+1)D$

$D=F/(R+1)=100/5=20\text{kmol/h}$

$W=F-D=80\text{kmol/h}$

$Fx_F=Dx_D+Wx_W$

$100\times0.35=20\times1+80x_W$，$x_W=0.1875$

【例 9-8】　**饱和蒸汽进料的精馏塔**　用板式精馏塔在常压下分离苯-甲苯溶液，塔顶设全凝器，塔釜间接加热，苯相对于甲苯的平均相对挥发度为 $\alpha=2.47$。进料为 150kmol/h、含苯 0.4（摩尔分数，下同）的饱和蒸汽。要求塔顶馏出液组成 $x_D=0.93$，塔釜残液组成 $x_W=0.02$。所用回流比为最小回流比的 1.42 倍。试求：

（1）塔顶产品量 D 和塔底产品量 W；

（2）精馏段和提馏段操作线方程；

（3）全回流操作时，塔顶第一块板的汽相默弗里板效率为 0.6，全凝器冷凝液组成为 0.98，由塔顶第二块板上升的汽相组成。

解：本题是精馏的操作型命题。

（1）$F=D+W$，$150=D+W$

$Fx_F=Dx_D+Wx_W$，$150\times0.4=D\times0.93+W\times0.02$

$$D=F\frac{x_F-x_W}{x_D-x_W}=150\times\frac{0.4-0.02}{0.93-0.02}=62.637\text{kmol/h}$$

$W=F-D=150-62.637=87.363\text{kmol/h}$

（2）$q=0$，$y_e=x_F=0.4$，$x_e=\dfrac{y_e}{\alpha-(\alpha-1)y_e}=\dfrac{0.4}{2.47-1.47\times0.4}=0.213$

$$R_{\min}=\frac{x_D-y_e}{y_e-x_e}=\frac{0.93-0.4}{0.4-0.213}=2.834$$

$R=1.42R_{\min}=1.42\times2.834=4.02$

精馏段操作线方程 $y=\dfrac{R}{R+1}x+\dfrac{x_D}{R+1}=\dfrac{4.02}{5.02}x+\dfrac{0.93}{5.02}=0.801x+0.185$

$\overline{L}=RD+qF=4.02\times62.637=251.801\text{kmol/h}$

$\overline{V}=(R+1)D-(1-q)F=5.02\times62.637-150=164.438\text{kmol/h}$

提馏段操作线方程

$$y=\frac{\overline{L}}{\overline{V}}x+\frac{Dx_D-Fx_F}{\overline{V}}=\frac{\overline{L}}{\overline{V}}x-\frac{Wx_W}{\overline{V}}$$

$$=\frac{251.801}{164.438}x-\frac{87.363\times0.02}{164.438}=1.531x-0.0106$$

（3）全回流　$y_1 = x_D = 0.98$　$y_2 = x_1$

$$y_1^* = \frac{\alpha x_1}{1+(\alpha-1)x_1} = \frac{2.47 y_2}{1+1.47 y_2}$$

$$E_{mV} = \frac{y_1 - y_2}{y_1^* - y_2} = \frac{0.98 - y_2}{\dfrac{2.47 y_2}{1+1.47 y_2} - y_2} = 0.6$$

解得 $y_2 = 0.969$

讨论：当饱和蒸汽进料、回流比最小时，$y_e = x_F$，$x_e = \dfrac{y_e}{\alpha - (\alpha-1)y_e}$。另外已知塔板效率求塔板上升蒸汽的实际组成时，要联合使用相平衡方程和操作线方程求解。

【例 9-9】 冷液进料的精馏操作型计算　连续操作的常压精馏塔，用于分离 A（轻组分）-B（重组分）混合物。已知原料液中含 A 组分为 0.45（摩尔分数，下同），进料温度为 40℃，该组成下的泡点为 95℃，平均比热容为 164kJ/(kmol·K)，汽化潜热 36080kJ/kmol。要求达到塔顶产品浓度 0.98，塔釜馏出液中轻组分 A 为 0.01。该物系的相对挥发度为 3，塔顶全凝器泡点回流，实际操作回流比为 1.3。试计算：

（1）A 组分的回收率；

（2）最小回流比；

（3）提馏段操作线方程；

（4）若塔顶第一块板下降的液相浓度为 0.960，该塔板以汽相组成表示的默弗里板效率 E_{mV}。

解：（1）$\dfrac{D}{F} = \dfrac{x_F - x_W}{x_D - x_W} = \dfrac{0.45 - 0.01}{0.98 - 0.01} = 0.4536$

回收率　$\eta = \dfrac{D x_D}{F x_F} = 98.8\%$

（2）$q = 1 + \dfrac{c_p}{r}(t - t_F) = 1 + \dfrac{164}{36080} \times (95 - 40) = 1.25$

q 线方程　$y = \dfrac{q}{q-1}x - \dfrac{x_F}{q-1} = 5x - 1.8$　　　　　　　　　①

相平衡方程　$y = \dfrac{\alpha x}{1+(\alpha-1)x} = \dfrac{3x}{1+2x}$　　　　　　　　　②

联立式①、式②　$x_e = 0.518$，$y_e = 0.763$

$$R_{min} = \frac{x_D - y_e}{y_e - x_e} = \frac{0.98 - 0.763}{0.763 - 0.518} = 0.8857$$

（3）$y = \dfrac{\overline{L}}{\overline{V}}x - \dfrac{W x_W}{\overline{V}} = \dfrac{RD + qF}{(R+1)D - (1-q)F}x - \dfrac{W x_W}{(R+1)D - (1-q)F}$

$\qquad = 1.422x - 0.00422$

（4）$x_1 = 0.96$，$E_{mV} = \dfrac{y_1 - y_2}{y_1^* - y_2}$

$$y = \frac{R}{R+1}x + \frac{x_D}{R+1} = 0.5652x + 0.4261$$

$$y_1 = x_D = 0.980$$

$$y_2 = 0.5652 \times 0.96 + 0.4261 = 0.9687$$

$$y_1^* = \frac{3 \times 0.96}{1 + 2 \times 0.96} = 0.9863$$

$$E_{mV} = 0.642$$

讨论：本题是操作型命题。冷液进料、回流比最小时，要用 q 线方程和相平衡方程求交点 y_e 和 x_e。另外求部分回流条件下第一块塔板的默弗里板效率 E_{mV} 时，要用精馏段操作线方程求 y_2，再代入 E_{mV} 表达式中。

【例 9-10】 只有提馏段的回收塔　含易挥发组分 42%（摩尔分数）的双组分混合液在泡点状态下连续加入精馏塔塔顶，釜液组成保持 2%。物系的相对挥发度为 2.5，塔顶不回流。试求：

(1) 欲得塔顶产物的组成为 60% 时所需的理论板数；

(2) 在设计条件下若板数无限，塔顶产物可能达到的最高浓度 $x_{D\max}$。

解：本题是只有提馏段且无回流的回收塔的设计型命题。因为塔顶无回流，回流比 $R = 0$；因为是泡点进料，塔内下降液体量 $\overline{L} = F$；塔内上升蒸汽量 $\overline{V} = D$。

(1) 只有提馏段且无回流的回收塔，其操作线方程即为提馏段操作线方程

$$y = \frac{\overline{L}}{\overline{V}} x - \frac{W}{\overline{V}} x_W$$

且 $q = 1$，塔顶不回流 $R = 0$，所以 $\overline{L} = F$，$\overline{V} = D$

$$y = \frac{F}{D} x - \frac{W}{D} x_W$$

由全塔物料衡算

$$\frac{D}{F} = \frac{x_F - x_W}{x_D - x_W} = \frac{0.42 - 0.02}{0.6 - 0.02} = 0.69$$

$$\frac{W}{F} = 1 - 0.69 = 0.31$$

所以

$$y = \frac{1}{0.69} x - \frac{0.31}{0.69} \times 0.02 = 1.45x - 0.009$$

$$y_1 = \frac{\alpha x_1}{1 + (\alpha - 1) x_1}$$

逐板计算：

$$y_1 = x_D = 0.6$$

$$x_1 = \frac{y_1}{2.5 - 1.5 y_1} = \frac{0.6}{2.5 - 1.5 \times 0.6} = 0.375$$

$$y_2 = 1.45 \times 0.375 - 0.009 = 0.535$$

$$x_2 = 0.315$$

依次反复计算：

N_T	1	2	3	4	5	6	7	8
y	0.6	0.535	0.448	0.346	0.245	0.158	0.093	0.048
x	0.375	0.315	0.245	0.175	0.115	0.070	0.039	0.020

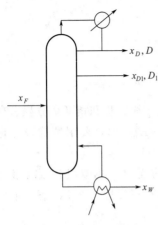

图 9-12   例 9-11 附图

$$x_8 \leqslant x_W = 0.020$$

所以 $N_T = 8$ 块（包括釜）。

（2）在设计条件下，若理论板数无限则 $N_T = \infty$ 时，塔顶产物可达 $x_{D\max}$

$$x_{D\max} = \frac{\alpha x_F}{1+(\alpha-1)x_F} = \frac{2.5 \times 0.42}{1+1.5 \times 0.42} = 0.644$$

分析：当理论板数 $N_T = \infty$ 时，提馏段操作线、q 线与相平衡线三线必有交点，交点处的汽相组成冷凝后即为 $x_{D\max}$。

【**例 9-11**】 侧线采出的精馏塔 今用连续精馏塔同时取得两种产品，浓度浓者取自塔顶 $x_D = 0.9$（摩尔分数，下同），淡者取自塔侧（液相抽出）$x_{D1} = 0.7$（如图 9-12 示）。原料组成 $x_F = 0.4$，冷液进料，加料热状态参数 $q = 1.05$，操作回流比为 2，物系的相对挥发度为 2.4，塔釜 $x_W = 0.1$，$D/D_1 = 2$（摩尔比）。试求各段的操作线方程和离开第二块板的上升汽相组成。

解：第一段操作线方程：

$$V_1 y = L_1 x + D x_D$$

$$y = \frac{L_1}{V_1}x + \frac{D}{V_1}x_D = \frac{R}{R+1}x + \frac{x_D}{R+1} = 0.667x + 0.3$$

第二段操作线方程：

$$V_2 y = L_2 x + D x_D + D_1 x_{D1}$$

$$y = \frac{L_2}{V_2}x + \frac{Dx_D + D_1 x_{D1}}{V_2}$$

因为 D_1 为液相，所以 $V_2 = V_1 = (R+1)D$ $L_2 = L_1 - D_1$

所以 $y = \frac{R - D_1/D}{R+1}x + \frac{x_D + D_1/D x_{D1}}{R+1}$

$$= \frac{2-0.5}{2+1}x + \frac{0.9 + 0.5 \times 0.7}{2+1} = 0.5x + 0.418$$

第三段操作线方程：

$$V_3 y + F x_F = L_3 x + D x_D + D_1 x_{D1}$$

$$y = \frac{L_3}{V_3}x + \frac{Dx_D + D_1 x_{D1} - F x_F}{V_3}$$

因为 $q = 1.05$

所以 $L_3 = L_2 + qF = 2D - D_1 + 1.05F$

$V_3 = V_2 - (1-q)F = 3D + 0.05F$

作全塔物料衡算：

$$\begin{cases} F = D + D_1 + W \\ F x_F = D x_D + D_1 x_{D1} + W x_W \\ D/D_1 = 2 \end{cases} \Rightarrow \begin{cases} F = D + D_1 + W \\ 0.4F = 0.9D + 0.7D_1 + 0.1W \\ D/D_1 = 2 \end{cases}$$

所以 $D_1/F = 0.136$，$D/F = 0.272$

所以 $y = \dfrac{2\times0.272-0.136+1.05}{3\times0.272+0.05}x + \dfrac{0.272\times0.9+0.136\times0.7-0.4}{3\times0.272+0.05}$

$\qquad = 1.683x - 0.0693$

由塔顶　$y_1 = x_D = 0.9$

$$x_1 = \frac{y_1}{2.4-1.4y_1} = \frac{0.9}{2.4-1.4\times0.9} = 0.789$$

$$y_2 = 0.667\times0.789+0.3 = 0.826$$

讨论：本题是有侧线采出的操作型命题，因采出液为饱和液体，采出液下部的精馏塔段内，下降液体量比上一段少，所以 $\dfrac{L_2}{V_2} < \dfrac{L_1}{V_1}$。

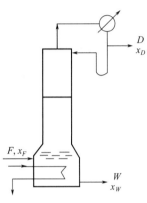

图 9-13　例 9-12 附图

【例 9-12】 只有精馏段的精馏塔　某连续精馏塔如图 9-13 所示。已知原料液组成 $x_F = 0.02$（摩尔分数，下同）。原料液以饱和液体状态直接加入塔釜。塔顶全凝器，全塔共理论板 2 块（包括塔釜），塔顶采出率 $D/F = 1/3$，回流比 $R = 1$。在此条件下，物系相平衡关系可表示为 $y = 4x$。试计算塔顶采出液浓度 x_D 和塔釜采出液浓度 x_W。

解：本例是只有精馏段且有回流的精馏操作型命题。包括塔釜，全塔共有 2 块理论板，离开第 2 块板（即塔釜）的汽相组成 y_2 与塔釜 x_W 成平衡。

物料平衡方程：

$$\begin{cases} Fx_F = Dx_D + Wx_W \\ F = W + D \end{cases}$$

又因为 $\dfrac{D}{F} = \dfrac{1}{3}$，$F = 3D$，所以得 $W = 2D$，

以及 $x_D + 2x_W = 0.06$　　　　　　　　　　　　　　　　　　①

塔顶设全凝器，有 $x_D = y_1 = 4x_1$，$x_1 = x_D/4$

塔釜处，$y_2 = 4x_2 = 4x_W$

回流比 $R = 1$，精馏段方程得 $y_2 = \dfrac{R}{R+1}x_1 + \dfrac{x_D}{R+1} = \dfrac{5x_D}{8}$

又 $y_2 = 4x_W = \dfrac{5x_D}{8}$，$x_W = \dfrac{5x_D}{32}$，代入式①得 $x_D = 0.0457$，$x_W = 0.00714$

即塔顶采出液浓度为 $x_D = 0.0457$，塔釜采出液浓度 $x_W = 0.00714$。

Ⅱ. 复杂工程问题分析与计算

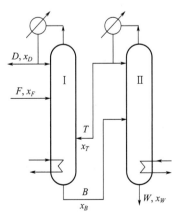

图 9-14　例 9-13 附图

【例 9-13】 双塔联合操作　如图 9-14 的精馏流程，以回收两元理想混合物中的易挥发组分 A。塔Ⅰ和塔Ⅱ的回流比都是 3，加料、回流均为饱和液体。已知：$x_F = 0.6$，$x_D = 0.9$，$x_B = 0.3$，$x_T = 0.5$（均为摩尔分数），$F =$

100kmol/h。整个流程可使易挥发组分 A 的回收率达 90%。试求：

(1) 塔Ⅱ的塔釜蒸发量；

(2) 写出塔Ⅰ中间段（F 和 T 之间）的操作线方程。

解： 本题是双塔联合操作的操作型命题。塔Ⅰ有两股进料，一股是原料，另一股是塔Ⅱ的塔顶采出作为塔Ⅰ的进料。

$R_1 = R_2 = 3$，饱和液体回流 $q_1 = q_2 = 1$，$\eta_总 = 0.9$

(1) $\eta_总 = \dfrac{Dx_D}{Fx_F}$

$0.9 = \dfrac{0.9D}{0.6 \times 100}$，$D = 60$kmol/h

对塔Ⅰ作物料衡算：

$\begin{cases} F + T = D + B \\ Fx_F + Tx_T = Dx_D + Bx_B \end{cases}$

$\begin{cases} 100 + T = 60 + B \\ 0.6 \times 100 + 0.5T = 0.9 \times 60 + 0.3B \end{cases}$

$\begin{cases} T = 30\text{kmol/h} \\ B = 70\text{kmol/h} \end{cases}$

对塔Ⅱ，$V_2 = (R_2 + 1)T = (3 + 1) \times 30 = 120$kmol/h

$\overline{V}_2 = V_2 - (1 - q_2)B = V_2 = 120$kmol/h

(2) 取塔Ⅰ中段第 n 块板至塔顶作物料衡算。

$Fx_F + V'y_{n+1} = Dx_D + L'x_n$

$y_{n+1} = \dfrac{L'}{V'}x_n + \dfrac{Dx_D - Fx_F}{V'}$

$q_1 = 1$，所以 $V' = V = (R_1 + 1)D = 4 \times 60 = 240$kmol/h

$L' = L + qF = 3 \times 60 + 1 \times 100 = 280$kmol/h

所以 $y_{n+1} = \dfrac{280}{240}x_n + \dfrac{60 \times 0.9 - 0.6 \times 100}{240} = 1.17x_n - 0.025$

【例 9-14】 侧线采出精馏塔的操作极限　连续操作的常压精馏塔用于分离双组分混合物。已知原料液中含易挥发组分 x_F 为 0.40（摩尔分数，下同），进料状况为汽液混合物进料，其摩尔比为：汽量比液量＝1 比 1，所达分离结果为塔顶产品 $x_D = 0.98$，塔釜残液 $x_W = 0.02$，若该系统的相对挥发度为 2，操作时采用的回流比 $R = 1.6R_{\min}$，试计算：

(1) 易挥发组分的回收率；

(2) 最小回流比 $R_{\min}$；

(3) 提馏段的操作线方程；

(4) 若在饱和液相组成 $x_\theta = 0.70$ 的塔板处抽侧线，其量 θ 又和有侧线时获得的塔顶产品量 D 相等，减少采出率 D/F，回流比 $R = 5$，理论板为无穷多，那么此时塔顶的浓度 x_D 可能维持的最高值将是多少？

解： 本题为精馏操作型命题。当有侧线出料时，第 2 段操作线斜率小于第 3 段操作线斜率。

(1) 物料衡算 $\begin{cases} Fx_F = Dx_D + Wx_W \\ F = W + D \end{cases}$，取 $F = 1$kmol/s，各数据代入上式得

$D=0.398\mathrm{kmol/s}$，$W=0.602\mathrm{kmol/s}$

易挥发分的回收率 $\eta=\dfrac{Dx_D}{Fx_F}=0.9698$

（2）q 线方程 $y=\dfrac{q}{q-1}x-\dfrac{x_F}{q-1}=-x+0.8$ ①

相平衡 $y=\dfrac{\alpha x}{1+(\alpha-1)x}=\dfrac{2x}{1+x}$ ②

联立式①、式②得 $x_e=0.3177$，$y_e=0.4823$

最小回流比 $R_{\min}=\dfrac{x_D-y_e}{y_e-x_e}=3.0$

（3）$R=1.6R_{\min}=4.8$ 提馏段操作线

$$y=\dfrac{\overline{L}}{\overline{V}}x-\dfrac{Wx_W}{\overline{V}}=\dfrac{RD+qF}{(R+1)D-(1-q)F}x-\dfrac{Wx_W}{(R+1)D-(1-q)F}=1.332x-0.00663$$

（4）侧线出料，从塔顶到塔釜有三段操作线方程，分别为

$$y_{n+1}=\dfrac{R}{R+1}x_n+\dfrac{x_D}{R+1}$$

$$y_{n+1}=\dfrac{R-1}{R+1}x_n+\dfrac{x_D+x_\theta}{R+1}$$

$$y_{n+1}=\dfrac{(R-1)\dfrac{D}{F}+q}{(R+1)\dfrac{D}{F}-(1-q)}x_n+\dfrac{(x_D+x_e)\dfrac{D}{F}-x_F}{(R+1)\dfrac{D}{F}-(1-q)}$$

要使理论板无穷多，则操作线与平衡线交于一点，2，3 段交于一点，将 q（0.3177，0.4823）代入 2 段方程，得 $R=5$ 时最大分离效果 x_D，即 $x_D=0.923$，下面检验 x_W

由物料衡算 $\begin{cases}F=D+\theta+W\\ Fx_F=Dx_D+\theta x_\theta+Wx_W\\ \theta=D\end{cases}\Rightarrow x_W=\dfrac{1.623\dfrac{D}{F}-0.4}{2\dfrac{D}{F}-1}$

令 $x_W=0$，解得 D/F 的合理解为 $D/F=0.246$，所以 $x_D=0.923$ 正确。

分析：当理论板无穷多时，操作线与平衡线交点一定是 q 线，第 2、3 段操作线及相平衡线的交点。当 $R=5$ 时，第 2 段操作线也过 q（0.3177，0.4823）点。

【例 9-15】 多股加料的精馏塔计算 图 9-15 示为两股组成不同的原料液分别预热至泡点，从塔的不同部位连续加入精馏塔内。已知进料中 x_F 为 0.35，$x_D=0.98$，$x_S=0.56$，$x_W=0.02$（以上均为易挥发组分表示的摩尔分数）。系统的相对挥发度 $\alpha=2.4$，较浓的原料液加入量为 $0.2F$，试求：

（1）塔顶易挥发组分回收率；

（2）为达到上述分离要求所需的最小回流比。

解：本题属于有两股加料的精馏操作型命题。两股加料有三段操作线斜率，且 $\dfrac{\overline{\overline{L}}}{\overline{\overline{V}}}>\dfrac{\overline{L}}{\overline{V}}>$

$\dfrac{L}{V}$。在最小回流比情况下，A 点或 B 点都有可能成为挟点［图 9-15(b)］，所以要把两点的

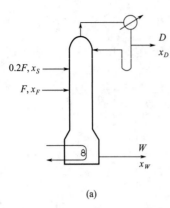

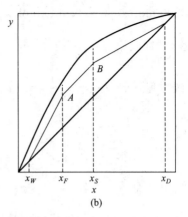

(a)   (b)

图 9-15　例 9-15 附图

最小回流比都求出，并取两者中最大的（即先挟紧的点所对应的最小回流比）最为全塔的最小回流比。

$S = 0.2F$，泡点加料 $q_F = q_S = 1$

（1）作全塔物料衡算：

$$\begin{cases} S+F=D+W \\ Sx_S+Fx_F=Dx_D+Wx_W \\ S=0.2F \end{cases} \Rightarrow \begin{cases} 1.2F=D+W \\ 0.2\times0.56F+0.35F=0.98D+0.02W \end{cases}$$

解得 $D/F = 0.456$

$$\eta = \frac{Dx_D}{Sx_S+Fx_F} = \frac{Dx_D}{F(0.2x_S+x_F)} = 0.456 \times \frac{0.98}{0.2\times0.56+0.35} = 96.7\%$$

（2）两段加料，全塔有三段操作线，如图 9-15 所示。

在最小回流比下，可能出现的 A 点或 B 点成为挟点。

（i）当 A 点挟紧时，$q_F = 1$

所以 $x_A = x_F = 0.35$

$$y_A = \frac{\alpha x_A}{1+(\alpha-1)x_A} = \frac{2.4\times0.35}{1+1.4\times0.35} = 0.564$$

$$\frac{L''}{V''} = \frac{y_A - x_W}{x_A - x_W}$$

因为 $q_S = 1$　所以 $L'' = L' + F = L + S + F = RD + 1.2F$

$V'' = V' = V = (R+1)D$

所以 $\dfrac{R_{min}D + 1.2F}{(R_{min}+1)D} = \dfrac{y_A - x_W}{x_A - x_W}$

$$\frac{0.456R_{min}+1.2}{0.456(R_{min}+1)} = \frac{0.564-0.02}{0.35-0.02}$$

所以 $R_{minA} = 1.51$

（ii）当 B 点挟紧时，$q_S = 1$

所以 $x_B = x_S = 0.56$

$$y_B = \frac{\alpha x_B}{1 + (\alpha - 1) x_B} = \frac{2.4 \times 0.56}{1 + 1.4 \times 0.56} = 0.753$$

$$\frac{R_{min}}{R_{min} + 1} = \frac{x_D - y_B}{x_D - x_B} = \frac{0.98 - 0.753}{0.98 - 0.56}$$

所以 $R_{minB} = 1.18$

$R_{minA} > R_{minB}$

所以 A 点先挟紧

$R_{min} = 1.51$

【例 9-16】 相平衡关系为直线的精馏塔计算 某精馏塔共有 3 块理论板，原料中易挥发组分的摩尔分数为 0.002，预热至饱和蒸汽连续送入精馏塔的塔釜。操作时的回流比为 $R = 4.0$，物系的平衡关系为 $y = 6.4x$。求塔顶、塔底产物中的易挥发组分含量。

解：本题属于物系相平衡关系为直线的精馏操作型命题，因为操作线也为直线，所以理论塔板数可以用以下公式计算而不需逐板计算。

$$N_T = \frac{1}{\ln \frac{L}{KV}} \ln \left(\frac{x_N - y_{N+1}/K}{x_0 - y_1/K} \right) = \frac{1}{\ln \frac{L}{KV}} \ln \left(\frac{Kx_N - y_{N+1}}{Kx_0 - y_1} \right)$$

$$\frac{L}{KV} = \frac{R}{(R+1)K} = \frac{4}{(4+1) \times 6.4} = \frac{1}{8}$$

因为 $q = 0$，塔釜进料 所以 $y_{N+1} = x_F = 0.002$

$x_N = x_W$，$x_0 = x_D$，$y_1 = x_D$

$$N_T = \frac{1}{\ln \frac{L}{KV}} \ln \left(\frac{x_N - y_{N+1}/K}{x_0 - y_1/K} \right)$$

$$= \frac{1}{\ln \frac{L}{KV}} \ln \left(\frac{x_W - x_F/K}{x_D - x_D/K} \right)$$

$$3 = \frac{1}{\ln \frac{1}{8}} \ln \left(\frac{x_W - 0.002/6.4}{x_D - x_D/6.4} \right)$$

$$3 = \frac{1}{\ln \frac{1}{8}} \ln \left(\frac{x_W - 0.002/6.4}{x_D - x_D/6.4} \right)$$

$$\frac{x_W - 0.002/6.4}{x_D - x_D/6.4} = 1.953 \times 10^{-3} \qquad \text{①}$$

又该塔仅有精馏段，其操作线方程

$$y = \frac{R}{R+1} x + \frac{x_D}{R+1} = \frac{4}{4+1} x + \frac{x_D}{4+1} = 0.8x + 0.2x_D$$

$y = x_F = 0.0002$ 时，$x = x_W$

所以 $0.002 = 0.8x_W + 0.2x_D$

即 $x_D + 4x_W = 0.01$

将上式回代式①可解得

$x_D = 0.00869$，$x_W = 3.27 \times 10^{-4}$

分析：因为是饱和蒸汽塔釜进料，所以 $y_{N+1}=x_F=0.002$；第 N 块理论板液相组成即为塔釜产品组成（$x_N=x_W$），塔顶产品为 $x_0=x_D$，第一块板上升蒸汽 $y_1=x_D$。

Ⅲ. 工程案例解析

【例 9-17】 **恒沸物系对精馏结果的影响** 常压下，将乙醇-水混合物（其恒沸物含乙醇摩尔分数为 0.894）加以分离。加料 $F=100\text{kmol/h}$，$x_F=0.3$（乙醇摩尔分数，下同），进料状态为汽液混合物状态，其中汽相含乙醇 $y=0.48$，液相含乙醇 $x=0.12$。要求 $x_D=0.75$，$x_W=0.1$。塔釜间接蒸汽加热，塔顶采用全凝器，泡点回流，设回流比 $R=1.6R_{\min}$，挟点不是平衡线与操作线的切点。系统符合恒摩尔流假定。试求：

（1）q 线方程；

（2）最小回流比；

（3）提馏段操作线方程；

（4）若 F、x_F、q、D、R 不变，理论板数不受限制，且假定平衡线与操作线不出现切点，则馏出液可能达到的最大浓度为多少？釜液可能达到的最低浓度为多少？

解：（1）设进料中乙醇在液相、气相的摩尔分数分别为 n_1，n_2

根据已知条件，有：$\dfrac{n_1+n_2}{n_1/0.12+n_2/0.48}=0.3 \Rightarrow n_1=n_2/4$

进料的液化率为：$q=\dfrac{n_1/0.12}{n_1/0.12+n_2/0.48}=0.5$

q 线方程：$y=\dfrac{q}{q-1}x-\dfrac{x_F}{q-1}=-x+0.6$

（2）由进料时乙醇气相和液相的摩尔分数分别为 $x=0.12$，$y=0.48$

代入相平衡方程 $y=\dfrac{\alpha x}{1+(\alpha-1)x}$，得相对挥发度 $\alpha=6.77$

挟点坐标为 $x_e=0.12$，$y_e=0.48$

$R_{\min}=\dfrac{x_D-y_e}{y_e-x_e}=0.7$

（3）回流比：$R=1.6R_{\min}=1.2$

全塔物流衡算：$\begin{cases} Fx_F=Dx_D+Wx_W \\ F=W+D \end{cases}$

解得 $D=30.77\text{kmol/h}$，$W=69.23\text{kmol/h}$

提馏段操作线方程：$y=\dfrac{\overline{L}}{\overline{V}}x-\dfrac{Wx_W}{\overline{V}}$

$$=\dfrac{RD+qF}{(R+1)D-(1-q)F}x-\dfrac{Wx_W}{(R+1)D-(1-q)F}$$
$$=4.91x-0.39$$

（4）当理论板数不受限制时，即精馏塔按最小回流比操作

$R'_{\min}=\dfrac{x'_D-y_e}{y_e-x_e}=1.2, x'_D=0.912$

又恒沸物含乙醇摩尔分数为 $0.894<0.912$

馏出液可能达到最大浓度 0.894

此时塔釜的最低浓度：$x'_W = \dfrac{Fx_F - Dx_D}{W} = 0.036$

分析：本题中，当理论板数不受限制时，塔顶出塔产物的最大浓度受恒沸组成的制约。

第四节　自测练习同步

Ⅰ.自测练习一

一、填空题

1.精馏和蒸馏的区别在于＿＿＿＿＿＿＿＿＿＿＿＿；平衡蒸馏和简单蒸馏的主要区别在于＿＿＿＿＿＿＿＿＿＿＿＿＿＿＿＿＿＿＿＿＿＿＿。

2.精馏操作的基本依据是＿＿＿＿＿＿＿＿＿＿＿＿＿＿＿＿＿＿＿。精馏操作的压强增高时，泡点随之＿＿＿＿＿，相对挥发度＿＿＿＿＿。

3.在精馏操作中，＿＿＿＿＿＿＿＿＿是构成汽、液两相接触传质的必要条件。

4.描述精馏过程的基本方法是对过程作＿＿＿＿＿＿、＿＿＿＿＿＿＿＿及表示过程特征的方程。

5.恒摩尔流假定的主要前提是＿＿＿＿＿＿＿＿＿＿＿＿＿＿＿＿＿。

6.加料热状态是指＿＿＿＿＿＿＿＿＿＿＿＿＿＿＿＿。请写出下述 3 种不同进料热状态下的 q 值或范围。（1）冷液：＿＿＿＿＿＿＿；（2）饱和蒸汽：＿＿＿＿＿＿；（3）过热蒸汽：＿＿＿＿＿。

7.某精馏塔设计时，若将塔釜由原来的间接蒸汽加热改为直接蒸汽加热，而保持 x_F、F、D/F、q、R、x_D 不变，则 W＿＿＿＿＿，x_W＿＿＿＿＿。提馏段操作线斜率＿＿＿＿＿＿＿，理论板数＿＿＿＿＿。（变大，变小，不变，不确定）

8.精馏设计时，若 F、x_F、x_D、x_W、V 均为定值，将进料热状态从饱和蒸汽进料改为饱和液体进料，设计时所需理论板数＿＿＿＿＿。（增加、减少、不变、不确定）

9.连续精馏塔设计时，F、x_F、q、x_D、x_W 保持不变，若增大回流比，其他条件保持不变，则所需的理论板数将＿＿＿＿，精馏段的液气比将＿＿＿＿，提馏段上升的蒸汽量 $\overline{V}$ 将＿＿＿＿，液气比 $\overline{L}/\overline{V}$ 将＿＿＿＿。（增加，不变，减小，不确定）

10.精馏塔操作时，若仅将加料板从最佳位置下移两块，其他操作条件不变，则 x_D＿＿＿＿＿，x_W＿＿＿＿。（上升、下降、不变、不确定）

11.精馏操作中，若 V 上升，而回流量 L 和进料状态（F，x_F，q）均保持不变，则 R＿＿＿＿，x_D＿＿＿＿，x_W＿＿＿＿，L/V＿＿＿＿。（变大，变小，不变，不确定）

12.在精馏操作中，回流比 R 增大，则 x_D 增大，但是 x_D 不可能无限增大，因为 x_D 的增大受＿＿＿＿＿＿的限制和＿＿＿＿＿＿的限制。

13.精馏塔操作时，保持 F、x_F、q、R 不变，增加塔底排液量 W，则 x_D＿＿＿＿＿，L/V＿＿＿＿，$\overline{L}/\overline{V}$＿＿＿＿，$x_W$＿＿＿＿。（增大、减小、不变、不确定）

14.精馏塔内，灵敏板是＿＿＿＿＿＿＿＿＿＿＿＿＿＿＿＿＿＿＿＿＿＿。

15.在间歇精馏操作中，若保持馏出液组成恒定不变，必须不断＿＿＿＿＿，若回流比保持不变，则馏出液组成不断＿＿＿＿＿。

16. 恒沸精馏和萃取精馏都是在被分离溶液中＿＿＿＿＿＿＿＿＿＿＿＿＿＿＿＿＿＿而实现分离的。

17. 所谓关键组分就是在＿＿＿＿＿＿＿＿＿＿＿＿＿＿。＿＿＿＿＿＿称为轻关键组分，为达到分离要求，规定它在塔底产品中的组成不能大于某规定值。

二、计算题

1. 用精馏塔分离某双组分混合物，塔顶采用全凝器，泡点回流，塔釜间接蒸汽加热，塔中进料汽液混合物进料，汽液各占一半，进料中轻组分含量为 0.4（摩尔分数），塔顶轻组分的回收率为 0.98，塔顶采出率为 0.40（摩尔流量比），物系相对挥发度为 2.5，若操作回流比为最小回流比的 1.2 倍，试求：

(1) 塔顶、塔底产物的浓度 x_D、x_W；

(2) 实际操作的回流比 R；

(3) 请写出精馏段和提馏段操作线方程；

(4) 若塔内都是理论板，离开第二块理论板（自塔顶向下数）的上升蒸汽和下降液体的组成。

2. 采用连续精馏塔分离某双组分液体混合物，进料量为 200kmol/h，进料中易挥发组分浓度 0.4，泡点进料。塔顶设全凝器，泡点回流，要求塔顶产品浓度为 0.95；塔釜间接蒸汽加热，塔釜产品浓度为 0.05（以上皆为摩尔分数）。操作条件下，该物系相对挥发度 $\alpha = 2.5$，实际回流比为最小回流比的 1.5 倍。试求：

(1) 塔顶易挥发组分和塔釜难挥发组分的回收率；

(2) 精馏段和提馏段的操作线方程；

(3) 若第一块板的汽相默弗里板效率 E_{mV} 为 0.6，塔顶第二块板（自塔顶向下数）上升汽相的组成。

Ⅱ. 自测练习二

一、填空题

1. 在精馏操作中，增大回流比的措施有＿＿＿＿＿＿＿＿＿＿＿和＿＿＿＿＿＿＿＿＿＿＿。增大回流比的代价是＿＿＿＿＿＿的增大。

2. 在精馏塔内，某二元物系无恒沸点，当易挥发组分 A 的液相组成 $x_A = 0.4$，相应的泡点为 t_1；汽相组成 $y_A = 0.4$，相应的露点为 t_2，则 t_1＿＿＿＿t_2。（>、=、<）

3. 低浓度气体吸收的特点是＿＿＿＿＿、＿＿＿＿＿、＿＿＿＿＿。

4. 气液传质设备分为＿＿＿＿＿＿＿和＿＿＿＿＿＿＿两大类。它们对吸收和精馏过程是通用的。

5. 理论板是指＿＿＿＿＿＿＿＿＿＿＿＿＿＿＿＿。

6. 当操作总压上升时，物系的相对挥发度＿＿＿＿＿、塔顶温度＿＿＿＿＿、塔底温度＿＿＿＿＿。（上升、下降、不变、不确定）

7. 已知 $q = 1.1$，则加料中液体量与总加料量的比是＿＿＿＿＿。

8. 操作中精馏塔若采用 $R < R_m$，其他条件不变，则 x_D＿＿＿＿＿，x_W＿＿＿＿＿。

9. 某精馏塔设计时，若将塔釜原来的间接蒸汽加热改为直接蒸汽加热，而保持 x_F、x_D、R、q、x_W 相同，则 D/F＿＿＿＿＿，η_A＿＿＿＿＿，提馏段操作线斜率＿＿＿＿＿，理论板数＿＿＿＿＿。（变大，变小，不变，不确定）

10.连续精馏塔设计时，如将原来的冷液进料改为泡点进料，塔釜加热量及其他设计条件不变，则所需理论板数_____。（增加、减少）

11.精馏操作中，若 F、N_T、N_F、α、x_F、$\overline{V}$、D/F 均为定值，现将进料热状态从饱和液体进料变为冷液加料，其余不变，则 x_W_____，x_D_____。（变大，变小，不变，不确定）

12.操作中的精馏塔，若 $\overline{V}$、q、F、x_F 不变，D/F 增加，则 L/V_____，$\overline{L}/\overline{V}$_____，$x_D$_____，$x_W$_____，$t_{灵敏板}$_____。（增大、减小、不变、不确定）

13.某操作中的精馏塔，F、x_F、q、D 不变，现 $\overline{V}$ 增大，则 R_____、x_D_____、x_W_____、$\overline{L}/\overline{V}$_____。（增大，减小，不变，不确定）

14.在恒沸精馏和萃取精馏中，加入第三组分的目的是_____。

二、选择题

1.精馏中引入回流，下降的液相与上升的汽相发生传质，使上升汽相中的易挥发组分浓度提高，最恰当的说法是由于（　　　）。

A.液相中易挥发组分进入汽相；

B.汽相中难挥发组分进入液相；

C.液相中易挥发组分和难挥发组分同时进入汽相，但其中易挥发组分较多；

D.液相中易挥发组分进入汽相和汽相中难挥发组分进入液相的现象同时发生。

2.下列设备中能起到一块精馏板分离作用的是（　　　）。

（1）再沸器　　　　　（2）全凝器　　　　　（3）分凝器

A.（1）（2）；　　　　　B.（2）（3）；　　　　　C.（1）（3）。

3.某连续精馏塔设计时，若 x_F、x_D 和 x_W 一定，求解理论塔板数与下列参数中的（　　　）无关。

A.操作压强；　　　B.回流比；　　　C.进料热状态参数 q；　　　D.进料量。

4.某连续精馏塔设计时，回流比 R 一定，如将原来泡点回流改为冷液回流，其他设计条件不变，则所需理论板数（　　　）。

A.增大；　　　　　B.减小；　　　　　C.不变；　　　　　D.不确定。

5.精馏操作时，在 F、x_F、q、α、R、N_T、N_F 不变的情况下，操作工人增大了塔顶产品的采出量 D，则操作结果是（　　　）。

A.x_D 减小，x_W 增大；　　　　　　　　　B.x_D 减小，x_W 减小；

C.x_D 增大，x_W 减小；　　　　　　　　　D.难以判断。

6.精馏设计时，若 F、x_F、x_D、x_W、V 均为定值，将进料热状态从饱和液体进料变为饱和蒸汽进料，设计时所需的理论板数（　　　）。

A.增加；　　　　　B.减少；　　　　　C.不变；　　　　　D.不确定。

三、计算题

1.用一精馏塔分离二元理想液体混合物，进料量为 100kmol/h，易挥发组分浓度 $x_F=0.5$，原料以汽液混合物进入塔中部（汽、液各占一半），塔顶泡点回流，操作回流比为最小回流比的 1.2 倍，塔顶产品浓度 $x_D=0.95$，塔底釜液 $x_W=0.05$（皆为摩尔分数），塔釜间接蒸汽加热，该物系相对挥发度 $\alpha=3.0$。

（1）写出提馏段操作线方程；

（2）求离开第二块板（自塔顶向下数）的上升蒸汽组成。

2.用板式精馏塔在常压下分离苯-甲苯溶液，塔顶设全凝器，塔釜间接蒸汽加热，苯对甲苯的平均相对挥发度为 $\alpha = 2.47$，进料为 150kmol/h、含苯 0.4（摩尔分数，下同）的饱和蒸汽，所用回流比为 4。要求塔顶馏出液中苯的回收率为 0.97，塔釜残液中苯的组成为 0.02。试求：

（1）塔顶馏出液的组成和塔顶馏出液 D 以及塔釜残液量 W；

（2）精馏段和提馏段操作线方程；

（3）回流比与最小回流比的比值；

（4）离开第二块理论板（自塔顶向下数）的上升蒸汽和下降液体的组成；

（5）全回流操作时，全凝器冷凝液组成为 0.98，离开第一块板的液相组成为 0.969，第一块板的气相默弗里板效率 E_{mV}。

本章符号说明

符号	意义	单位
A、B、C	安托因常数	
c_p	定压摩尔热容	kJ/（kmol·K）
D	塔顶产品流率	kmol/s
E_{mV}	汽相默弗里板效率	
F	物系自由度	
F	加料流率	kmol/s
G	间歇精馏时塔釜的总汽化量	kmol
i	泡点液体的热焓	kJ/kmol
I	饱和蒸汽的热焓	kJ/kmol
K	相平衡常数	
L	回流液流率	kmol/s
m	加料板位置（自塔顶往下数）	
N	理论板数（包括塔釜）	
p	总压	Pa
p^0	纯组分的饱和蒸气压	Pa
q	加料热状态参数	
q	平衡蒸馏中液相产物占加料的分率	
Q	传热量	kJ/s
r	汽化热	kJ/kmol
R	回流比	

S	直接蒸汽的加入流率	kmol/s
t、T	温度	K
v	挥发度	
V	塔内的上升蒸汽流率	kmol/s
V	间歇精馏时塔釜的汽化率	kmol/s
W	间歇精馏操作中塔釜的存液量	kmol
x	液相中易挥发组分的摩尔分数	
y	汽相中易挥发组分的摩尔分数	
α	相对挥发度	
τ	间歇精馏的操作时间	s
γ	活度系数	

通用性上下标

A	易挥发组分
B	难挥发组分
D	馏出液
e	平衡
F	加料
m	加料板；平均值
n	塔板序号
W	釜液

第十章

气液传质设备

第一节　知识导图和知识要点

1. 板式塔知识导图

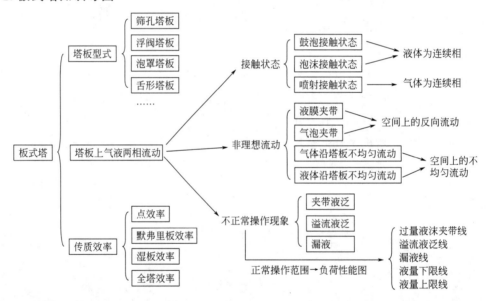

2. 板式塔的设计意图

板式塔的设计意图有两个：Ⅰ.使气液两相在塔板上充分接触，减少传质阻力；Ⅱ.在总体上使两相保持逆流流动，在塔板上使两相呈均匀的错流接触，以获得最大传质推动力。

3. 筛孔塔板的构造

筛孔塔板的主要构件包括：筛孔、溢流堰和降液管。筛孔是气体的通道；溢流堰设在塔板出口端，保证板上有液体；降液管是液体进入下一塔板的通道。

4. 筛板上的气液接触状态

气液两相在塔板上的接触状态可分为三种：鼓泡接触状态、泡沫接触状态和喷射接触状态。随着气体通过筛孔的速度增加，由鼓泡接触状态转变为泡沫接触状态再转变为喷射接触状态，其中鼓泡接触状态和泡沫接触状态都是气体为分散相，液体为连续相，喷射接触状态转为液体为分散相，气体为连续相。由泡沫接触状态转为喷射接触状态的临界点称为转相点。

5. 气液两相的非理想流动

塔板上不利于传质的流动现象有两类，一类是空间上的反向流动，包括液沫夹带和气泡夹带；另一类是空间上的不均匀流动，包括气体和液体沿塔板的不均匀流动。这些非理想流动都偏离了逆流原则，导致平均传质推动力下降，对传质不利，但基本上仍能保持塔的正常操作。

6. 板式塔的不正常操作现象

如果板式塔设计不当或操作不当，塔内将会产生一些使塔根本无法运行的不正常现象，包括夹带液泛、溢流液泛和漏液。

夹带液泛——对一定的液体流量，气速越大，夹带量越大，液层越厚，液层厚度的增加，导致夹带量进一步增加。当气速增大至某一数值，必将出现恶性循环，最终液体充满全塔并随气体从塔顶溢出的现象。

溢流液泛——若维持气速不变，随着液体流量增加，降液管的液面上升，当降液管液面升至上层塔板的溢流堰上缘时，再增大液体流量，板上开始积液，最终使全塔充满液体。

漏液——当气速较小时，部分液体会从筛孔直接落下，这种现象称为漏液，严重时将使塔板上不能积液而无法操作。

7. 负荷性能图

负荷性能图表示气、液两相的可操作范围。如图10-1所示，由线 1（过量液沫夹带线）、线 2（漏液线）、线 3（溢流液泛线）、线 4（液量下限线）、线 5（液量上限线）组成。塔板的设计点和工作点在该范围内，才能获得合理的板效率。

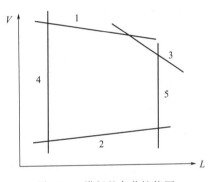

图 10-1 塔板的负荷性能图

8. 板效率的各种表示方法

点效率——以塔板上某处流体的浓度表示的实际增浓程度与理论增浓程度之比，反映气、液两相接触状态。

$$E_{OG} = \frac{y - y_{n+1}}{y^* - y_{n+1}}$$

默弗里板效率——以塔板上流体的平均浓度表示的实际增浓程度与理论增浓程度之比，受点效率和板上非理想流动的影响。

$$E_{mV} = \frac{\overline{y} - \overline{y}_{n+1}}{\overline{y}^* - \overline{y}_{n+1}}$$

湿板效率——以塔板上流体的表观浓度表示的实际增浓程度与理论增浓程度之比，受默弗里板效率和板间的非理想流动的影响。

$$E_a = \frac{Y_n - Y_{n+1}}{y_n^* - Y_{n+1}}$$

全塔效率——表示分离任务所需理论板数与实际塔板数的比值，受板效率与不同组成的影响。

$$E_T = \frac{N_T}{N_实}$$

9. 填料塔知识导图

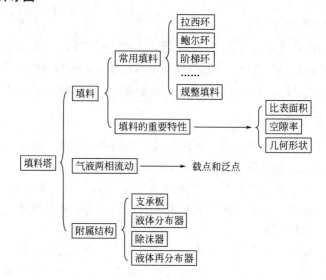

10. 填料的重要特性

填料的重要特性有：比表面积、空隙率、填料的几何形状。

11. 常用的填料类型

常用填料有散装填料和规整填料两大类：

散装填料：拉西环、鲍尔环、矩鞍形填料、阶梯环等；

规整填料：丝网波纹和板波纹规整填料等。

12. 填料塔的附属结构

支承板、液体分布器、液体再分布器、除沫器。

13. 气液传质设备的综合评价标准

工业上通常按以下五点进行综合评价：

(1) 通过能力——生产能力；

(2) 传质效率——板效率，等板高度 HETP；

(3) 压降——板压降，每米填料压降；

(4) 操作弹性——气液流量上、下限；

(5) 结构简单，成本低。

14. 填料塔与板式塔的比较

(1) 操作范围：填料塔范围小，尤其是液量范围小。

(2) 物料适应性：填料塔不宜处理含固体的物料，适宜于易起泡、腐蚀性、热敏性物料。

(3) 中间换热或侧线出料，板式塔方便。

(4) 塔直径：板式塔一般 $D \geqslant 0.6\text{m}$，填料塔不限。

(5) 设计资料：板式塔更可靠。

(6) 造价：填料塔便宜。

(7) 压降：填料塔压降小，易真空操作。

第二节 工程知识与问题分析

Ⅰ.基础知识解析

1.鼓泡、泡沫和喷射这三种接触状态各有什么特点？

答：鼓泡接触状态：气量低，气泡数量少，液层清晰。泡沫接触状态：气量较大，液体大部分以液膜形式存在于气泡之间，但仍为连续相。喷射接触状态：气量很大，液体以液滴形式存在，气体为连续相。

2.夹带液泛和溢流液泛有何区别？

答：夹带液泛是由过量液沫夹带引起的不正常操作现象；溢流液泛是由溢流管降液困难造成的不正常操作现象。

3.湿板效率与默弗里板效率的实际意义有何不同？

答：默弗里板效率考虑了点效率和板上非理想流动的影响，而没有考虑液沫夹带的影响。湿板效率考虑了液沫夹带对板效率的影响，包括默弗里板效率和液沫夹带的影响，可用表观操作线进行图解求得。

4.什么系统喷射状态操作有利？什么系统泡沫状态操作有利？

答：重组分从气相传至液相时，喷射状态对负系统有利，泡沫状态对正系统有利。

5.何谓转相点？何谓载点、泛点？何谓等板高度HETP？

答：转相点是板式塔中气液两相由泡沫接触状态转为喷射接触状态的临界点。载点是填料塔内随着气速由小到大，气液两相流动的交互影响开始变得比较显著时的操作状态；泛点是填料塔内随着气速进一步增大至出现压降陡增的转折点。等板高度HETP是指分离效果相当于一块理论板的填料层高度。

6.为什么即使塔内各板效率相等，全塔效率在数值上也不等于板效率？

答：两者定义的基准不同，板效率是以理论上的增浓程度作为比较的基准，而全塔效率是以理论上的所需塔板数作为比较的基准。

7.筛板塔负荷性能图受哪几个条件约束？何谓操作弹性？

答：负荷性能图受过量液沫夹带、漏液、溢流液泛、液量下限、液量上限约束。操作弹性是指上、下操作极限的气体流量之比。

8.填料的主要特性可用哪些特征数字表示？有哪些常用填料？

答：填料的主要特性可用比表面积 a、空隙率 ε、填料的几何形状表示；常用填料有拉西环、鲍尔环、矩鞍形填料、阶梯环等。

Ⅱ.工程知识应用

1.为什么有时实际塔板的默弗里板效率会大于1？

分析：默弗里板效率

$$E_{mV} = \frac{\overline{y} - \overline{y}_{n+1}}{\overline{y}^* - \overline{y}_{n+1}}$$

默弗里板效率是实际塔板的增浓程度与理论板的增浓程度之比。其比较的基准是理论板，即假定板上液体完全混合，第 n 块塔板上液相浓度为平均浓度 $\overline{x}_n$，以 $\overline{x}_n$ 对应的气相平

衡浓度 y^* 比下一块塔板的气相浓度 $\overline{y}_{n+1}$ 提高了多少作为比较的基准，以此来计算板效率。而实际塔板上液体并不是完全混合，x_n 存在浓度分布。当塔板各处的点效率很高时，实际塔板的气相平均浓度 $\overline{y}$ 将大于平均液相浓度 $\overline{x}_n$ 对应的平衡浓度 y^*，此时实际塔板的默弗里板效率会大于 1，即实际塔板优于理论板。其原因是默弗里板效率是以理论板（假定板上液体完全混合）作为比较基准的。

2.填料塔和板式塔各适用于什么场合？

分析：填料塔操作范围小，宜处理不易聚合的清洁物料，不易中间换热，处理量较小，造价便宜，较宜处理易起泡、腐蚀性、热敏性物料，能适应真空操作。板式塔操作范围大，可处理易聚合或含固体悬浮物、可中间换热、处理量较大、设计要求比较准确的场合。

Ⅲ. 工程问题分析

3.在筛板塔的设计中，塔径、孔径、孔间距不变，若增大板间距，则负荷性能图［见图 10-2(a)］将如何变化？

分析：增大板间距，液泛速度 u_f 将提高，过量液沫夹带线 1 将上移；增大板间距，可提高液泛时的降液管内的当量清液高度 H_d，相应提高液泛时的泛点孔速 u_o，从而溢流液泛线 3 上移；增大板间距，还可提高降液管内液体的停留时间，液相上限线 5 将右移；增大板间距，对漏液量和堰上液层高度没有影响，所以漏液线 2 和液相下限线 4 不移动。负荷性能图如图 10-2(b) 所示。

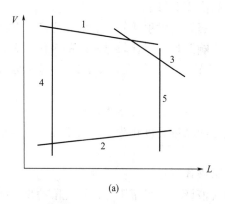
(a)

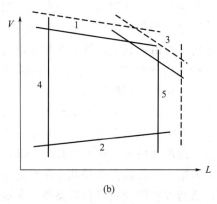
(b)

图 10-2 分析题 3 附图

4.某精馏塔的负荷性能图及工作点如图 10-3(a) 所示，该塔段受什么控制？可采取什么

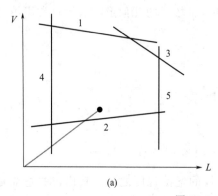
(a)

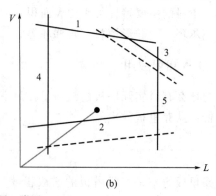
(b)

图 10-3 分析题 4 附图

措施？负荷性能图将如何变化？

　　分析：该塔段受漏液线 2 控制，此时应设法提高气速，增加干板压降。所以采取的具体措施是减小孔径（开孔数不变），或者减小开孔数（孔径不变），达到减小开孔率的目的。开孔率减小，孔速增加，干板阻力增加，不易漏液，漏液线 2 下移。同时，开孔率减小，干板阻力增加，塔板压降增加，降液管内的当量清液高度增加，更易发生溢流液泛，所以溢流液泛线 3 下移。负荷性能图如图 10-3（b）所示。

本章符号说明

符号	意义	单位
E_a	湿板效率	
E_{mV}	气相的默弗里板效率	
E_{OG}	以气相表示的点效率	
E_T	全塔效率	
H_d	降液管内的当量清液高度	m
HETP	等板高度	m
x	液相摩尔分数	
y	气相摩尔分数	
u_f	液泛速度	m/s
u_o	泛点孔速	m/s

第十一章

液 液 萃 取

第一节　知识导图和知识要点

1. 萃取的目的

液液萃取的目的是分离液体混合物。

2. 萃取的原理或依据

利用液体混合物各组分在某种溶剂中溶解度的差异而实现分离。

3. 萃取过程导图（图 11-1）

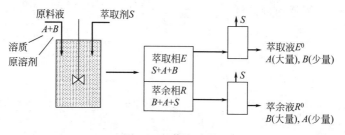

图 11-1　萃取过程

4. 萃取溶剂必须满足的两个基本要求

（1）溶剂不能与被分离混合物完全互溶，只能部分互溶。

（2）溶剂对 A、B 两组分有不同的溶解能力，即溶剂有选择性。

5. 工业萃取过程须解决的问题

（1）选择一合适的萃取剂。

（2）提供优良的萃取设备。

（3）完成萃取相、萃余相的脱溶剂。

6. 萃取过程的经济性

在经济上，萃取过程是否优越取决于后继的两个分离过程是否较原溶液的直接分离更容易实现。

7. 萃取操作的应用

萃取过程通常应用于以下情况：

（1）混合液的相对挥发度小或形成恒沸物，用一般精馏方法不能分离或很不经济。

（2）混合液浓度很稀，采用精馏的方法须汽化大量的稀释剂，能耗过大。

（3）混合液含热敏性物质，采用萃取方法可避免物料受热变性。

8. 萃取剂的技术指标

萃取过程的经济性主要取决于萃取剂的性质，所以选择萃取剂时需考虑以下条件：

（1）萃取剂对溶质的溶解能力强。

（2）萃取剂对组分 A、B 有较高的选择性。

（3）萃取剂与被分离组分 A 之间的相对挥发度高。

（4）萃取剂在混合液中的溶解度要小。

（5）萃取剂易于回收。

9. 两相接触方式及设备

萃取过程中，轻重两相接触方式分为微分接触式和逐级接触式。喷洒萃取塔是微分接触式设备，混合沉降槽是逐级接触式设备。

10. 级式萃取方式

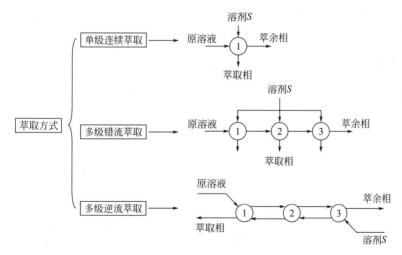

11. 三角形相图

三角形相图上（图 11-2），三个顶点分别表示三个纯组分，三条边表示相应的双组分溶液，面上的点表示三组分溶液的组成。三角形相图可以是等腰的、等边的，也可以是非等腰的。

12. 三角形相图的应用

①查取浓度；②表示混合、分离的过程；③利用杠杆定律定量计算。

13. 物料衡算与杠杆定律

总物料衡算及组分 A、组分 S 的物料衡算如下：

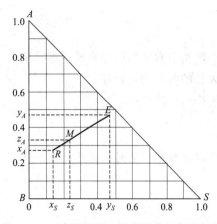

图 11-2　三角形相图上溶液组成的表示方法

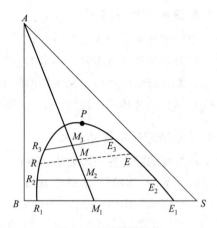

图 11-3　平衡联结线

$$M = R + E$$
$$Mz_A = Rx_A + Ey_A$$
$$Mz_S = Rx_S + Ey_S$$

$$\frac{E}{R} = \frac{z_A - x_A}{y_A - z_A} = \frac{z_S - x_S}{y_S - z_S}$$

上式表明混合液组成的 M 点的位置必在 R 点与 E 点的连线上。

$\dfrac{E}{R} = \dfrac{\overline{RM}}{\overline{EM}}$ 为物料衡算的图示法，也称为杠杆定律。

14. 和点与差点

图 11-3 中，点 M 表示溶液 R 与溶液 E 混合之后的数量与组成，M 点被称为 R、E 两溶液的和点。

当从混合物 M 中移去一定量组成为 E 的液体，R 点表示余下溶液的数量和组成，所以，R 点称为溶液 M 与溶液 E 的差点。

15. 溶解度曲线

在三角形相图上，将所有分层点连成一条光滑的曲线，称为溶解度曲线。临界混溶点右方的溶解度曲线可表示为 $y_S = \varphi(y_A)$，临界混溶点左方的溶解度曲线可表示为 $x_S = \varphi(x_A)$。溶解度曲线以内的区域是萃取过程的可操作范围。

16. 平衡联结线

在三角形相图上，溶质 A 在互成平衡的两液相中的浓度关系可用平衡联结线表示。溶解度曲线两端互成平衡的两相称为共轭相，E 相为萃取相，R 相为萃余相。两共轭相的组成无限趋近而变为一相，表示这一组成的点称为临界混溶点，用 P 表示。

17. 分配曲线与分配系数

在直角坐标中，组分 A 在液液平衡两相之间的浓度 y_A 与 x_A 的关系曲线称为分配曲线，用 $y_A = f(x_A)$ 表示，此式也是组分 A 的相平衡方程。组分 A 在液液平衡两相浓度之比称为分配系数。

分配系数 $k_A = \dfrac{y_A}{x_A}$。

18. 萃取液与萃余液

在溶剂被完全脱除的理想情况下，萃取相 E 将成为萃取液 E^0，萃余相 R 将成为萃余液 R^0。萃取液 E^0 中，$y_A^0 + y_B^0 = 1$；萃余液 R^0 中，$x_A^0 + x_B^0 = 1$。

19. 单级萃取过程导图

$$F = E^0 + R^0$$

$$Fx_F = E^0 y_A^0 + R^0 x_A^0$$

如图 11-4 整个过程将组成为 F 点的混合物分离成为含 A 较多的萃取液 E^0 与含 A 较少的萃余液 R^0。

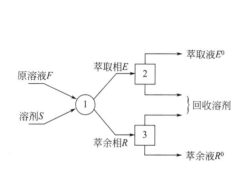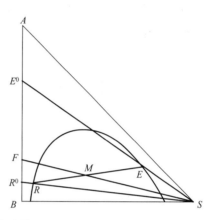

图 11-4　单级萃取过程

20. 选择性系数 β

溶质 A 在两液相中浓度的差异可用选择性系数 β 表示。

$$\beta = \frac{k_A}{k_B} = \frac{y_A/y_B}{x_A/x_B} = \frac{y_A^0/(1-y_A^0)}{x_A^0/(1-x_A^0)}$$

选择性系数 β 相当于精馏中的相对挥发度 α，

$$y_A^0 = \frac{\beta x_A^0}{1+(\beta-1)x_A^0}。$$

萃取溶剂的选择应在操作范围内使选择性系数 $\beta > 1$。

选择性系数 $\beta = 1$ 时，平衡联结线延长恰好通过 S 点，这一对共轭相不能用萃取的方法进行分离，这种情形恰似精馏中的恒沸物。

另外，B 与 S 的互溶度越小，β 越大，当组分 B 不溶于溶剂时，β 为无穷大。

21. 萃取剂用量

① 最小萃取剂用量 $S_{\min}$ 　如图 11-5，随着溶剂 S

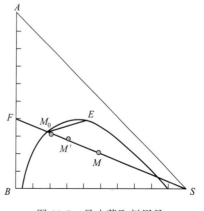

图 11-5　最小萃取剂用量

的加入，和点 M 向 S 靠拢。当减小溶剂 S 的加入，M 远离 S 点，而当 M 点和溶解度曲线相交时，表明此时所加溶剂为最小量 $S_{\min}$。通过杠杆定律可求最小萃取剂用量。

$$S_{\min} = F\frac{\overline{FM_0}}{\overline{SM_0}}$$

若溶剂用量少于 $S_{\min}$，则进入均相区，无法进行萃取操作。

② 最大萃取剂用量 $S_{\max}$　　如图 11-6，随着溶剂 S 的加入，和点 M 向 S 靠拢。而当 M' 点和溶解度曲线相交时，表明此时所加溶剂为最大量 $S_{\max}$。通过杠杆定律可求最大萃取剂用量。

$$S_{\max} = F\frac{\overline{FM'}}{\overline{SM'}}$$

当所加溶剂的量超出 M' 时，表明进入均相区，无法进行萃取操作。

从中可以得到单级萃取的操作范围。

22. 最小萃余液浓度 $x_{A,\min}^0$

如图 11-7 当萃取剂用量达到最大时，所得的萃余液浓度为最小。

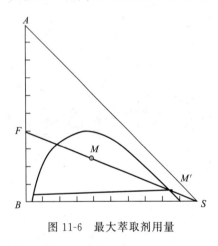

图 11-6　最大萃取剂用量

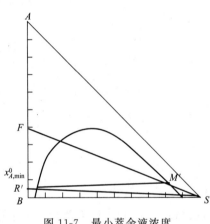

图 11-7　最小萃余液浓度

23. 最大萃取液浓度 $y_{A,\max}^0$

如图 11-8，过 S 点做溶解度曲线时切线交于 AB 线，得到最大萃取液浓度 $y_{A,\max}^0$，且 FS 的和点为 M，此时得到萃取剂用量为 $S=F\left(\dfrac{\overline{FM}}{\overline{SM}}\right)$。由此可知，并非最大萃取剂用量时得到最大萃取液浓度。

24. 操作温度对萃取的影响

温度对液液相平衡有明显影响。通常，温度降低，溶剂 S 与组分 B 的互溶度减小，对萃取过程有利。但也有物系的互溶度随温度升高而下降。

萃取液的最大浓度 $y_{A,\max}^0$ 与组分 B、S 之间的互溶度密切相关，互溶度越小萃取的操作范围越大，可能达到的萃取液的最大浓度 $y_{A,\max}^0$ 越高。

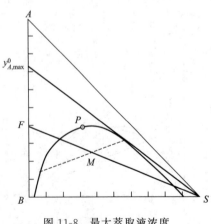

图 11-8　最大萃取液浓度

第二节　工程知识与问题分析

Ⅰ.基础知识解析

1.萃取的目的是什么？原理是什么？

答：萃取的目的是分离液液混合物。所依据的原理是各组分溶解度的不同。

2.选择萃取溶剂的必要条件是什么？

答：选择萃取溶剂的必要条件是：①萃取剂与物料中的 B 组分不完全互溶；②萃取剂对 A 组分具有选择性的溶解度。

3.萃取过程与吸收过程的主要差别有哪些？

答：萃取过程与吸收过程的主要差别在于：①萃取中稀释剂 B 组分往往部分互溶，平衡线为曲线，使过程变得复杂；②萃取的 $\Delta\rho$，σ 较小，使萃取相和萃余相不易分相，设备变得复杂。

4.什么情况下选择萃取分离而不选择精馏分离？

答：当出现以下情况时：①出现共沸，或 $\alpha <$ 1.06；②低浓度；③热敏性物料，往往采用萃取分离。

5.什么是临界混溶点？是否在溶解度曲线的最高点？

答：萃取中，相平衡的两相无限趋近变成一相时的组成所对应的点是临界混溶点。临界混溶点不一定是在溶解度曲线的最高点，如图 11-9。

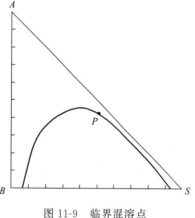

图 11-9　临界混溶点

6.分配系数 K 等于1的物系能否进行萃取分离操作？选择性系数等于1能否进行萃取分离？$\beta = \infty$ 意味着什么？

答：分配系数等于1的物系能进行萃取分离操作，如图 11-10。

选择性系数等于1的物系不能进行萃取分离操作，如图 11-11。

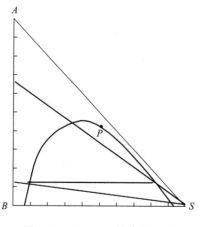

图 11-10　$K_A = 1$ 的萃取图示

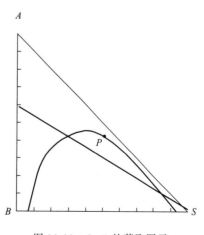

图 11-11　$\beta = 1$ 的萃取图示

$\beta=\infty$ 表示 B、S 完全不互溶物系。

7.萃取操作温度对互溶度的影响是什么？温度对萃取的影响是什么？

答：一般而言，操作温度低，B、S 互溶度小，互溶度越小，萃取的操作范围越大，$y_{A,\max}^0$ 越高，有利于萃取。

8.多级逆流萃取中 $(S/F)_{\min}$ 如何确定？

答：通过计算可以确定，当达到指定浓度所需理论级为无穷多时，相应的 S/F 为 $(S/F)_{\min}$。

9.萃取中分散相的选择应考虑哪些因素？

答：分散相的选择应考虑：$d\sigma/dx$ 的正负，两相流量比，黏度大小，润湿性，安全性等。

10.液液传质设备的主要技术性能有哪些？它们与设备尺寸有何关系？

答：液液传质设备的主要技术性能有两相极限通过能力；传质系数 K_ya 或 HETP。两相极限通过能力决定了设备的直径 D，传质系数 K_ya 或 HETP 决定了塔高。

Ⅱ．工程知识应用

1.有一实验室装置将含 A 10% 的 AB 50kg 和含 A 80% 的 AB 20kg 混合后，用溶剂 S 进行单级萃取，所得萃余相和萃取相脱溶剂后又能得到原来的 10%A 和 80%A 的溶液。问此工作状态下的选择性系数 $\beta=$ _____。

分析：$\beta=\dfrac{y_A^0/x_A^0}{y_B^0/x_B^0}=\dfrac{y_A^0/x_A^0}{(1-y_A^0)/(1-x_A^0)}=\dfrac{0.8/0.1}{(1-0.8)/(1-0.9)}=36$

2.请将你认为最恰切答案填在（   ）内：

（1）进行萃取操作时应使：（   ）。

    A.分配系数大于1；   B.分配系数小于1；

    C.选择性系数大于1；   D.选择性系数小于1。

分析：选择性系数 β 决定萃取操作的可行性，如同精馏操作中的 α，因此选择 C。

（2）一般情况下，稀释剂 B 组分的分配系数 k_B 值：（   ）。

    A.大于1；   B.小于1；

    C.等于1；   D.难以判断，都有可能。

分析：分配系数的定义为组分在液液平衡两相浓度之比。稀释剂 B 组分的分配系数 $k_B=y_B/x_B$，作为稀释剂 $y_B<x_B$，所以选择 B。

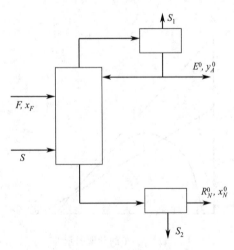

3.用纯溶剂 S 对 A、B 混合液进行单级（理论）萃取，当萃取剂用量增加时（进料量和组成均保持不变），所获得的萃取液组成是（   ）。

    A.增加；B.减少；C.不变；D.不一定。

分析：萃取液组成与临界互溶点的位置有关，同时当萃取剂用量大于最大用量时，进入互溶区，无法分解。所以，选择 D。

4.回流萃取流程如图 11-12 所示。已知：进料量 $F=100$kg/h，$x_F=0.3$（质量分数，下同）。脱除溶剂 S_1 后，萃取物量 $E^0=25$kg/h，$y_A^0=0.9$。S、S_1、S_2 均为纯态。试问：脱除 S_2 后萃余液组成 $x_N^0=$ _____。

图 11-12　分析题 4 附图

分析：全塔物料衡算得：

$$\begin{cases} F = E^0 + R_N^0 \\ Fx_F = E^0 y_A^0 + R_N^0 x_N^0 \end{cases}$$

所以
$$x_N^0 = \frac{Fx_F - E^0 y_A^0}{F - E^0} = \frac{100 \times 0.3 - 25 \times 0.9}{100 - 25} = 0.1$$

第三节　工程问题与解决方案

Ⅰ. 一般工程问题计算

【例 11-1】 萃取量和组成的计算　图 11-13 为溶质（A）、稀释剂（B）、溶剂（S）的液液相平衡关系，今有组成为 x_F 的混合液 100kg，用 80kg 纯溶剂作单级萃取，试求：

（1）萃取相、萃余相的量及组成；

（2）完全脱除溶剂之后的萃取液 E^0、萃余液 R^0 的量及组成。

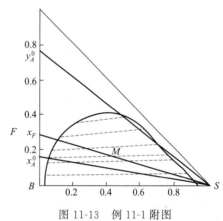

图 11-13　例 11-1 附图

解：（1）由 $\dfrac{\overline{FM}}{\overline{FS}} = \dfrac{S}{M} = \dfrac{80}{100+80} = 0.44$

$\overline{FS} = 4.6\text{cm}$，所以 $\overline{FM} = 4.6 \times 0.44 = 2.024\text{cm}$

得 M 点

用内插法过 M 点作一条平衡联结线得平衡时 R、E 相，从图中读得

$$x_A = 0.15，\quad y_A = 0.18$$

$$E = M \times \frac{\overline{RM}}{\overline{RE}} = 180 \times \frac{1.66}{3.24} = 92.2\text{kg}$$

$$R = M - E = 180 - 92.2 = 87.8\text{kg}$$

（2）从图中读得 $x_F = 0.29$，$x_A^0 = 0.16$，$y_A^0 = 0.77$

物料衡算式 $F = E^0 + R^0$

$$Fx_F = E^0 y_A^0 + R^0 x_A^0$$

所以 $100 = E^0 + R^0$

$0.29 \times 100 = 0.77E^0 + 0.16R^0$

解得 $E^0 = 21.31\text{kg}$，$R^0 = 78.69\text{kg}$

【例 11-2】 单级萃取溶剂比作图求取　图 11-14 示某萃取物系的互溶曲线：原料组成为 $x_F = 0.4$（质量分数，下同），用纯溶剂萃取，经单级萃取后所得的萃余相中含溶质 A 的浓度 $x_A = 0.2$，$\beta = 4.0$，求：

（1）溶剂比 S/F；（2）该级的分配系数 k_A。

解：（1）从 $x_A = 0.2$，水平交于平衡联结线于 R，联结 SR 交于 AB 线，得到 R^0，读得 $x_A^0 = 0.22$。已知 $\beta = 4.0$

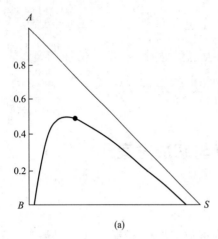
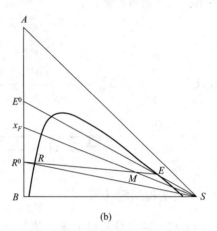

(a)　　　　　　　　　　　　　(b)

图 11-14　例 11-2 附图

$$y_A^0 = \frac{\beta x_A^0}{1+(\beta-1)x_A^0} = \frac{4.0 \times 0.22}{1+3 \times 0.22} = 0.53$$

由 $y_A^0 = 0.53$ 得到 E^0，$E^0 S$ 点相连，与平衡联结线得到 E 点。

由 $x_F = 0.4$ 得到 FS 连线，联结 RE 和 FS 得到 M 点。

溶剂比 $\dfrac{S}{F} = \dfrac{\overline{FM}}{\overline{SM}} = \dfrac{41}{18} = 2.28$

（2）从图中 E 点查得，$y_A = 0.1$，已知 $x_A = 0.2$，

$$k_A = \frac{y_A}{x_A} = 0.5$$

【例 11-3】 选择性系数的求取　在 $B\text{-}S$ 部分互溶的单级萃取中，进料中含 $A = 55\text{kg}$，$B = 45\text{kg}$，用纯溶剂萃取，已知萃取相中 $y_A/y_B = 12/5$，萃余液中 $x_A^0/x_B^0 = 2/5$，试求：

（1）选择性系数 β。

（2）萃取液量 E^0 和萃余液量 R^0。

解：（1）$x_A/x_B = x_A^0/x_B^0 = 2/5$

$$\beta = \frac{y_A/y_B}{x_A/x_B} = \frac{12/5}{2/5} = 6.0$$

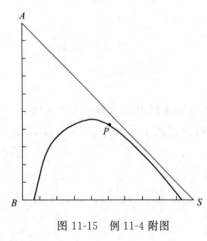

图 11-15　例 11-4 附图

（2）$y_A/y_B = y_A^0/y_B^0 = y_A^0/(1-y_A^0) = 12/5$

$y_A^0 = 0.706$

$x_A^0/x_B^0 = x_A^0/(1-x_A^0) = 2/5$　　　$x_A^0 = 0.286$

$x_F = \dfrac{55}{55+45} = 0.55$

$F = E^0 + R^0$　　　$100 = E^0 + R^0$

$Fx_F = E^0 y_A^0 + R^0 x_A^0$　　　$100 \times 0.55 = E^0 \times 0.706 + (100-E^0) \times 0.286$

$E^0 = 62.86\text{kg}$　　　$R^0 = 37.14\text{kg}$

【例 11-4】 萃取液量的计算　以纯溶剂 S 进行单级萃取（图 11-15）。已知萃取相中 $y_A/y_B = 3$，萃余相中

$x_A/x_B=1/3$，原料液量为 100kg，原料液浓度 $x_F=0.4$（质量分数，下同）。试求：

（1）选择性系数 β；

（2）萃取液和萃余液的量；

（3）萃取液量 E^0 与进料量 F 的比值 E^0/F。

解：（1）$\beta=\dfrac{y_A/y_B}{x_A/x_B}=\dfrac{3}{1/3}=9$

（2）$y_A/y_B=y_A^0/y_B^0=y_A^0/(1-y_A^0)=3 \qquad\qquad y_A^0=0.75$

$x_A/x_B=x_A^0/x_B^0=x_A^0/(1-x_A^0)=1/3 \qquad\qquad x_A^0=0.25$

$F=E^0+R^0 \qquad\qquad\qquad\qquad\qquad\qquad 100=E^0+R^0$

$Fx_F=E^0y_A^0+R^0x_A^0 \qquad\qquad\qquad 40=E^0\times0.75+R^0\times0.25$

$E^0=30\text{kg},\ R^0=70\text{kg}$

（3）$\dfrac{E^0}{F}=\dfrac{FR^0}{E^0R^0}=\dfrac{x_F-x_A^0}{y_A^0-x_A^0}=\dfrac{0.4-0.25}{0.75-0.25}=0.3$

【例 11-5】 萃余液的浓度的计算　某二元混合液中含 40% 的 A，含 60% 的 B（均为质量分数）。现用纯溶剂进行单级萃取，萃取相中 $y_A/y_B=4$，分配系数 $k_A=1$，$k_B=1/12$。试求：

（1）选择性系数 β；

（2）萃余液的浓度 x_A^0；

（3）萃取液量 E^0 与进料量 F 的比值 E^0/F。

解：$x_F=0.4 \qquad \dfrac{y_A}{y_B}=\dfrac{y_A^0}{y_B^0}=\dfrac{y_A^0}{1-y_A^0}=4 \qquad y_A^0=0.8$

$\beta=\dfrac{y_A^0/(1-y_A^0)}{x_A^0/(1-x_A^0)}=\dfrac{y_A/y_B}{x_A/x_B}=\dfrac{y_A/x_A}{y_B/x_B}=\dfrac{k_A}{k_B}=\dfrac{1}{1/12}=12$

$y_A^0=\dfrac{\beta x_A^0}{1+(\beta-1)x_A^0}$

$x_A^0=\dfrac{y_A^0}{\beta-(\beta-1)y_A^0}=\dfrac{0.8}{12-11\times0.8}=0.25$

$\dfrac{E^0}{F}=\dfrac{FR^0}{E^0R^0}=\dfrac{x_F-x_A^0}{y_A^0-x_A^0}=\dfrac{0.4-0.25}{0.8-0.25}=0.273$

【例 11-6】 萃余液最低浓度确定　由 A、B、C 构成的三元系统的溶解度曲线如图 11-16。原溶液含 A35%、B65%。采用单级萃取，所用萃取剂含 A5%、S95%。试求：

（1）当萃取相中 A 的浓度为 30% 时，每 100kg 原料液所耗溶剂量。

（2）原料条件不变，单级萃取可达到的萃余相中 A 的最低浓度 [见图 11-16(a)]。

解：分析，此题不是纯溶剂，故 S 点的位置与通常位于相图右端点不同。

（1）由 $x_F=0.35$，$y_A=0.3$ 定 F、E 两点，借辅助线定 R 点，得 $x_A=0.2$，见图 11-11(b)。

作 FS' 线和 RE 线相交于 M 点

则　$S'/F=\dfrac{FM}{MS'}=34/67=0.507$

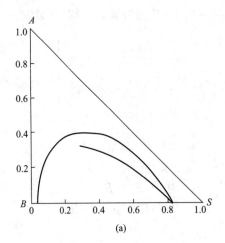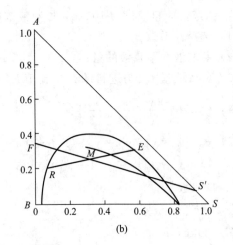

图 11-16　例 11-6 附图

$S'=0.507\times100=50.7$kg/100kg 原料液

（2）如图 11-16（b），读 $x_{min}=0.06$。

【例 11-7】　图解求萃取溶剂比　某 A、B 混合液用纯溶剂 S 单级萃取（图 11-17）。已知：$F=100$kg/h，$x_F=0.4$（质量分数，下同）。$k_A=1$，萃余相的组成 $x_A/x_B=1/3$。试求：

（1）萃取液量；

（2）溶剂比。

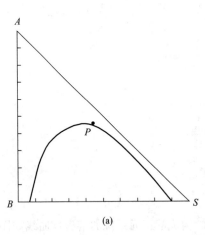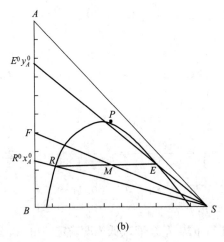

图 11-17　例 11-7 附图

解：（1）连接 FS，$x_A/x_B=x_A^0/x_B^0=x_A^0/(1-x_A^0)=1/3$

萃余液组成 $x_A^0=0.25$。

在图上标出 x_A^0 的 R^0，连 R^0S 交溶解度曲线于 R 点，读出 R 点的值 $x_A=0.21$

因为 $k_A=y_A/x_A=1$，所以 $y_A=x_A$

过 R 点作 BS 线的平行线，交 FS 线于 M 点，交溶解度曲线于 E 点

连接 SE，交 AB 线于 E^0 点，读出 E^0 点的值 $y_A^0=0.75$

$E^0=F(x_F-x_A^0)/(y_A^0-x_A^0)=100\times(0.4-0.25)/(0.75-0.25)=30$kg/h

（2）RE 与 FS 交点 M。$S = F \times FM/SM = 100 \times 24/24 = 100\text{kg/h}$

【例 11-8】 利用相平衡方程求解 醋酸水溶液 100kg，在 25°C 下用纯乙醚为溶剂作单级萃取。原料液含醋酸 $x_F = 0.20$，欲使萃余相中含醋酸 $x_A = 0.1$（均为质量分数）。试求：

（1）萃余相、萃取相的量及组成；

（2）溶剂用量 S。

已知 25°C 下物系的平衡关系为 $y_A = 1.356 x_A^{1.201}$；$y_S = 1.618 - 0.6399\exp(1.96 y_A)$；$x_S = 0.067 + 1.43 x_A^{2.273}$，式中，$y_A$ 为与萃余相醋酸浓度 x_A 成平衡的萃取相醋酸浓度；y_S 为萃取相中溶剂的浓度；x_S 为萃余相中溶剂的浓度。

解：（1）$x_A = 0.1$

所以 $y_A = 1.356 x_A^{1.201} = 1.356 \times 0.1^{1.201} = 0.0854$

$y_S = 1.618 - 0.6399\text{e}^{1.96 y_A} = 1.618 - 0.6399\text{e}^{1.96 \times 0.0854} = 0.862$

$y_B = 1 - y_A - y_S = 1 - 0.0854 - 0.862 = 0.0526$

$x_S = 0.067 + 1.430 \times 0.1^{2.273} = 0.0746$

$x_B = 1 - x_A - x_S = 1 - 0.1 - 0.0746 = 0.825$

由物料衡算式 $\begin{cases} S + F = R + E \\ F x_F = R x_A + E y_A \\ S = R x_S + E y_S \end{cases}$

$\begin{cases} S + 100 = R + E \\ 0.2 \times 100 = 0.1R + 0.0854E \\ S = 0.0746R + 0.862E \end{cases}$

联立解出 $R = 88.6\text{kg}$，$E = 130.5\text{kg}$

（2）$S = E + R - F = 88.6 + 130.5 - 100 = 119.1\text{kg}$

【例 11-9】 萃取剂用量的确定 用纯溶剂 S 单级萃取含 $40\%A$ 组分的 A、B 混合液，要求萃取液组成为 70%，试求：

（1）1kg 原料需加多少纯溶剂？

（2）该萃取过程萃余相的最低浓度及此时 1kg 原料需加多少纯溶剂〔见图 11-18(a)〕？

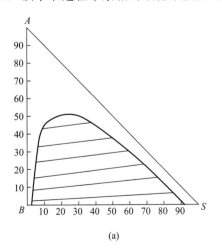

(a)

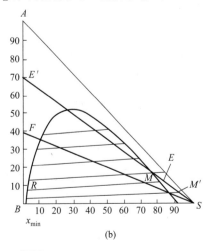

(b)

图 11-18 例 11-9 附图

解： 由已知的 $x_F=0.4$ 和 $y_A'=0.7$ 定 F 点和 E' 点，连 $E'S$ 点交溶解度曲线于 E，由 E 定 R。由 ER 线和 SF 线的交点得 M，得

$$S/F=MF/SM=72/28=2.57$$

即此时耗溶剂为 2.57kg/kg 原料

由图读出 $x_{min}=0.2$，由新交点 M' 得

$$S'/F=M'F/M'S=86/14=6.14\text{kg/kg 原料}$$

如图 11-18(b) 所示。

【例 11-10】 萃取液最大浓度及对应萃取剂用量的确定 有 A、B、S 三种有机液体，A 与 B、A 与 S 完全互溶，B 与 S 部分互溶，进料量为 100kg/h，试求：

(1) 若单级萃取，萃取液可达的最大浓度。

(2) 当进料为含 30%A 组合的 A、B 混合液，萃取液达到最大浓度，此时溶剂用量 [图 11-19(a)]。

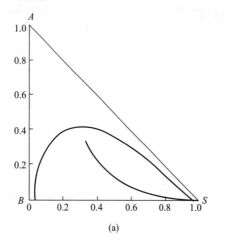 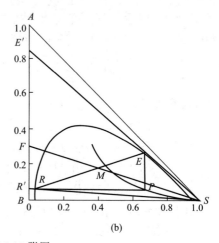

(a)   (b)

图 11-19 例 11-10 附图

解： 由 S 点做溶解度曲线的切线和 y 轴交于 E' 点，其 $y_A'=0.86$。这是由于沿溶解度曲线的切线所得的萃取物中所含 S 最少的原因，见图 11-19(b)。

(1) 得 $y_A'=0.86$。

(2) 从 E 点作 A、B 平行线交辅助线交于 P 点，从 P 点对 BS 画平行线与溶解度曲线交 R 点，S 和 R 连线并延长与 y 轴得 R' 点，则 $x_A'=70\%$。

由 $FM \times F = MS \times S$ 得

$$S=MF/MS \times F=41/59 \times 100=69.5\text{kg/h}$$

Ⅱ. 复杂工程问题分析与计算

【例 11-11】 多级萃取 含醋酸 0.20（质量分数，下同）的水溶液 100kg，用纯乙醚为溶剂作多级逆流萃取，采用溶剂比 S/F 为 1，以使最终萃余相中含醋酸不高于 0.02。试求：最终萃取相的量及组成、最终萃余相的量及组成。

操作在 25℃ 下进行，醋酸（A）-水（B）-乙醚系统平衡关系：

$$y_A=1.356x_A^{1.201}$$

$$y_S=1.618-0.6399e^{1.96y_A}$$

$$x_S=0.067+1.43x_A^{2.273}$$

解：本题为多级萃取，通过相平衡关系，求得萃余相的组成；通过物料衡算、相平衡关系，试差得到萃取相的量及组成、萃余相的量。

根据题意，由相平衡得

$$x_{SN} = 0.067 + 1.43 x_{AN}^{2.273} = 0.067 + 1.43 \times 0.02^{2.273} = 0.0672$$

$$x_{BN} = 1 - x_{AN} - x_{SN} = 1 - 0.02 - 0.0672 = 0.913$$

由物料衡算式
$$\begin{cases} F + S = E_1 + R_N \\ F x_F = E_1 y_{A1} + R_N x_{AN} \\ S = E_1 y_{S1} + R_N x_{SN} \end{cases}$$

得
$$\begin{cases} 100 + 100 = E_1 + R_N \\ 0.2 \times 100 = y_{A1} E_1 + 0.02 R_N \\ 100 = (1.618 - 0.6399 e^{196 y_{A1}}) E_1 + 0.0672 R_N \end{cases}$$

整理并试差得　　$y_{A1} = 0.148$　　$E_1 = 125\text{kg}$　　$R_N = 75\text{kg}$

$$y_{S1} = 1.618 - 0.6399 e^{1.96 \times 0.148} = 0.763$$

$$y_{B1} = 1 - y_{A1} - y_{S1} = 1 - 0.148 - 0.763 = 0.089$$

【例 11-12】 萃取率和溶剂比关系　在一单级萃取器中，25℃下用 200kg 的纯萃取剂 3-庚醇从 300kg 乙醇-水溶液中萃取乙酸，萃取后得到萃取相量 250kg，其中含乙酸 15%（质量分数，下同）。25℃时乙酸（A）-水（B）-3-庚醇（S）的溶解度曲线和辅助曲线如图 11-20 所示，P 为临界混溶点。试求：

（1）料液的组成和萃取率；

（2）最小和最大萃取率时的溶剂用量；

（3）随着萃取剂用量的增大，萃取率将如何变化？

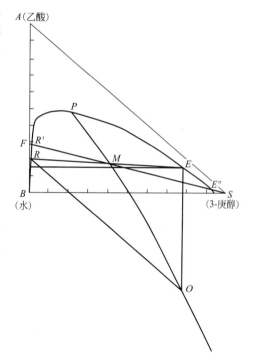

图 11-20　例 11-12 附图

解：本题求解时，由于未知平衡联结线，所以采用了辅助线法。通过 E 点做平行于 AB 的直线交于辅助线于 O 点，过 O 点做平行于 AS 线的直线，交溶解度曲线于 R 点。

（1）如图 11-20 所示，根据 $y_{A,E} = 15\%$ 在溶解度曲线上可以标出萃取相状态点 E，再由辅助曲线作图得萃余相点 R。

因为　　$F + S = M = R + E$

即　　$300 + 200 = M = R + 250$

所以　　$R = 250\text{kg}$

于是　　$\dfrac{R}{E} = \dfrac{250}{250} = 1$

又根据杠杆原理可知　　$\dfrac{R}{E} = \dfrac{\overline{ME}}{\overline{RM}} = 1$

可见，和点 M 为线段 $\overline{RE}$ 的中点。连接点 S、M，并延长到点 F，有

$$\frac{\overline{MS}}{\overline{FM}}=\frac{F}{S}=\frac{300}{200}=1.5$$

由图 11-20 点 F 读得 $x_{A,F}=0.28$ $y_{A,E}=0.15$

故   萃取率$=\frac{Ey_{A,E}}{Fx_{A,F}}=\frac{250\times0.15}{300\times0.28}=0.45$

（2）设线 FS 与溶解度曲线的交点分别为 R' 和 E''。则当 R' 为和点时，萃取相的量 $E'=0$，此时萃取率最小，等于零。由图上可以读出线段 $\overline{FR'}$、$\sqrt{R'S}$ 的长度，根据杠杆原理，得

$$\frac{S'}{F}=\frac{\overline{FR'}}{\overline{R'S}}=0.0133$$

故萃取率最小时的萃取剂用量

$$S'=F\times0.0133=300\times0.0133=3.99\text{kg}$$

当 E'' 为和点时，萃余相的量 $R''=0$，此时 $Fx_{A,F}=Mx_{A,M}=E''y_{A,E}$，萃取率$=\frac{E''y_{A,E}}{Fx_{A,F}}=100\%$，为最大。由图上可以读出线段 $\overline{FE''}$、$\overline{E''S}$ 的长度，根据杠杆原理，得

$$\frac{S''}{F}=\frac{\overline{FE''}}{\overline{E''S}}=11.35$$

故萃取率最大时的萃取剂用量

$$S''=11.35F=11.35\times300=3405\text{kg}$$

（3）对组分 A 进行物料衡算：

$$Fx_{A,F}=Ey_{A,E}+Rx_{A,R}$$

故 $\dfrac{Fx_{A,F}}{Rx_{A,R}}=\dfrac{Ey_{A,E}}{Rx_{A,R}}+1$

将杠杆原理 $\dfrac{E}{R}=\dfrac{\overline{MR}}{\overline{EM}}$ 及分配系数 $k_A=\dfrac{y_{A,E}}{x_{A,R}}$ 代入上式得

$$\frac{Fx_{A,F}}{Rx_{A,R}}=k_A\frac{\overline{MR}}{\overline{EM}}+1$$

或写成

$$\frac{Rx_{A,R}}{Fx_{A,F}}=\frac{1}{k_A\dfrac{\overline{MR}}{\overline{EM}}+1}$$

于是

萃取率$=\dfrac{Ey_{A,E}}{Fx_{A,F}}=\dfrac{Fx_{A,F}-Rx_{A,R}}{Fx_{A,F}}$

$$=1-\frac{Rx_{A,R}}{Fx_{A,F}}=1-\frac{1}{k_A\dfrac{\overline{MR}}{\overline{EM}}+1} \qquad ①$$

随着萃取剂用量的增大，和点 M 向点 S 靠近，作图可知，$\dfrac{\overline{MR}}{\overline{EM}}$ 将变大，变化范围从

$0\sim\infty$；而本题 k_A 变化幅度不大，故 $k_A\dfrac{\overline{MR}}{\overline{EM}}$ 将变大。因此，由式①可知萃取率将变大。

【例 11-13】 溶剂与稀释剂完全不互溶时的萃取 用纯溶剂对 AB 混合液作逆流萃取（图 11-21），溶剂 S 与稀释剂 B 完全不互溶。原料液中含 A20%（质量分数），要求最终萃余相的溶质浓度不高于 $0.02 kgA/kgB$。

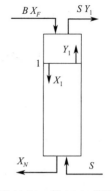

图 11-21 例 11-13 附图

A 在平衡两相中的分配 $\dfrac{Y_A}{X_A}=2$，溶剂用量为最少用量的 1.5 倍。求：

（1）实际溶剂比 S/B；

（2）离开第一理论级的萃余相组成 x_1^*；

（3）若第一块 $E_{mL}=0.7$，实际萃余相组成 x_1。

解：本题为溶剂与稀释剂完全不互溶时的萃取操作，要以惰性组分为基准表示溶液的浓度。通过相平衡方程和最小溶剂比进行求解。对于实际萃取塔计算，如同精馏操作，通过默弗里板效率求实际组成。

（1）原料液中含 A20%（质量分数），则原料浓度 $X_F=\dfrac{A}{B}=\dfrac{0.2}{0.8}=0.25 kgA/kgB$，

Y 与 X 达到平衡时为极限，因为 $k_A=2=\dfrac{Y_A}{X_A}$，所以 $Y_1^*=k_A X_F=2\times0.25=0.5$

最小溶剂比 $\left(\dfrac{S}{B}\right)_{min}=\dfrac{X_F-X_N}{Y_1^*-Z}$，代入方程得到：$\left(\dfrac{S}{B}\right)_{min}=\dfrac{0.25-0.02}{0.5-0}=0.46$，

所以 $\dfrac{S}{B}=1.5\times0.46=0.69$

（2）物料衡算 $B(X_F-X_N)=S(Y_1-0)$

所以 $Y_1=\dfrac{B}{S}(X_F-X_N)=\dfrac{1}{0.69}\times(0.25-0.02)=0.333$

得到离开第一理论级的萃余相组成：$X_1^*=\dfrac{Y_1}{k_A}=\dfrac{0.333}{2}=0.167$。

（3）若为实际萃取塔，通过默弗里板效率，求取实际萃余相组成

$$E_{mL}=\frac{X_F-X_1}{X_F-X_1^*}\Rightarrow 0.7=\frac{0.25-X_1}{0.25-0.1667}\Rightarrow X_1\approx0.192$$

Ⅲ. 工程案例解析

【例 11-14】 多级逆流萃取塔的设计 拟设计一多级逆流接触萃取塔。在操作范围内所用纯溶剂 S 与料液中稀释剂 B 完全不互溶；以质量比表示的分配系数为 2。已知入塔顶 $F=100 kg/h$，其中含溶质 A 为 0.2（质量分数），要求出塔底的萃余相中 A 的浓度降为 0.02（质量分数）。试求：

（1）最小的萃取剂用量 S_{min}；

（2）若实际采用的萃取剂量为 60kg/h，则离开第二理论级的萃取相和萃余相的组成。

解：本题为溶剂与稀释剂完全不互溶时的多级萃取设计。通过物料衡算和相平衡方程，求得离开理论级的萃取相和萃余相的组成。

（1）以惰性组分为基准表示溶液的浓度。

原料浓度 $X_F = \dfrac{x_F}{1-x_F} = \dfrac{0.2}{1-0.2} = 0.25$

萃余相中 A 的浓度 $X_N = \dfrac{x_N}{1-x_N} = \dfrac{0.02}{1-0.02} = 0.0204$

稀释剂质量 $B = F(1-x_F) = 100 \times (1-0.2) = 80\text{kg/h}$

利用相平衡求得: $Y_1^* = KX_F = 2 \times 0.25 = 0.5$

最小溶剂比 $\dfrac{S_{\min}}{B} = \dfrac{X_F - X_N}{Y_1^*} = \dfrac{0.25-0.0204}{0.5} = 0.4592$

求得最小溶剂用量 $S_{\min} = 0.4592 \times 80 = 36.74\text{kg/h}$

(2) 通过操作线方程求得离开第一理论级的萃取相组成

$$Y_1 = B/S(X_F - X_N) + Z = \frac{80}{60} \times (0.25 - 0.0204) + 0 = 0.306$$

通过相平衡方程求得离开第一理论级的萃余相组成。

$$X_1 = Y_1/K = 0.306/2 = 0.153$$

同理,求得离开第二理论级的萃取相和萃余相的组成。

$$Y_2 = B/S(X_1 - X_N) + 0 = \frac{80}{60} \times (0.153 - 0.0204) = 0.1768$$

$$X_2 = Y_2/K = 0.1768/2 = 0.0884$$

见图 11-22。

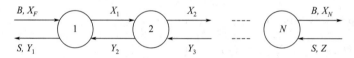

图 11-22 例 11-14 附图

第四节 自测练习同步

Ⅰ.自测练习一

一、填空题

1. 萃取过程是指＿＿＿＿＿＿＿＿＿＿＿＿＿＿＿＿＿的过程。

2. 分配系数 $k_A < 1$ 表示＿＿＿＿＿＿＿＿＿＿＿。

3. 萃取中的选择性系数 β 与蒸馏中的＿＿＿＿＿＿的含义十分相似。

4. 选择性系数 $\beta = \infty$ 存在于＿＿＿＿＿＿＿＿＿＿＿物系中。

5. 萃取操作依据是＿＿＿＿＿＿＿＿＿＿＿＿＿＿＿＿。选择萃取剂的主要原则有＿＿＿＿＿＿、＿＿＿＿＿和＿＿＿＿＿＿。

6. 在 $B\text{-}S$ 部分互溶系统中,若萃取相中含溶质 $A = 85\text{kg}$,稀释剂 $B = 15\text{kg}$,溶剂 $S = 100\text{kg}$,则萃取相中 $y_A/y_B = $＿＿＿＿＿＿($y_A$、$y_B$ 均表示质量分数)。选择性系数 $\beta = \infty$ 出现在＿＿＿＿＿＿＿物系中。

二、选择题

1. 在 $B\text{-}S$ 部分互溶物系中加入溶质 A 组分,将使 $B\text{-}S$ 互溶度(　　)。恰当降低操作温度，$B\text{-}S$ 互溶度（　　）。

    A. 增大；　　　　　　B. 减小；　　　　　　C. 不变；　　　　　　D. 不确定。

2. 萃取剂加入量应使原料和萃取剂的和点 M 位于（　　）。

    A. 溶解度曲线之上方区；　　　　　　B. 溶解度曲线上；

    C. 溶解度曲线之下方区；　　　　　　D. 坐标线上。

3. 进行萃取操作时应使（　　）。

    A. 分配系数大于 1；　　　　　　B. 分配系数小于 1；

    C. 选择性系数大于 1；　　　　　　D. 选择性系数小于 1。

4. 多级逆流萃取与单级萃取比较，如果溶剂比、萃取相浓度一样，则多级逆流萃取可使萃余相浓度（　　）。

    A. 增大；　　　　　　　　　　　B. 减少；

    C. 基本不变；　　　　　　　　　　D. 增大、减少都有可能。

5. 判断 A、B、C 答案，正确者在（　　）中打√，错误者在（　　）中打×。

从 A 和 B 组分完全互溶的溶液中，用溶剂 S 萃取其中 A 组分，如果出现以下情况将不能进行萃取分离：

    A. S 和 B 完全不互溶，S 和 A 完全互溶。　　　　　　　　　　　　（　　）

    B. S 和 B 部分互溶，A 组分的分配系数 $k_A=1$。　　　　　　　　（　　）

    C. 选择性系数 $\beta=1$。　　　　　　　　　　　　　　　　　　　　（　　）

三、作图题

1. 标出单级萃取的最大萃取液浓度点和最小萃余液浓度点。用纯溶剂 S。

2. 若在萃取操作范围内平衡联结线可视为具有相同斜率，现用纯溶剂 S 进行单级萃取，溶剂比 $S/F=1$。试作图标明 y_A、x_A 及 E/R（用线段表示）。

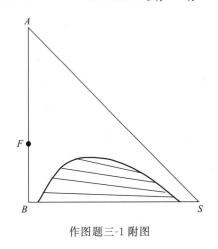

作图题三-1 附图

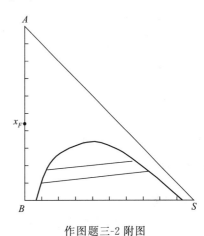

作图题三-2 附图

四、计算题

1. 某二元混合液中含 40% 的 A，含 60% 的 B（均为质量分数）。现用纯溶剂进行单级萃取，萃取相中 $y_A/y_B=4$，分配系数 $k_A=1$，$k_B=1/12$。试求：

(1) 选择性系数 β；

(2) 萃余液的浓度 x_A^0；

(3) 萃取液量 E^0 与进料量 F 的比值 E^0/F。

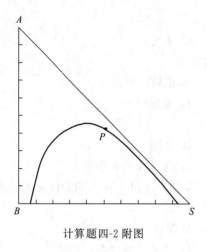

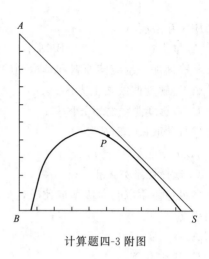

计算题四-2附图   计算题四-3附图

2. 以纯溶剂 S 进行单级萃取（附图）。已知萃取相中 $y_A/y_B = 7/3$，萃余相中 $x_A/x_B = 1/4$，原料液量为 100kg，原料液浓度 $x_F = 0.4$（质量分数，下同）。试求：

（1）选择性系数 β；

（2）萃取液和萃余液的量；

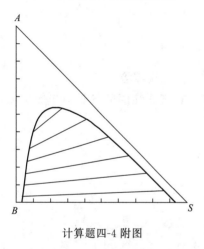

计算题四-4附图

（3）萃取液量 E^0 与进料量 F 的比值 E^0/F。

3. 采用纯溶剂 S 进行单级萃取，已知 $x_F = 0.3$（质量分数），萃取相浓度比为 $y_A/y_B = 1.5$，附图中 P 点为临界互溶点，并知分配系数 $k_A = 2$。试求：

（1）萃取相浓度 y_A；

（2）溶剂比 S/F 为多少？

4. 现拟对含 $A\,40\%$ 的 A、B 混合液，用纯溶剂 S 进行单级萃取。求：

（1）若分离后所得萃取液组成为 70%，问每千克原料需加多少纯溶剂？

（2）该萃取过程萃余相可能达到的最低浓度为多少？此时每千克原料需加多少纯溶剂？

说明：三角形相图如附图所示；以上计算只须写明作图步骤及线段的比例关系。

II. 自测练习二

一、填空题

1. 在 B-S 部分互溶物系中加入溶质 A 组分，将使 B-S 互溶度_____。恰当降低操作温度，B-S 的互溶度_____。（增大、减少、不变、不确定）

2. 在 B-S 部分互溶系统中，若萃取相中含溶质 $A = 85\text{kg}$，稀释剂 $B = 15\text{kg}$，溶剂 $S = 100\text{kg}$，则萃取液中 $y_A^0/y_B^0 = $_____。

3. 有一实验室装置将含 $A\,10\%$ 的 $AB\,50\text{kg}$ 和含 $A\,80\%$ 的 $AB\,20\text{kg}$ 混合后，用溶剂 S 进行单级萃取，所得萃余相和萃取相脱溶剂后又能得到原来的 $10\%A$ 和 $80\%A$ 的溶液。问此工作状态下的选择性系数 $\beta = $_____。

4. 当 $k_A = 1$ 时，说明溶质 A 在萃取相 E 中的含量_____在萃余相中的含量。

当 $k_B = \infty$ 时，说明溶质 A 在萃余相中含量等于_____。

5.在萃取设备中，分散相的形成可借助_____的作用来达到。

6.采用回流萃取的目的是_____。

7.在多级逆流萃取中，欲达到同样的分离程度，溶剂比愈大则所需理论级数愈_____，当溶剂比为最小值时，理论级数为_____。

二、选择题

1.进行萃取操作时应使（　　）。

　A.分配系数大于 1；

　B.分配系数小于 1；

　C.选择性系数大于 1；

　D.选择性系数小于 1。

2.萃取是利用各组分间的（　　）差异来分离液体混合液的。

　A.挥发度；　　　　B.离散度；　　　　C.溶解度；　　　　D.密度。

3.在 B-S 部分互溶体系的单级萃取过程中，若加入的纯溶剂量增加而其他操作条件不变，则萃取液浓度（　　）。

　A.增大；　　　　B.下降；　　　　C.不变；　　　　D.变化趋势不确定。

4.一般情况下，稀释剂 B 组分的分配系数 k_B 值：（　　）。

　A.大于 1；　　　　　　　　　B.小于 1；

　C.等于 1；　　　　　　　　　D.难以判断，都有可能。

作图题三-1附图

作图题三-2附图

5.单级（理论）萃取中，在维持进料组成和萃取相浓度不变的条件下，若用含有少量溶质的萃取剂代替纯溶剂，所得萃余相浓度将（　　　）。

　　A.增大；　　　　　B.减小；　　　　　C.不变；　　　　　D.不确定。

三、作图题

1.某液体组成为 $x_A=0.6$、$x_B=0.4$，试在三角相图中表示出该点的坐标位置。若在其中加入等量的 S，此时坐标点位置在何处（在坐标图中标出），并请写出其组成：$x_A=$＿＿＿＿、$x_B=$＿＿＿＿、$x_S=$＿＿＿＿。

2.若 B-S 部分互溶物系中，临界互溶点 P 不在平衡曲线（溶解度曲线）的最高点，且分配系数 $k_A<1$，则 A 组分的分配曲线图应为＿＿＿＿＿＿。

四、计算题

1.以纯溶剂 S 进行单级萃取。已知萃取相中 $y_A/y_B=7/2$，萃余相中 $x_A/x_B=1/4$，原料液量为 100kg，原料液浓度 $x_F=0.4$（质量分数，下同）。试求：

（1）选择性系数 β；

（2）萃取液和萃余液的量；

（3）溶剂比。

2.用纯溶剂对含溶质 0.2（质量分数）的原料作单级萃取，溶剂比 $S/F=0.5$，求：

（1）每千克加料可得的萃取相量；

（2）该萃取级的分配系数；

（3）该萃取级的选择性系数。（注明符号，并用线段比例表示）

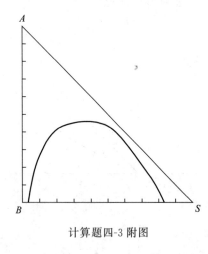

计算题四-3附图

3.由溶质 A、原溶剂 B、萃取剂 S 构成的三元系统的溶解度曲线如附图所示。原溶液含 A35％、B65％，采用单级萃取。所用萃取剂为含 A5％、S95％的回收溶剂。求：

（1）当萃取相中 A 的浓度为 30％时，每处理 100kg 原料液需用多少千克回收溶剂？

（2）在此原料条件下，单级萃取能达到的萃余相中 A 的最低浓度为多少？

4.拟设计一个多级逆流接触的萃取塔，以水为溶剂萃取乙醚与甲苯的混合液。混合液量为 100kg/h，组成为含 15％乙醚和 85％甲苯（以上均为质量分数，下同）。乙醚-甲苯-水物系在本题操作范围内可视为水与甲苯是完全不互溶的，平衡关系可以 $Y=2.2X$ 表示。（Y 的单位为 kg 乙醚/kg 水、X 的单位为 kg 乙醚/kg 甲苯），要求萃余相中乙醚的浓度降为 1％，试求：

（1）最小的萃取剂用量 S_{min}；

（2）若所用的溶剂量 $S=1.5S_{min}$，需要多少理论板数？

本章符号说明

符号	意义	单位
$1/A$	萃取因数	

a	设备内单位体积液体混合物所具有的相际传质表面	m^2/m^3
B	稀释剂的质量或质量流量	kg 或 kg/s
D	塔径	m
d_p	液滴平均直径	m
E	萃取相的质量或质量流量	kg 或 kg/s
E^0	萃取液的质量或质量流量	kg 或 kg/s
F	料液的质量或质量流量	kg 或 kg/s
k	分配系数	
K	分配系数	
M	混合物的质量或质量流量	kg 或 kg/s
N	总理论级数	
R	萃余相的质量或质量流量	kg 或 kg/s
R^0	萃余液的质量或质量流量	kg 或 kg/s
S	萃取剂的质量或质量流量	kg 或 kg/s
x	萃余相中溶质 A 的质量分数	
x^0	萃余液中溶质 A 的质量分数	
X	萃余相中溶质 A 的比质量分数	kgA/kgB
y	萃取相中溶质 A 的质量分数	
y^0	萃取液中溶质 A 的质量分数	
Y	萃取相中溶质 A 的比质量分数	kgA/kgS
Z	萃取溶剂中溶质 A 的比质量分数	kgA/kgS
β	选择性系数	
σ	界面张力	
φ	萃余百分数	
下标		
A	溶质	
B	稀释剂	
C	连续相	
D	分散相	
F	料液	
m	混合物	
max	最大	
min	最小	
S	萃取剂	

第十二章

固 体 干 燥

第一节　知识导图和知识要点

1. 去湿方法

固体物料的去湿方法有：

（1）机械去湿：如过滤、离心甩干等利用重力或离心力去湿。

（2）吸附去湿：干燥剂（如硅胶、无水氯化钙）与湿物料共放于密闭箱中，通过物理吸附或化学吸附去湿。

（3）供热干燥：向物料供热以汽化其中水分从而实现去湿。

如果固体物料含有大量湿分，为节省能源，工业中往往先用比较经济的机械去湿方法尽可能地去掉湿物料中的大部分湿分，再用供热干燥方法继续去湿。

2. 对流干燥过程特点

以热空气为干燥介质除去湿物料中水分为例，干燥过程中，热空气将热量传给湿物料，物料表面汽化的水分又由空气带走，空气既是载热体又是载湿体。整个过程热量传递和质量传递同时进行，传递方向相反。

3. 干燥静力学知识导图

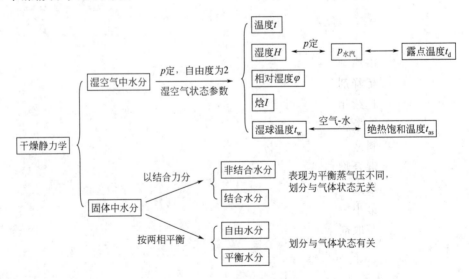

4. 湿空气状态的描述

（1）水汽分压 $p_{水汽}$ 或露点温度 t_d——等压降温至饱和时对应的温度。

$$p_{水汽} = p^0(t_d)$$

（2）湿度 H——每千克绝对干气所带有的湿气量。单位：kg 水/kg 干气。

$$H = \frac{M_水}{M_气} \frac{p_{水汽}}{p - p_{水汽}} = 0.622 \frac{p_{水汽}}{p - p_{水汽}}$$

（3）相对湿度——湿气饱和度的度量。

$$\varphi = \frac{p_{水汽}}{p_s} \quad (p_s \leqslant p)$$

（4）湿空气的焓 I——每千克干气及所带 H（kg）湿气所具有的焓。单位：kJ/kg 干气。

$$I = (c_{pg} + c_{pv}H)t + r_0 H$$

$$I = (1.01 + 1.88H)t + 2500H$$

以 0℃空气和 0℃液态水为基准。

（5）湿空气的比容——每千克干气及所带 H（kg）湿气所占体积。单位：m^3/kg 干气。

常压下 $\upsilon_H = \left(\dfrac{1}{M_气} + \dfrac{H}{M_水} \right) \times 22.4 \times \dfrac{t+273}{273}$

（6）湿球温度 t_w——大量气体与少量液体长期接触后，热质同时反向传递达到极限时液体的温度。

$$A\alpha(t - t_w) = Ak_H(H_w - H)r_w$$

$$t_w = t - \frac{k_H}{\alpha}(H_w - H)r_w$$

是大量气体和少量液体长期接触后、传热传质速率均衡的结果。

（7）绝热饱和温度 t_{as}——总压一定，湿气体绝热降温增湿至饱和状态的温度（等焓过程）。

$$Vc_{pH}(t - t_{as}) = V(H_{as} - H)r_{as}$$

$$t_{as} = t - \frac{r_{as}}{c_{pH}}(H_{as} - H)$$

是大量液体和少量气体长期接触后、热量衡算和物料衡算的结果。

值得一提的是，在总压一定时，上述湿空气的各个参数中，只有两个参数是独立的，即规定两个相互独立的参数，湿空气的状态即确定，其余参数可计算而得。

5. 固体中所含水分

水在固体物料中可以以不同的形态存在、以不同的方式与固体相结合。根据结合方式不同，分为结合水和非结合水：

结合水：借化学力或物理化学力与固体相结合的水统称为结合水，如固体中的结晶水、溶液水、吸附性水、毛细管中水。

非结合水：如果物料含水较多，除结合水外，其余的水只是机械地附着于固体表面或颗粒堆积的大空隙中，称为非结合水。

两者区别：平衡蒸气压不同。

结合水 $p_e < p^0_{纯水}$ 非结合水 $p_e = p^0_{纯水}$

6. 湿物料含水量的表示

干基：X_t 单位质量绝对干物料所含有水分的质量，kg 水/kg 干料。

湿基：w 单位质量湿物料所含有水分的质量，kg 水/kg 湿物料。

换算：$X_t = \dfrac{w}{1-w}$ $\qquad w = \dfrac{X_t}{1+X_t}$

G(kg 湿料)，含水 w(kg 水/kg 湿料)，则绝对干料

$G_c = G(1-w) = G/(1+X)$

7. 平衡含水量 X^* 和自由含水量 X

平衡含水量 X^*——物料在指定空气条件下被干燥的极限，与空气状态有关。

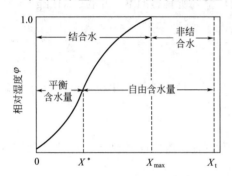

图 12-1　平衡蒸气压曲线及水分划分

自由含水量 X——所有能被指定状态的空气带走的水分量，$X_t - X^*$。

结合水与非结合水、平衡水分和自由水分的划分及平衡蒸气压曲线见图 12-1。

（1）结合水与非结合水是以结合力来区分的，表现为平衡蒸气压不同，其大小只与湿固体的性质有关而与气体状态无关。

（2）平衡水、自由水是以传质的平衡状态划分的，不仅与湿料的性质有关还与气体状态有关。相同湿料，气体 φ 越小，则平衡含水量 X^* 越低。

8. 干燥过程知识导图

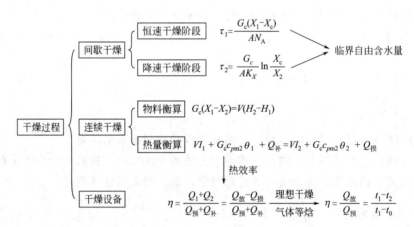

9. 干燥速率曲线

干燥速率：单位时间单位面积被汽化的水量。即 $N_A = \dfrac{-G_c \mathrm{d}X}{A \mathrm{d}\tau}$ kg/(m² · s)

干燥速率曲线是恒定空气条件下获得的干燥速率与含水量之间的关系。如图 12-2 所示。恒定空气条件指：湿空气的状态（压强、温度、相对湿度）不变；空气流速不变；与物料的接触方式不变。

干燥速率曲线可分为 3 个阶段：

① 预热段 AB。

② 恒速干燥阶段 BC，除去的是非结合水。

物料表面温度 θ 为湿球温度 t_w（干燥速率与物料无关）。

③ 降速干燥阶段 CD、DE，除去的是内部非结合水和部分结合水。

原因：实际汽化表面减少；

汽化面内移（多孔物料）；

平衡蒸气压下降；

固体内部水分扩散极慢。

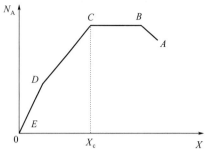

图 12-2　干燥速率曲线

10. 临界自由含水量

临界自由含水量 X_c 是指恒速段终了降速段开始时的自由含水量，见图 12-2。

其影响因素有：

① 物料特性：结构、分散程度；

② 干燥介质条件：t、H、u。

空气的影响：恒速段速率越大，越早进入降速段，X_c 越大。

物料的影响：分散越好，越晚进入降速段，X_c 越小。

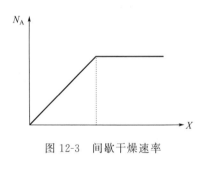

图 12-3　间歇干燥速率

11. 间歇干燥过程

恒速段　$\tau_1 = \dfrac{G_c\,(X_1 - X_c)}{A N_A}$，$N_A = k_H\,(H_w - H) = \dfrac{\alpha}{r_w}\,(t - t_w)$

降速段　$\tau_2 = \dfrac{G_c}{A K_X}\ln\dfrac{X_c}{X_2}$

注意：由于降速段采用 $N_A = K_X X$（如图 12-3），X_c 和 X_2 都应是自由含水量（即实际含水量减去平衡含水量）。

12. 连续干燥过程（图 12-4、图 12-5）

连续干燥过程为一定态过程，设备中湿空气与物料状态沿流动途径不断变化，但在设备中任一确定部位不随时间变化。

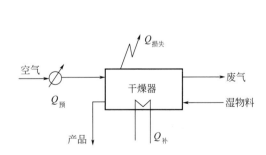

图 12-4　连续干燥过程示意图

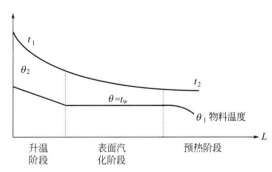

图 12-5　逆流干燥过程中气固两相的温度变化

（1）物料衡算和热量衡算（图 12-6、图 12-7）

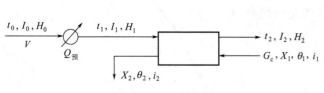
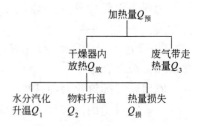

图 12-6　连续干燥过程　　　　图 12-7　热量衡算示意图

物料衡算式　　　　　　$W = G_c(X_1 - X_2) = V(H_2 - H_1)$

热量衡算式

预热器　　　　$Q_预 = V(I_1 - I_0) = V(1.01 + 1.88 H_0)(t_1 - t_0)$

$Q_预 = V c_{pH1}(t_1 - t_0) = V c_{pH1}(t_1 - t_2) + V c_{pH1}(t_2 - t_0)$

预热器的热量一部分用于干燥器内放热 $V c_{pH1}(t_1 - t_2)$，一部分被废气带走 $V c_{pH1}(t_2 - t_0)$。

干燥器　　　　$V I_1 + G_c c_{pm1} \theta_1 + Q_补 = V I_2 + G_c c_{pm2} \theta_2 + Q_损$

$V c_{pH1}(t_1 - t_2) = W(r_0 + c_{pv} t_1 - c_{pL} \theta_1) + G_c c_{pm2}(\theta_2 - \theta_1) + Q_损 - Q_补$

干燥器的热量一部分用于水分汽化 $Q_1 = W(r_0 + c_{pv} t_1 - c_{pL} \theta_1)$，一部分用于物料升温 $Q_2 = G_c c_{pm2}(\theta_2 - \theta_1)$，一部分为热量损失 $Q_损$，$Q_补$ 为干燥器补充热量。其中 $c_{pm2} = c_{ps} + c_{pL} X_2$。

（2）热效率

定义：$\eta = \dfrac{Q_1 + Q_2}{Q_预 + Q_补} = \dfrac{Q_放 - Q_损}{Q_预 + Q_补}$

当 $Q_补 = 0$，$Q_损 \approx 0$ 时　　$\eta = \dfrac{Q_放}{Q_预} = \dfrac{t_1 - t_2}{t_1 - t_0}$

13. 提高热效率的措施

提高连续干燥过程热效率的措施有：

（1）提高 t_1（物料耐温）；

（2）降低废气出口温度 t_2（但可能返潮，通常 t_2 比 t_w 大 20~50℃）；

（3）中间加热，对不耐高温的物料很有效（如图 12-8 所示）；

（4）废气再循环（如图 12-9 所示）。

由图 12-8 和图 12-9 看出，两者的热效率 η 由 $\dfrac{t_1 - t_2}{t_1 - t_0}$ 变为 $\dfrac{t_1' - t_2}{t_1' - t_0}$。

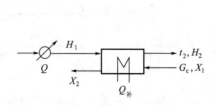
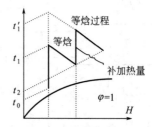

图 12-8　中间加热

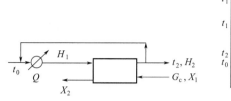

图 12-9　废气循环

14. 理想干燥过程（图 12-10）

特点：物料不升温即 $\theta_1 = \theta_2$，$Q_损 \approx 0$，外加热量 $Q_补 = 0$。

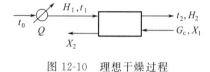

图 12-10　理想干燥过程

气体经历了等焓过程（绝热增湿过程），即 $I_1 = I_2$。

物料衡算：$V(H_2 - H_1) = G_c(X_1 - X_2)$

热量衡算：$I_1 = I_2$，即 $(1.01 + 1.88H_1)t_1 + 2500H_1 = (1.01 + 1.88H_2)t_2 + 2500H_2$

理想干燥过程的热效率：$\eta = \dfrac{t_1 - t_2}{t_1 - t_0}$

15. 干燥器评价指标（基本要求）

（1）对物料的适应性；
（2）设备的生产能力（处理量、所需干燥时间）；
（3）能耗的经济性（热效率）。

16. 常用干燥器类型

（1）厢式干燥器　小批量，适应性强。
（2）喷雾干燥器　停留时间短，适用于热敏物料。
（3）气流干燥器　加速段最有效。
（4）流化干燥器　停留时间很长，传热传质系数大，适用于颗粒状物料。
（5）转筒干燥器　处理量大，适应性强。
（6）耙式干燥器　间歇操作，适用于氧化有机物料。
（7）冷冻干燥器　升华除湿，适用于生物品等。

第二节　工程知识与问题分析

Ⅰ.基础知识解析

1.湿球温度 t_w 受哪些因素影响？绝热饱和温度 t_{as} 与 t_w 在物理含义上有何差别？

答：湿球温度 t_w 受空气温度 t、空气湿度 H 和压力的影响；$t \uparrow$，$t_w \uparrow$；$H \uparrow$，$t_w \uparrow$；$p \uparrow$，$t_w \uparrow$。t_{as} 由热量衡算和物料衡算导出，属于静力学问题；t_w 是传热传质速率均衡的结果，属于动力学问题。

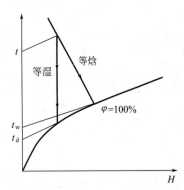

图 12-11 露点温度、湿球
温度和干球温度

2. 通常露点温度、湿球温度、干球温度的大小关系如何？什么时候三者相等？

答：在 I-H 图中，露点温度是由空气状态点沿等湿度线垂直向下与饱和湿度线的交点温度；湿球温度是由空气状态点沿等焓线斜向下与饱和湿度线的交点温度；如图 12-11 所示。三者关系为 $t_d \leqslant t_w \leqslant t$；$\varphi = 100\%$ 时，$t_d = t_w = t$。

3. 通常物料去湿的方法有哪些？

答：物料去湿的常用方法有机械去湿、吸附或抽真空去湿、供热干燥等。

4. 对流干燥过程的特点是什么？

答：对流干燥过程的特点是热质同时传递；干燥介质既是载热体，又是载湿体；传递过程包括气固之间的传递和固体内部的传递。

5. 结合水与非结合水有什么区别？

答：平衡水蒸汽压开始小于饱和蒸汽压的含水量为结合水，超出部分为非结合水。

6. 何谓平衡含水量、自由含水量？

答：指定空气条件下的被干燥极限为平衡含水量，超出的那部分含水为自由含水量。

7. 干燥速率对产品物料的性质会有什么影响？

答：干燥速率太大会引起物料表面结壳、收缩变形、开裂等。

8. 连续干燥过程的热效率是如何定义的？

答：对流干燥过程的热效率是汽化水分和物料升温所需热量占供热量的百分比。

9. 理想干燥过程有哪些假定条件？

答：理想干燥过程的假定条件有：①预热段、升温段、热损失忽略不计；②无补加热量；③水分都在表面汽化段除去。

10. 何谓临界含水量？它受哪些因素影响？

答：由恒速段向降速段转折的对应含水量为临界含水量。它受物料本身性质、结构、分散程度和干燥介质的状态参数及操作参数 u 的影响。结构松、颗粒小、分散程度高都会使临界含水量下降；$u \downarrow$、$t \downarrow$、$H \uparrow$ 导致恒速段干燥速率降低也会使临界含水量下降。

11. 为提高干燥热效率可采取哪些措施？

答：提高干燥热效率可采取的措施：

① 提高进口气体 t_1；

② 降低废气出口温度 t_2；

③ 中间再加热；

④ 废气再循环。

Ⅱ. 工程知识应用

1. 一批木材最初含水分 40%（湿基），经干燥后，最终含水分 20%（湿基），求：每 100kg 湿木材由干燥去掉的水分量为多少？

分析：$G_c = G_1(1 - w_1) = 60\text{kg}$

$$X_1 = \frac{w_1}{1-w_1} = \frac{0.4}{1-0.4}, \quad X_2 = \frac{w_2}{1-w_2} = \frac{0.2}{1-0.2}$$

所以 $W = G_c(X_1 - X_2) = 60 \times \left(\frac{0.4}{1-0.4} - \frac{0.2}{1-0.2} \right) = 25 \text{kg}$

2. 干燥介质（空气）的 t、H、u 增大，临界含水量如何变化？

分析：干燥介质变化时，临界含水量多少取决于恒速段干燥速率的大小，恒速段干燥速率越低，临界含水量越低，如图 12-12 所示。

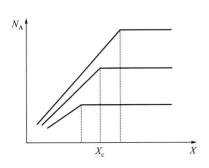

图 12-12　分析题 2 附图

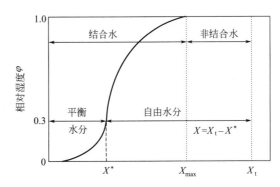

图 12-13　分析题 3 附图

若 $t\uparrow$，传热推动力增大，$N_{A恒}\uparrow$，临界含水量$\uparrow$；

若 $H\uparrow$，传质推动力减小，$N_{A恒}\downarrow$，临界含水量$\downarrow$；

若 $u\uparrow$，传热传质系数增加，$N_{A恒}\uparrow$，临界含水量$\uparrow$。

3. 干燥介质（空气）的 t、H、u 增大，平衡含水量如何变化？

分析：干燥介质变化时，平衡含水量多少取决于空气的相对湿度 φ 的大小，空气相对湿度越大，平衡含水量越多，如图 12-13 所示。

若 $t\uparrow$，$\varphi\downarrow$，平衡含水量$\downarrow$；

若 $H\uparrow$，$\varphi\uparrow$，平衡含水量$\uparrow$；

若 $u\uparrow$，φ 不变，平衡含水量不变。

Ⅲ. 工程问题分析

4. 在 1atm 下，不饱和湿空气 t 升高，湿度 H＿＿＿＿＿，相对湿度 φ＿＿＿＿＿，湿球温度 t_w＿＿＿＿＿，露点温度 t_d＿＿＿＿＿，焓 I＿＿＿＿＿。（增大，减小，不变，不确定）

分析：在等压下，可用 I-H 图进行分析，如图 12-14 所示。温度升高，空气由状态点 A 沿等湿度线垂直向上升温至状态点 B，在此升温过程中，湿度 H 不变化，相对湿度 φ 下降；两点对应的湿球温度分别为 t_a 和 t_b，因 $t_b > t_a$，所以湿球温度升高；露点未改变，所以 t_d 不变；因温度升高，焓随着升高。

除图解分析，还可根据各状态参数的计算式进行分析判断。在等压条件下，空气温度升高，空气中水蒸气分压 $p_{水汽}$ 未改变，由 $H = 0.622 \frac{p_{水汽}}{p - p_{水汽}}$ 可知湿度 H 不发生变

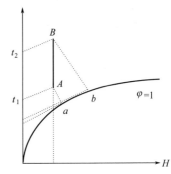

图 12-14　分析题 4 附图

化；温度升高，对应饱和蒸气压 p_s 升高，而水蒸气分压 $p_{水汽}$ 不变，由 $\varphi = \dfrac{p_{水汽}}{p_s}$ 可判断出相对湿度下降；t 升高而 H 不变，由 $I = (1.01 + 1.88H)t + 2500H$ 可知焓 I 会增大；在等压条件下，空气温度升高，空气中水蒸气分压 $p_{水汽}$ 未改变，所对应的露点温度不变。

对于湿球温度 t_w 的变化趋势，可用反证法：$t_w = t - \dfrac{k_H}{\alpha}(H_w - H)r_w$，式中，$k_H$、$\alpha$ 和 r_w 变化不大，可忽略，已经判断出 H 不变；又知 $H_w = 0.622\dfrac{p_w}{p - p_w}$，$p_w$ 是湿球温度下对应的饱和蒸气压。首先假设 t_w 不变，则 p_w 不变，H_w 不变，由 $t_w = t - \dfrac{k_H}{\alpha}(H_w - H)r_w$ 知，等式左边 t_w 不变化，而 $t\uparrow$ 和 H_w 不变使等式右边 $\uparrow$，等式不成立，所以假设 t_w 不变不成立；再假设 t_w 降低，则 p_w 降低，H_w 减小，由 $t_w = t - \dfrac{k_H}{\alpha}(H_w - H)r_w$ 知，等式左边 $t_w\downarrow$，而 $t\uparrow$ 和 $H_w\downarrow$ 使等式右边 $\uparrow$，等式仍然不成立，所以假设 t_w 降低也不成立；结论只有 t_w 升高。

5. 不饱和湿空气，总压由 1atm 升为 2atm 时，湿度 H ____，相对湿度 φ ____，露点温度 t_d ____，焓 I ____，湿球温度 t_w ____。（增大，减小，不变，不确定）

分析：不是在相同压力下，无法用同一 $I\text{-}H$ 图进行分析，只能根据各状态参数的计算式来判断变化趋势。在等温下，压力提高，在达到饱和之前，水蒸气在空气中占的比例不变，所以水汽分压 $p_{水汽}$ 和总压 p 同比例升高，$H = 0.622\dfrac{p_{水汽}}{p - p_{水汽}}$ 不变；总压升高，水汽分压 $p_{水汽}$ 升高，而温度不变，对应的饱和蒸气压 p_s 不变，由 $\varphi = \dfrac{p_{水汽}}{p_s}$ 可判断相对湿度上升；水汽分压升高，露点温度随着升高；温度 t 和湿度 H 都不变，由 $I = (1.01 + 1.88H)t + 2500H$ 可知焓 I 不变。

对于湿球温度 t_w 的变化趋势，仍可用反证法：$t_w = t - \dfrac{k_H}{\alpha}(H_w - H)r_w$，式中，$k_H$、$\alpha$ 和 r_w 变化不大，可忽略，已经判断出 t 和 H 不变；又知 $H_w = 0.622\dfrac{p_w}{p - p_w}$，$p_w$ 是湿球温度下对应的饱和蒸气压。首先假设 t_w 不变，则 p_w 不变，$H_w\downarrow$，根据 $t_w = t - \dfrac{k_H}{\alpha}(H_w - H)r_w$ 可知，等式左边 t_w 不变化，而 $H_w\downarrow$ 使等式右边 $\uparrow$，等式不成立，所以假设 t_w 不变不成立；再假设 t_w 降低，则 p_w 降低，$p\uparrow$，$H_w\downarrow$，由 $t_w = t - \dfrac{k_H}{\alpha}(H_w - H)r_w$ 知，等式左边 $t_w\downarrow$，而 $H_w\downarrow$ 使等式右边 $\uparrow$，等式仍然不成立，所以假设 t_w 降低也不成立；结论只有 t_w 升高。

第三节　工程问题与解决方案

Ⅰ. 一般工程问题计算

【例 12-1】 湿空气的状态参数　在常压下将干球温度 27℃、湿度为 0.0168kg 水/kg 干空气的空气加热至 80℃，试求加热前后空气相对湿度和焓的变化。

解：查水的饱和蒸气压　27℃　3.6kPa
　　　　　　　　　　　　80℃　47.38kPa

空气升温，湿度不变 $H_1 = H_2 = 0.0168$ kg 水/kg 干空气

由 $H = 0.622 \dfrac{p_{水汽}}{p - p_{水汽}} = 0.0168$ 得 $p_{水汽} = 2.656$ kPa

$$\varphi_1 = \frac{p_{水汽}}{p_{s1}} = \frac{2.656}{3.6} = 73.8\%$$

$$\varphi_2 = \frac{p_{水汽}}{p_{s2}} = \frac{2.656}{47.38} = 5.6\%$$

φ 变化：

$$\frac{\varphi_1 - \varphi_2}{\varphi_1} = \frac{73.8 - 5.6}{73.8} = 0.924 = 92.4\%$$

$$I_1 = (1.01 + 1.88H_1)t_1 + 2500H_1$$
$$= (1.01 + 1.88 \times 0.0168) \times 27 + 2500 \times 0.0168 = 70.1 \text{kJ/kg 干空气}$$

$$I_2 = (1.01 + 1.88H_2)t_2 + 2500H_2$$
$$= (1.01 + 1.88 \times 0.0168) \times 80 + 2500 \times 0.0168 = 125.3 \text{kJ/kg 干空气}$$

I 变化：

$$\frac{I_2 - I_1}{I_1} = \frac{125.3 - 70.1}{70.1} = 0.787 = 78.7\%$$

讨论：从本例看出，加热空气，既可以使空气的焓增加而提高其载热量，也可以使空气的相对湿度大大降低，提高其接纳水分的能力。

【例 12-2】 间歇干燥过程　某物料在定态空气条件下作间歇干燥。已知每批物料的处理量为 1000kg 干料，干燥面积为 50m²。干燥介质（空气）的温度为 70℃，湿球温度为 35℃，气体平行流过物料表面，质量流速为 2.036kg/(s·m²)，干燥过程的给热系数满足 $\alpha = 0.0143G^{0.8}$

式中　α——空气对湿物料的给热系数，kJ/(s·m²·℃)；

　　　G——空气的质量流速，kg/(s·m²)。

试估计将物料从 0.155kg 水/kg 干料干燥到 0.05kg 水/kg 和 0.01kg 水/kg 干料分别需要多少时间？

物料的平衡含水量为 0.005kg 水/kg 干料，临界含水量为 0.13kg 水/kg 干料。作为粗略估计，可设降速阶段的干燥速率与自由含水量成正比。

已知：

$t/℃$	35	60	70
p_s/kPa	5.64	19.9	31.16
$r/(\text{kJ/kg})$	2420	2358	2333

解：$G_c = 1000$kg，$A = 50$m²

$X^* = 0.005$kg 水/kg 干料

$X_1 = 0.155 - 0.005 = 0.15$kg 水/kg 干料

$X_2 = 0.05 - 0.005 = 0.045$kg 水/kg 干料

$X_2' = 0.01 - 0.005 = 0.005$kg 水/kg 干料

$X_c = 0.13 - 0.005 = 0.125$ kg 水/kg 干料

因为 $X_1 > X_c > X_2$

所以干燥过程分恒速阶段与降速阶段两部分

$\alpha = 0.0143G^{0.8} = 0.0143 \times 2.036^{0.8} = 0.02526$ kg/(m^2·s·℃)

$N_{A恒} = \dfrac{\alpha}{r_w}(t - t_w) = \dfrac{0.02526}{2420} \times (70 - 35) \times 3600 = 1.315$ kg/(m^2·h)

$\tau_{恒} = \dfrac{G_c(X_1 - X_c)}{AN_{A恒}} = \dfrac{1000 \times (0.15 - 0.125)}{50 \times 1.315} = 0.38$ h

$\tau_{降} = \dfrac{G_c X_c}{AN_{A恒}} \ln \dfrac{X_c}{X_2} = \dfrac{1000 \times 0.125}{50 \times 1.315} \times \ln \dfrac{0.125}{0.045} = 1.94$ h

$\tau'_{降} = \dfrac{G_c X_c}{AN_{A恒}} \ln \dfrac{X_c}{X'_2} = \dfrac{1000 \times 0.125}{50 \times 1.315} \times \ln \dfrac{0.125}{0.005} = 6.12$ h

$\tau = \tau_{恒} + \tau_{降} = 0.38 + 1.94 = 2.32$ h

$\tau' = \tau_{恒} + \tau'_{降} = 0.38 + 6.12 = 6.5$ h

讨论：由此题可以看出，恒速干燥阶段汽化 0.025kg 水分耗时 0.38h，降速干燥初期汽化 0.08kg 水分耗时 1.94h，降速干燥后期汽化 0.04kg 水分耗时 6.12−1.94＝4.18h。表明干燥进入降速段后，由于干燥速率不断降低，汽化少量水分所需干燥时间大大增加。

【例 12-3】 理想干燥过程的计算　某湿物料用热空气进行干燥。湿物料的处理量为 2000kg/h，初始含水量为 15%（湿基），要求干燥产品的含水量为 0.6%（湿基）。所用空气的初始温度为 20℃，湿度为 0.03kg/kg 干气，预热至 120℃。若干燥过程可视为理想干燥过程，热效率为 60%。试求：

（1）空气的出口温度为多少？

（2）所需的空气量为多少（kg/h）？

解：（1）$\eta = \dfrac{t_1 - t_2}{t_1 - t_0} = \dfrac{120 - t_2}{120 - 20} = 0.6$

得　$t_2 = 60$℃

（2）$X_1 = \dfrac{w_1}{1 - w_1} = \dfrac{0.15}{1 - 0.15} = 0.176$ kg 水/kg 干料

$X_2 = \dfrac{w_2}{1 - w_2} = \dfrac{0.006}{1 - 0.006} = 0.00604$ kg 水/kg 干料

$G_c = G_1(1 - w_1) = 2000 \times (1 - 0.15) = 1700$ kg 干料/h

$W = G_c(X_1 - X_2) = 1700 \times (0.176 - 0.00604) = 288.9$ kg/h

由 $I_1 = I_2$

即 $(1.01 + 1.88H_1)t_1 + 2500H_1 = (1.01 + 1.88H_2)t_2 + 2500H_2$

$(1.01 + 1.88 \times 0.03) \times 120 + 2500 \times 0.03 = (1.01 + 1.88H_2) \times 60 + 2500H_2$

得 $H_2 = 0.054$ kg 水/kg 干料

$V = \dfrac{W}{H_2 - H_1} = \dfrac{288.9}{0.054 - 0.03} = 12037.5$ kg 干气/h

【例 12-4】 干燥过程的热效率　一理想干燥器在总压 100kPa 下将物料由含水 50%（湿基，下同）干燥至含水 1%，湿物料的处理量为 20kg/s。室外空气温度为 25℃，露点温度为 4℃，经预热后送入干燥器。废气排出温度为 50℃，相对湿度 60%。试求：

（1）空气用量；

（2）预热温度和干燥器的热效率；

（3）若干燥任务不变，空气出口温度不变，将空气预热温度提高至180℃，空气用量和干燥器热效率分别为多少？

解：（1）$X_1 = \dfrac{w_1}{1-w_1} = \dfrac{0.5}{1-0.5} = 1$ kg 水/kg 干料

$X_2 = \dfrac{w_2}{1-w_2} = \dfrac{0.01}{1-0.01} = 0.0101$ kg 水/kg 干料

$G_c = G(1-w_1) = 20 \times (1-0.5) = 10$ kg 干料/s

查表，$t_2 = 25$℃，$t_d = 4$℃时　$H_1 = 0.005$ kg 水/kg 干气

查焓-湿图，$t_2 = 50$℃，$\varphi_2 = 60\%$时，$H_2 = 0.0495$ kg 水/kg 干气

由 $G_c(X_1 - X_2) = V(H_2 - H_1)$ 得

$$V = \frac{G_c(X_1 - X_2)}{H_2 - H_1} = \frac{10 \times (1-0.0101)}{0.0495 - 0.005} = 222 \text{ kg 干气/s}$$

所以湿空气用量为：$V(1+H_1) = 222 \times (1+0.005) = 223$ kg/s

（2）因为理想干燥器

所以 $I_1 = I_2$

$(1.01 + 1.88H_1)t_1 + 2500H_1 = (1.01 + 1.88H_2)t_2 + 2500H_2$

所以 $t_1 = \dfrac{(1.01 + 1.88H_2)t_2 + 2500(H_2 - H_1)}{1.01 + 1.88H_1}$

$= \dfrac{(1.01 + 1.88 \times 0.0495) \times 50 + 2500 \times (0.0495 - 0.005)}{1.01 + 1.88 \times 0.005}$

$= 163$℃

$\eta = \dfrac{t_1 - t_2}{t_1 - t_0} = \dfrac{163 - 50}{163 - 25} = 81.9\%$

（3）$I_1' = (1.01 + 1.88H_1)t_1' + 2500H_1$

$= (1.01 + 1.88 \times 0.005) \times 180 + 2500 \times 0.005 = 196.0$ kJ/kg 干气

由 $(1.01 + 1.88H_2')t_2 + 2500H_2 = 196.0$

得 $H_2' = 0.056$ kg 水/kg 干气

由 $G_c(X_1 - X_2) = V'(H_2' - H_1)$ 得

$$V' = \frac{G_c(X_1 - X_2)}{H_2' - H_1} = \frac{10 \times (1-0.0101)}{0.056 - 0.005} = 194 \text{ kg 干气/s}$$

所以湿空气用量：$V'(1+H_1) = 194 \times (1+0.005) = 195$ kg/s

$\eta' = \dfrac{t_1' - t_2}{t_1' - t_0} = \dfrac{180 - 50}{180 - 25} = 83.9\%$

讨论：提高空气的预热温度（即干燥器进口的空气温度），既可减少空气用量，也可提高热效率。

Ⅱ. 复杂工程问题分析与计算

【例 12-5】 有中间加热的实际干燥过程　某常压操作的干燥器参数如图 12-15 所示，其

中：空气状态：$t_0=20℃$，$H_0=0.01$kg/kg 干气，$t_1=120℃$，$t_2=70℃$，$H_2=0.05$kg/kg 干气；物料状态：$\theta_1=30℃$，含水量 $w_1=20\%$，$\theta_2=50℃$，$w_2=5\%$，绝对干物料比热容 $c_{ps}=1.5$kg/(kg·℃)；干燥器的生产能力为 53.5kg/h（以出干燥器的产物计），干燥器的热损失忽略不计，试求：

（1）空气用量；

（2）预热器的热负荷；

（3）应向干燥器补充的热量。

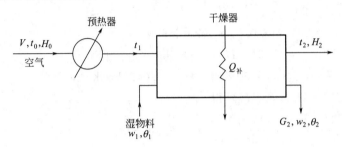

图 12-15　例 12-5 附图

解： 为提高干燥器的热效率，可在干燥过程中补充热量。如果是实际干燥过程（非理想干燥器），空气经过干燥器不再是等焓过程，但对干燥器进行热量衡算仍然适用，即进干燥器的所有热量等于出干燥器所有热量：

$$Q_补+VI_1+G_ci_1=G_ci_2+VI_2+Q_补$$

本题干燥器的热损失可忽略不计，则 $Q_补+VI_1+G_ci_1=G_ci_2+VI_2$，即进干燥器所有物流的焓加上补充的热量等于出干燥器所有物流的焓。

（1）$X_1=\dfrac{w_1}{1-w_1}=\dfrac{0.2}{1-0.2}=0.25$kg 水/kg 干料

$X_2=\dfrac{w_2}{1-w_2}=\dfrac{0.05}{1-0.05}=0.0526$kg 水/kg 干料

$G_c=G_2(1-w_2)=53.5\times(1-5\%)=50.825$kg 干料/h

$W=G_c(X_1-X_2)=50.825\times(0.25-0.0526)=10.03$kg 水/h

$V=\dfrac{W}{H_2-H_1}=\dfrac{W}{H_2-H_0}=\dfrac{10.03}{0.05-0.01}=250.75$kg 干气/h

（2）$I_1=(1.01+1.88H_1)t_1+2500H_1$

$=(1.01+1.88\times0.01)\times120+2500\times0.01=148.46$kJ/kg 干气

$I_0=(1.01+1.88H_0)t_0+2500H_0$

$=(1.01+1.88\times0.01)\times20+2500\times0.01=45.58$kJ/kg 干气

$Q=V(I_1-I_0)=250.75\times(148.46-45.58)=25797.2$kJ/h

（3）$I_2=(1.01+1.88H_2)t_2+2500H_2$

$=(1.01+1.88\times0.05)\times70+2500\times0.05=202.28$kJ/kg 干气

对干燥器热量衡算得　$Q_补+VI_1+G_ci_1=G_ci_2+VI_2$

$Q_补=V(I_2-I_1)+G_c(i_2-i_1)$

$i_2=(c_{ps}+c_{p1}X_2)\theta_2=(1.5+4.18\times0.0526)\times50=86.0$kJ/kg 干料

$i_1=(c_{ps}+c_{p1}X_1)\theta_1=(1.5+4.18\times0.25)\times30=76.4$kJ/kg 干料

$Q_补 = 250.75 \times (202.28 - 148.46) + 50.825 \times (86.0 - 76.4) = 13983 \text{kJ/h}$

讨论：实际干燥过程，要考虑物料升温以及进入干燥器的热量的变化。

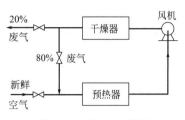

图 12-16　例 12-6 附图

【**例 12-6**】　有废气循环的理想干燥过程　总压为 100kPa、温度为 16℃、湿球温度为 7℃ 的新鲜空气与废气中 80%（质量分数）混合后进入预热器（如图 12-16 所示）。已知废气的温度为 67℃，露点温度为 35℃。物料最初含水量为 47%（湿基），最终含水量为 5%（湿基），干燥器的处理能力为 1500kg 湿物料/h。若干燥器是理想干燥器，试求：

（1）干燥器每小时消耗的空气量；

（2）预热器的传热量（忽略热损失）；

（3）在 I-H 图中定性绘出湿空气的变化过程。

已知：

t/℃	7	16	35	67
p_s/kPa	1.001	1.817	5.623	27.33
r/(kJ/kg)	2474	2455	2420	2438

解：为提高干燥器的热效率，可采用废气循环。对有废气循环的理想干燥过程，由于理想干燥器的进、出口空气的焓相等，所以循环那部分空气在预热器进、出口的焓不变，因此预热器的热负荷就等于新鲜空气的焓增加量。因此预热器进行热量衡算时，有两种计算方法，一种方法是预热器的热负荷就等于新鲜空气的焓增加量，另一种方法是按实际过程计算，先计算新鲜空气和废气混合后的混合气体的焓及湿度，再由混合气体在预热器前后的焓差计算预热器的热负荷。

（1）$X_1 = \dfrac{w_1}{1-w_1} = \dfrac{0.47}{1-0.47} = 0.8868 \text{kg 水/kg 干料}$

$X_2 = \dfrac{w_2}{1-w_2} = \dfrac{0.05}{1-0.05} = 0.0526 \text{kg 水/kg 干料}$

$G_c = G_1(1-w_1) = 1500 \times (1-0.47) = 795 \text{kg 干料/h}$

$H_w = 0.622 \dfrac{p_w}{p-p_w} = 0.622 \times \dfrac{1.001}{100-1.001} = 0.00629 \text{kg 水/kg 干气}$

$H_0 = H_w - \dfrac{1.09}{r_w}(t-t_w) = 0.00629 - \dfrac{1.09}{2474} \times (16-7) = 0.00232 \text{kg 水/kg 干气}$

$H_2 = 0.622 \dfrac{p_d}{p-p_d} = 0.622 \times \dfrac{5.623}{100-5.623} = 0.0371 \text{kg 水/kg 干气}$

$V = \dfrac{G_c(X_1-X_2)}{H_2-H_1} = \dfrac{795 \times (0.8868-0.0526)}{0.0371-0.00232} = 1.91 \times 10^4 \text{kg 干气/h}$

（2）**解法 1：**由于理想干燥器的进、出口空气的焓相等，所以循环那部分空气在预热器进、出口的焓不变，因此预热器的传热量就等于新鲜空气的焓增加量。

所以 $I_0 = (1.01 + 1.88H_0)t_0 + 2500H_0$

$\qquad = (1.01 + 1.88 \times 0.00232) \times 16 + 2500 \times 0.00232 = 22.03 \text{kJ/kg 干气}$

$I_1 = I_2 = (1.01 + 1.88H_2)t_2 + 2500H_2$

$$= (1.01 + 1.88 \times 0.0371) \times 67 + 2500 \times 0.0371 = 165.1 \text{kJ/kg 干气}$$

所以 $Q = V(I_2 - I_0) = 1.91 \times 10^4 \times (165.1 - 22.03) = 2.73 \times 10^6 \text{kJ/h}$

解法 2：由混合点作物料衡算得　$5VH_m = VH_0 + 4VH_2$

所以 $H_m = \dfrac{1}{5} \times (0.00232 + 4 \times 0.0371) = 0.03014 \text{kg 水/kg 干气}$

由混合点作物料衡算得　$5VI_m = VI_0 + 4VI_2$

所以 $I_m = \dfrac{1}{5} \times (22.03 + 4 \times 165.1) = 136.5 \text{kJ/kg 干气}$

所以 $Q = 5V(I_1 - I_m) = 5 \times 1.91 \times 10^4 \times (165.1 - 136.5) = 2.73 \times 10^6 \text{kJ/h}$

（3）如图 12-17，新鲜空气和部分废气混合即状态 0 和点 2 混合得状态点 m，再沿等温线升温至点 1，沿等焓线降温增湿至点 2，部分废气排出，部分循环。

【例 12-7】 有中间加热的实际干燥过程的热量分析　如图 12-18 所示：已知湿物料初态为 $X_1 = 0.2 \text{kg 水/kg 干料}$，$\theta_1 = 18℃$，终态为 $X_2 = 0.01 \text{kg 水/kg 干气}$，$\theta_2 = 30℃$，干物料比热容 $c_{ps} = 2\text{kJ/(kg·℃)}$，物料量 $G_c = 1.2 \text{kg 干料/s}$。$H_0 = 0.001 \text{kg 水/kg 干气}$，$t_0 = 16℃$ 的空气经加热，进入干燥器，干空气流量为 $V = 4 \text{kg 干气/s}$，气体出口状态为 $t_4 = 60℃$，$Q_损 \approx 0$。求：$Q + Q_中 = ?$

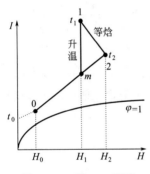

图 12-17　例 12-6 附图

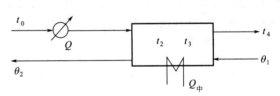

图 12-18　例 12-7 附图

解： 对于实际干燥过程，空气在干燥器的进、出口的焓不一定相等，但整个干燥过程或干燥器仍然满足质量守恒与热量守恒，因此可通过物料衡算和热量衡算进行分析。

首先对干燥器作水分的物料衡算

由 $G_c(X_1 - X_2) = V(H_4 - H_0)$ 得

$$H_4 = H_0 + \dfrac{G_c}{V}(X_1 - X_2) = 0.001 + \dfrac{1.2}{4} \times (0.2 - 0.01)$$

$$= 0.058 \text{kg 水/kg 干气}$$

$$I_0 = (1.01 + 1.88 \times 0.001) \times 16 + 2500 \times 0.001$$

$$= 18.7 \text{kJ/kg 干气}$$

$$I_4 = (1.01 + 1.88 \times 0.058) \times 60 + 2500 \times 0.058$$

$$= 212.1 \text{kJ/kg 干气}$$

$$i_1 = (c_{ps} + c_{pl}X_1)\theta_1 = (2 + 4.18 \times 0.2) \times 18 = 51.0 \text{kJ/kg 干料}$$

$$i_2 = (c_{ps} + c_{pl}X_2)\theta_2 = (2 + 4.18 \times 0.01) \times 30 = 61.3 \text{kJ/kg 干料}$$

然后对整个干燥过程进行热量衡算，对图 12-18 做热量衡算得：

$$Q+Q_{\text{中}}+VI_0+G_ci_1=G_ci_2+VI_4$$

$$Q+Q_{\text{中}}=V(I_4-I_0)+G_c(i_2-i_1)=4\times(212.1-18.7)+1.2\times(61.3-51)=786\text{kW}$$

讨论：对于实际干燥器，空气在干燥器进、出口的焓不一定相等，但热量衡算式仍成立，由于本例中热损失为 0，虚线框内物料带入的热量与预热器加热量、中间加热量之和等于物料带出热量。

Ⅲ. 工程案例解析

【例 12-8】 中间加热过程的空气用量与热效率分析　湿物料量 1.75kg/s，由含水量 $w_1=20\%$ 干燥至 $w_2=1\%$，室外空气总压为 100kPa，温度为 20℃，湿球温度为 16℃，经预热后进入干燥器，出口废气达到指定温度后排出，现采用两种方案：

(1) 气体一次预热至 120℃，增湿至 43℃后排出 [如图 12-19(a)]；

(2) 设置中间加热，即预热至 120℃，气体进入干燥器，增湿至中间达 43℃时，再被加热至 100℃，继续增湿至 43℃排出 [如图 12-19(b)]。

求：两种情况下的空气用量和热效率（干燥器为理想干燥器）。

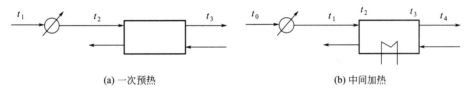

(a) 一次预热　　　　　　　　　(b) 中间加热

图 12-19　例 12-8 附图 1

解：热效率是指汽化水分并将它由进口的水变成出口状态的蒸汽所消耗的热量 Q_1 与物料温度升高所带走的热量 Q_2 占加热量 $Q_{\text{预}}$ 的比例 $(Q_1+Q_2)/Q_{\text{预}}$。若热损失可忽略，则 $Q_1+Q_2=Vc_{pH1}(t_1-t_2)=Q_{\text{有效}}$ 即为气体在干燥器中放出的热量。

(1) 查 16℃下，$p_w=1.82\text{kPa}$　　$r_w=2463\text{kJ/kg}$

$$H_w=0.622\times\frac{1.82}{100-1.82}=0.0115\text{kg 水/kg 干气}$$

$$H_0=H_w-\frac{\alpha}{k_Hr_w}(t_0-t_w)=0.0115-\frac{1.09}{2463}\times(20-16)=0.0098\text{kg 水/kg 干气}$$

$$I_1=(1.01+1.88H_0)t_1+2500H_0$$
$$=(1.01+1.88\times0.0098)\times120+2500\times0.0098=148\text{kJ/kg 干气}$$

$$I_2=I_1,H_1=H_0$$

$$H_2=\frac{I_1-1.01t_2}{1.88t_2+2500}=0.0405\text{kg 水/kg 干气}$$

$$W=G_1\frac{w_1-w_2}{1-w_2}=1.75\times\frac{0.2-0.01}{1-0.01}=0.336\text{kg/s}$$

$$V=\frac{W}{H_2-H_1}=\frac{0.336}{0.0405-0.0098}=11.0\text{kg 干气/s}$$

$$\eta=\frac{t_1-t_2}{t_1-t_0}=\frac{120-43}{120-20}=77\%$$

(2) 对于有中间加热的干燥过程，可以看成两个干燥器串联（如图 12-20）。即气体先

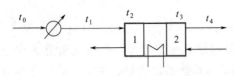

$t_0 \rightarrow \oslash \rightarrow t_1 \rightarrow \boxed{1 \ M \ 2} \rightarrow t_4$
$t_2 \quad t_3$

由 t_0 升至 t_1，进干燥器 1，温度由 t_1 降为 t_2；再由 t_2 升至 t_3，进干燥器 2，温度由 t_3 降为 t_4。整个过程的加热量为 $Q_预 + Q_中 = V c_{pH1}(t_1 - t_0) + V c_{pH3}(t_3 - t_2)$，气体在干燥器 1 中放出的热量 $Q_{有效1} = V c_{pH1}(t_1 - t_2)$，气体在干燥器 2 中放出的

图 12-20　例 12-8 附图 2

热量 $Q_{有效2} = V c_{pH3}(t_3 - t_4)$

$\quad I_1 = 148 \text{kJ/kg 干气}, H_2 = 0.0405 \text{kg 水/kg 干气}$

$\quad I_3 = I_4$

$\quad H_3 = H_2 = 0.0405 \text{kg 水/kg 干气}$

$\quad I_3 = (1.01 + 1.88 \times 0.0405) \times 100 + 2500 \times 0.0405 = 210 \text{kJ/kg 干气}$

$\quad H_4 = \dfrac{I_4 - 1.01 t_4}{1.88 t_4 + 2500} = 0.0645 \text{kg 水/kg 干气}$

$\quad V = \dfrac{W}{H_4 - H_1} = \dfrac{0.336}{0.0645 - 0.0098} = 6.14 \text{kg 干气/s}$

$\quad Q_预 + Q_中 = V c_{pH1}(t_1 - t_0) + V c_{pH3}(t_3 - t_2)$

$\quad Q_{有效} = V c_{pH1}(t_1 - t_2) + V c_{pH3}(t_3 - t_4)$

$\quad c_{pH1} = 1.01 + 1.88 \times 0.0098 = 1.028 \text{kJ/(kg·℃)}$

$\quad c_{pH3} = 1.01 + 1.88 \times 0.0405 = 1.086 \text{kJ/(kg·℃)}$

$\quad \eta = \dfrac{c_{pH1}(t_1 - t_2) + c_{pH3}(t_3 - t_4)}{c_{pH1}(t_1 - t_0) + c_{pH3}(t_3 - t_2)}$

$\quad\quad = \dfrac{1.028 \times (120 - 43) + 1.086 \times (100 - 43)}{1.028 \times (120 - 20) + 1.086 \times (100 - 43)} = 85.6\%$

讨论：采用中间加热，可显著减少空气用量，同时提高干燥过程的热效率。

第四节　自测练习同步

Ⅰ.自测练习一

一、填空题

1. 常压下，不饱和湿空气的温度为 21℃，相对湿度为 48%，当加热到 85℃时，空气的湿度 H＿＿＿＿、相对湿度 φ＿＿＿＿、湿球温度 t_w＿＿＿＿、露点温度 t_d＿＿＿＿、焓 I＿＿＿＿。（增大，减小，不变，不确定）

2. 在干燥中，若其他条件不变，只升高空气的温度，则恒速段干燥速率 N_A＿＿＿＿、平衡含水量 X^*＿＿＿＿、临界自由含水量 X_c＿＿＿＿。（增大，减小，不变，不确定）

3. 试写出三种对流式干燥器的名称：＿＿＿＿＿，＿＿＿＿＿，＿＿＿＿＿。

4. 同一物料，如空气的流速愈低，湿度、温度不变，则临界含水量＿＿＿＿＿，平衡含水量＿＿＿＿＿。（愈高、愈低、不变、不确定）

5. 恒速干燥阶段物料的表面温度达到＿＿＿＿＿＿而且维持不变。

6. 结合水和非结合水的区别是＿＿＿＿＿＿；干燥过程中，恒速干燥阶段除去的水分为＿＿＿＿＿，而降速干燥阶段除去的水分为＿＿＿＿＿和＿＿＿＿＿。

7. 干燥这一单元操作，既属于传热过程，又属于_____过程。

8. 已知某物料含水量 $X=0.4$ kg 水/kg 干料，从该物料干燥速率曲线可知：物料的平衡分压保持 $p_e=p_s$ 的最小含水量 $X=0.25$ kg 水/kg 干料，临界含水量 $X_c=0.28$ kg 水/kg 干料，平衡含水量 $X^*=0.05$ kg 水/kg 干料，则物料的非结合水分有_____，结合水分有_____，自由水分有_____，可除去的结合水分有_____。（单位：kg 水/kg 干料）

9. 恒速干燥与降速干燥阶段的分界点，称为_____；其对应的物料含水量称为_____。

二、选择题

1. 在一定 H 下，随着总压的升高，露点相应（　　）。

　　A. 增大；　　　　　　B. 减小；　　　　　　C. 不变；　　　　　　D. 不确定。

2. 间歇干燥过程将湿物料由含水量 0.25kg 水/kg 干料降至 0.05kg 水/kg 干料。已知水分在物料-空气之间的平衡含水量 $X^*=0.007$ kg 水/kg 干料，物料的平衡分压保持 $p_e=p_s$ 的最小含水量 $X=0.2$ kg 水/kg 干料，干燥过程的临界含水量 $X_c=0.21$ kg 水/kg 干料，则降速段去除的结合含水量为（　　）。

　　A. 0.2kg 水/kg 干料；　　　　　　　　　　B. 0.15kg 水/kg 干料；

　　C. 0.16kg 水/kg 干料；　　　　　　　　　　D. 0.01kg 水/kg 干料。

3. 下面参数中，（　　）与空气的温度无关。

　　A. 相对湿度；　　　　　　　　　　　　　　B. 绝热饱和温度；

　　C. 露点温度；　　　　　　　　　　　　　　D. 湿球温度。

4. 当空气的 $t=t_w=t_d$ 时，说明空气的相对湿度 φ（　　）。

　　A. $=100\%$；　　　B. $>100\%$；　　　C. $<100\%$；　　　D. 不确定。

5. 在一定的干燥条件下，物料厚度增加，物料的临界含水量 X_c（　　）。

　　A. 增加；　　　　　　B. 减少；　　　　　　C. 不变；　　　　　　D. 不确定。

三、计算题

1. $p=100$ kPa、$t=100$ ℃、$t_w=35$ ℃ （$r_w=2413$ kJ/kg，$p_w=5.62$ kPa）的空气，以 5m/s 流速平行流过物料表面，将含水量 0.125kg 水/kg 干料的物料干燥至含水量 0.025kg 水/kg 干料，间歇干燥过程，临界自由含水量 $X_c=0.07$ kg 水/kg 干料，平衡含水量 $X^*=0.005$ kg 水/kg 干料，$G_c=10$ kg 干料，$A=1$ m^2。求：干燥所需时间？

已知，干燥过程的给热系数满足 $\alpha=0.0143G^{0.8}$

式中　α——空气对湿物料的给热系数，kJ/(s·m^2·℃)；

　　　G——空气的质量流速，kg/(s·m^2)。

2. 常压气流干燥器干燥某湿物料，已知：空气进入预热器的温度为 15℃，湿含量为 0.0073kg 水/kg 干气，焓为 35kJ/kg 干气；空气进干燥器温度为 90℃，焓为 109kJ/kg 干气；空气出干燥器温度为 50℃，湿含量为 0.023kg 水/kg 干气；进干燥器物料含水量为 0.15kg 水/kg 干料；出干燥器物料含水量为 0.01kg 水/kg 干料；干燥器生产能力为 237kg/h（按干燥产品计）。试求：

（1）空气的消耗量（kg 干气/h）；

（2）进预热器前风机的流量（m^3/s）；

(3) 预热器加入热量（kW）（忽略预热器热损失）。

附湿空气比容计算公式：$\nu_H = (0.772 + 1.244H)(t + 273)/273$

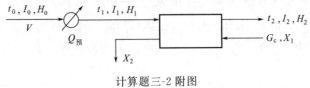

计算题三-2 附图

Ⅱ. 自测练习二

一、填空题

1. 常压下，湿空气的温度为 60℃，相对湿度为 80%，经冷却降温，发现有水析出。此时，湿度 H _____、相对湿度 _____、湿球温度 t_w _____、焓 I _____。（增大，减小，不变，不确定）

2. 若维持不饱和湿空气的 p 和 t 不变，t_w 增大，则水汽分压 p _____、相对湿度 φ _____。（增大，减小，不变，不确定）

3. 测定空气的水汽分压的实验方法是测量 _____。在实际的干燥操作中，常用 _____ 来测量空气的湿度。

4. 固体物料中 _____ 的平衡蒸气压即为同温度下纯水的饱和蒸气压。

5. 提高连续干燥过程热效率的措施有 _____，_____，_____ 和 _____。

6. 若空气的相对湿度为 43%，则其干球温度 t，湿球温度 t_w 和露点温度 t_d 的大小关系是 _____。

7. 相对湿度 φ 值可以反映湿空气吸收水汽能力的大小，当 φ 越大，表示该湿空气吸收水汽的能力 _____；当 $\varphi = 0$ 时，表示该空气为 _____。

8. 在对流干燥器中最常用的干燥介质是 _____，它既是 _____，又是 _____。

9. 在相同干燥条件下，固体物料分散愈细，其临界含水量 _____，平衡含水量 _____。（愈高，愈低，不变，不确定）

10. 恒定的干燥条件是指空气的 _____、_____、_____、_____ 不变。

二、选择题

1. 物料的平衡水分一定是（　　）。

　　A. 非结合水分；　　　　　　　　　　B. 自由水分；

　　C. 结合水分；　　　　　　　　　　　D. 临界自由水分。

2. 在恒定干燥条件下将含水 20%（干基，下同）的湿物料进行干燥，开始时干燥速度恒定，当干燥至含水量 5% 时，干燥速度开始下降，再继续干燥至物料恒重，并设法测得此时物料含水量为 0.05%，则物料的临界自由含水量为（　　）。

　　A. 5%；　　　　　　B. 20%；　　　　　　C. 0.05%；　　　　　　D. 4.95%。

3. 下面说法正确的是（　　）。

　　A. 如空气温度降低，其湿度肯定不变；

　　B. 如空气温度升高，其湿度肯定不变；

C. 降速干燥阶段除去的一定是结合水分；

D. 恒速干燥阶段除去的一定是结合水分。

4. 将不饱和的空气在总压和湿度不变的情况下进行冷却而达到饱和时的温度，称为湿空气的（　　　）。

A. 露点；　　　　　　B. 绝热饱和温度；　　　　C. 湿球温度；　　　　　　D. 干球温度。

5. 若离开连续干燥器的废气温度 t 降低而湿度 H 提高，则空气消耗量会（　　　）。

A. 增加；　　　　　　B. 减少；　　　　　　　C. 不变；　　　　　　　　D. 不确定。

三、计算题

1. 某湿物料经过 5h 的干燥，含水量由 28.8％ 降至 7.5％。若在相同操作条件下，由 28.8％ 干燥至 4.7％ 需要多少时间？以上含水量均为湿基。已知物料的临界含水量 $X_c = 0.15$（干基），平衡含水量 $X^* = 0.04$（干基），设降速阶段中的干燥速率与物料的自由含水量成正比。

2. 干燥器的处理能力为 700kg 湿物料/h，将湿物料由湿基含水量（w_1）0.4 干燥到湿基含水量（w_2）0.05。所用空气的温度为 20℃，湿度为 0.0057kg/kg 干气，预热温度为 120℃，废气出口温度为 70℃，设为理想干燥过程，试求：

（1）水分蒸发量 W（kg/s）；

（2）空气的用量（kg 干气/s）；

（3）预热器的热负荷（kW）；

（4）干燥器的热效率。

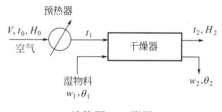

计算题三-2 附图

本章符号说明

符号	意义	单位
A	气固接触表面，即干燥面积	m²
c_p	比热容	kJ/(kg·℃)
G	干燥器中气体的质量流速	kg/(m²·s)
G_1	进干燥器湿物料量	kg/s
G_2	出干燥器干燥产品量	kg/s
G_c	绝对干物料的量（间歇过程）	kg
	或流率（连续过程）	kg/s
H	气体湿度	kg 水/kg 干气
I	热焓	kJ/kg 干气

k_H	以湿度差为推动力的气相传质系数	$kg/(s \cdot m^2)$
K_X	降速阶段干燥速率的比例系数	
N_A	传质速率，即汽化速率或干燥速率	$kg/(s \cdot m^2)$
M	分子量	
p	压强	kPa
Q	热量	kW
r	汽化热	kJ/kg
t	气体温度	℃
V	干燥用气量	kg 干气/s
$\overline{V}$	干燥设备容积	m^3
W	水分汽化量	kg/s
w	物料含水量	kg/kg 湿物料
X_t	物料含水量	kg 水/kg 干料
X	物料的自由含水量，即 $X_t - X^*$	kg 水/kg 干料
X^*	平衡含水量	kg 水/kg 干料
X_c	临界自由含水量	kg 水/kg 干料

希腊字母

α	给热系数	$kJ/(m^2 \cdot s \cdot ℃)$
θ	物料温度	℃
φ	气体的相对湿度	
η	热效率	%
τ	时间	s
ν_H	湿空气的比容	m^3/kg 干气

下标

d	露点
w	湿球
as	绝热饱和
g	干气体
v	湿蒸汽
H	湿混合气
L	液体
m	湿物料
s	干固体

模 拟 试 卷

化工原理上册模拟试卷一

一、填空题

1. 流体在圆管内流动时的摩擦阻力可分为_____和_____两种。局部阻力的计算方法有_____法和_____法。

2. 流体在管内作层流流动，流量不变，仅增大一倍管径，则摩擦系数_____，直管阻力_____。在充分湍流区，随着 Re 的增大，摩擦系数_____，直管阻力_____。

3. 常温下水的密度为 $1000kg/m^3$，黏度为 1cP，在 $d_内=100mm$ 的管内以 3m/s 速度流动，其 $Re=$_____，流动类型为_____。

4. 流体在管内作湍流流动时，在管壁处速度为_____，邻近管壁处存在_____层，且 Re 值越大，则该层厚度越_____。

5. 叶滤机中如滤饼不可压缩，当过滤压差减小一半时，过滤速率是原来的____倍。黏度减小一半时，过滤速率是原来的____倍。

6. 若流体以一定的流速通过某一大小均匀且规则装填的球形颗粒固定床，球形颗粒越小，其比表面积越_____，流体通过床层的压降越_____。

7. 流化床操作中，随气体流量的增大，床层的压降_____。不正常的流化现象有_____和_____。

8. 在无相变的对流传热过程中，热阻主要集中在_____，减少热阻最有效的措施是_____。

9. 蒸汽冷凝分____冷凝和____冷凝，工业冷凝器的设计都按_____设计，其原因是_____。蒸汽冷凝中，不凝性气体的存在会使蒸汽冷凝给热系数_____。

10. 灰体的辐射系数值与该灰体的_____性质有关，其值比黑体的辐射系数_____。

二、选择题

1. 水在一圆形直管内呈强制湍流时，若流量及物性均不变。现将管内径减半，则管内对流传热系数 α 为原来的（　　）倍。

　　A. 4.5；　　　　　　　B. 3.5；　　　　　　　C. 2.5；　　　　　　　D. 1.5。

2. 转子流量计流量为 q_{V1} 时，通过流量计前后的压降为 Δp_1，当流量 $q_{V2}=2q_{V1}$ 时，则相应的压降 Δp_2（　　）。

　　A. 变大；　　　　　B. 变小；　　　　　C. 不变；　　　　　D. 不确定。

3.恒压过滤悬浮液,已知过滤 10min 后得滤液 1.25m³,再过滤 10min 后,又得滤液 0.65m³,过滤 40min 后总共得滤液 (   ) m³。

    A.2.8;   B.0.99;   C.2.1;   D.3.13。

4.板框过滤机,已知过滤终了时过滤速率为 0.04m³/s,则洗涤速率为 (   ) m³/s。

    A.0.08;   B.0.02;   C.0.01;   D.0.04。

5.用内径为 100mm 的钢管输送 20℃的水,为了测量管内水流量,在 4m 长主管上并联了一根总长为 6m(包括局部阻力的当量长度)、内径为 60mm 的水煤气管,摩擦系数相等。主管和支管的流量之比接近 (   )。

    A.8.5;   B.6;   C.4.5;   D.3。

6.传热过程中当两侧流体的对流传热系数都较大时,影响传热过程的将是 (   )。

A. 管壁热阻;   B. 污垢热阻;

C. 管内对流传热热阻;   D. 管外对流传热热阻。

三、计算题

1.如图所示水在变径管内流动,水管管径 $D=100mm$,喉径管径 $d=75mm$,已知水管处 1 截面压力 $p_1=92kPa$,喉径至水槽液面的垂直高度 $H=1.2m$,此时小管中的水静止。设阻力不计。

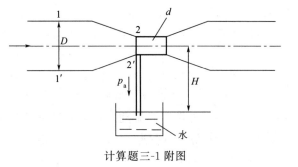
计算题三-1 附图

（选择题5附图）

(1) 此时水管中流量为多少（m³/h）?

(2) 若水流量为 36m³/h,试判断垂直小管中水的流向。

2.用板框过滤机加压过滤某悬浮液。一个操作周期内过滤 20min 后,共得滤液 4m³(滤饼不可压缩,介质阻力忽略不计)。若在一操作周期内共用去辅助时间为 30min。求:

(1) 该机的生产能力;

(2) 若操作表压加倍,其他条件不变(物性、过滤面积、过滤与辅助时间不变),该机的生产能力提高了多少?

(3) 现改用回转真空过滤机,其转速为 1r/min,若生产能力与 (1) 相同,则其在一操作周期内所得滤液量为多少?

3.一直径为 30μm 的光滑球形固体颗粒在 $\rho=1.2kg/m^3$ 的空气中的沉降速度为其在 20℃、$\mu=1mPa\cdot s$ 的水中沉降速度的 88.4 倍,又知此颗粒在此空气中的有效重量(指重力减浮力)为其在 20℃水中有效重量的 1.6 倍。求该颗粒在上述空气中的沉降速度。设该颗粒在空气及水中沉降均属 Stokes 区。

4.某厂用两台结构完全相同的单程列管换热器(由 44 根 φ25×2.5mm、长 2m 的管子构成),按并联方式预热某种料液。122℃饱和蒸汽在两换热器列管外冷凝,料液以等流量在两换热器管内流过。料液的比热容为 4.01kJ/(kg·℃),密度为 1000kg/m³,当料液总流量为 1.56×10⁻³ m³/s 时(料液在管内呈湍流流动),料液由 22℃被加热到 102℃,若蒸汽冷凝传热系数为 8kW/(m²·℃)，管壁及污垢热阻均可忽略不计。试问：

（1）料液对流传热膜系数为多少？

（2）料液总流量与加热条件不变，将两台换热器由并联改为串联使用，料液能否由 22℃加热到 112℃？

（3）两台换热器由并联改为串联后，在料液总流量不变情况下，流经列管的压力降将增加多少倍（湍流时可按 $\lambda = 0.3164/Re^{0.25}$ 考虑）。

5.某单效蒸发器将某水溶液浓度从 5% 浓缩至 20%（质量分数），进料量为 2000kg/h，沸点进料。冷凝器中二次蒸汽的冷凝温度为 70℃，加热蒸汽的温度为 110℃，蒸发器的传热面积为 60m²，蒸发传热系数 K 为 800W/(m²·℃)，忽略蒸发过程的热损失。试计算蒸发水量（kg/h）以及蒸发过程的总温度差损失和传热的有效温差。二次蒸汽的汽化潜热可取 2331kJ/kg。

化工原理上册模拟试卷二

一、填空题

1.流体流经横截面为 0.02m² 的管道时，流速为 8m/s。现管道收缩，某处的横截面为 0.013m²，根据_____方程，此时流体的流速为_____。

2.用内径为 200mm 的管子输送液体，其 Re 为 1750，流动类型属滞流。若流体及其流量不变，改用内径为 50mm 的管子，$Re=$_____，流动类型为_____。

3.流体湍流时直管阻力损失的实验研究方法是_____，其依据是_____。

4.一转子流量计，当通过水流量为 1m³/h 时，测得该流量计进、出间压强降为 20Pa；当流量增加到 1.5m³/h 时，相应的压强降_____。

5.保温瓶口用软木塞盖着，以减小_____传热，瓶胆夹层里抽真空以减小_____传热，镀银的光亮表面以减小_____传热。

6.旋桨式搅拌器的特点是_____，轮式搅拌器的特点是_____。为阻止搅拌釜内液体的圆周运动，采用的方法有_____。

7.流体通过颗粒层的流动多呈_____，单位体积床层所具有的表面积对_____有决定性的作用。降尘室的生产能力只与降尘室的_____有关，而与降尘室的_____无关。

8.大容积饱和沸腾分_____和_____，工业操作应控制在_____下进行，其原因是_____。

9.某灰体在 20℃时，其黑度为 ε=0.8，则其辐射能力的大小为_____，其吸收率为_____。

10.用饱和蒸汽加热冷流体（冷流体无相变），若保持加热蒸汽压降和冷流体 t_1 不变，而增加冷流体流量，则 t_2_____，Q_____，K_____，Δt_m_____。（增大，减小，不变，不确定）

二、选择题

1.流体在圆形管道中作层流流动时，当流量增大一倍，管径不变，阻力损失是原来的（　　）倍。

A.2；　　　　　B.4；　　　　　C.8；　　　　　D.16。

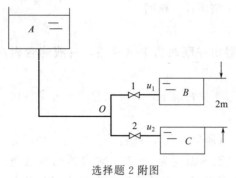

选择题 2 附图

2. 如图示流程，管径皆为 d，λ 均为定值。两支管只考虑阀门阻力，且知 $\zeta_1 = 4\zeta_2$，今只将阀门 1 关小（其他不变），使流速 $u_1 = u_2$，阻力损失 $(h_{fAO} + h_{fBO})$（　　）。

A. 变大；　　　　　　　　　B. 变小；

C. 不变；　　　　　　　　　D. 不确定。

3. 回转真空过滤机的过滤介质阻力可略去不计，其生产能力为 $5\text{m}^3/\text{h}$（滤液）。现将转速度降低一半，其他条件不变，则其生产能力应为（　　）。

A. $5\text{m}^3/\text{h}$；　　　　　　B. $2.5\text{m}^3/\text{h}$；　　　　　　C. $10\text{m}^3/\text{h}$；　　　　　　D. $3.54\text{m}^3/\text{h}$。

4. 恒压过滤悬浮液，操作压差 46kPa 下测得过滤常数 K 为 $4 \times 10^{-5}\text{m}^2/\text{s}$，当压差为 100kPa 时，过滤常数 K 为（　　）m^2/s（滤饼不可压缩）。

A. 0.8×10^{-5}；　　　　B. 1.8×10^{-5}；　　　　C. 8.7×10^{-5}；　　　　D. 1.9×10^{-5}。

5. 套管换热器，长为 L，管间用饱和蒸汽加热，空气在管内强制湍流，现空气流量增加一倍，壁温近似不变，若要使气体出口温度达到原指定温度，套管换热器的长度应为原来的（　　）倍。

A. 3；　　　　　　B. 2；　　　　　　C. 1.5；　　　　　　D. 1.15。

6. 黑体 A 的表面温度为 27℃，黑体 B 的表面温度 627℃，黑体 B 的辐射能力为黑体 A 的（　　）倍。

A. 31；　　　　　　B. 51；　　　　　　C. 71；　　　　　　D. 81。

三、计算题

1. 用清水泵将池中水打到高位槽中，泵的特性曲线可用 $H = 25 - 0.004q_V^2$ 表达，式中 q_V 的单位为 m^3/h，吸入管路的阻力损失为 4m 水柱，泵出口处装有压力表，采用文丘里管测流量，流量系数 $C_V = 1.0$，其进口处直径为 75mm，喉管直径为 25mm（均指内径）。流体流经文丘里管阻力损失可忽略不变，两 U 形管压差计读数 $R_1 = 800\text{mm}$，$R_2 = 700\text{mm}$，指示液为汞，连通管水银面上充满水，求：

(1) 管路中水的流量为多少（m^3/h）；

(2) 泵出口处压力表读数（MPa）；

(3) 并联一台相同型号离心泵，写出并联后泵的特性曲线方程；

(4) 管路性能曲线方程 $H = 13.5 + 0.006q_V^2$，并联后输水量为多少（m^3/h）；

(5) 高位槽处出口管距离心泵吸入管水平段的高度 z 为多大？

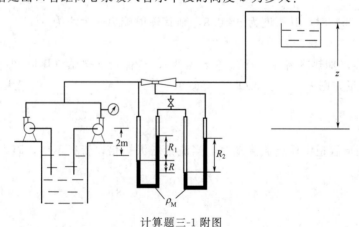

计算题三-1 附图

2. 某滤浆含固体量为 10%（质量分数），用过滤面积为 $0.04m^2$ 的板框压滤机进行恒压过滤，滤饼为不可压缩，其中含水量为 20%（质量分数）。在过滤时间为 0s，38.2s，114.4s 时得到的滤液量分别为 $0m^3$，$0.004m^3$，$0.008m^3$。求过滤常数 K。今欲在相同条件下，每小时处理滤浆 10t，过滤面积应有多大？已知滤液密度 $\rho = 1000kg/m^3$。

3. 以长 3m、宽 2m 的重力沉降室除气体所含的灰尘。气体密度 $\rho = 1.2kg/m^3$、黏度 $\mu = 1.81 \times 10^{-5} Pa \cdot s$。尘粒为球形，密度 $\rho_p = 2300kg/m^3$。处理气量为每小时 $4300m^3$。

(1) 求可全部除去的最小尘粒粒径 $d_{p,1}$。

(2) 求能除去 40% 的尘粒粒径 $d_{p,2}$。

4. 欲将流量 $q_{m1} = 0.35kg/s$ 的苯蒸气在直立单壳程单管程换热器的壳程先冷凝后冷却。苯蒸气压力 $p = 101.3kPa$，相应的冷凝温度 $T_1 = 353K$，潜热 r 为 394kJ/kg。液苯的出口温度 T_2 要求低于 300K。液苯的平均比热容 c_{p1} 为 1.8kJ/(kg·K)。换热器内装有 $\phi25 \times 2.5mm$、长 2m 的无缝钢管 38 根，钢的热导率 λ 为 45W/(m·K)。苯蒸气在管外冷凝的传热系数 $\alpha_{o1} = 1.4kW/(m^2 \cdot K)$，液苯在管外的对流传热系数 $\alpha_{o2} = 1.2kW/(m^2 \cdot K)$。冷却水走管内，与管外苯逆流，水的入口温度 $t_1 = 293K$，出口温度 $t_2 = 300K$，平均比热容为 4.187kJ/(kg·℃)，密度为 $1000kg/m^3$ 水在管内各处的传热系数 α_i 均为：$\alpha_i = 1063(1 + 0.00293t_m)u^{0.8}/d_i^{0.2}$，W/(m² · K)

式中，u 为水的流速，m/s；d_i 为管内径，m；t_m 为管内进、出口水温的算术平均值，K。如果热损失及污垢热阻均可忽略不计，试问：

(1) 冷却水需用量为多少？

(2) 换热器能否完成苯蒸气的冷凝、冷却任务？

5. 通过连续操作的单效蒸发器，将进料量为 1200kg/h 的溶液从 20%（质量分数，下同）浓缩至 40%（质量分数），进料液的温度为 40℃，比热容为 3.86kJ/(kg·K)，蒸发室的压强为 0.03MPa（绝压），该压强下水的蒸发潜热 $r = 2335kJ/kg$，蒸发器的传热面积 $A = 12m^2$，总传热系数 $K = 800W/(m^2 \cdot K)$。试求：

(1) 溶液的沸点及温度差损失 Δ。（忽略液柱静压强而引起的温度差损失）

(2) 忽略热损失和浓缩热，所需要的加热蒸汽温度和蒸发器的热负荷 Q（kW）。

已知数据如下：

压　　强/MPa	0.101	0.05	0.03
溶液沸点/℃	108	87.2	73.1
纯水沸点/℃	100	80.9	68.7

化工原理上册模拟试卷三

一、填空题

1. 若流体以一定的流速通过某一大小均匀且规则装填的球形颗粒固定床，球形颗粒直径越小，流体通过床层的压降越_____，原因是_____。

2. 在叶滤机中进行恒压过滤，过滤介质阻力不计，滤饼不可压缩，操作压差增加一倍，过滤时间不变，所得滤液量为原来的_____倍。过滤速率是原来的_____倍。

3. 加快过滤速率的途径有_____、_____、_____。

4. 评价旋风分离器性能的重要指标是_____和_____。旋风分离器的分离

效率中，总效率是指_____，分割直径是指_____
_____。

5.流体通过流化床的压降随气体流量增加而_____。流化床的主要优点是_____，其主要不正常现象有_____和_____。

6.傅立叶定律的表示方法：_____。在沿球壁的一维定态传热过程中，热流量 Q 沿半径增大方向_____，热流密度 q 沿该方向_____。（增大，减少，不变）。

7.沸腾给热的主要特征是_____。液体沸腾的必要条件有_____和_____。在液体饱和沸腾的各不同阶段，核状沸腾具有_____的优点，工业装置应在该状态下进行。

8.蒸汽冷凝给热时，其热阻 R 主要集中在_____内。设计冷凝器时，按膜状冷凝考虑的原因是_____。

9.黑体是_____，灰体是_____。

10.冷热流体在换热器无相变逆流传热，由于生产波动导致热流体流量增加，而其他参数不变，则 t_2_____，T'_2_____，Q_____，K_____。（增大，减小，不变，不确定）

二、选择题

1.工业上康采尼方程常用来预测（　　）。
　　A.床层压降（或床层阻力损失）；　　　　B.比表面积 a；
　　C.流体在床层内的层流流动；　　　　　　D.空隙率 ε。

2.回转真空过滤机操作转速越快，则（　　）。
　　A.每转所得滤液量越多，滤饼越厚，而设备生产能力越大；
　　B.每转所得滤液量越少，滤饼越薄，而设备生产能力越大；
　　C.每转所得滤液量越少，滤饼越薄，而设备生产能力越小；
　　D.每转所得滤液量越多，滤饼越薄，而设备生产能力越大。

3.降尘室的生产能力（　　）。
　　A.只与沉降面积 A 和颗粒沉降速度 u_t 有关；
　　B.只与沉降面积 A 有关；
　　C.与 A，u_t 及降尘室高度 H 有关；
　　D.只与 u_t 和 H 有关。

4.间壁传热时，各层的温度差与各相应层的热阻（　　）。
　　A.成反比；　　　　B.成正比；　　　　C.没关系。

5.在蒸汽冷凝传热中，不凝性气体的存在对 α 的影响是（　　）。
　　A.不凝性气体的存在会使 α（值）大大降低；
　　B.不凝性气体的存在会使 α（值）升高；
　　C.不凝性气体的存在与否，对 α（值）无影响。

三、蒸发计算

某单效蒸发器将某水溶液浓度从 5％浓缩至 20％（质量分数），进料量为 2000kg/h，沸点进料。冷凝器中二次蒸汽的冷凝温度为 70℃，加热蒸汽的温度为 110℃，蒸发器的传热面

积为 $60m^2$，蒸发传热系数 K 为 $800W/(m^2 \cdot K)$，忽略蒸发过程的热损失，二次蒸汽的汽化潜热可取 $2331kJ/kg$。试计算：

(1) 蒸发水量（kg/h）和蒸发器的热负荷 Q（kW）。

(2) 溶液的沸点 t 和蒸发过程的总温度差损失 Δ 和传热的有效温差。

四、过滤计算

某板框过滤机有 8 个滤框，框的尺寸为 $635mm \times 635mm \times 25mm$，用以过滤含 $CaCO_3$ 的料浆（水悬浮液），每立方米悬浮液含有 $CaCO_3$ 固体 $0.055m^3$，滤饼含水质量分数为 50%，纯 $CaCO_3$ 的密度为 $2710kg/m^3$，操作在 $20℃$、常压下进行，此时过滤常数 $K = 1.57 \times 10^{-5} m^2/s$，$q_e = 0.0035 m^3/m^2$。试求：

(1) 板框过滤机充满滤饼时所获得的滤液量。

(2) 板框过滤机充满滤饼时所需的过滤时间为多少？

(3) 在同样操作条件下用清水洗涤滤饼，洗涤水用量为滤液量的 1/5，洗涤时间。

五、沉降计算

用降尘室对密度为 $0.620kg/m^3$、$\mu = 2.68 \times 10^{-5} Pa \cdot s$、体积流量为 $1.6 \times 10^4 m^3/h$ 的烟气除尘，假设气体中尘粒均为球形，尘粒密度为 $3600kg/m^3$，重力降尘室的长 $8m$，宽 $7m$，高 $4m$，试求：

(1) 理论上能 100% 除去的颗粒最小直径为多少？

(2) 直径为 $0.025mm$ 的颗粒能有百分之几能被除去？

(3) 若在降尘室中设置 4 块水平隔板，将降尘室均匀分成 5 层，则理论上能 100% 除去的最小粒径又为多少？

六、传热计算

某逆流套管换热器，用热空气加热冷水，热空气走管内，冷水走环隙，热空气一侧为传热阻力控制，冷流体的进出口温度分别为 $35℃$ 和 $50℃$，热空气的进出口温度分别为 $110℃$ 和 $80℃$。求：当热空气流量加倍时，冷热流体的出口温度各为多少（℃）？

假定管壁两侧的污垢热阻、管壁热阻和热损失可忽略不计。

化工原理下册模拟试卷一

一、填空题

1.吸收操作的基本依据是_____。精馏操作的基本依据是_____。

2.亨利定律有三种表达方式，若体系的温度下降，则亨利常数 m_____，E_____，H_____。（增大、减少、不变）

3.NH_3、HCl 等易溶气体溶解度大，其吸收过程通常为_____控制，$K_y \approx$_____；H_2、CO_2、O_2 等难溶气体溶解度小，其吸收过程通常为_____控制，$K_y \approx$_____。

4.在填料吸收塔的计算中，表示传质分离任务难易程度的一个量是_____，而表示设备传质效能高低的一个量是_____。

5.对流传质理论中，三个有代表性的是_____、_____、_____。

6. 理论板是指 _____。

7. 操作中的吸收塔，若吸收剂入塔浓度 $x_{进}$ 降低，其他操作条件不变，则气体出口浓度 $y_{出}$ _____，推动力 Δy_m _____，回收率 η _____。（变大、变小、不变、不确定）

8. 精馏塔操作时，保持 F、x_F、q、R 不变，增加塔底排液量 W，则 x_D _____，L/V _____，$\overline{L}/\overline{V}$ _____，x_W _____。（增大、减小、不变、不确定）

9. 塔板上气液两相的接触状态按气速高低可分为三种，在工业上实际应用的筛板塔中，两相或是 _____接触状态，或是 _____接触状态。

10. 等板高度 HETP 是 _____。

11. 测定空气中的水汽分压的试验方法是测量 _____。在实际的干燥操作中，常常用 _____来测量空气的湿度。

12. 同一物料，如空气的流速愈低，湿度、温度不变，则临界含水量 _____，平衡含水量 _____。（愈高、愈低、不变、不确定）

13. 平衡含水量是指 _____。

二、选择题

1. 对一定操作条件下的填料吸收塔，如将填料层增高些，则塔的 H_{OG} 将（   ）。

    A. 降低；   B. 升高；   C. 不变；   D. 不确定。

2. 用某吸收剂吸收混合气中的可溶组分，该吸收过程为气膜阻力控制。若吸收剂用量增加，其余操作条件不变，则（   ）。

    A. $y_{出}$ 下降，Δy_m 上升；   B. $y_{出}$ 上升，Δy_m 下降；

    C. $y_{出}$ 下降，Δy_m 不变；   D. $y_{出}$ 下降，Δy_m 不确定。

3. 精馏操作时，若 F、N_T、N_F、α、x_F、$\overline{V}$、D/F 均为定值，现将进料热状态从饱和液体进料变为冷液加料，其余不变，则（   ）。

    A. x_W 增加，x_D 减小；   B. x_W 增加，x_D 增加；

    C. x_W 减小，x_D 增加；   D. x_W 减小，x_D 减小。

4. 分配系数 $k_A = 1$ 的物系是否可进行萃取操作？（   ）。

    A. 可以；   B. 不可以；   C. 不确定。

5. 在恒定的干燥条件下，若降低热空气温度，湿度不变，则临界含水量（   ），平衡含水量（   ）。

    A. 变大；   B. 变小；   C. 不变；   D. 不确定。

三、萃取计算

在 B-S 部分互溶的单级萃取中，料液中含溶质 A 为 40kg，稀释剂 B 为 60kg。采用纯溶剂萃取，萃余相中 $\dfrac{x_A}{x_B} = \dfrac{1}{3}$，选择性系数为 6，试求萃取液量和萃余液量各为多少（kg）？

四、吸收计算

用清水逆流吸收某混合气中的有害组分 A。混合气量为 0.02kmol/(m²·s)，已知入塔气中 A 组分浓度为 0.05（摩尔分数，下同），要求回收率为 90%。已知物系的相平衡关系 $y = 2x$，所用填料的总传质系数 $K_y a$ 为 0.05kmol/(s·m³)，设计采用的液气比为最小液气比的 1.5 倍。试问：

（1）出塔液体摩尔分数 $x_{出}$；

（2）所需的填料层高度 H 等于多少米？

（3）此吸收过程为气相阻力控制，总传质系数 $K_y a \propto G^{0.8}$，当气体流量增加一倍，其他操作条件不变时，吸收塔气体出口浓度 $y'_{出}$ 和液体出口浓度 $x'_{出}$。

五、精馏计算

用精馏塔分离某双组分混合物，塔顶采用全凝器，泡点回流，塔釜间接蒸汽加热，塔中进料，进料量为 50kmol/h，轻组分含量为 0.25（摩尔分数），泡点进料，塔顶采出率为 0.2（摩尔流量比），塔顶轻组分含量为 0.98（摩尔分数），物系相对挥发度为 2.5，若操作回流比为最小回流比的 1.1 倍，试求：

（1）塔底产品的量 W 和浓度 x_W；

（2）实际操作的回流比 R；

（3）请写出精馏段和提馏段操作线方程；

（4）离开第二块理论板（自塔顶向下数）的上升蒸汽和下降液体的组成。

六、干燥计算

湿物料经过 7h 的干燥，含水量由 28.6% 降至 7.4%。若在同样操作条件下，由 28.6% 干燥至 4.8% 需要多少时间？

以上含水量均为湿基。已知物料的临界含水量 $X_c = 0.15$（干基），平衡含水量 $X^* = 0.04$（干基），设降速阶段中的干燥速度为 $N_A = K_X(X - X^*)$，该段干燥速率曲线为直线。

化工原理下册模拟试卷二

一、填空题

1. 化学吸收与物理吸收的本质区别是 _____。

2. 吸收操作中，总压降低，E _____、H _____、m _____。（上升、下降、不变）

3. 常用的解吸方法有 _____、_____、_____。

4. 精馏和蒸馏的区别在于 _____；平衡蒸馏和简单蒸馏的主要区别在于 _____。

5. 恒摩尔流假定的主要前提是 _____。

6. 精馏塔内，灵敏板是指 _____。

7. 纯溶剂逆流吸收，$L/G = 3$，$y = 2x$，当塔无限高时，则在 _____ 达到相平衡。若 L/G 增大，则 $y_{出,min}$ _____。（变大、变小、不变、不确定）。

8. 当操作总压上升时，物系的相对挥发度 _____、塔顶温度 _____、塔底温度 _____。（上升、下降、不变、不确定）

9. 间歇精馏操作中，若要保持馏出液组成不变，必须不断 _____ 回流比；若保持回流比不变，则馏出液组成不断 _____。（增大、减小、不变、不确定）

10. 当喷淋量一定时，填料塔单位高度填料层的压力降与空塔气速关系线上存在两个转折点，其中下转折点称为 _____，上转折点称为 _____。

11. 萃取过程的经济性在很大程度上取决于 _____ 的性质。

12. 在常压下，常温不饱和湿空气经预热器间接加热后，该空气的下列状态参数有何变化？湿度 H _____，相对湿度 φ _____，湿球温度 t_w _____，露点 t_d _____，焓

I _____ 。（升高，降低，不变，不确定）

13.恒定干燥条件下用空气进行对流干燥（忽略辐射传热等的影响）时，在恒速干燥阶段，物料的表面温度等于 _____ 。

14.恒沸精馏和萃取精馏都是在被分离溶液中 _____ 而实现分离的。

15.结晶速率包括 _____ 和 _____ 。

二、选择题

1.NH_3、HCl 等易溶气体溶解度大，其吸收过程通常为（　　）控制。

    A.气相阻力；　　　　　B.液相阻力；　　　　　C.不确定。

2.逆流吸收操作，今吸收剂温度升高，其他入塔条件都不变，则出口气体浓度 $y_{出}$（　　），液相出口浓度 $x_{出}$（　　）。

    A.$y_{出}$ 增大，$x_{出}$ 增大；　　　　　　　　B.$y_{出}$ 增大，$x_{出}$ 减小；

    C.$y_{出}$ 减小，$x_{出}$ 减小；　　　　　　　　D.$y_{出}$ 减小，$x_{出}$ 增大。

3.精馏设计时，若 F、x_F、x_D、x_W、V 均为定值，将进料热状态从饱和液体进料变为饱和蒸汽进料，设计时所需的理论板数（　　）。

    A.增加；　　　　　B.减少；　　　　　C.不变；　　　　　D不确定。

4.选择性系数 $\beta=1$ 的物系是否可进行萃取操作?（　　）。

    A.可以；　　　　　B.不可以；　　　　　C.不确定。

5.物料的平衡水分一定是（　　）。

    A.非结合水分；　　　B.自由水分；　　　C.结合水分；　　　D.临界自由水分。

三、萃取计算

某 A、B 混合物用纯溶剂 S 进行单级萃取（附图），已知 $x_F=0.2$（质量分数），分配系数 $k_A=1$，萃余相中组成 $x_A/x_B=1/7$，试求：

（1）选择性系数 β；

（2）萃取液量与萃余液量的比值；

（3）最大萃取液浓度。

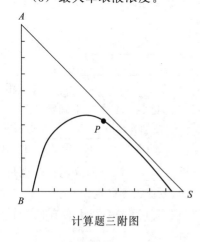

计算题三附图

四、吸收计算

某填料吸收塔塔径 1.5m，用纯水逆流吸收某气体混合物中的可溶组分，气体进口浓度为 0.05，回收率为 90%，入塔混合气流量为 0.3kmol/s，操作条件下的平衡关系为 $y=2x$，液气比为最小液气比的 1.26 倍，总传质系数 $K_ya=0.4kmol/(m^3 \cdot s)$，试求：

（1）吸收塔液体出口浓度 $x_{出}$；

（2）填料层高度 H；

（3）此吸收过程为气相阻力控制，总传质系数 $K_ya \propto G^{0.8}$，当液体流量增加一倍，其他操作条件不变时，吸收塔气体出口浓度 $y_{出}'$、液体出口浓度 $x_{出}'$ 和可溶组分的回收率。

五、精馏计算

用精馏塔分离某双组分混合物，塔顶采用全凝器，泡点回流，塔釜为间接蒸汽加热，塔中进料汽液混合物进料，汽液各占一半，进料中轻组分含量为 0.6（摩尔分数），塔顶轻组分的回收率为 0.98，塔顶采出率为 0.6（摩尔流量比），物系相对挥发度为 2.5，若操作回流比为最小回流比的 1.2 倍，试求：

（1）塔顶、塔底产物的浓度 x_D、x_W；

（2）实际操作的回流比 R；

（3）请写出精馏段和提馏段的操作线方程；

（4）若塔内都是理论板，离开第二块理论板（自塔顶向下数）的上升蒸汽和下降液体的组成。

六、干燥计算

在总压 100kPa 下，有一理想干燥器处理湿物料量为 1200kg/h，物料进、出口含水量 $X_1 = 0.2$kg 水/kg 干料，$X_2 = 0.02$kg 水/kg 干料，室外温度为 26℃，湿球温度 t_w 为 20℃ 的空气经预热后进入理想干燥器，出干燥器的温度为 60℃。已知空气的流量为 10000kg 干气/h。试求：

（1）进预热器时空气的相对湿度 φ；

（2）出干燥器时空气的湿度 H_2；

（3）进干燥器的空气温度 t_1 和干燥过程的热效率 η；

（4）预热器供热量（热损失忽略不计），kW。

已知数据：$\alpha/k_H = 1.09$kJ/(kg·℃)

$t/℃$	20	26	60
p_s/kPa	2.337	3.390	19.92
$r/(kJ/kg)$	2453	2440	2358

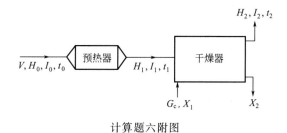

计算题六附图

化工原理下册模拟试卷三

一、填空题

1.汽液传质设备分为填料塔和板式塔。填料塔为_____接触设备；板式塔为_____接触设备。它们对精馏和吸收过程都是通用的。

2.在分子扩散时，漂流因子的数值=1，表示_____。

3.对流传质理论中，三个有代表性的是_____。

4.在吸收塔某处，气相主体浓度 $y = 0.025$（摩尔分数，下同），液相主体浓度 $x = 0.01$，气相传质分系数 $k_y = 2$kmol/(m^2·h)，气相总传质系数 $K_y = 1.5$kmol/(m^2·h)，则该处气液界面上气相浓度 y_i 应为_____，平衡关系为 $y = 0.5x$。

5.逆流吸收，进口气体组成 y_1 和吸收剂入口浓度 x_2 及流量不变，气体流量 G 增加，若为气膜控制，则 y_2_____，x_1_____。（变大，变小，不变，不确定）

6.理论板是指_____。

7.精馏设计时，若 F、x_F、x_D、x_W、V 均为定值，将进料热状态从饱和蒸汽进料改为饱和液体进料，设计时所需理论板数_____。（增加、减少、不变、不确定）

8.在精馏操作中，回流比 R 增大，则 x_D 增大，但是 x_D 不可能无限增大，因为 x_D 的增大受_____的限制和_____的限制。

9.精馏塔操作时，保持 F、x_F、q、R 不变，增加塔底排液量 W，则 x_D _____，$\overline{L}/\overline{V}$ _____，x_W _____，$t_{灵敏板}$ _____。（增大、减小、不变、不确定）

10.间歇精馏操作中，若要保持馏出液组成不变，必须不断_____回流比；若保持回流比不变，则馏出液组成不断_____。（增大、减小、不变、不确定）

11.在常压下，常温不饱和湿空气经预热器间接加热后，该空气的下列状态参数有何变化？湿度 H_____，相对湿度 φ_____，湿球温度 t_w_____，焓 I_____。（升高，降低，不变，不确定）

12.恒定的干燥条件是指空气的_____以及与物料接触状态都不变。在实际的干燥操作中，常常用_____来测量空气的湿度。

13.同一物料，如空气的流速愈低，湿度、温度不变，则临界含水量_____，平衡含水量_____。（愈高、愈低、不变、不确定）

14.萃取过程的经济性在很大程度上取决于_____的性质。分配系数 $k_A=1$ 的物系是否可进行萃取操作？_____。（可以、不可以）

15.填料的_____和_____是评价填料性能的两个重要指标。

16.恒沸精馏和萃取精馏都是在被分离溶液中_____而实现分离的。

二、选择题

1.对于 H_2、CO_2、O_2 等难溶气体，其吸收过程通常为（　　）控制。

　　A.气相阻力；　　　　B.液相阻力；　　　　C.不确定。

2.操作中的吸收塔，若吸收剂入塔浓度 x_2 降低，其他操作条件不变，则（　　）。

　　A.y_2 上升，Δy_m 下降；　　　　　　　　B.y_2 下降，Δy_m 上升；

　　C.y_2 下降，Δy_m 不变；　　　　　　　　D.y_2 下降，Δy_m 不确定。

3.精馏操作时，若 F、N_T、N_F、α、x_F、$\overline{V}$、D/F 均为定值，现将进料热状态从饱和液体进料变为冷液加料，其余不变，则（　　）。

　　A.$x_W\uparrow$，$x_D\downarrow$；　　B.$x_W\uparrow$，$x_D\uparrow$；　　C.$x_W\downarrow$，$x_D\uparrow$；　　D.$x_W\downarrow$，$x_D\downarrow$。

4.气液两相在塔板上有三种接触状态，工业上经常采用的有（　　）。

　　A.鼓泡接触状态和喷射接触状态；

　　B.泡沫接触状态和喷射接触状态；

　　C.鼓泡接触状态和泡沫接触状态。

5.物料的平衡水分一定是（　　）。

　　A.非结合水分；　　B.自由水分；　　　　C.结合水分；　　　　D.临界自由水分。

三、萃取计算

某二元混合液中含 40% 的 A，含 60% 的 B（均为质量分数）。现用纯溶剂进行单级萃取，萃取相中 $y_A/y_B=4$，分配系数 $k_A=1$，$k_B=1/12$。试求：

(1) 选择性系数 β；

(2) 萃余液的浓度 x_A^0；

(3) 萃取液量 E^0 与进料量 F 的比值 E^0/F。

四、吸收计算

某填料吸收塔塔径 1m，用纯水逆流吸收某气体混合物中的可溶组分，气体进口浓度为 0.05，回收率为 90%，入塔混合气流量为 0.3kmol/s，操作条件下的平衡关系为 $y=2x$，液气比为最小液气比的 1.26 倍，总传质系数 $K_ya=0.4$kmol/($m^3 \cdot s$)，试求：

(1) 吸收塔液体出口浓度 x_1；

(2) 填料层高度 H；

(3) 此吸收过程为气相阻力控制，总传质系数 $K_ya \propto G^{0.8}$，当液体流量增加一倍，其他操作条件不变时，吸收塔气体出口浓度 y_2' 和液体出口浓度 x_1'。

五、精馏计算

用板式精馏塔在常压下分离苯-甲苯溶液，塔顶设全凝器，塔釜间接蒸汽加热，苯对甲苯的平均相对挥发度为 $\alpha=2.47$，进料为 150kmol/h、含苯 0.4（摩尔分数，下同）的饱和蒸汽，所用回流比为 4。要求塔顶馏出液中苯的回收率为 0.97，塔釜残液中苯的组成为 0.03。试求：

(1) 塔顶馏出液的组成和塔顶馏出液 D 以及塔釜残液量 W；

(2) 精馏段和提馏段操作线方程；

(3) 回流比与最小回流比的比值；

(4) 离开第二块理论板（自塔顶向下数）的上升蒸汽和下降液体的组成；

(5) 全回流操作时，全凝器冷凝液组成为 0.98，离开第一块板的液相组成为 0.969，第一块板的气相默弗里板效率 E_{mV}。

六、干燥计算

某常压操作的理想干燥器处理物料量为 500kg 绝干料/h，物料进、出口的含水量分别为 $X_1=0.3$kg 水/kg 干料，$X_2=0.05$ 水/kg 干料。新鲜空气的温度 t_0 为 20℃，露点 t_d 为 10℃，经预热至 96℃后进入干燥器。干空气的流量为 6000kg 干气/h。试求：

(1) 进预热器前风机的流量 V（m^3/h）；

(2) 出干燥器时空气的湿度 H_2（kg 水/kg 干气）；

(3) 预热器供热量（忽略预热器的热损失）(kW)；

(4) 干燥过程的热效率 η。

已知饱和蒸气压数据如下：

t/℃	10	20	96
p_s/kPa	1.23	2.34	87.7

湿空气比容：$v_H=(2.83 \times 10^{-3}+4.56 \times 10^{-3}H)(t+273)$ m^3/kg 干气

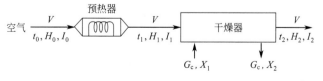

计算题六附图

化工原理考研模拟试卷一

一、简答题

1. 为有效实现气液两相间的传质，板式塔应具有哪两方面的功能？
2. 简述边界层的概念，边界层脱体造成的后果是什么？
3. 离心泵由哪些主要构件组成？简述离心泵的工作原理。
4. 简述搅拌器的功率曲线中功率数 K 与搅拌雷诺数 Re 间的关系。
5. 写出费克定律并简述费克定律应用的条件以及费克定律的意义。
6. 蒸发任务相同，比较单效蒸发和多效蒸发的加热蒸汽经济性和生产强度。
7. 简述精馏操作和萃取操作的分离依据。
8. 在连续精馏塔内，精馏段和提馏段的作用分别是什么？
9. 过滤操作中影响过滤速率的因素有哪些？
10. 吸收的操作费用包括哪些？哪个占最大比例？

二、流体流动计算

如图示常温水由高位槽流向低位槽，管内流速 1.5r/s，管路中装有一个孔板流量计和一个截止阀，已知管道中为 $\phi 57 \times 3.5mm$ 的钢管，直管与局部阻力的当量长度（不包括截止阀）总和为 60m，截止阀在某一开度时的局部阻力系数 ζ 为 7.5。设系统为稳定湍流。管路摩擦系数 λ 为 0.026。求：

(1) 管路中的质量流量及两槽液面的位差 Δz；

(2) 阀门前后的压强差及汞柱压差计的读数 R_2。

若将阀门关小，使流速减为原来的 0.8 倍，设系统仍为稳定湍流，λ 近似不变。问：

(3) 孔板流量计的读数 R_1 变为原来的多少倍（流量系数不变）？截止阀的 ζ 变为多少？

(4) 定性分析阀门前 a 点处的压强如何变化？为什么？

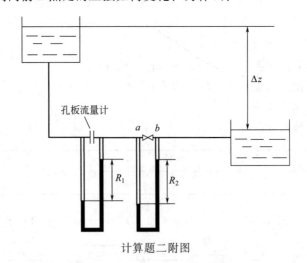

计算题二附图

三、传热计算

槽内盛有 10t 某有机物，拟用图示装置加热，加热介质为 120℃的饱和水蒸气。在加热过程中，传热系数 K 的平均值为 320W/(m² · K)，加热器的换热面积为 12m²，泵的输送

量为 q_m＝4000kg/h，有机物的比热容 c_p＝2.1kJ/(kg·K)。试求：

（1）若将槽内有机物从 20℃ 加热到 80℃，需多长时间？

（2）若泵的输送量增加为 5000kg/h，传热系数 $K \propto q_m^{0.8}$，则将槽内有机物从 20℃ 加热到 80℃，需多长时间？（槽内液体因搅拌而温度均一，忽略热损失。）

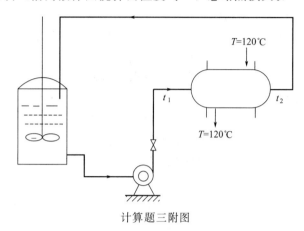

计算题三附图

四、吸收计算

某逆流吸收塔，用纯溶剂吸收混合气中有害组分，混合气的流率为 0.016kmol/(m²·s)，气体入塔浓度为 0.02（摩尔分数，下同），要求回收率达 90％，该物系的相平衡关系为 $y＝2x$，且操作液气比为最小液气比的 1.5 倍，总传质系数 $K_ya＝0.02$kmol/(m³·s)。试求：

（1）塔的填料层高度；

（2）若该塔操作时，改用再生溶液，吸收液浓度为 $x_2'＝0.0005$，其他入塔条件不变，则该塔的回收率 η' 又为多少？

（3）今欲使回收率维持 90％，新的填料层高度为多少米？

五、精馏计算

连续操作的常压精馏塔，用于分离 A（轻组分）-B（重组分）混合物，混合液中含易挥发组分 $x_F＝0.4$（摩尔分数，下同），进料温度为 50℃，要求达到塔顶产品 A 组分含量 $x_D＝0.95$，塔底馏出液 A 组分含量 $x_W＝0.03$，操作条件下物系的相对挥发度 $\alpha＝2.5$，实际操作回流比为 1.95，试计算：

（1）A 组分的回收率；

（2）最小回流比；

（3）提馏段操作线方程；

（4）若塔顶第一块塔板下降的液相浓度为 0.9，该塔板以气相组成表示的默弗里板效率 E_{mV}。

［由平衡数据已知 $x_F＝0.4$ 时混合液的泡点为 95.2℃，定性温度下原料液平均比热容 $c_p＝39$kcal/(kmol·℃)，汽化潜热 $r＝8800$kcal/kmol。］

化工原理考研模拟试卷二

一、简答题

1.在精馏操作中，回流比 R 增大，则 x_D 增大，但是 x_D 不可能无限增大，请说明原因。

2.写出三种工业生产上常用的吸附剂。

3.液液萃取过程中互成平衡的两相称为什么？写出分配系数 k_A 的定义？$k_A=1$ 可否进行萃取操作？

4.非牛顿流体中，什么是剪切稀化现象？

5.溶质渗透理论中模型参数 τ_0 称为什么？若已知扩散系数 D，写出传质系数 k_L 的表达式。

6.多组分精馏中，四组分混合物的高纯度分离，需要几个塔？有几种流程？

7.什么是再结晶现象？

8.恒速干燥阶段的湿物料表面温度是什么温度？为什么？

9.蒸发过程中导致蒸汽温位下降的主要原因是什么？

10.何谓载点，泛点？等板高度 HETP 的含义是什么？

二、流体流动计算

用离心泵将敞口水池中的水送往敞口高位槽，两液位差为6m。泵的特性方程为 $H_e=28-1.45\times10^5 q_V^2$（$H_e$：m，$q_V$：$m^3/s$），管路流量为 $0.01m^3/s$。试求：

（1）泵的有效功率？

（2）若高位槽直径为2m，水池液面高度不变，要使高位槽液位上升1m需多长时间？

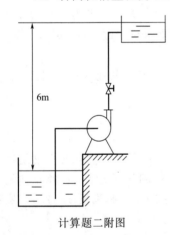

计算题二附图

三、传热计算

有一台列管式换热器，换热面积为 $4.4m^2$，单管程。管程中的冷却水将壳程中100℃的蒸汽冷凝，蒸汽冷凝侧热阻和管壁热阻可忽略。冬季时冷却水进口温度为15℃，出口温度为37℃，冷却水用量 $4.77\times10^3 kg/h$。试求：

（1）冷却水侧给热系数；

（2）冬季时蒸汽冷凝量为多少（kg/h）？

（3）若夏季时冷却水进口温度为25℃，则夏季冷却水出口温度为多少（℃）？蒸汽冷凝量将变为多少？

（4）如夏天仍欲将蒸汽冷凝量维持与冬季相同，冷却水流量应调为多少？假定传热系数 $K\propto q_m^{0.8}$。

已知冷却水的比热容 $c_p=4180J/(kg\cdot℃)$，蒸汽冷凝热 $r=2.26\times10^6 J/kg$。（设以上物性不随温度变化）

四、吸收计算

在常压逆流操作的填料塔中，用清水吸收混合气中的 A 组分，混合气的流率为 $50kmol/(m^2\cdot h)$，入塔时 A 组分浓度为0.08（摩尔分数），回收率0.90，相平衡关系为 $y=2x$，设计液气比为最小液气比的1.5倍，总传质系数 $K_ya=0.018kmol/(m^3\cdot s)$，且 $K_ya\propto G^{0.8}$。试求：

（1）所需填料层高度为多少米？吸收塔气液出口浓度各为多少？

（2）设计成的吸收塔用于实际操作时，采用20%的出塔吸收剂再循环流程，新鲜吸收剂用量及其他条件不变，问回收率为多少？

五、精馏计算

用精馏塔分离某双组分混合物，塔顶采用全凝器，泡点回流，塔釜间接蒸汽加热，塔中进料汽液混合物进料，汽液各占一半，进料中轻组分含量为 0.4（摩尔分数），塔顶轻组分的回收率为 0.98，塔顶采出率为 0.45（摩尔流量比），物系相对挥发度为 2.5，若操作回流比为最小回流比的 1.2 倍，试求：

（1）塔顶、塔底产物的浓度 x_D、x_W；

（2）实际操作的回流比 R；

（3）请写出精馏段和提馏段操作线方程；

（4）若塔内都是理论板，离开第二块理论板（自塔顶向下数）的上升蒸汽和下降液体的组成；

（5）若塔内都是实际板，塔顶第一块板的默弗里板效率 E_{mV} 为 0.8，离开第一块板（自塔顶向下数）的液体的组成。

化工原理考研模拟试卷三

一、简答题

1. 写出费克定律并简述费克定律应用的条件以及费克定律的意义。

2. 分别叙述气缚现象和泵的汽蚀现象。如何防止气缚和汽蚀？

3. 举例几种正位移泵的名称，简述什么是泵的正位移特性。

4. 改善床层内生不稳定性的措施有哪些？

5. 为什么有相变时的对流给热系数大于无相变时的对流给热系数？提出两种强化膜状冷凝传热的措施。

6. 蒸发操作的节能措施有哪些？

7. 请说出三种板式塔效率的表示方法。为什么有时实际塔板的默弗里板效率会大于 1？

8. 简述萃取过程中选择溶剂的基本要求有哪些？

9. 影响结晶过程的因素有哪些？

10. 何谓临界含水量？它受哪些因素的影响？

二、流体流动计算

图示管路用离心泵将敞口低位槽内密度为 $850kg/m^3$ 的液体送至高位槽。已知高位槽上方的压力为 280kPa（表），吸入管 $\phi 76 \times 3$，AB 段管长为 13m，压出管 $\phi 68 \times 3mm$，CD 段管长为 50m（管长均包括局部阻力的当量长度），摩擦系数 λ 均为 0.03。已知离心泵特性曲线方程：$H_e = 40 - 3.2 \times 10^5 q_V^2$（$q_V$-$m^3/s$）。用孔板流量计测流量，指示剂为汞，孔板流量系数 $C_0 = 0.62$，孔径 $d_0 = 25mm$。试求：

（1）管路中液体流量 q_V，m^3/s；

（2）泵的有效功率 P_e，kW；

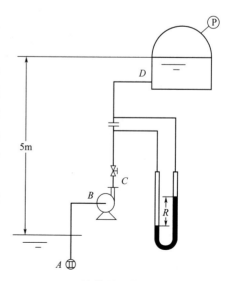

计算题二附图

（3）指示剂读数 R，mm。

三、传热计算

某套管换热器，水以逆流方式流经内管为 $\phi25\times2.5mm$ 钢管冷却某溶液。冷却水入口温度为 15℃，出口温度为 65℃。溶液的进口温度为 150℃，出口温度为 80℃，流量为 1000kg/h。溶液和水的比热容分别为 3.3496kJ/(kg·K) 和 4.187kJ/(kg·K)，对流给热系数均为 1163W/(m²·K)。忽略管壁热阻和垢层热阻，试求：

（1）以外表面为基准的传热系数 K 和冷却水用量？

（2）该套管换热器的长度为多少米？

（3）该套管换热器使用一段时间后，管壁有水垢，冷却水出口温度为 60℃，垢层热阻为多少？

四、吸收计算

在填料塔内进行气体吸收，填料层高度为 4m。用清水逆流吸收混合气中的溶质 A，清水流率为 50kmol/(m²·h)，气体进口流率为 20kmol/(m²·h)，进口浓度为 0.06，回收率达 99%。全塔操作压力 101.3kPa，物系平衡关系为 $y=0.9x$，操作条件下总传质系数 $K_ya\propto G^{0.8}$。试问：

（1）若进塔气体流量提高 50%，其他条件均不变，此时气相出口和液相出口中溶质 A 的浓度各是多少？

（2）因工艺流程改进，该塔的操作压力增加 1 倍，问该吸收塔需要多高的填料层可达到原来的吸收率？请定量计算并给出分析结论。

五、精馏计算

用板式精馏塔在常压下分离某水溶液，塔顶采用全凝器，塔釜采用水蒸气进行直接蒸汽加热，平均相对挥发度为 2。

（1）进料流量为 150kmol/h，浓度为 0.4（摩尔分数），进料状态为饱和蒸汽状态。回流比为 3，塔顶馏出液中溶质 A 的回收率为 0.97，塔釜采出液中水分的摩尔流量与进入塔内的所有水分的摩尔流量之比为 0.95。求精馏段及提馏段操作线方程。

（2）全回流操作时，塔顶第一块板的气相默弗里单板效率为 0.6，全凝器凝液组成为 0.88，求由塔顶第二块板上升的汽相组成。

（3）若塔釜直接加热用的蒸汽由于某种原因其流量减小了，而其他操作条件不变（进料量、进料浓度、进料热状况参数、回流比），试分析塔顶馏出液浓度、塔釜采出液浓度如何变化？要求简要说明原因。

参 考 答 案

第一章

Ⅰ. 自测练习一

一、填空题

1. 127942，−26642

2. 拉格朗日法，欧拉法，不随时间变化，对外界扰动的反应

3. 流体是由大量质点组成，彼此间无间隙，质点充满所占空间的连续介质；理想流体在流动时三头之和为常数，三者之间可以相互转化

4. $Re = du\rho/\mu$，800，层流

5. Re，ε/d，水平

6. $\tau = -\mu du/dy$，分子间的引力和分子的运动及碰撞，减小，增加，1

7. 恒流速、恒压差、变截面，变流速、变压差、恒截面，点

8. 4

9. $\sum h_f = \lambda \dfrac{l + \sum l_e}{d} \dfrac{u^2}{2}$，J/kg

10. 17.14

11. 爬杆效应，挤出胀大，无管虹吸

12. 16，32

二、选择题

1. D；2. B；3. D；4. C；5. D；6. B；7. C；8. B

三、计算题

1. 102998Pa

2. 4.136m

3. 当 $\zeta_B = \zeta_C = 0.17$ 时，$u_B/u_C = 1.35$，当 $\zeta_B = \zeta_C = 25$ 时，$u_B/u_C = 1.03$，所以流量均衡的代价是能量消耗

Ⅱ. 自测练习二

一、填空题

1. 总机械能，位能、动能和静压能，不一定相等，互相转换

2. 拉格朗日法，欧拉法，流动流体惯性力与黏性力之比，2000，4000

3. 0.0157m³/s，2.0m/s

4. 抛物线，2，$\lambda = 64/Re$

5. 变小，变大，变小，不变

6. 1～3，15～25，10，0.01

7. 增大，减小，流体的黏性，总势能降低

8. 5.6

9.20℃、101.3kPa 的空气的，点，阻力大

10.层流时不服从牛顿黏性定律，增大

二、选择题

1.A；2.B；3.C；4.B；5.A；6.D；7.B；8.C

三、计算题

1.$H \leqslant 0.148m$

2.(1) $Re = 1.224 \times 10^5$，湍流；(2) $7.52 \times 10^{-4} Pa \cdot s$；(3) R 不变，左边低右边高

3.0.595

第二章

Ⅰ.自测练习一

一、填空题

1.$H\text{-}q_V$，$N\text{-}q_V$，$\eta\text{-}q_V$，转速，清水

2.泵的特性曲线和管路特性曲线的交点，出口阀门，旁路

3.减小，减小，下降，增大

4.不变，不变，增大

5.管路，操作条件，无关

6.低流量，高压强，离心，腐蚀性，悬浮液

7.不变，减小，减小，不变，减小，不变

8.4.02

二、选择题

1.B；2.A；3.B；4.D；5.B；6.A；7.D；8.A

三、计算题

1.(1) 14.8m³/h；(2) 13.9m³/h；(3) 江面下降后，真空表读数上升，压力表读数下降

2.(1) 2.22m/s；(2) 0.18MPa（表压）

3.(1) 16m³/h，1.56kW；(2) 19m³/h

Ⅱ.自测练习二

一、填空题

1.管路特性，泵特性，调节阀门，改变转速，离心泵串并联操作

2.减小，增大，减小，减小，不确定

3.泵的安装高度超过最大允许高度，增加入口段压强，减少出口阻力

4.减小，减小，减小，减小，不确定

5.38.7

6.10%，21%，33%

7.3.097

8.30.6，1569

9.根据管路布置和工艺条件，计算输送系统所需风压 H_T'，并换算为风机实验条件下的风压 H_T；根据输送气体的种类和风压范围，确定风机类型；根据以风机进口状态计的实际风量 q_V 和实验条件下的风压 H_T，从风机样本中查出适宜的型号，选择原则同离心泵

10. 减小启动电流，保护电机；防止高压液体倒流入泵损坏叶轮

二、选择题

1. B；2. B；3. B；4. C；5. C；6. B；7. B；8. C

三、计算题

1.（1）855W；（2）0.216MPa（表压）；（3）246.25J/kg

2.（1）28m；（2）34472Pa；（3）8.93×10^{-3} m^3/s

3.（1）11.24m^3/h；（2）459.1W；（3）14.24m^3/h

第四章

Ⅰ. 自测练习一

一、填空题

1. 3，0.5

2. 改变滤饼结构，改变悬浮液中的颗粒聚集状态，动态过滤

3. 康采尼，欧根

4. 形状系数

5. 叶滤机，板框压滤机，回转真空过滤机

6. 增加，不变

7. 4

8. 1/4，1

9. 0.0003m^2/s，0.25m^3/m^2，3.2，0.8

二、选择题

1. C；2. B；3. A；4. A；5. A

三、作图题

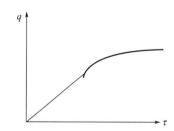

四、计算题

1. 13.5L

2.（1）1.343h；（2）0.112m^3/h

Ⅱ. 自测练习二

一、填空题

1. ↑，↑，↓

2. 1.54，7.54

3. 测颗粒的比表面积

4. K，q_e

5. 过滤，脱水，洗涤，卸渣，再生

6. 增大，减小

7. 0. 0004，0. 25，$q^2 + 0.5q = 0.0008\tau$

8. 10

9. 1000，2.5×10^{-3}，6.25×10^{-4}，800

二、选择题

1. C；2. B；3. B；4. D；5. A

三、作图题

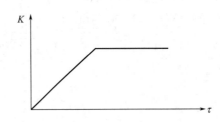

四、计算题

1. (1) 0. 828m³；(2) 1. 309m³

2. (1) 2. 94m³；(2) 0. 11m³；(3) 48min

第五章

Ⅰ. 自测练习一

一、填空题

1. 沉降过程颗粒互不干扰的沉降，小，1

2. 底面积，高度，1 倍，不变

3. 与气速无关，腾涌，沟流

4. 离心力/重力，分离效率，压降，分割直径，大于

5. 气固，增大，不变，小于

6. 起始流化速度，带出速度，$u < u_1 < u_t$

二、选择题

1. B；2. C；3. C；4. B；5. A；6. D

三、计算题

1. (1) 0. 0647mm；(2) 72. 3%

2. 128. 6m²；加 12 块板

Ⅱ. 自测练习二

一、填空题

1. 重力、阻力、浮力，代数和为零，沉降速度

2. 粒子所受合力的代数和为零，$24/Re_p$

3. 增大沉降面积，提高生产能力；离心沉降

4. 物料在离心力场中所受的离心力与重力之比，转速，直径适当

5. 好，高转速、小直径

6. 沉降速度 u_t，散式流化，聚式流化

二、选择题

1. C；2. B；3. C；4. B；5. C；6. B

三、计算题

1.（1）35.7μm；（2）25.2μm

2.（1）0.05045mm；（2）0.02259mm

第六章

Ⅰ.自测练习一

一、填空题

1.过热度，汽化核心

2.核状；核状沸腾具有给热系数大、壁温低的优点，不会使温度急速升高，而避免设备烧毁

3.蓄热式，直接接触式，间壁式

4.吸收，反射，穿透

5.＜

6.7.13

7.滴，膜，膜

8.空气，空气

9.设法减少液膜层厚度

10.不变，↓，↑，↓

二、选择题

1.C；2.B；3.C；4.A；5.D

三、作图题

如图，斜率增大，t_2下降，T_2下降

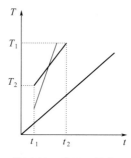

作图题三附图（答案）

四、计算题

1.$T_2 = 76.5℃$；$t_2 = 17.9℃$

2.（1）1950W/（m² · K）；（2）95.1℃

Ⅱ.自测练习二

一、填空题

1.成正比

2.改善加热面，提供更多汽化核心；沸腾液体加添加剂，降低表面张力

3.热传导，热对流，热辐射

4.43.3，50

5.↓，↓，↑，↓

6.壳程

7.130℃

8.↓，↑

9.黑体，灰体

10.↑，↑，↓，↓

二、选择题

1.B；2.A；3.B；4.C；5.B

三、作图题

如图，两线斜率相同

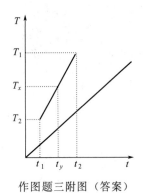

作图题三附图（答案）

四、计算题

1.（1）不能完成生产任务；（2）121.8℃

2.冷流体 60℃；热流体 85℃

第七章

Ⅰ.自测练习一

一、填空题

1.溶质

2.单位传热面的蒸发量称为蒸发器的

3.高于

4.溶质存在引起的溶液沸点升高，液柱静压强引起的沸点升高

5.双效蒸发

6.设备生产强度来提高加热蒸汽

7.随着效数的增加，生产强度下降且末效多处于负压操作，二次蒸汽的温位过低难以再次利用

二、选择题

1.B；2.D；3.C；4.D；5.B

三、计算题

1.（1）$W = F\left(1 - \dfrac{w_0}{w}\right) = 1000 \times \left(1 - \dfrac{0.15}{0.35}\right) = 571.43\text{kg/h}$；

（2）$Q=Fc_0(t-t_0)+Wr=Wr=571.43\times2300/3600=365.08\text{kW}$，溶液的沸点为 $t=T-$

$\dfrac{Q}{KA}=120-\dfrac{365.08\times10^3}{710\times40}=107.1℃$；

（3）二次蒸汽温度 $t^0=t-\Delta=107.1-12=95.1℃$，相应的饱和蒸气压为 0.08307MPa，真空度 $0.1013-0.08307=0.01823$MPa

2.（1）$W=F\left(1-\dfrac{w_0}{w}\right)=2000\times\left(1-\dfrac{0.05}{0.20}\right)=1500\text{kg/h}$；

（2）完成液温度 $t=92℃$，总温差损失 $\Delta=22℃$；

（3）蒸发设备的经济性$=W/D=\dfrac{1500/3600}{0.4835}=0.8618$，蒸发设备的生产强度 $U=W/A=$

$\dfrac{1500}{75}=20\text{kg/(m}^2\cdot\text{h})=0.00556\text{kg/(m}^2\cdot\text{s)}$

Ⅱ.自测练习二

一、填空题

1.汽化大量溶剂（水）所需消耗的能量

2.蒸汽的经济性

3.二次蒸汽

4.增大传热温差、提高蒸发器的传热系数

5.建立良好的溶液循环流动、及时排除加热室中的不凝性气体、经常清除垢层等

6.降低

7.94，112

二、选择题

1.B；2.B；3.A；4.A；5.A

三、计算题

1.$A=\dfrac{Q}{KA(T-t)}=\dfrac{1.286\times10^6}{2435\times(120-90)}=17.6\text{m}^2$

2.（1）$W=F\left(1-\dfrac{w_0}{w}\right)=1200\times(1-\dfrac{0.2}{0.4})=600\text{kg/h}=0.167\text{kg/s}$，

溶液沸点 $t=t^0+\Delta=69+10=79℃$，

有效传热温差 $T-t=119-79=40℃$；

（2）传热速率 $Q=KA(T-t)=800\times40\times(119-79)=1280\text{kW}$，

蒸发器热负荷 $Q=Dr_0=1280\text{kW}$，

加热蒸汽的消耗量 $D=\dfrac{Q}{r_0}=\dfrac{1280}{2216}=0.5776\text{kg/s}=2079\text{kg/h}$

第八章

Ⅰ.自测练习一

一、填空题

1.选择合适的溶剂，提供适当的传质设备，溶剂的再生

2.$y=mx$，$p_e=Ex$，$p_e=HC$，不变，不变，上升

3.分子的微观运动，p/p_{mB}，总体流动对传质的影响

4.有效膜（双膜）理论，溶质渗透模型，表面更新模型

5.顶，100%

6.加大液体流量（或采用化学吸收的方法），溶剂循环流程，降低吸收温度

7.传质单元数 N_{OG}，传质单元高度 H_{OG}

8.气相阻力，液相阻力

9.变大，变大，不变

10.变小，变小，变大，变大

11.变大，变大，不变，不变，变大

12.下降，不变，上升

13.减少，增加，减少

二、计算题

1.（1）$m=1.2$，$H=E\dfrac{M_s}{\rho_s}=1.2\times\dfrac{18}{1000}=0.0216\text{atm/kmol/m}^2$；

（2）溶质 A 由气相向液相转移，为吸收过程；

（3）$y_{\min}=y_e=0.006$

2.（1）填料层高度 $H=H_{OG}N_{OG}=5.85\text{m}$；

（2）$y'_{出}=0.000918$，$x'_{出}=0.0108$

3.（1）塔的填料层高度 $H=6.21\text{m}$；（2）回收率 η' 为 88.2%

Ⅱ.自测练习二

一、填空题

1.气体混合物中各组分在溶剂中溶解度的不同

2.减少，减少，减少

3.升温，降压，吹气

4.有无化学反应

5.$K_y\approx k_y$，$K_y\approx k_x/m$

6.液封作用，气体倒灌

7.塔顶，不变

8.达不到要求，不变，变大，变大

9.上升，下降，上升，下降，下降

10.不变，变大，变大

11.下降，上升，上升，下降

12.不变，变小，不变，变小

13.液膜

二、计算题

1.$\dfrac{1}{A}=\dfrac{mG}{L}$，$x_{进}=0$，$mx_{进}=0$ 代入

$$N_{OG}=\int_{y_{进}}^{y_{出}}\frac{dy}{y-y_e}=\frac{1}{1-\frac{1}{A}}\ln\left[\left(1-\frac{1}{A}\right)\frac{y_{进}-mx'_{进}}{y_{出}-mx'_{进}}+\frac{1}{A}\right]=\frac{1}{1-\frac{1}{A}}\ln\left[\left(1-\frac{1}{A}\right)\frac{y_{进}}{y_{出}}+\frac{1}{A}\right]$$

填料层高度 $H = H_{OG} N_{OG} = 2.79\text{m}$

2.（1）$y_{出} = 0.0419$；

（2）$H_{OG} = 0.786\text{m}$；

（3）$y'_{出} = 0.0358$，$x'_{出} = 1.264 \times 10^{-6}$

3.（1）$H = 3.98\text{m}$；（2）回收率 74.4%

第九章

Ⅰ．自测练习一

一、填空题

1．有无回流，平衡蒸馏为连续定态过程而单蒸馏为间歇时变过程

2．液体混合物中各组成挥发度的不同，升高，减小

3．回流

4．物料衡算，热量衡算

5．被分离两组分的摩尔汽化热相等

6．原料入塔时的温度或状态，$q > 1$，$q = 0$，$q < 0$

7．变大，变小，不变，变大

8．减少

9．减小，增加，增加，减小

10．下降，上升

11．变小，变小，变小，变小

12．物料衡算，相平衡

13．增大，不变，增大，增大

14．指对外界干扰因素反映最灵敏的塔板

15．增大回流比，降低

16．加入第三组分以改变原溶液中各组分间的相对挥发度

17．进料中选取两个组分，它们对多组分的分离起着控制作用的组分；挥发度大的关键组分

二、计算题

1．（1）$x_D = 0.98$，$x_W = 0.03333$；

（2）$R = 2.622$；

（3）精馏段操作线方程 $y = 0.724x + 0.271$，
提馏段操作线方程 $y = 1.632x - 0.008432$；

（4）$y_2 = 0.9595$，$x_2 = 0.9045$

2．（1）塔顶易挥发组分的回收率 $\eta_D = \dfrac{Dx_D}{Fx_F} = 0.9236$，塔釜难挥发组分的回收率 $\eta_W = \dfrac{W(1-x_W)}{F(1-x_F)} = 0.9676$；

（2）精馏段操作线方程 $y = 0.684x + 0.301$，

提馏段操作线方程 $y=1.50x-0.0249$；

(3) $y_2=0.9278$

Ⅱ.自测练习二

一、填空题

1.增大塔底的加热速率，塔顶的冷凝量，能耗

2.$<$

3.G、L 为常量，吸收过程是等温的，传质系数为常量

4.微分接触式，逐级接触式

5.一个气、液两相皆充分混合而且传质与传热过程的阻力皆为零的理想化塔板

6.下降，上升，上升

7.1

8.减小，增大

9.变小，变小，变大，变小

10.减少

11.变大，变小

12.减小，减小，减小，减小，增大

13.增大，增大，减小，减小

14.改变原溶液中各组分间的相对挥发度

二、选择题

1.D；2.C；3.D；4.B；5.B；6.A

三、计算题

1.(1) 提馏段操作线方程 $y=1.707x-0.0353$；

(2) $y_2=0.899$

2.(1) $D=60\text{kmol/h}$，$W=90\text{kmol/h}$；

(2) 精馏段操作线方程 $y=0.8x+0.194$，

提馏段操作线方程 $y=1.60x-0.012$；

(3) $R/R_{min}=1.32$；

(4) $y_2=0.937$，$x_2=0.858$；

(5) $E_{mV}=0.611$

第十一章

Ⅰ.自测练习一

一、填空题

1.在混合液中加入溶剂使溶质由原溶液转移到溶剂

2.萃取相中 A 组分浓度 y_A 小于萃余相中 A 组分浓度 x_A

3.相对挥发度 α

4.B-S 完全不互溶

5.溶液中各组分在溶剂中溶解度有差异，较强溶解能力，较高选择性，易于回收

6.5.67，*B-S* 完全不互溶

二、选择题

1.A，B；2.C；3.C；4.B；5.×，×，√

三、作图题

1.

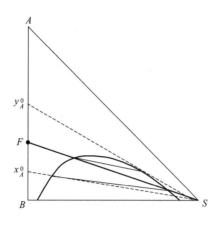

作图题三-1 附图（答案）

2.

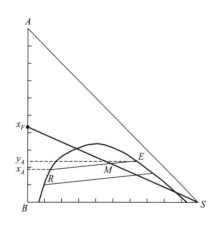

作图题三-2 附图（答案）

$$\frac{E}{R} = \frac{\overline{RM}}{\overline{ME}}$$

四、计算题

1.（1）12；（2）0.25；（3）0.273

2.（1）9.33；（2）40kg，60kg；（3）0.4

3.（1）0.1；（2）3.15

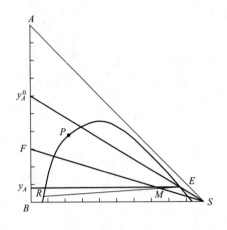

计算题四-3 附图（答案）

4.（1）由 $x_F=0.4$ 定 F 点，由 $y_A^0=0.7$ 定 E^0，连 E^0、S 交右平衡线于点 E，由 E 作联结线 ER，ER 与 FS 交于点 M，由图可知：

$$\frac{S}{F}=\frac{\overline{MF}}{\overline{MS}}$$

（2）设 FS 与右平衡线交于点 $E_{\min}$，过 $E_{\min}$ 作联结线得 $R_{\min}$，由图读得：$x_{\min}=0.02$，此时

$$\frac{S}{F}=\frac{\overline{E_{\min}F}}{\overline{E_{\min}S}}$$

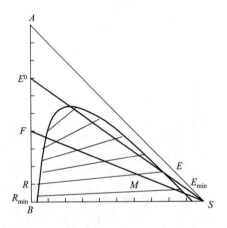

计算题四-4 附图（答案）

Ⅱ.自测练习二

一、填空题

1.增大，减少

2.$y_A/y_B=85/15=5.67$

3.$\dfrac{y_A^0/x_A^0}{y_B^0/x_B^0}=\dfrac{y_A^0/x_A^0}{(1-y_A^0)/(1-x_A^0)}=\dfrac{0.8/0.1}{(1-0.8)/(1-0.1)}=36$

4.$=$，0

5. 离心、搅动或脉冲

6. 实现组分 A、B 的高纯度分离

7. 少，∞

二、选择题

1. C；2. C；3. D；4. B；5. C

三、作图题

1.

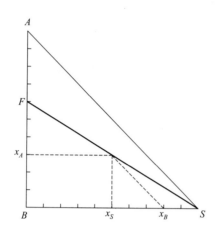

作图题三-1附图（答案）

$x_A = 0.3$、$x_B = 0.2$、$x_S = 0.5$。

2.（3）

四、计算题

1.（1）14；（2）34.6kg，65.4kg；（3）1.15

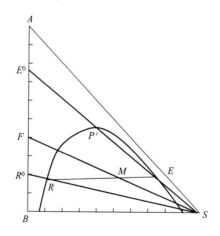

计算题四-1附图（答案）

2.

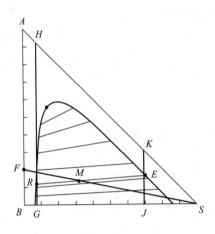

计算题四-2附图（答案）

连接 F、S 点，并确定 M 点。

利用平衡联结线内插，绘制过 M 点的平衡连接线 ER。

$$\frac{E}{M} = \frac{\overline{RM}}{\overline{RE}}$$

又因为 $M = F + S$ 且 $\dfrac{S}{F} = 0.5$，故

(1) $\dfrac{E}{F} = 1.5 \dfrac{\overline{RM}}{\overline{RE}} = 1.5 \times \dfrac{10.5}{26} = 0.606\text{kg}$

读取 y_A，x_A，则

(2) $k_A = \dfrac{y_A}{x_A} = \dfrac{\overline{EJ}}{\overline{RG}} = 1.46$

(3) $\beta = \dfrac{k_A}{k_B} = \dfrac{k_A}{\overline{KE}/\overline{HR}} = 8.89$

3.用内差法过 E 作一条平衡联结线 $\overline{ER}$，与连线 $\overline{FS'}$ 交于点 M

(1) 由含 $A5\%$、$S95\%$ 条件可在 AS 边上定出点 S'；由 $y_A = 0.3$ 得点 E
由图可读得：

$$\frac{S'}{F} = \frac{\overline{FM}}{\overline{MS'}} = 0.59$$

所以 $S' = 0.59 \times 100 = 59\text{kg}$

(2) FS' 与溶解度曲线的右交点为 M'，过 M' 作平衡联结线，由图读得：

$x_{A,\min} = 0.06$

4.(1) 36.47kg/h；(2) 5.1 级

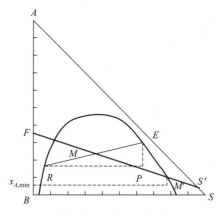

计算题四-3附图（答案）

第十二章

Ⅰ.自测练习一

一、填空题

1.不变，减小，增大，不变，增大

2.增大，减小，增大

3.厢式干燥器，喷雾干燥器，流化床干燥器

4.愈低，不变

5.空气的湿球温度

6.平衡蒸气压不同，非结合水分，非结合水分，结合水分

7.传质

8.0.15，0.25，0.35，0.2

9.临界点，临界含水量

二、选择题

1.A；2.B；3.C；4.A；5.A

三、计算题

1.1033s

2.(1) 2096kg 干气/h；(2) 0.48m^3/s；(3) 43.08kW

Ⅱ.自测练习二

一、填空题

1.减小，增大，减小，减小

2.增大，增大

3.露点温度；干、湿球温度计

4.非结合水

5.提高空气的预热温度 t_1，降低废气出口温度 t_2，采用中间加热，废气再循环

6.$t > t_w > t_d$

7.越弱，绝干空气

8.不饱和的热空气，载热体，载湿体

9. 愈低，不变

10. 压力，温度，相对湿度，流速

二、选择题

1. C；2. D；3. B；4. A；5. B

三、计算题

1. 7.33h

2.（1）258kg/h；（2）3.71kg 干气/s；（3）378.8kW；（4）50%

化工原理上册模拟试卷一

一、填空题

1. 直管阻力，局部阻力，阻力系数，当量长度

2. 增大，减小，不变，增大

3. $Re=3\times10^5$，湍流

4. 零，层流内，薄

5. 0.5，2

6. 大，大

7. 不变，散式流化，聚式流化

8. 传热边界层 δ 或滞流层内，提高流体湍动程度

9. 膜状，滴状，膜状冷凝，滴状冷凝不易持久稳定，降低

10. 辐射，小

二、选择题

1. B；2. C；3. A；4. C；5. C；6. B

三、计算题

1.（1）42.67m³/h；（2）$\frac{p_2}{\rho}+gH>\frac{p_a}{\rho}$，水从水槽液面向下流动。

2.（1）生产能力4.8m³/h；（2）生产能力提高了41%；（3）滤液量为0.08m³

3. $u_t=7.23\times10^{-2}$m/s

4.（1）$\alpha_i=1.0$kW/(m²·℃)；（2）$t_2'=114.7℃>112℃$；（3）$\Delta p_2=6.73\Delta p_1$

5. $W=1500$kg/h；温差损失 $\Delta=19.8℃$；有效温差 $(T-t)=20.2℃$

化工原理上册模拟试卷二

一、填空题

1. 质量守恒，12.3m/s

2. 7000，湍流

3. 量纲分析法，物理方程式具有量纲一致性

4. 不变

5. 传导，对流，辐射

6. 流量大、压头低，流量小、压头高，在搅拌釜内装挡板、破坏循环回路的对称性

7. 爬流状态，流动阻力，底面积和物系性质，高度

8. 核状沸腾，膜状沸腾，核状沸腾，核状沸腾具有给热系数大、壁温低的优点

9.334.3W/m², 0.8

10.减小，增大，增大，增大

二、选择题

1.A; 2.A; 3.D; 4.C; 5.D; 6.D

三、计算题

1.(1) 34m³/h; (2) 1.41MPa; (3) $H=25-0.001q_V^2$; (4) 40.5m³/h; (5) 11.5m

2.5.26×10⁻⁴m²/s; 6.36m²

3.(1) 5.36×10⁻⁵m; (2) 3.39×10⁻⁵m

4.(1) 5.84kg/s; (2) 换热器实际面积5.97m² > 5.11m²，故可以完成换热任务

5.(1) 73.1℃，4.4℃; (2) 118℃，431kW

化工原理上册模拟试卷三

一、填空题

1.大，$\Delta \mathscr{P} \propto a^2$

2.$\sqrt{2}$，2

3.改变滤饼结构，改变悬浮液中的颗粒聚集状态，动态过滤

4.压降，分离效率，被除下的颗粒占气体进口总的颗粒的质量分数，经过旋风分离器后能被除下50%的颗粒直径

5.不变，恒压降，腾涌，沟流

6.$q=-\lambda \dfrac{\partial t}{\partial n}$，不变，减小

7.汽液两相共存，过热度，汽化核心，给热系数大、壁温低

8.冷凝液膜，滴状冷凝不易持久稳定

9.吸收率等于1的物体，对各种波长辐射能均能同样吸收的理想物体

10.增大，增大，增大，增大

二、选择题

1.A; 2.B; 3.A; 4.B; 5.A

三、蒸发计算

(1) 1500kg/h，971.2kW; (2) 89.8℃，19.8℃，20.2℃

四、过滤计算

(1) 0.315m³; (2) 174s; (3) 260s

五、沉降计算

(1) 32.9μm; (2) 57.74%; (3) 14.7μm

六、传热计算

60℃，85℃

化工原理下册模拟试卷一

一、填空题

1.气体混合物中各组分在溶剂中溶解度的不同，液体混合物中各组分挥发度的不同

2.减少，减少，减少

3. 气相阻力，k_y，液相阻力，k_x/m

4. N_{OG}，H_{OG}

5. 有效膜理论，溶质渗透理论，表面更新理论

6. 一个气、液两相皆充分混合而且传质与传热过程的阻力皆为零的理想化塔板

7. 变小，变大，变大

8. 增大，不变，增大，增大

9. 泡沫，喷射

10. 完成一块理论板的分离效果所需的填料层高度

11. 露点，干、湿球温度计

12. 愈低，不变

13. 物料在指定空气条件下被干燥的极限

二、选择题

1. C；2. A；3. A；4. A；5. B，A

三、萃取计算

$E^0 = 35.71\text{kg}$，$R^0 = 64.29\text{kg}$

四、吸收计算

(1) 出塔液体摩尔分数 $x_出 = 0.0167$；

(2) 填料层高度 $H = 1.86\text{m}$；

(3) $y'_出 = 0.018$，$x'_出 = 0.0237$

五、精馏计算

(1) $W = 40\text{kmol/h}$，$x_W = 0.0675$；

(2) $R = 2.827$；

(3) 精馏段操作线方程 $y = 0.739x + 0.256$，提馏段操作线方程 $y = 2.045x - 0.0706$；

(4) $y_2 = 0.959$，$x_2 = 0.903$

六、干燥计算

$\tau_总 = 9.96\text{h}$

化工原理下册模拟试卷二

一、填空题

1. 有无化学反应

2. 不变，不变，上升

3. 升温，降压，吹气

4. 有无回流；平衡蒸馏为连续定态过程，简单蒸馏为间歇时变过程

5. 被分离组分的摩尔汽化热相等

6. 对外界干扰因素反映最灵敏的塔板

7. 塔顶，不变

8. 下降，上升，上升

9. 增大，减小

10. 载点，泛点

11. 萃取剂

12. 不变，降低，升高，不变，升高

13. 湿球温度

14. 加入第三组分以改变原溶液中各组分间的相对挥发度

15. 成核速率，晶体生长速率

二、选择题

1. A；2. B；3. A；4. B；5. C

三、萃取计算

(1) 选择性系数 $\beta = 7.90$；

(2) 萃取液量与萃余液量的比值 $= 4.4$；

(3) 最大萃取液浓度 $y_{A,\max}^0 = 0.86$

四、吸收计算

(1) $x_出 = 0.01984$；

(2) 填料层高度 $H = 2.61\text{m}$；

(3) $y'_出 = 0.000918$，$x'_出 = 0.0108$，$\eta = 98.16\%$

五、精馏计算

(1) $x_D = 0.98$，$x_W = 0.03$；

(2) 回流比 $R = 1.51$；

(3) 精馏段操作线方程 $y = 0.601x + 0.39$，提馏段的操作线方程 $y = 1.398x - 0.01193$；

(4) $y_2 = 0.962$，$x_2 = 0.910$

六、干燥计算

(1) 相对湿度 $\phi = 56.87\%$；

(2) 出干燥器时空气的湿度 $H_2 = 0.0302\text{kg}$ 水/kg 干气；

(3) 进干燥器的空气温度 $t_1 = 105.4℃$，干燥过程的热效率 $\eta = 57.2\%$；

(4) 预热器供热量 $Q = 227.8\text{kW}$

化工原理下册模拟试卷三

一、填空题

1. 微分，级式

2. 低浓度气体扩散或等分子反向扩散

3. 有效膜理论、溶质渗透理论、表面更新理论

4. 0.01

5. 变大，变大

6. 一个气、液两相皆充分混合而且传质与传热过程的阻力皆为零的理想化塔板

7. 减少

8. 物料衡算，相平衡

9. 增大，增大，增大，减小

10. 增大、减小

11. 不变，降低，升高，升高

12. 温度、湿度、流速，干、湿球温度计

13. 愈低，不变

14. 萃取剂，可以

15. 压降，HETP

16. 加入第三组分以改变原溶液中各组分间的相对挥发度

二、选择题

1. B；2. B；3. A；4. B；5. C

三、萃取计算

（1）12；（2）0.25；（3）0.273

四、吸收计算

（1）0.01984；（2）5.85m；（3）0.000918，0.0108

五、精馏计算

（1）0.647，89.95kmol/h，60.05kmol/h；

（2）$y = \dfrac{R}{R+1}x + \dfrac{x_D}{R+1} = \dfrac{4}{5}x + \dfrac{0.647}{5} = 0.8x + 0.129$，

$y = \dfrac{\overline{L}}{\overline{V}}x + \dfrac{Dx_D - Fx_F}{\overline{V}} = \dfrac{359.8}{299.75}x + \dfrac{89.95 \times 0.647 - 150 \times 0.4}{299.75} = 1.20x - 0.006$；

（3）3.04；（4）0.470，0.264；（5）0.611

六、干燥计算

（1）5037m³/h；（2）0.0286kg 水/kg 干气；（3）130kW；（4）69.3%

化工原理考研模拟试卷一

一、简答题

1. 塔板上气液两相充分接触，为传质过程提供相际接触表面，减小传质阻力；塔内气液两相逆流流动，提供最大的传质推动力。

2. 流速降为未受边界边壁影响流速的99%以内的区域为边界层（或者 $u = 0.99u_0$）。边界层脱体造成大量旋涡的产生，大大增加了机械能消耗。

3. 叶轮和蜗壳。叶轮由电机驱动做高速旋转运动，在叶轮中心处吸入低势能、低动能的液体，在叶轮外缘处获得高势能、高动能的液体。液体进入蜗壳，由于流道扩大而减速，部分动能转化为势能。

4. 低搅拌雷诺数下，雷诺数增大，功率数减小（或者斜率为-1的直线），流动进入充分湍流区，K 与 Re 无关。

5. $J_A = -D_{AB}\dfrac{dc_A}{dz}$。应用条件：恒温、恒压下，物质作一维分子扩散。费克定律表明：分子扩散速率与浓度梯度呈正比，负号表示扩散方向与浓度梯度方向相反。

6. 单效蒸发的加热蒸汽经济性低，生产强度高。

7. 精馏操作的分离依据为混合液体中各组分的挥发性不同。
萃取操作的分离依据是根据液体混合物各组分在某溶剂中的溶解度差异。

8. 精馏段的作用是提浓上升蒸汽中易挥发组分；提馏段为提浓下降液体中难挥发组分。

9. 操作压差、滤饼结构和滤液性质。

10. 吸收的操作费用包括气液两相流经吸收设备的能量消耗；溶剂的挥发损失；溶剂的再生费用或者解吸费用。其中解吸费用占的比例最大。

二、流体流动计算

（1）2.944kg/s，4.44m；（2）8.44kPa，68mmHg；（3）0.64倍，29.23；（4）a点压强增大，从伯努利方程可知 $z_1 + \dfrac{p_1}{\rho g} + \dfrac{v_1^2}{2g} = z_0 + \dfrac{p_0}{\rho g} + \dfrac{v^2}{2g} + \left(1 + \lambda\dfrac{l}{d}\right)\dfrac{v^2}{2g} \Rightarrow \dfrac{p_0}{\rho g} = z_1 - \left(1 + \lambda\dfrac{l}{d}\right)\dfrac{v^2}{2g}$ 当流速减小时，a点压强增大

三、传热计算

（1）2.84h；（2）2.31h

四、吸收计算

（1）3.72m；（2）85.5%；（3）5.08m

五、精馏计算

（1）0.955；（2）1.275；（3）$y = 1.43x - 0.013$；（4）81.16%

化工原理考研模拟试卷二

一、简答题

1.因为 x_D 的增大受物料衡算的限制和相平衡（或者塔的分离能力）的限制。

2.活性炭、硅胶、沸石。

3.共轭相；分配系数 k_A 的定义为 $\dfrac{y_A}{x_A}$；可以。

4.随着剪切率增高，黏度下降。

5.τ_0 称为溶质渗透时间，$k_L = 2\sqrt{\dfrac{D}{\pi\tau_0}}$。

6.3个塔，5种流程。

7.当溶液的过饱和度较低时，小晶体被溶解，大晶体则不断成长并使晶体外形更加完好的现象。

8.湿物料表面温度为空气的湿球温度 t_w。

恒速干燥阶段，物料中的水为非结合水，与纯水性质相同，大量空气与少量水接触，所以，$t = t_w$。

9.①传热推动力；②沸点升高。

10.载点：气液两相流动的交互作用开始变得比较显著的操作状态；

泛点：气速进一步增大至压降陡增，在压降-气速曲线图表现为曲线斜率趋于垂直的转折点。

等板高度HETP的含义是分离效果相当于一块理论板的填料塔高度。

二、流体流动计算

（1）1322kW；（2）318s

三、传热计算

（1）377.0W/(m·K)；（2）194.1kg/h；（3）44.44℃，171.5kg/h；（4）5548.9kg/h

四、吸收计算

（1）3.59m，$y_{出} = 0.008$，$x_{出} = 0.0267$；（2）0.746

五、精馏计算

（1）0.87，0.01545；（2）2.01；（3）精馏段 $y = 0.669x + 0.289$，提馏段 $y = 1.64x - 0.0099$；

(4) $y_2=0.776$，$x_2=0.581$；(5) $x_1=0.76$

化工原理考研模拟试卷三

一、简答题

1. $J_A=-D_{AB}\dfrac{dc_A}{dz}$。应用条件：恒温、恒压下，物质作一维分子扩散。费克定律表明：分子扩散速率与浓度梯度呈正比，负号表示扩散方向与浓度梯度方向相反。

2. 泵内流体密度小而产生的压差小，无法吸上液体的现象为气缚现象。泵的汽蚀是指液体在泵的最低压强处（叶轮入口）汽化形成气泡，又在叶轮中因压强升高而溃灭，造成液体对泵设备的冲击，引起振动和腐蚀的现象。

灌泵、排气可以防止气缚；规定泵的实际汽蚀余量必须大于允许汽蚀余量；通过计算，确定泵的实际安装高度低于允许安装高度可防止汽蚀。

3. 往复泵、齿轮泵、螺杆泵、隔膜泵、计量泵。流量由泵决定，与管路特性无关。

4. 增加分布板的阻力；采用内部构件；采用小直径、宽分布的颗粒；采用细颗粒、高气速流化床。

5. ①相变热远大于显热；②沸腾时气泡搅动；蒸汽冷凝时液膜很薄。

①减薄冷凝液液膜厚度；②选择正确的蒸汽流动方向（或者在传热面上垂直方向上刻槽或安装若干条金属丝等）。

6. 多效蒸发；额外蒸汽的引出；二次蒸汽再压缩（热泵蒸发）；冷凝水热量的利用。

7. 全塔效率、默弗里板效率、点效率（湿板效率）。

因为实际塔板上液体并不是完全混合（返混）的，而理论板以板上液体完全混合（返混）为假定。

8. 与物料中的 B 组分不完全互溶；对 A 组分具有选择性的溶解度；A 与 S 间的相对挥发度大，易于溶剂再生；S 在 B 中的溶解度小，溶剂损失小。

9. 影响结晶的工程因素很多，主要的影响因素为：过饱和度的影响；pH 值的影响；黏度的影响；密度的影响；搅拌的影响；位置的影响。

10. 在干燥过程中，由恒速段向降速段转折的对应含水量为临界含水量。

物料本身性质、结构、分散程度、干燥介质的性质（如流速 u、温度 t、湿度 H）都对临界含水量有影响。

二、流体流动计算

(1) $q_V=1.72\times10^{-3}\,m^3/s$；

(2) $P_e=560W$；

(3) $R=110mm$

三、传热计算

(1) $K=516.89W/(m^2\cdot K)$，$q_{m2}=1120kg/h$；

(2) $L=21.53m$；

(3) $R=3.91\times10^{-4}\,m^2\cdot K/W$

四、吸收计算

(1) $y'_出=0.0018$，$x'_出=0.03492$；

(2) $H=1.65m$。操作压力增大一倍后，在回收率保持不变的情况下，传质单元数和传质单元高度均减小，填料层高度下降为 1.65m，由此可见，操作压力增大对吸收操作有利。

五、精馏计算

（1）精馏段操作线方程 $y=0.75x+0.211$，提馏段操作线方程 $y=1.643x-0.0143$；

（2）$y_2=x_1=0.76$；

（3）直接蒸汽加热，$\overline{V}=S$，若塔釜直接加热用的蒸汽流量减小了，即 S 减小，而其他操作条件不变（进料量、进料浓度、进料热状况参数、回流比），D 和 W 都减小，精馏段操作线斜率不变，提馏段操作线斜率减小，塔顶馏出液浓度减小、塔釜采出液浓度增加。

参考文献

［1］　黄婕，刘玉兰，熊丹柳.化工原理学习指导与习题精解.北京：化学工业出版社， 2015.

［2］　陈敏恒，丛德滋，齐鸣斋，潘鹤林，黄婕.化工原理：上册.5版.北京：化学工业出版社， 2020.

［3］　陈敏恒，丛德滋，齐鸣斋，潘鹤林，黄婕.化工原理：下册.5版.北京：化学工业出版社， 2020.

［4］　潘鹤林，黄婕.化工原理考研复习指导.北京：化学工业出版社， 2017.